普通高等教育"十二五"规划教材

PRO/ENGINEER WILDFIRE 5.0 ZHONGWENBAN SHIYONG JIAOCHENG

Pro/ENGINEER Wildfire 5.0 中文版实用教程

主　编　肖　乾

副主编　张　海　梅自元　周大路

编　写　杨迎新　李　蒙

　　　　许　壮　袁　丁　史振龙

主　审　周新建

中国电力出版社

CHINA ELECTRIC POWER PRESS

内 容 提 要

本书为普通高等教育"十二五"规划教材。全书共 12 章,主要包括 Pro/ENGINEER Wildfire 5.0 系统概述、Pro/ENGINEER Wildfire 5.0 的用户界面、二维草绘、三维造型基础、基础实体造型、创建放置实体特征、特征的常用操作、曲面特征的创建、曲面特征的编辑、虚拟装配、工程图的制作和造型综合案例等内容。

本书可作为普通高等院校 Pro/ENGINEER 课程的本、专科教材(可以根据本科、专科教学要求的不同进行适当取舍),也可作为使用 Pro/ENGINEER 软件的技术人员的参考用书。

图书在版编目(CIP)数据

Pro/Engineer Wildfire 5.0 中文版实用教程 / 肖乾主编. —北京:中国电力出版社,2012.2(2021.1 重印)
普通高等教育"十二五"规划教材
ISBN 978-7-5123-2361-2

Ⅰ. ①P… Ⅱ. ①肖… Ⅲ. ①机械设计:计算机辅助设计—应用软件,Pro/ENGINEER Wildfire 5.0—高等学校—教材 Ⅳ. ①TH122

中国版本图书馆 CIP 数据核字(2012)第 002500 号

中国电力出版社出版、发行
(北京市东城区北京站西街 19 号 100005 http://www.cepp.sgcc.com.cn)
北京九州迅驰传媒文化有限公司印刷
各地新华书店经售

*

2012 年 2 月第一版   2021 年 1 月北京第五次印刷
787 毫米×1092 毫米 16 开本 18.75 印张 458 千字
定价 **33.00** 元

前　　言

　　Pro/ENGINEER 是美国 PTC（Parametric Technology Corporation）公司推出的一套 CAD/CAM/CAE 集成软件，它的内容涵盖了工业产品从概念设计、工业造型设计、三维模型设计、计算分析、运动学分析、工程图的输出乃至加工成产品的全过程。产品设计师利用该软件的实体建模、曲面建模、自由造型、图形渲染等功能轻松实现构思与创意；结构设计师使用该软件的虚拟装配、运动学仿真、动力学分析快速实现产品的优化设计。

　　该公司最近推出的 Pro/ENGINEER Wildfire 5.0 在旧版的基础上新增了许多新功能，特别强调了设计过程的易用性、高效性和设计人员之间的交互性。本书全面深入地介绍了 Pro/ENGINEER Wildfire 5.0 中文版的草图绘制模块、实体造型模块、曲面造型模块、零件装配模块和工程制图模块。全书共分 12 章，各章主要内容如下。

　　第 1 章介绍了 Pro/ENGINEER 的产生与发展及 Pro/ENGINEER Wildfire 5.0 的功能模块。

　　第 2 章介绍了 Pro/ENGINEER Wildfire 5.0 的用户界面及常用操作方法。

　　第 3 章介绍了二维草绘的基本方法和基础知识，为下一步学习三维实体建模打下基础。

　　第 4 章介绍了基准平面、基准轴、基准点和基准曲线等方面的实体造型基础知识。

　　第 5 章介绍了拉伸特征、旋转特征、扫描特征、混合特征等基础造型及部分高级造型方法。

　　第 6 章介绍了孔特征、壳特征、筋特征、拔模特征、圆角特征、倒角特征等放置特征。

　　第 7 章介绍了复制特征、镜像特征、阵列特征及常用的特征操作方法。

　　第 8 章介绍了基础曲线设计、基础曲面设计及高级曲面设计。

　　第 9 章介绍了曲面特征的各种操作方法及曲面造型综合实例。

　　第 10 章介绍了模型装配的基础知识，包括装配约束、元件操作和爆炸图等，以及虚拟装配综合实例。

　　第 11 章介绍了工程图的环境配置，各类视图的生成、标注及 BOM 表的生成等。

　　第 12 章通过实例的方式介绍了综合运用造型技术的方法。

　　本书以 Pro/ENGINEER Wildfire 5.0 中文版的基本使用方法和建模基本原理作为讲述的重点，读者能轻松使用本书入门。同时本书配有大量的实例，所有的实例可从中国电力出版社教材中心网站及 http://me.ecjtu.jx.cn 网站下载。读者通过上机实践能将所学知识融会贯通，快速掌握 Pro/ENGINEER 的使用技巧。

　　本书由华东交通大学肖乾主编，华东交通大学张海、格特拉克（江西）传动系统有限公司梅自元、华东交通大学周大路副主编，江西理工大学杨迎新和华东交通大学李蒙、许壮、袁丁、史振龙编写。具体分工是：第 1 章、第 2 章、第 4 章～第 7 章、第 12 章中 12.1～12.4

小节和 12.6 小节由肖乾编写；12.5 小节由杨迎新和李蒙、许壮、袁丁、史振龙编写；第 3 章、第 8 章和第 9 章由张海编写；第 10 章由周大路编写；第 11 章由肖乾和梅自元编写。全书由肖乾统稿，华东交通大学周新建教授主审。

限于编者水平，书中疏漏和错误之处在所难免，恳请读者和同行专家、学者批评指正。

编　者

2011 年 11 月

目　　录

第1章　Pro/ENGINEER Wildfire 5.0

系 统 概 述

众所周知，目前的机械设计产品开发环境日益复杂，为获得效益，求得生存，企业必须在不影响质量的前提下尽量缩短产品的开发周期，以缩短产品上市时间，尽快占领市场。因此企业必须寻求最快的设计方法和手段，而 Pro/ENGINEER Wildfire 5.0 正是重点解决这些问题的一套软件。

新版本的 Pro/ENGINEER Wildfire 5.0 从提高个人效率和流程效率角度都作了一些新的改进，软件界面更加简洁友好，操作更加容易、直观、高效。此外，该版本的 CAD/CAE/CAM 集成功能更加强大。

1.1　Pro/ENGINEER 系统的历史与发展

PTC 公司（Parametric Technology Corporation，美国参数技术公司）1985 年成立，1988 年推出了 Pro/ENGINEER 的第一个版本。产品一经推出就在市场上获得了极大的成功，很快被广泛应用于自动化、电子、航空航天、医疗器械、重型机械等多个领域。随后，在花大力气进行技术开发的同时，该公司不断收集用户的反馈信息，逐步在软件中增加各种实用功能，使之更趋完善。

PTC 公司 1988 年后，以每年两个版本的速度向世界推出新的产品。1998 年收购了美国 CV（Computer Vision）公司的产品 CADAS 和 Wind chill 产品数据管理（PDM）软件，使 PTC 公司成为一个企业信息管理解决方案的超级供应商。1999 年 PTC 公司推出 Pro/ENGINEER 2000，它更是 MDA（Mechanical Design Automation）历史上的一个里程碑。在 2001 版本发布之前，最近的 3 个版本依次为 Pro/ENGINEER R20、Pro/ENGINEER 2000i 和 Pro/ENGINEER 2000i^2。2001 年 5 月，Pro/ENGINEER 2001 简体中文版正式在中国内地发布，其 CAD/CAE/CAM 集成的功能更加强大，增添了一些能让设计师更专注于产品创新的新技术，如自由形式曲面处理、可以进行反复数字演算的智能化特征等。随着设计理念和设计方法的进步，Pro/ENGINEER 也在不断推出新版本，2003 年 6 月正式发布的 Pro/ENGINEER Wildfire（野火版），在功能上有了很大增强，在界面和使用风格上更加桌面化，操作更简洁、方便，更容易学习和掌握。2004 年 5 月，PTC 公司正式推出了 Pro/ENGINEER Wildfire 2.0，将"窗口式操作"、"对象向导"等特点表现得淋漓尽致，使设计工作更顺畅，更符合设计的逻辑流程，减少命令执行时间、鼠标移动距离，并增强了设计能力。2006 年 8 月，Pro/ENGINEER Wildfire 3.0 正式发布，PTC 公司在前面版本的基础上又做了大量改进，具体为更加视窗化界面、智能草绘模式、行为建模（BMX）、大型装配功能、可视化检索和意向参考等。发展到如今的 Pro/ENGINEER Wildfire 5.0 又增添了很多实用功能，其中实时的动态编辑和无间断的设计将帮助用户克服无法灵活、轻松修改设计的传统障碍，使设计者的设计效率得到改善。

Pro/ENGINEER 于 1993 年正式进入我国，并在相关领域迅速普及。发展至今，已拥有相当大的用户群，目前许多大型企业都选用 Pro/ENGINEER 作为计算机辅助设计和制造的工具，同时国内许多大学也选用 Pro/ENGINEER 作为其研究开发的基础软件平台。

1.2　Pro/ENGINEER 的建模原理与特点

Pro/ENGINEER 是一套由设计至生产的机械自动化软件，是新一代的产品造型系统，是一个参数化、基于特征的实体造型系统，具有单一数据库功能，并且软件组成模块化，其最大的特点是参数化设计。参数化设计就是指用参数来标示零件的形状、尺寸和属性，工程技术人员可以通过修改参数的值来修改零件大小、形状和属性。这种参数化设计的功能不但改变了设计的概念，并且将设计的便捷性推进了一大步。下面将分别介绍 Pro/ENGINEER 系统的主要特性参数化造型技术、特征建模和单一工程数据库。

1.2.1　参数化造型技术

参数化造型技术是指用一组参数（代数方程）来定义几何图形间的关系，提供给设计人员在几何造型中使用，其主要特点有以下几点。

（1）基于特征：将某些具有代表性的平面几何形状定义为特征，并将其所有尺寸存为可调参数，进而形成实体，以此为基础来进行更为复杂的几何形体的造型。

（2）全尺寸约束：约束包括尺寸约束和几何约束。图形形状的大小、位置坐标、角度等均属于尺寸约束。几何约束则包括平行、对称、垂直、相切、水平等这些非数值的几何关系的限制。全尺寸约束是指将图形的形状和尺寸联系起来考虑，通过尺寸约束来实现对几个形状的控制。造型时必须施加完整的尺寸参数（全约束），不能漏注尺寸（欠约束），也不能多注尺寸（过约束）。

（3）尺寸驱动：对初始图形给予一定的约束，通过尺寸的修改，系统自动找出与该尺寸相关的方程组进行重新求解，驱动几何图形形状的改变，最终生成新的模型。目前，基于约束的尺寸驱动方法是较为成熟的一种参数化造型方法。

（4）全数据相关：尺寸参数的修改导致其他相关模块中的相关尺寸得以全盘更新，它彻底克服了自由建模的无约束状态，几何形状均以尺寸的形式而被牢牢地控制住，如欲改变零件的形状，只需修改尺寸的数值即可实现。

1.2.2　特征建模

特征是对有实际工程意义图元的高级抽象。对设计对象的形状、结构、装配及相互关系等进行合理抽象即可获得各种类型的特征，如实体特征、曲面特征、圆孔特征、基准平面特征等。一个大型模型可以堪称是由多个不同种类的特征按照一定方式组合生成的。

Pro/ENGINEER 是一个基于特征的实体模型建模工具。它可根据工程设计人员的习惯思维模式，以各种特征作为设计的基本单位，方便地创建零件的实体模型，如孔、倒角、倒圆、筋板和抽壳等，均为零件设计的基本特征。用这种方法来创建形体，整个设计过程直观、简练。这样 Pro/ENGINEERE 软件对使用者的要求降低了，软件也更容易掌握和普及。

此外，因为以特征作为设计单元，工程技术人员可以在设计过程中导入实际制造观念，在模型中可随时对特征做合理、不违反几何规则之顺序调整、插入、删除、重新定义等编辑与修改操作。

1.2.3　单一数据库

Pro/ENGINEER 系统建立在单一数据库基础之上，这一点不同于大多数建立在多个数据库之上的传统 CAD 系统。所谓单一数据库，就是指 Pro/ENGINEER 的零件、装配、工程图、加工等模块全部建立在统一的基础数据库上，在设计过程中任何一处进行改动，都反映在整个设计过程的相关环节上。例如，如果修改工程图中的基本数据，三维实体模型也将随之发生改变，在加工中的数控加工路径也会自动更新。这将给产品的设计和生成带来很大的方便。

由于采用单一数据库，提供了所谓完全关联性的功能。该功能允许在开发周期的任一阶段对产品进行修改，并且能够自动消除与前后阶段产生的冲突，使得并行工程成为可能，进而缩短了产品的开发周期。

1.3　Pro/ENGINEER Wildfire 5.0 的基本模块

Pro/ENGINEER 软件是一个功能强大的大型集成软件，其内容覆盖产品从设计到生成加工的全过程。Pro/ENGINEER Wildfire 5.0 包含 80 多种专用模块，每一个模块都有自己独立的功能，这类似于微软公司的 Office 办公套装软件。用户可以根据需要调用其中一个模块进行设计，各个模块创建的文件有不同的文件扩展名。此外，高级用户还可以调用系统的附加模块或者使用软件进行二次开发工作，本节简单介绍一些主要模块的功能。

1．Pro/ENGINEER

Pro/ENGINEER 是软件包，并非模块，它是该系统的基本部分，其中功能包括参数化特征零件设计、基本装配设计、工程图设计及二维图绘制、钣金设计及焊接模型建立等。Pro/ENGINEER 是一个功能定义系统，即造型是通过各种不同的设计专用功能来实现，其中包括筋、槽、倒角和抽壳等。采用这种手段来建立形体，对于工程师来说是更自然、更直观，无需采用复杂的几何设计方式。造型不但可以在屏幕上显示，还可传送到绘图机上或一些支持 Postscript 格式的彩色打印机。Pro/ENGINEER 还可输出三维和二维图形给予其他应用软件，诸如有限元分析及后置处理等，这都是通过标准数据交换格式来实现，用户更可配上 Pro/ENGINEER 软件的其他模块或自行利用 C 语言编程，以增强软件的功能。它在单用户环境下（没有任何附加模块）具有大部分的设计能力、组装能力（人工）和工程制图能力（不包括 ANSI，ISO，DIN 或 JIS 标准），并且支持符合工业标准的绘图仪（HP，HPGL）和黑白及彩色打印机的二维和三维图形输出。其他辅助模块将进一步提高扩展 Pro/ENGINEER。

2．Pro/ASSEMBLY

Pro/ASSEMBLY 是一个参数化组装管理系统，能提供用户自定义手段去生成一组组装系列及可自动地更换零件。Pro/ASSEMBLY 是 Pro/ADSSEMBLY 的一个扩展选项模块，只能在 Pro/ENGINEER 环境下运行，它具有如下功能：

（1）在组合件内自动零件替换（交替式）。

（2）规则排列的组合（支持组合件子集）。

（3）组装模式下的零件生成（考虑组件内已存在的零件来产生一个新的零件）。

（4）Pro/ASSEMBLY 里有一个 Pro/Program 模块，它提供一个开发工具。使用户能自行编写参数化零件及组装的自动化程序，这种程序可使不是技术性的用户也可产生自定义设计，只需要输入一些简单的参数即可。

（5）组件特征（零件与组件组成的组件附加特征值。如给两种零件之间加一个焊接特征等）。

3. Pro/CABLING

Pro/CABLING 提供了一个全面的电缆布线功能，它为在 Pro/ENGINEER 的部件内真正设计三维电缆和导线束提供了一个综合性的电缆铺设功能包。三维电缆的铺设可以在设计和组装机电装置时同时进行，它还允许工程设计者在机械与电缆空间进行优化设计。

4. Pro/DEVELOP

Pro/DEVELOP 是一个用户开发工具，用户可利用这软件工具将一些自己编写或第三家的应用软件结合并运行在 Pro/ENGINEER 软件环境下。Pro/IDEVELOP 包括 C 语言的副程序库，用于支持 Pro/ENGINEER 的接口，以及直接存取 Pro/ENGINEER 数据库。

5. Pro/DETAIL

Pro/ENGINEER 提供了一个很宽的生成工程图的能力，包括自动尺寸标注、参数特征生成，全尺寸修饰，自动生成投影面、辅助面、截面和局部视图。Pro/DETAIL 扩展了 Pro/ENGINEER 这些基本功能，允许直接从 Pro/ENGINEER 的实体造型产品按 ANSI/ISO/JIS/DIN 标准生成工程图。

6. Pro/DIAGRAM

Pro/DIAGRAM 是专将图表上的图块信息制成图表记录及装备成说明图的工具，应用范围遍及电子线体、导管、HVAC、流程图及作业流程管理等。

7. Pro/DRAFT

Pro/DRAFT 是一个功能二维绘图系统，用户可以直接产生和绘制工程图，而无需只进行三维造型。Pro/DRAFT 允许用户通过 IGES 及 DXF 等文件接口接收一些其他 CAD 系统产生的工程图。

8. Pro/ECAD

参数化印制线路板（PCB）的设计图可以通过 Pro/ENGINEER 生成，或者经由 ECAD 系统输入。PCB 的组成元件可以经由 Pro/ENGINEER 的元件库取得，并自动装组装到 PCB 里。元件造型亦可以传送到 Pro/ENGINEER 以制作实体元件，然后自动组装到 PCB 上，还包括此 PCB 组件的卡笼（Card Cage）及结构设计（Housing Designs）可以作为修订、"度身订造"、群体特性及风格等之评估。

9. Pro/FEATURE

Pro/FEATURE 扩展了在 Pro/ENGINEER 内的有效特征，包括用户定义的习惯特征，如各种弯面造型（Profited Domes）、零件抽壳（Shells）、三维式扫描造型功能（3D Sweep）、多截面造型功能（Blending）等。通过将 Pro/ENGINEER 任意数量特征组合在一起形成用户定义的特征，就可以又快又容易地生成。Pro/FEATURE 包括从零件上一个位置到另一个位置复制特征或组合特征能力，以及镜像复制生成带有复杂雕刻轮廓的实体模型。

10. Pro/LIBRARYACCESS

Pro/LIBRARYACCESS 提供了一个超过 2 万个通用标准零件和特征的扩展库，用户可以很方便地从菜单里拾取任意工业标准特征或零件，并将它们糅合进零件或部件的设计中，使用更方便、快速，并能提高生产力。

（1）标准零件包括方形和六角形螺帽、平面垫圈、弹簧垫圈、半月销、机制螺母、内藏凸台和止动螺钉、大小固铆钉、开口销和叉杆销等。

（2）标准特征包括孔、槽、凸台、镗孔，同轴凸台、通风格栅、金属片偏置、金属片弯管特征、管状特征等。

11. Pro/MESH

Pro/MESH 提供了实体模型和薄壁模型的有限元网格自动生成能力，也就是它自动地将实体模型划分成有限元素，以便有限元分析用，所有参数化应力和范围条件可直接在实体模型上指定，即允许设计者定义参数化载荷和边界条件，并自动生成四边形或三角形实体网格。载荷/边界条件与网格都直接与基础设计模型相关联，并能像设计时一样进行交互式修改。

12. Pro/MANUFACTURING

Pro/MANUFACTURING 将产生生产过程规划、刀路轨迹并能根据用户需要产生的生产规划作出时间上及价格成本上的估计。Pro/MANUFACTURING 将生产过程生产规划与设计造型连接起来，所以任何在设计上的改变，软件也能自动地将已作过的生产上的程序和资料自动地重新产生，而无需用户自行修正。它将具备完整关联性的 Pro/ENGINEER 产品线延伸至加工制造的工作环境里。它允许用户采用参数化的方法去定义数值控制（NC）工具路径，凭此才可将 Pro/ENGINEER 生成的模型进行加工。然后对这些信息接着作后期处理，产生驱动 NC 器件所需的编码。

13. Pro/PROJECT

Pro/PROJECT 提供一系列数据管理工具用于大规模块复杂设计上的管理系统，适合多组设计人员同步运行的工程作业环境。用户可集中管理所有设计文档保存。Pro/PROJECT 为所有 Pro/ENGINEER 的应用软件有效率地监控全双向关联性及参数化设计所发生的变化。由概念性设计以至加工制造工序，Pro/PROJECT 各项功能均能对所有 Pro/ENGINEER 或非 Pro/ENGINEER 类型的数据操控自如。

14. Pro/SHEETMETAL

Pro/SHEETMETAL 扩展了 Pro/ENGINEERR 的设计功能，用户可建立参数化的钣金造型和组装，它包括生成金属板设计模型及将它们放平成平面图形。Pro/SHEETMETAL 提供了通过参照弯板库模型的弯曲和放平能力。弯曲允许量通过弯曲或放平状态下的模型附加特征的功能，同时支持生成、库储存和替换用户可自定义的特征。

15. Pro/SURFACE

Pro/SURFACE 是一个选项模块，它扩展了 Pro/ENGINEER 的生成、输入和编辑复杂曲面和曲线的功能。Pro/SURFACE 提供了一系列必要的工具，使得工程师们在整个工业范围内很容易地生成用于飞机和汽车的气动曲线和曲面，船壳设计及通常所碰到的复杂设计问题。

16. Pro/MECHANICA

Pro/MECHANICA 是一种产品仿真分析解决方案。为了开发出优质产品，设计工程师需要知道他们设计的产品能不能在现实世界中顺利制造。然而，传统上使用物理原型设计，则是一种昂贵、耗时的方法；而常用的选择方法，如传统的数字分析，则高度依赖受过训练的专家，才能获得较正确的结果。所以，Pro/MECHANICA 正是为解决这些缺点而设计的。

Pro/MECHANICA 仿真产品在其默认环境中运作，它不是专家专用的，工程师无需创建原型，就可以研究设计产品的机械性能。

1.4 Pro/ENGINEER Wildfire 5.0 的新增功能

目前日益复杂的产品开发环境要求工程师通过在不影响质量的前提下压缩开发周期，来缩短上市时间。为了成功地解决这些问题，工程师正在努力寻找能够提高整个产品开发过程中个人效率和流程效率的解决方案。Pro/ENGINEER Wildfire 5.0 重点解决了这些具体问题。

1. 提高个人效率的功能

（1）快速草绘工具。该工具减少了使用和退出草绘环境所需的点击菜单次数，它可以处理大型草图，使系统性能提高了 80%之多。

（2）快速装配。流行的用户界面和最佳装配工作流可以大大提高装配速度，速度快了 5 倍，同时，对 Windows XP——64 位系统的最新支持允许处理超大型部件装配。

（3）快速制图。这一给传统 2D 视图增加着色视图的功能，有助于快速阐明设计概念和清除含糊内容，对制图环境的改进将效率提高了 63%。

（4）快速钣金设计。捕捉设计意图功能使用户能以比以往快 90%的速度快速建立钣金特征，同时能将特征数目减少 90%。

（5）快速 CAM。制造用户接口增强功能加快了制造几何图形的建立速度，速度较以前快了 3 倍。

2. 改进流程效率的功能

（1）智能流程向导。系统新增的可自定义流程向导蕴涵了丰富的专家知识，它能让公司针对不同流程来选用专家的最佳实践和解决方案。

（2）智能模型。把制造流程信息内嵌到模型中，该功能让用户能够根据制造流程比较轻松地完成设计，并有助于形成最佳实践。

（3）智能共享。新推出的便携式工作空间可以记录所有修改过、未修改过和新建的文件，它可以简化离线访问 CAD 数据工作，有助于改进与外部合作伙伴的协作。

第 2 章　Pro/ENGINEER Wildfire 5.0 的用户界面

相对于之前版本的 Pro/ENGINEER 而言，Pro/ENGINEER Wildfire 5.0 拥有一个如图 2-1 所示的全新用户界面，可以帮助用户快速入门。对用户界面的强烈关注体现在为建模提供了更大的绘图区域和更简单的视图控制，减少了鼠标的移动和增强了色彩配置方案，增加了用户使用的舒适度，几何模型的建立更加简单。通过广泛的图形预览，使用更简便的 Dashboard 来代替对话框，以及对特征的关键要素可以进行直接控制的方法，即使是复杂的模型也能够轻松完成。

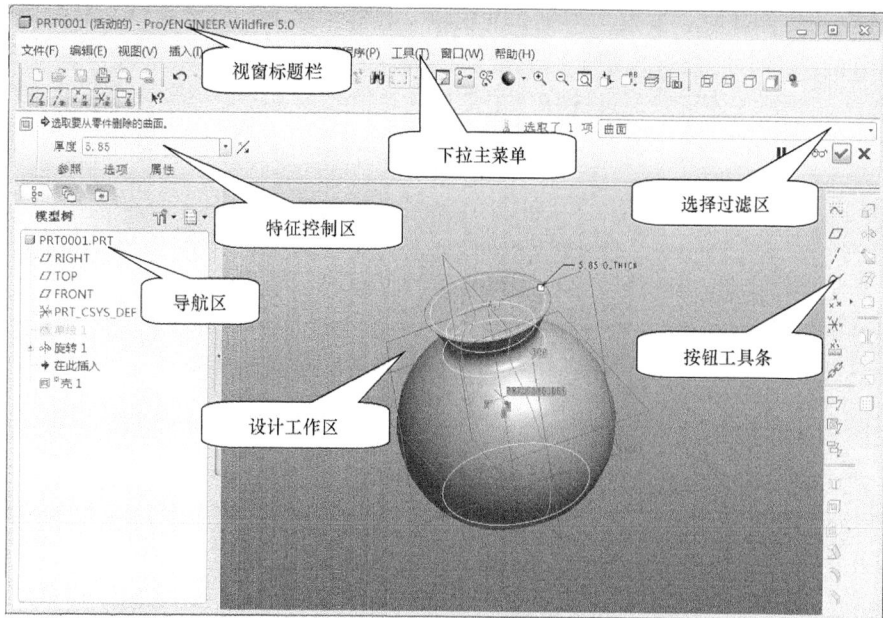

图 2-1　全新的用户界面

2.1　用户界面简介

1．视窗标题栏

对于长期使用 Windows 操作系统的用户对如图 2-2 所示的视窗标题栏并不会感到陌生，该标题栏清楚地显示出系统打开文件的名称和软件版本号。此外，视窗标题栏中"活动的"字样是指针对绘图区而言，该窗口为当前窗口。

图 2-2　视窗标题栏

2．下拉主菜单

下拉主菜单位于视窗标题栏的下方，按功能不同进行分类。在实际操作过程中，主菜单的内容随着系统调用各种不同的功能模块而有所变化，如图 2-3 所示为系统启动后的主菜单。Pro/ENGINEER 将大部分有关系统环境的命令集成在菜单内，使界面更加接近于 Windows 标准，这样更便于用户使用。默认情况下菜单栏包括文件、编辑、视图、插入和分析等 10 个菜单项。

文件(F)　编辑(E)　视图(V)　插入(I)　分析(A)　信息(N)　应用程序(P)　工具(T)　窗口(W)　帮助(H)

图 2-3　下拉主菜单

3．按钮区

工具条上的各个图形按钮取自使用频率最高的下拉菜单选项，可以实现各种命令的快捷操作，以便提高设计效率。根据当前工作的模块（如零件模块、草绘模块和装配模块）及工作状态的不同，在该栏内还会出现一些其他的按钮，并且每个按钮的状态及意义也有所不同，如图 2-4 所示。此外，还可以通过选择"工具"→"定制屏幕"命令来定制工具栏。

图 2-4　图标按钮区

4．导航区

Pro/ENGINEER Wildfire 5.0 新增加的导航栏不仅包括了以往的模型树，而且还包括模型树、资源管理器和收藏夹。单击导航栏右侧向左的箭头可以隐藏导航栏，它们之间的相互切换只需单击上方的选项卡即可，如图 2-5 所示。

（a）　　　　　　　　（b）　　　　　　　　（c）

图 2-5　导航栏切换选项卡
（a）模型树；（b）资源管理器；（c）收藏夹

"模型树"：提供一个树工具，记录了模型建立的全过程，用户在模型树中可完成一些主要的操作，如特征的重新排序、特征尺寸的修改、特征的重新定义、特征的插入等。

"资源管理器"：根据管理系统、FTP 站点及共享空间，提供对本地文件系统、网络计算机等对象的导航。

"收藏夹"：包含最常访问的网站或文档的快捷方式。

5. 设计工作区

设计工作区是用户界面中面积最大的区域，是设计者最主要的创作场所，所有模型皆显示于此范围内。背景的默认颜色可以使用"视图"→"显示设置"→"系统颜色"→"布局"命令，自行变更颜色。野火版默认的系统颜色是蓝色渐变。

6. 操控面板及信息提示区

Pro/ENGINEER Wildfire 5.0 的操控面板与之前版本的有所不同，如图 2-6 所示。Pro/ENGINEER 中有许多复杂的命令，涉及多个对象的选取、多个参数及多个控制选项的设定，这些都在操控面板上完成。在建立或者修改特征的时候，系统会自动打开操控面板，用于显示建立特征时所定义的参数，以及绘制该特征的流程。操控面板保留为以前的并行操作，功能强大，操作更快捷。包含了信息提示区后，使得界面更加紧凑，同步记录绘图过程中的系统提示及命令执行结果。

图 2-6　操控面板

在系统需要用户输入数据时，信息提示区将会出现一个白色的文本编辑框，以便输入数据。完成数据输入后，按"回车"键或单击信息提示区右侧的"确定"按钮✔即可。

7. 命令解释区

Pro/ENGINEER 的命令解释区很好地为用户作出提示。当光标指向某个命令或按钮时，该区域中即会显示一行描述性文字，说明该命令或按钮所代表的含义。

8. 选择过滤器

位于 Pro/ENGINEER 用户界面右上方的选择过滤器，如图 2-7 所示，可以让用户指定选择某一类型的对象，如特征、面组、基准等，这样可以提高选择的正确率。

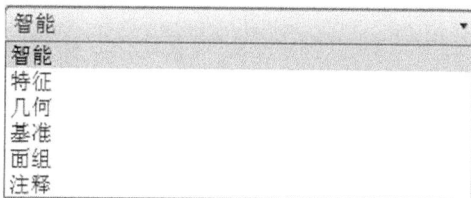

图 2-7　选择过滤器

2.2　菜　　单　　栏

通过上述内容的学习之后，大家对 Pro/ENGINEER 的操作界面有了初步的认识，本节将具体讲述 Pro/ENGINEER Wildfire 5.0 各个下拉菜单的内容和用途。新建不同的文件类型，系统将调用不同的工作模块，主菜单内容也将有所不同。本节将主要就过程设计中最常用的"零件"模式下的主菜单内容进行讲解。

2.2.1　"文件"菜单管理区

单击"文件"下拉菜单，系统将弹出如图 2-8 所示的菜单选项。从菜单管理器的内容可以看出，在某些菜单选项如"新建"等命令前带有一个按钮，这实际上和工具条中的按钮是对应的，表面这个菜单选项和工具条上相应按钮的功能相同；在某些菜单选项后面有"Ctrl+大写字母"的字样，表面这个组合项是该命令的快捷键；在某些菜单选项后面有"…"，表明该菜单选项被选取后，系统将弹出对话框；在某些菜单后面带有符号"▶"，表面该菜单有下一级菜单。

接下来详细介绍一些常用菜单选项。

1. "新建"

执行"文件"→"新建"命令或直接单击工具条中的"新建"按钮 🗋，或使用 Ctrl+N 组合键皆可新建一个设计文件。在执行"新建"命令之后，系统会弹出如图 2-9 所示的"新建"对话框。在"新建"对话框的"类型"分组框中有很多单选按钮，用来选择文件"类型"和"子类型"，选取不同的单选按钮即可调用不同的系统模块进行工程设计，表 2-1 为各种文件类型说明。

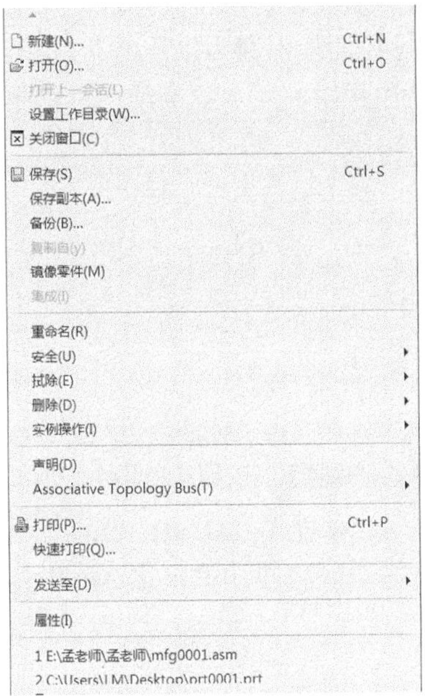

图 2-8　"文件"菜单 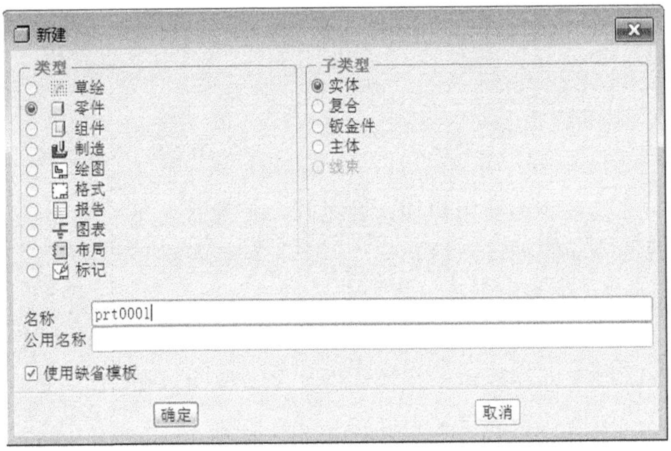　　　　　　　　　图 2-9　"新建"对话框

表 2-1　　　　　　　　　　　　　　　　　文 件 类 型 说 明

类　　型	默认文件名与扩展名	说　　明
草绘（sketch）	s2d###.sec	2D 草绘模式
零件（part）	prt###.prt	进入三维实体造型模式
组件（Assembly）	asm###.asm	进入装配模式
制造（Manufacturing）	mfg###.mfg	进入各种加工模式
绘图（Drawing）	drw###.drw	建立工程图
格式（Format）	frm###.frm	建立"绘图"和"布局"的预设值
报表（Report）	rep###.rep	制作报表
图表（Diagra）	dgm###.dgm	建立平面电路、管路布线图
布局（Layout）	lay###.lay	建立二维组装示意图
标记（Markup）	mrk###.mrk	对零件、组件、工程图、加工等建立注解

2. "打开"

单击"文件"→"打开"命令后，出现如图 2-10 所示对话框。由于每执行存盘操作一次，即累增一个文件，可单击对话框中"工具"按钮，选择"所有版本"项，系统会显示出全部的文件版本，也可在"文件打开"对话框内，直接浏览所有文件内容。按钮 是用来保存常用的路径，就如同网络浏览器上的"收藏夹"。

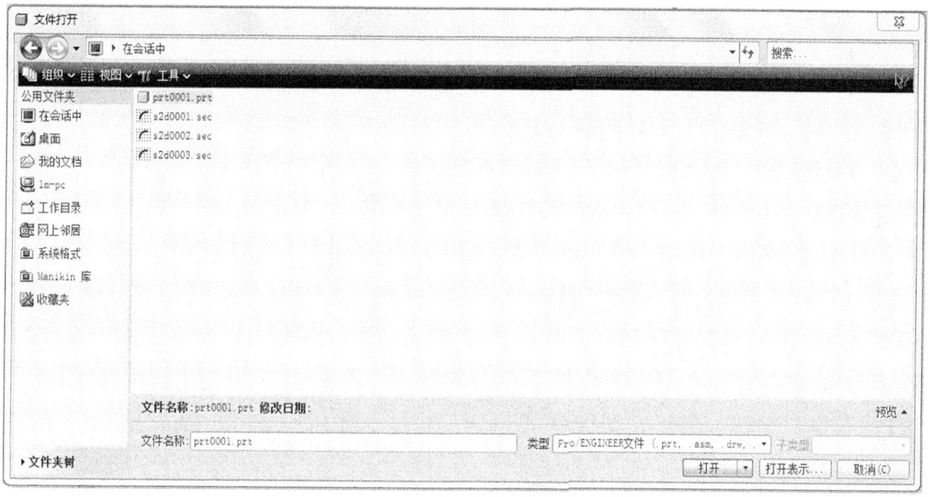

图 2-10　"文件打开"对话框

值得一提的是：右下方的"预览"按钮，可以预览模型，在预览窗口中，一样能放大、平移及旋转零件。

3. "设置工作目录"

所谓工作目录，就是系统默认的文件操作目录。当选取这个菜单项后，系统将弹出"选取工作目录"对话框，在这个对话框中可以设置工作目录。这里要特别注意，Pro/ENGINEER 软件不允许设计者在执行文件存储时更改目录位置，因此，可以使用该菜单项自定义工作目录来按照个人习惯存储文件。

用户若想选择一个目录作为常用工作目录，可通过在安装 Pro/ENGINEER 时定义好启动目录，或者在桌面上用鼠标右键单击 Pro/ENGINEER 快捷按钮，在弹出的快捷菜单中选择"属性"项，系统会弹出如图 2-11 所示的"Pro ENGINEER 属性"对话框中的"快捷方式"选项卡，修改其中的起始位置值作为常用工作目录。

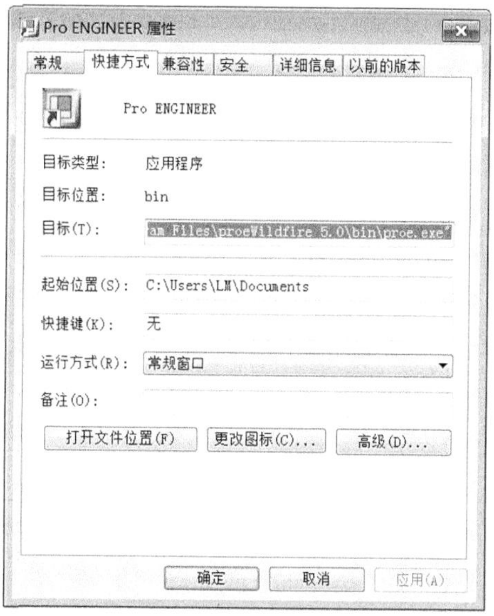

4. "关闭窗口"

关闭当前窗口，但该窗口的模型数据依旧会保存于"缓存"中，也可执行"窗口"→"关闭"命令关闭窗口。

图 2-11　"Pro ENGINEER 属性"对话框

5. "保存"

"保存"菜单选项用于保存文件，系统每执行一次存储操作并不是简单地用新文件覆盖原文件，而是在保留原文件的条件下新增一个文件。在同一个设计过程中多次存储的文件是在文件名尾添加序号区分的，序号数字越大，文件版本越新。例如，同一设计中的零件文件 3 次保存后的文件分别为 prt0001.prt.1、prt0001.prt.2、prt0001.prt.3。

要注意的是，Pro/ENGINEER 并不提供"自动存盘"的功能，也不会每隔若干时间提醒用户是否保存，所以请随时记得保存文件。

6. "保存副本"

保存副本指另存新文件，分两种情况：

（1）将文件以另一新文件名保存在同一目录下。

（2）在不同目录下以原文件名或新文件名保存。

保存副本相当重要，因为同时具备输出功能，也就是可以建立新的文件格式，主要包括 CAD 数据格式和图像格式。二者的功能可以说是 Pro/ENGINEER 软件与其他商用软件系统间的数据转换桥梁。

系统所能接受与输出的 CAD 数据格式为数甚多，举例如下：IGES、SET、VDA、Neutral、STEP、STL、CATIA 等。另外，图像格式包括：TIFF、JPEG、EPS、Shaded Image，如图 2-12 所示。

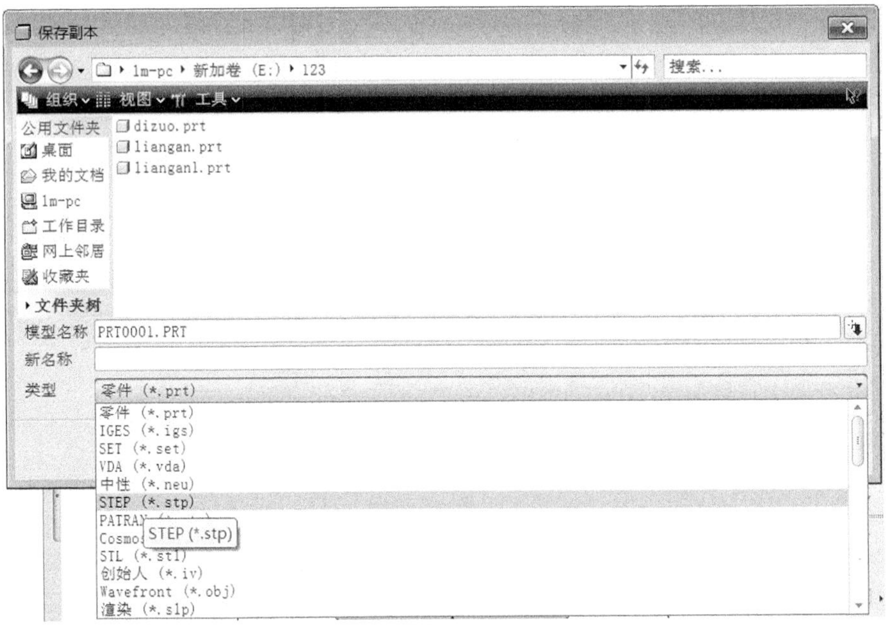

图 2-12 "保存副本"对话框

7. "备份"

备份的功能主要是将当前文件保存到另外一个目录，但无法更改文件名。当备份组件时其相关的零组件文件亦会一起备份。建立读者多利用此功能，养成随时备份文件的习惯。

8. "重命名"

单击这个菜单选项后，系统会弹出如图 2-13 所示的"重命名"对话框对当前文件进行重命名，有两种选择。

（1）"在磁盘上和进程中重命名"：把保存在硬盘上及处理中的文件一并重命名。

（2）"在进程中重命名"：仅更改进程中的文件名称。

9．"拭除"

"拭除"选项的功能是将窗口内模型文件从缓存中移除，但仍然保留在硬盘中，要注意的是正在被其他模块使用的文件不能被拭除。拭除分两种情况。

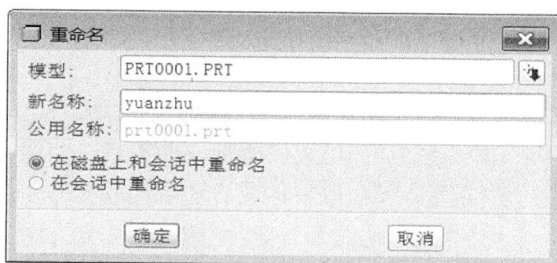

图 2-13　"重命名"对话框

（1）当前：拭除当前在窗口内的模型。

（2）不显示：拭除曾打开或建立的模型文件且窗口已被关闭，系统会列出所有曾出现的模型文件，等待用户处理，可全部拭除或部分拭除。

10．"删除"

删除文件，将文件自硬盘中"永久"移除。由于每保存文件一次，系统会新增一个所谓的"新版"文件，所以"删除"功能分两种。

（1）旧版本：删除所有的旧版本仅留最新的版本。

（2）所有版本：删除该文件的所有版本，即删除该文件。

11．"打印"

"打印"选项用于使用打印机和绘图仪输出设计结果。如打印输出使用三维造型方法创建的模型及工程图。

12．"发送至"

（1）作为附件发给收件人：以附件形式传送所选对象及其所有相依项目。可指定预传送文件是否压缩。

（2）作为链接发给收件人：传送连接到所选对象及其所有相依项目的链接。此选项仅适用于有固定网络位置的对象。

图 2-14　确认是否退出对话框

13．"退出"

"退出"指离开系统，与一般软件不同的是，当要退出 Pro/ENGINEER 软件时，系统不会主动询问是否要保存尚未保存的文件，必须在配置文件（"工具"→"选项"）中加入如下设置，系统便会询问是否要保存文件，如图 2-14 所示。

2.2.2　"编辑"菜单管理器

在 Pro/ENGINEER Wildfire 版本中，菜单都已按命令的属性大致分类，有关的特征操作、编辑的命令皆可由此菜单找到。在不同的操作模式下，"编辑"菜单管理器可用的内容也不一样，下面简述"编辑"菜单管理器命令的用法。

（1）"再生"：在修改设计模型后，若模型没有自动依修改后的尺寸重新计算，可以单击"编辑"→"再生"命令，让整个模型依尺寸重新生成，这与单击工具条中的按钮 有同样的效果。

（2）"复制"：只能复制曲面和曲线，不能复制实体特征。若需复制实体特征，则需使用"编辑"→"特征操作"→"复制"命令。

（3）"镜像"：可镜像所选取的零件、曲面、轴或基准曲线。

（4）"移动"：可平移或旋转所选取的对象。

（5）"反向法向"：可改变曲面的法向方向。

（6）"填充"：可将一平面封闭的区域填满成为一个曲面。

（7）"相交"：可创建出由两个曲面相交部分而成的曲线或两个平面曲线垂直投影后相交的曲线。

（8）"合并"：合并两个面组，大致上可分为两种情况，一种是以相交的方式合并两个面组，另一种是以组合的方式合并两个面组。

（9）"阵列"：可阵列复制特征，在后面的章节中会详细讲解。

（10）"投影"：将曲线投影到曲面上以产生新的曲线。

（11）"包络"：可以使用此命令在曲面上建立成型的基准曲线，然后利用成型的基准曲线来仿真卷标或螺钉的螺纹，该成型的基准曲线会保留原始草绘曲线的长度。

（12）"修剪"：使用此命令来剪切或分割面组或曲线。

（13）"延伸"：可用来建立延伸特征或延伸面组。

（14）"偏移"：包含 4 种曲面变形的操作方式——标准、附带拔模、展开和替换。"标准"方式可偏移所选的面组、曲面及实体表面；"附带拔模"可偏移所草绘的区域并可给定拔模角度；"展开"可将实体的整个面或者草绘区域成一实体；而"替换"则可将实体的面利用曲面来取代。

（15）"加厚"：可将所选取的面组生长出厚度。

（16）"实体化"：使用预先确定的曲面特征或面组几何，将其转化成实体几何。可以在设计中使用"实体化"特征来增加、移除或取代实体材料。

（17）"隐含"：隐含后的特征在模型树中消失，保存模型，查看最新保存的模型，可以发现模型的容量大幅减小。

（18）"恢复"：用来显示"隐含"的特征，等于是"隐含"的逆操作。

（19）"删除"：指删除特征，将特征自零件中移除，使用此功能须特别小心，因为 Pro/ENGINEER 不提供"恢复"删除特征的功能。

（20）"属性"：不同的对象其所能设置的"属性"也不同，如在零件中尺寸的属性，可设置其数值、上下限公差、格式、尺寸名称、颜色等，而基准轴、基准面的属性则可定义其名称、位置及类型。

（21）"设置"：零件的属性可在此设置，如单位、材料、精度等。

（22）"参照"：用来更改特征的参考物。

（23）"定义"：又称"编辑定义"，即可以"重新定义"已初步完成特征的所有创建元素。

（24）"阵列表"：创建数组的方式，即以填表来定义复制出来特征的位置及尺寸。

（25）"缩放模型"：可以通过指定的因子缩放模型的尺寸标注值。注意，缩放模型时，模型的单位不变，导入的几何不能被缩放。

（26）"特征操作"：点选特征操作会出现特征操作的具体菜单项，具体在后面的章节中会有介绍。

（27）"选取"：包含"优先选项"及"取消选取全部"，其中"优先选项"可设置是否预先选取，默认是打开的状态。

（28）"查找"：查找菜单，可迅速选取指定的对象。

（29）"超级链接"：在创建注释过程中，可使超级链接和屏幕提示与模型注释相关，或将它们连接到模型中的现有注释。

2.2.3　"视图"菜单管理器

在主菜单栏选取"视图"下拉菜单管理器，系统将弹出如图 2-15 所示的菜单管理器选项。在使用 Pro/ENGINEER 软件绘图的过程中，"视图"菜单管理器的主要功能是管理绘图区的显示属性，设置模型的显示状态并控制模型的显示视角，为设计者提供最佳显示环境。下面具体讲述各个菜单管理器选项的用途。

（1）"重画"：在绘图区有某种改变之后使用，可以用来重绘图形并消除上一步骤留下的残影，相当于对绘图区进行刷新操作。

（2）"着色"：将模型以着色方式显示，相当于按钮 ▱。

（3）"渲染窗口"：对窗口进行渲染操作。

（4）"方向"：执行该命令之后，出现如图 2-16 所示的子菜单。

图 2-15　"视图"菜单管理器

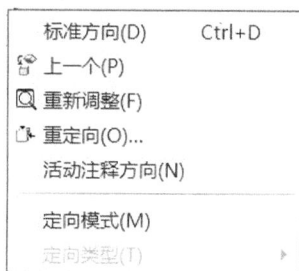

图 2-16　"方向"子菜单

"标准方向"命令是指首次创建模型时，模型以默认视图方向显示，如等轴图或斜轴图。"上一个"命令是指恢复先前显示的视图。"重新调整"命令是指利用此过程重新调整模型，使其与屏幕相适应，以便能够查看整个模型，相当于按钮 ▣。执行"重定向"命令之后弹出如图 2-17 所示的对话框，在这个对话框中，可以设置已有的视图、保存当前视图和删除已有的视图，也可通过单击按钮 来完成。"定向模式"可以提供除标准的旋转、平移、缩放之外的更多查看功能。启用"定向模式"命令后，可相对于特定几何重定向视图，并可更改视图重定向样式，如"动态"、"固定"、"延迟"、"速度"或"漫游"。只有选择了"定向模式"，"方向"子菜单中"定向类型"才被激活。

（5）"可见性"：用来对特征的可见性进行控制，在按钮区的 ▱ ▱ ▱ ▱ 也可实现对基准面、基准轴、基准点和坐标系的隐藏和取消隐藏。

（6）"视图管理器"：可完成模型的简化表示、视图定向及横截面图的生成，对于装配模型还可以完成分解视图的管理等，该菜单选项相当于按钮区的按钮，其对话框如图 2-18 所示。

（7）"模型设置"：通过其"子菜单"选项可完成模型的渲染操作、透视设置及颜色外观设置等。

（8）"层"：执行此命令在导航栏显示层树，用来对各图层进行操作。

图 2-17 "方向"对话框　　　　图 2-18 "视图管理器"对话框

（9）"显示设置"：主要包含"模型显示"、"基准显示"、"视图性能"、"可见性"和"系统颜色" 5 个方面。通过如图 2-19 所示的"模型显示"对话框可以灵活实现模型的可视化。例如，可指定是显示还是隐藏项目，或设置模型外观选项（线框、隐藏线、着色、显示或移除）。而要修改绘图区背景颜色可通过如图 2-20 所示的"系统颜色"对话框来完成，当然在这里可以完成包含基准面、用户界面等多个对象的颜色设置。通过如图 2-21 所示的"基准显

图 2-19 "模型显示"对话框　　图 2-20 "系统颜色"对话框　　图 2-21 "基准显示"对话框

示"对话框可完成对各种对象在绘图区显示与否的设定。可以通过"文件"→"保存"菜单命令来保存设置的颜色文件，也可以用"打开"命令来调用已保存的颜色配置文件，也可以通过单击"布置"命令来选择系统配置的集中颜色方案。

2.2.4 "插入"菜单管理器

如图 2-22 所示的"插入"菜单管理器主要是将全部特征创建的命令汇集一起，通过命令行的扩充以减少层级数目，进而减少单击鼠标的次数。从菜单内容可以看出，通过"插入"菜单可以完成如"拉伸"、"旋转"等基础实体特征的创建，也可以完成"孔"、"壳"等放置实体特征的创建，当然也可以完成曲面和高级特征的创建。具体这些命令的用法将在后面的章节中进行介绍。

2.2.5 "分析"菜单管理器

在主菜单栏选取"分析"下拉菜单管理器后，系统弹出如图 2-23 所示的菜单项。该菜单主要用于对绘图区的几何元件进行分析，各项分析工具的简介整理于表 2-2 中。

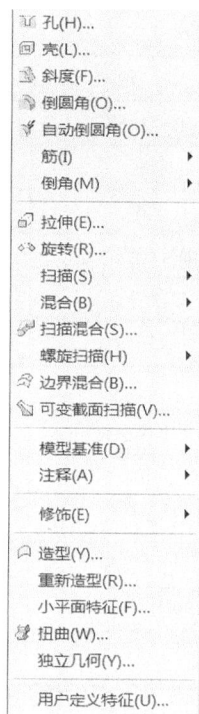

图 2-22 "插入"菜单管理器

表 2-2 "分析"选项说明

选 项	说 明
测量	用于测量几何图元的长度、角度、面积、直径等数值及进行两个坐标系之间坐标值的转换操作
模型分析	分析模型的密度、质量、体积、曲面面积及在指定坐标系下的重心坐标等
曲线分析	分析曲线的曲率等属性
曲面分析	分析曲面的高斯曲率、截面曲率等各种曲率分布，并使用彩色着色的方式显示分析结果
Excel 分析	使用微软公司的 Office 软件中的 Excel 软件对模型进行分析
用户定义分析	执行一个由用户定义的分析
敏感度分析	执行一个可行性研究方案分析
可行性/优化性	执行一个可行性/优化性分析方案
多目标设计研究	进行多目标设计的研究
比较零件	对当前零件和磁盘上的另外一个零件从特征和几何上进行比较，比较结果将在信息窗口中显示

2.2.6 "信息"菜单管理器

如图 2-24 所示的"信息"菜单管理器内是实体模型的各种相关信息，以文字记录特征、模型等数据，以便设计者更加有效地管理数据，各选项的主要功能整理于表 2-3 中。

表 2-3   "信息"选项说明

选 项	说 明
几何检测	设计中出现几何错误时，系统给出错误信息
特征	根据系统提示选取特征，在弹出的信息窗口显示出该特征的有关信息
模型	在信息窗口显示整个模型的相关信息
全局参照查看器	查看全局的参照视图
父项/子项	显示特征之间的关系信息
关系和参数	查看当前模型中添加的关系式和参数的相关信息
切换尺寸	在使用代号表示的尺寸和数值表示的尺寸之间切换
保存模型树	将显示的模型树以文本格式文件进行保存
特征列表	显示模型的特征列表信息
模型大小	显示模型的最大边框，即显示能将模型完全围住的最小的长方体
审计追踪	该模型最后一次执行存盘的时间等记录数据
进程信息	与该特征相关的信息，包括对象列表、消息日志、日期和时间

2.2.7 "应用程序"菜单管理器

"应用程序"下拉菜单管理器用来从一种 Pro/ENGINEER 软件模式切换至另一种模式，并启动相关的应用程序。在不同的环境下，应用程序的菜单选项也有区别，这里主要介绍在零件实体模块中的"应用程序"菜单如图 2-25 所示，其菜单选项说明整理于表2-4 中。

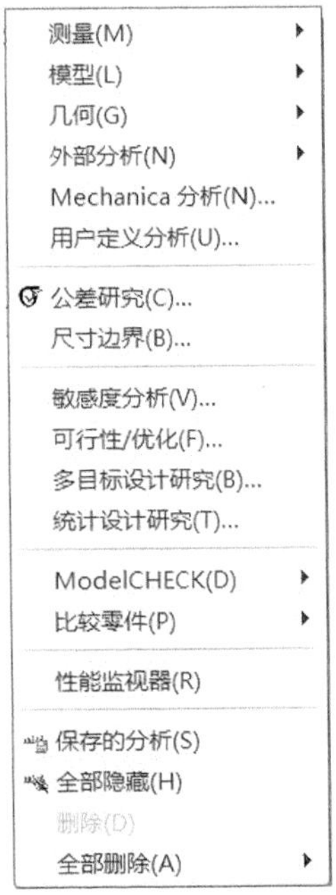

图 2-23 "分析"菜单管理器 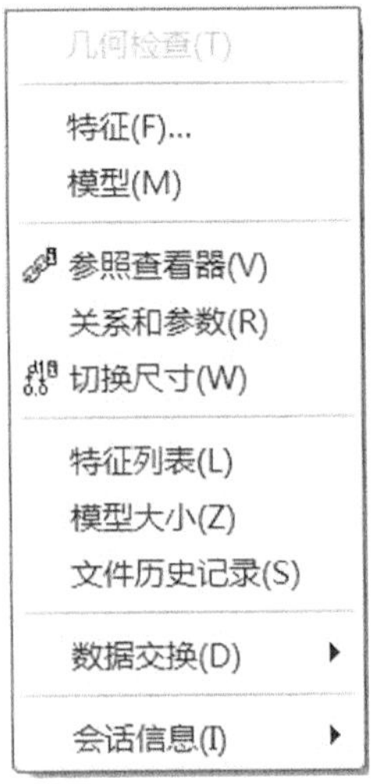   图 2-24 "信息"菜单管理器    图 2-25 "应用程序"菜单管理器

表 2-4 　　　　　　　　　　"应用程序"选项说明

选　项	说　　　明
标准	标准的 Pro/ENGINEER 软件基础功能,启动 Pro/ENGINEER 软件后即可使用
钣金件	钣金模式,用于钣金件的设计
继承	继承模式,用于输入和更新 Pro/ENGINEER 软件中的 3D 数据和 2D 绘图
Mechanica	工程分析,模拟一个产品在其预定工作环境中具有的功能
Plastic Advisor	提供塑胶模具设计咨询,快速模流分析
模具/铸造	可在零件模式下创建模具/铸造特征
会议	是独立的工具,用于在网络上共享文件,并实时运行共享的应用程序

2.2.8 "工具"菜单管理器

"工具"菜单管理器的功能相当实用,可处理系统各项设置,如屏幕的定制、绘图环境的配置等,其选项相对较多如图 2-26 所示,并将每个选项的简要说明整理于表 2-5 中。

图 2-26　"工具"菜单管理器

表 2-5 　　　　　　　　　　"工具"选项说明

选　项	说　　　明
关系	用户定义的符号尺寸和参数之间的等式
参数	在零件中加入参数
指定	将参数、特征和几何指定到 BOM 和 PDM 系统
族表	创建和修改零件族表,快速构建相似的零件
程序	可通过编辑程序来控制零件
UDF 库	用户定义特征(UDF)包括选定的特征、它们的所有相关尺寸、选定特征之间的任何关系及在零件上放置 UDF 的参照列表
图像编辑器	用于图像的编辑
更新 Mfg 注释元素	可以用参照模型中的另一个制造模板替换模型的制造模板,以及可以在制造模型中抽取期间替换制造模板
模型播放器	浏览模型的特征建构过程
组件设置	定义参照控制
播放跟踪/培训文件	读取"历史文件"方式
分布式计算	设置分布式计算方式
Pro/Web.link	登录 Pro/ENGINEER 软件网站以协助工作的进行
映射键	映射键的设置,后面章节将详细介绍
浮动模块	申明浮动许可证
辅助应用程序	管理辅助应用程序
环境	环境设置,包括对象的显示状态、系统默认操作及模型结构的显示类型
服务器注册表	向文件夹浏览器中添加服务器并设置活动工作区域

续表

选　项	说　明
定制屏幕	定制屏幕上可用的菜单、工具栏和映射键，将在后面的章节中详细介绍
配置 ModelCHECK	使用 UI 配置 ModelCHECK
清除历史记录	删除全部历史记录
选项	编辑并载入配置文件，在后面的章节中有介绍
调试	调试 Pro/ENGINEER 软件的部分参数

图 2-27 "窗口"菜单

2.2.9 "窗口"菜单管理器

为提升工作效率常同时建立数个不同的模型文件，即相对产生多个独立窗口，而各窗口间的切换有一定的原则。"窗口"菜单管理器提供了窗口操控功能，单击"窗口"菜单后，将弹出如图 2-27 所示的菜单选项，其选项说明如表 2-6 所示。

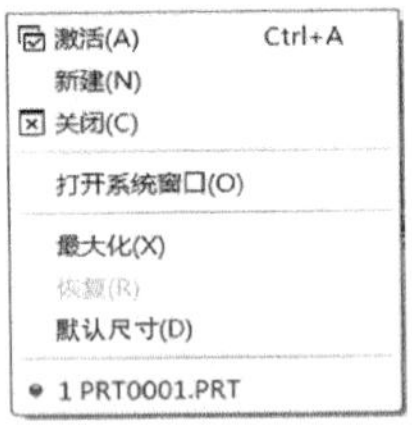

表 2-6　　　　　　　　　"窗口"选项说明

选　项	说　明
激活	启动选取的窗口使其成为工作窗口
新建	创建新的窗口，即在新建窗口中复制当前对象
关闭	关闭窗口，文件数据依旧留在缓存中
打开系统窗口	跳至 DOS 窗口，可执行相关 DOS 命令，在 DOS 下欲回到 Pro/ENGINEER 时输入 EXIT
最大化	使窗口最大化
恢复	使窗口回到原先设置的大小
默认尺寸	使窗口回到默认的大小
###.prt ###.prt	Pro/ENGINEER 软件可以一次加载多个图形文件，欲在图形文件间切换操作，可直接在列表中单击某文件，使其成为工作窗口

2.2.10 "帮助"菜单管理器

"帮助"菜单管理器主要为设计者提供各种帮助信息，其基本功能和用法与很多 Windows 软件的"帮助"菜单管理器相近，在此就不再一一介绍了。

2.3 定 制 用 户 界 面

Pro/ENGINEER 的人性化界面不仅体现在工具栏的显示和菜单的使用上，还体现在用户能够通过特定的操作定制自己的用户界面，下面介绍几种定制界面的方法。

2.3.1 定制图形按钮工具栏

在主菜单栏单击"工具"→"定制屏幕"菜单选项，系统弹出如图 2-28 所示的"定制"对话框，选择"工具栏"选项卡。用户可以通过选中工具栏名称前面的复选框，将该工具栏在用户界面上显示，反之则在绘图区取消该工具栏的显示；另外，用户通过单击工具栏名称后的下拉列表，从中选择"顶"、"左"或"右"选项，使选择的工具栏位于绘图区域的顶部、左边或右边。

图 2-28　"定制"对话框的"工具栏"选项卡

除了上述两种基本操作外，用户还可以在用户界面中自行定制工具栏。首先添加空白工具栏，然后向空白工具栏里添加相应的按钮。拉动对话框中的滚动条到底部，选中"工具条1"复选框，将会在绘图区的顶部出现空白工具栏。

2.3.2　在工具条上增减图形按钮

单击"定制"对话框中的"命令"选项卡，如图 2-29 所示。从对话框中的提示信息可知，要增加菜单或者按钮，只需将其从"命令"分组框中拖到菜单栏或者工具栏即可，要删除菜单项或者按钮，将其拖离菜单栏或者工具栏即可。

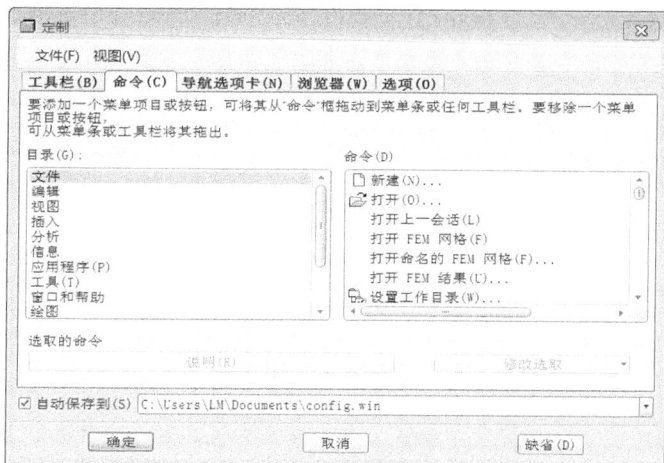

图 2-29　"定制"对话框的"命令"选项卡

在"目录"分组框中系统对工具栏、菜单和映射键等进行了分类，用户可以根据类型进行选择。"命令"分组框中将显示不同类型的按钮，在其中选择一个按钮之后，单击"说明"按钮即可查看其说明。单击"修改选取"按钮可以对该按钮的图标进行特定的操作，如复制、粘贴和编辑等。

2.3.3 "定制"对话框其他选项卡

通过选择"定制"对话框的"导航选项卡"选项卡，可以定义导航栏和模型树的位置及大小；通过选择"浏览器"选项卡，可以定义浏览器的窗口宽度及其他初始设置值；通过选择"选项"选项卡，可以设置消息窗口的位置、打开次窗口的大小及是否在菜单里显示命令对应的图标。

2.4 定 义 映 射 键

在 Pro/ENGINEER 软件中，映射键是将常用命令序列映射到特定键盘键或组合键的键盘宏。映射键保存在配置文件 mapkey 中，每一个宏开始于一个新行。可以定义单键或组合键，按这些键时可以执行映射键宏。对于在 Pro/ENGINEER 软件中经常执行的任何任务，都可以为其创建映射键。

通过将定制的映射键添加到工具栏或菜单条中，借助鼠标单击或菜单命令就可以使用这些映射键，从而实现工作流程的自动化。

下面就一个具体的实例来讲述映射键的设置方法。在这个实例中将把基准面开/关映射到字母键 C 上。

（1）单击"工具"→"映射键"命令，打开"映射键"对话框，如图 2-30 所示。

（2）单击"新建"按钮，打开"录制映射键"对话框，如图 2-31 所示。在"键序列"文本框中输入用于执行映射键的键序列"C"，并可在下面的文本框中输入映射键的"名称"和"说明"。

（3）单击"录制"按钮，开始录制映射键。单击图标按钮区的基准面开/关，然后单击"停止"按钮结束录制，最后单击"确定"按钮，返回到"映射键"对话框。在该对话框中可以看到 C 键经过映射后已经有了名称和说明，如图 2-32 所示，这样就完成了一个映射键的定义。当然也可以通过该对话框完成对映射键的其他操作。

图 2-30 "映射键"对话 　　　图 2-31 "录制映射键" 　　　图 2-32 添加映射键后的"映射键"
　　　　　　　　　　　　　　　　　　　对话框　　　　　　　　　　　　 对话框

2.5　定义系统默认模板的设置

在 Pro/ENGINEER 软件中，"零件"→"实体"的默认模板文件是 inlbs_part_solid，这不符合我国绘图标准的尺寸规定，因此在"新建"文件时用户总是要去掉勾选"使用默认模板"，在弹出的"新文件选项"对话框中选择 mmns_part_solid 模板文件，如图 2-33 所示。为了实现高效工作，用户可以将默认模板文件直接设置为 mmns_part_solid。

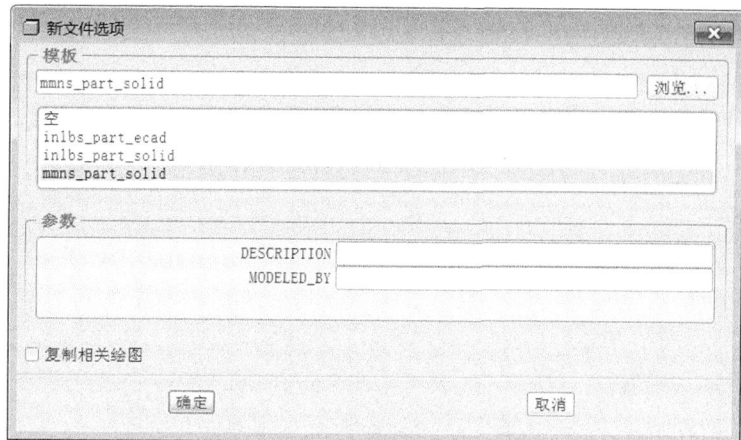

图 2-33　"新文件选项"对话框

具体方法为：单击菜单"工具"→"选项"命令，弹出如图 2-34 所示的"选项"对话框。在"选项"下的文本框中输入 template_solidpart，单击"查找"按钮，弹出如图 2-35 所示的"查找选项"对话框。单击"设置值"下拉列表框右侧的"浏览"按钮，在 Pro/ENGINEER 软件的安装目录中找到文件夹 templates，打开该文件夹并选择 mmns_part_solid.prt 文件作为 template_solidpart 的值。单击"查找选项"对话框中的"添加/更改"命令，关闭"查找选项"

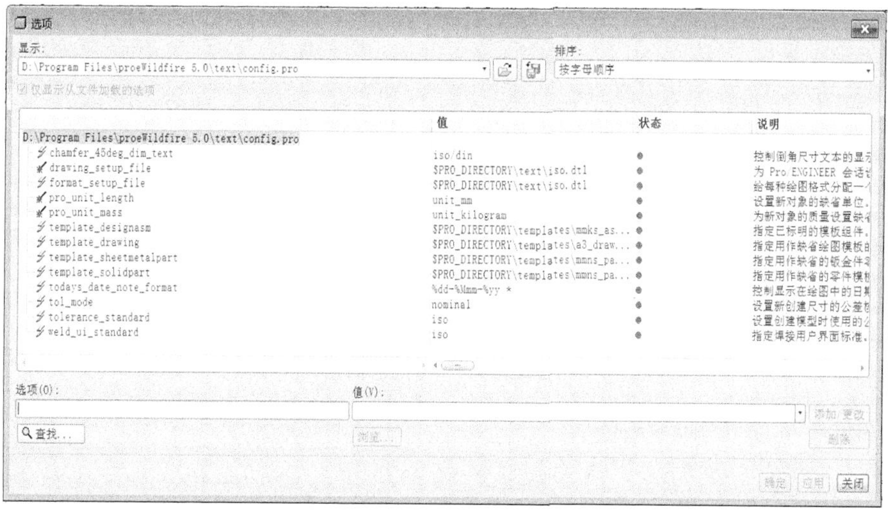

图 2-34　"选项"对话框

对话框。在"选项"对话框中单击"应用"按钮将修改后的结果应用于当前进程，同时用户也可以单击"选项"对话框中的按钮 将修改后的配置文件保存到 Pro/ENGINEER 软件的启动目录，并命名为 config.pro。这里要注意的是若要保证下次重新启动 Pro/ENGINEER 软件时能调用修改后的配置文件，务必将文件命名为 config.pro 并保存在 Pro/ENGINEER 软件的启动目录中，也就是默认的工作目录中。

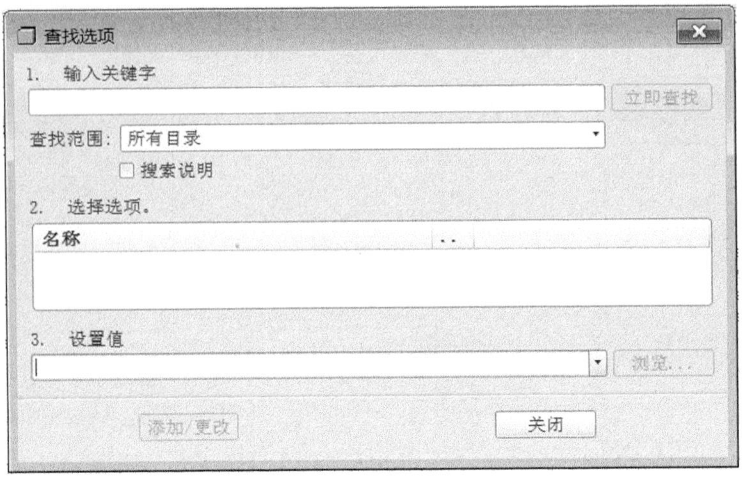

图 2-35 "查找选项"对话框

2.6 鼠标的基本操作

在 Pro/ENGINEER 软件中鼠标是一个很重要的工具，通过与其他组合键组合使用，可以完成各种图形要素的选择，还可以用来进行模型截面的绘制工作。需要注意的是，Pro/ENGINEER 软件中使用的是有滚轮的三键鼠标。下面将三键鼠标的用法整理于表 2-7 中。

表 2-7 三键鼠标的使用

对象	用途
鼠标左键	用于选择菜单、工具按钮、明确绘制图素的起始点与终止点、确定文字注释位置、选择模型中的对象等
鼠标右键	选中对象如绘图区、模型树中的对象、模型中的图素等。在草绘时单击鼠标右键可取消自动约束；在绘图区单击鼠标右键显示相应的快捷菜单
鼠标中键	单击鼠标中键表示结束或完成当前的操作，一般情况下与菜单中的"确定"选项、对话框中的"是"按钮、命令操控面板中的按钮 ✔ 的功能相同
鼠标中键+Ctrl	垂直上下移动鼠标可以缩放模型，效果等同于直接转动滚轮
鼠标中键+Ctrl	水平左右移动鼠标可以旋转模型，但在单纯的 2D 草绘模式中无作用
滚轮+ Shift	0.5 倍缩放模型
滚轮	直接转动滚轮则 1.0 倍缩放模型
滚轮+Ctrl	2.0 倍缩放模型

2.7　快　捷　菜　单

在一般的窗口化系统中，按鼠标右键会出现右键快捷菜单，然后用户即可方便迅速地进行相关的操作。在 Pro/ENGINEER 软件中，不同的环境会出现不同内容的快捷菜单，下面介绍 4 种比较常见的情况。

1. 按钮工具栏

在按钮工具栏中的任一位置按鼠标右键会出现一个快捷菜单，被选中的项目即会在工具栏中显示其按钮，用户可以随个人的习惯调整按钮的分布，如图 2-36 所示。

单击该快捷菜单最下面的"命令"选项或者"工具栏"选项，会弹出前面介绍过的"定制"对话框。

2. 模型树

直接从"模型树"中点选特征，按鼠标右键弹出快捷菜单后即可选择要进行的操作，如图 2-37 所示。

3. 模型

与"模型树"类似，直接选择模型上的点、边和面特征等对象，然后按鼠标右键即可选择要进行的操作，如图 2-38 所示。

图 2-36　按钮工具栏　　图 2-37　模型树快捷菜单　　　　图 2-38　选择模型后的快捷菜单

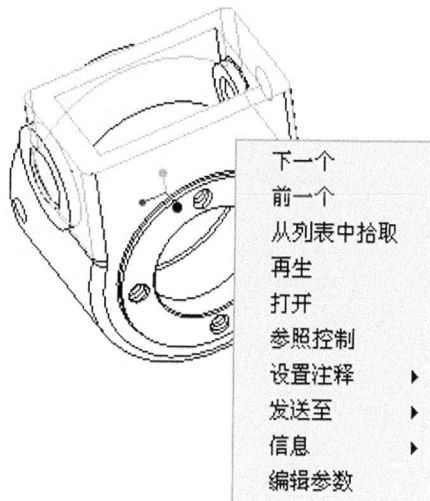

　　快捷菜单

4. 草绘

在草绘阶段直接按鼠标右键即可选择要进行的操作，如图元绘制、尺寸标注和修改等，如图 2-39 所示。

当然，快捷菜单有很多，不胜枚举，读者在使用 Pro/ENGINEER 软件的过程当中，可慢慢积累，养成使用快捷菜单的习惯，这样可以大大提高工作效率。

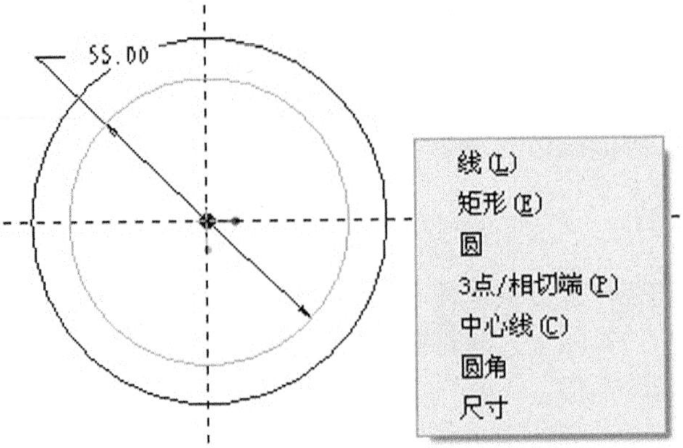

图 2-39　草绘状态下的快捷菜单

2.8　数 值 输 入 方 式

在特征的创建过程中经常需要输入数值，如拉伸深度、旋转角度等。在输入数值的提示区可以直接输入对应数值，也可以输入计算公式。也就是说 Pro/ENGINEER 软件提供有数学计算的功能，例如某个尺寸是两个尺寸（63–17）差的一半，则可直接在信息提示区内输入：（63–17）/2。

系统所能接受的数学式内容有一般的数学运算符号，如加（+）、减（–）、乘（*）、除（/）、括号（（））和次方（a^b）等，其他的如三角函数、在一般的计算机语言中所能使用的数学函数皆可。

数值或数学式输入后，有 3 种方式告知系统已完成输入：按"回车键"、按鼠标中键或单击数值输入提示区右侧的"确定"按钮☑。若要取消输入，则可按 Esc 键或"取消"按钮✖。

第3章 二 维 草 绘

二维草绘是三维造型的基础，在三维造型中占很重要的地位。通常三维造型的第一步就是二维草绘，然后根据实际情况对二维草图进行各种处理。掌握二维草绘将为三维实体造型打下坚实的基础。

3.1 草 绘 环 境 设 置

草绘环境设置就是设置草图绘制中的用户界面参数，使得 Pro/ENGINEER Wildfire 在完成草图绘制的过程中能更好地满足工程设计的技术要求和设计者的个人风格。下面就详细介绍在二维草图绘制模式中系统环境的设置。

1. 设置网格间距

根据将要绘制的模型草图的大小，可设置草绘环境中网格的大小。设置之前首先要进入草绘环境（可以是单独绘制草图，或是在造型过程中绘制草图），然后进行设置，其操作的主要过程如下：

（1）启动 Pro/ENGINEER Wildfire 5.0，进入工作环境。

（2）单击主菜单的"新建"→"文件"命令，系统弹出如图 3-1 所示的"新建"对话框，在对话框的"类型"选项组中选择"草绘"，并在"名称"文本框中输入文件名，输入 test，然后单击"确定"按钮，进入草绘环境。此时主菜单出现"草绘"菜单项，并在右侧出现"草绘"工具条，如图 3-2 所示，这标志着已经进入了二维草绘环境。

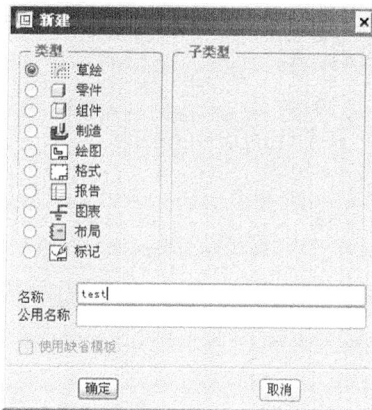

图 3-1 创建草绘文件时"新建"对话框

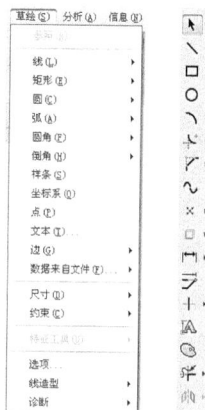

图 3-2 "草绘"菜单和工具条

（3）单击主菜单的"草绘"→"选项"命令，弹出"草绘器首选项"对话框，如图 3-3 所示。

（4）在"草绘器首选项"对话框中的"参数"选项卡中的"栅格间距"选项组中选择"手动"，然后在"值"选项组中的 X 和 Y 文本框中输入间距值，最后单击"完成"按钮 ☑，完成设置。

2．设置优先约束项目

在"草绘器优先选项"对话框中的"约束"选项卡中可以设置草绘环境中的优先约束项目，如图 3-4 所示。只有在这里选择一些约束，在绘制草图的时候系统才会自动地添加相应的约束，否则不会自动添加。默认状态下是全部选取。

3．设置优先显示

在"草绘器首选项"对话框中的"其他"选项卡中可以设置草绘环境中的优先显示项目等，如图 3-5 所示。只有在这里选择这些显示项目，在绘制草图的时候系统才会自动显示草图的尺寸、约束符号、顶点等。

图 3-3　"草绘器首选项"对话框　　　　图 3-4　"约束"选项卡　　　　图 3-5　"其他"选项卡

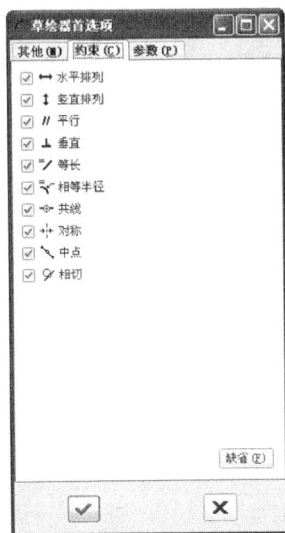

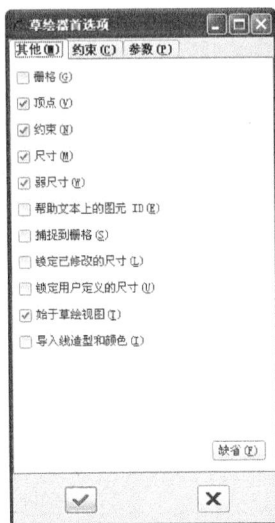

3.2　绘制基本几何图元

本节将介绍直线、圆、圆弧、圆角、文本等基本几何图元的绘制方法和技巧。掌握这些方法和技巧将有助于绘制复杂的草图。

3.2.1　绘制直线

在"草绘"工具条中直线的绘制按钮有 4 个部分：绘制一般直线、绘制相切直线、绘制中心线、绘制几何中心线。

1．绘制一般直线

（1）单击"直线"按钮，然后在绘图区中单击直线的起始点，这时将看到一条"橡皮筋"线附着在鼠标指针上。

（2）单击直线的终止位置点，系统将在两点之间创建一条直线，并在终点处出现另一条"橡皮筋"线。

（3）重复步骤（2），可以得到很多首尾相连的线段。

（4）单击鼠标中键，完成一般直线的绘制，如图 3-6 所示。

2. 绘制相切直线

（1）单击"相切直线"按钮，在第一个圆上单击一点，这时可以看到有一条始终和该圆相切的"橡皮筋"线附着在鼠标的指针上。

图 3-6 草绘一般直线

（2）在第二个圆上单击与直线相切的位置点，这时便产生了一条和两个圆相切的直线段。

（3）单击鼠标中键，完成相切直线的创建，如图 3-7 所示。

3. 绘制中心线

中心线常常被用作草图的对称中心和辅助线。

（1）单击"中心线"按钮，在绘图区的某个位置单击鼠标左键，此时一条中心线将附着在鼠标指针上。

（2）在另一个位置上单击鼠标，系统将自动生成一条通过此两点的中心线，如图 3-8 所示。

4. 绘制几何中心线

几何中心线是通过两点创建几何中心线，该中心线在实体造型中充当着回转体的回转中心的作用。

（1）单击"几何中心线"按钮，在第一个圆中心单击鼠标左键，这时可以看到有一条始终通过该圆的"橡皮筋"线附着在鼠标的指针上。

（2）在第二个圆上单击与直线相切的位置点，这时便产生了一条和两个圆相切的几何中心线。

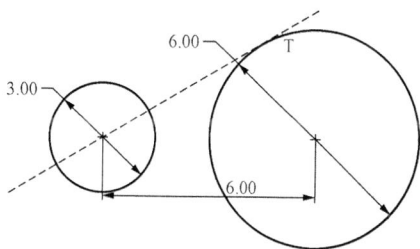

（3）单击鼠标中键，完成几何中心线的创建，如图 3-9 所示。

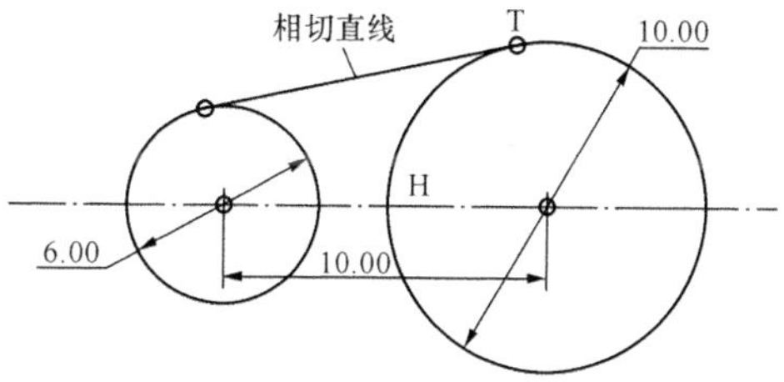

图 3-7 草绘相切直线 　　　图 3-8 中心线　　　图 3-9 几何中心线

3.2.2 绘制矩形

在 Pro/ENGINEER Wildfire 5.0 中只需要两个不同位置的点就可以绘制一个矩形，省去了绘制 4 条直线的麻烦。同时提供了多达 3 种矩形的绘制：矩形、斜矩形和平行四边形。

1. 绘制矩形

（1）单击"矩形"按钮，在绘图区中的某个位置单击鼠标左键，放置矩形的一个角点，然后拖动鼠标可以调整矩形的大小。再次单击鼠标左键，放置矩形的另一个角点，矩形如图 3-10 所示。

（2）在绘制矩形的时候也可以使用中心线为对称中心，使矩形边相互对称，如图 3-11 所示。

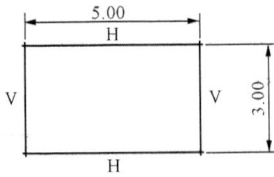

图 3-10　草绘矩形

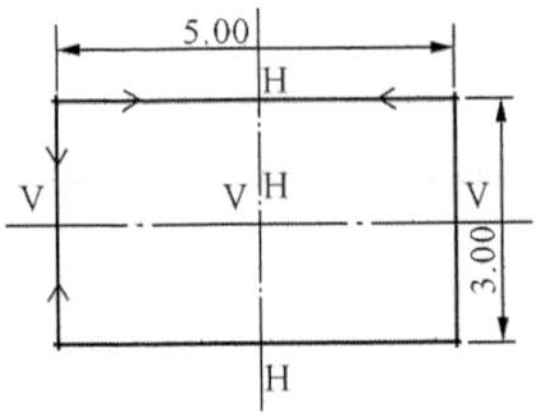

图 3-11　中心对称矩形

2．绘制斜矩形

（1）单击"斜矩形"按钮◇，在绘图区中的某个位置单击鼠标左键，放置矩形的一个角点，然后拖动鼠标可以调整斜矩形的方位。再次单击鼠标左键，放置矩形其中一条边的位置。

（2）再确定矩形的一条边的方位后，拖动鼠标，确定矩形的另一个角点，矩形如图 3-12 所示。

3．绘制平行四边形

（1）单击"平行四边形"按钮▱，在绘图区中的某个位置单击鼠标左键，放置平行四边形的一个角点，然后拖动鼠标可以调整平行四边形的方位。再次单击鼠标左键，放置平行四边形其中一条边的位置。

（2）在确定平行四边形的一条边的方位后，拖动鼠标，确定平行四边形的另一个角点，平行四边形如图 3-13 所示。

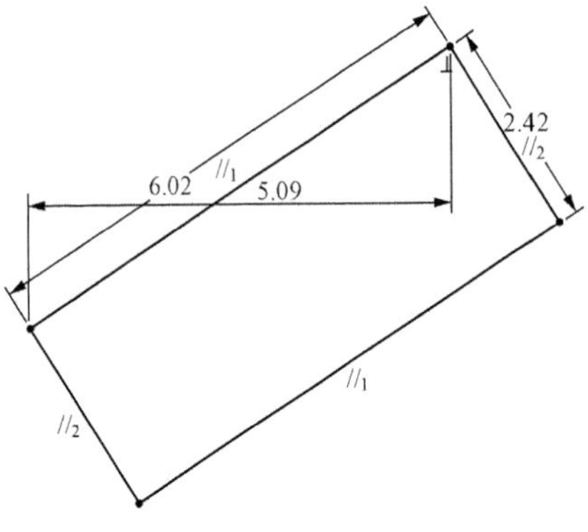

图 3-12　斜矩形

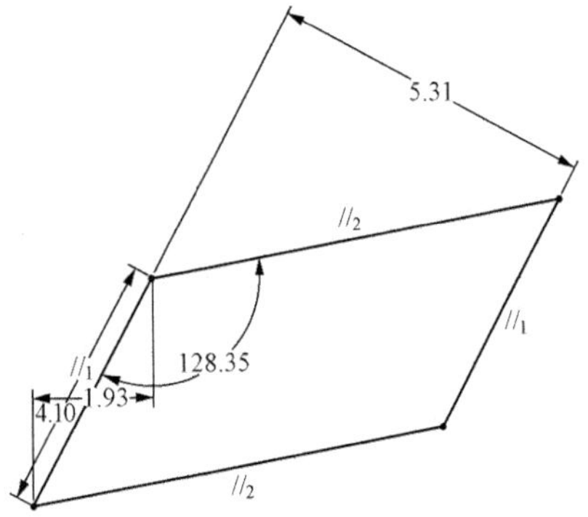

图 3-13　平行四边形

3.2.3　绘制圆

在"草绘"工具条中圆的绘制按钮有 6 个部分：绘制中心半径圆、绘制同心圆、绘制三点圆、绘制相切圆、绘制轴端点椭圆、绘制中心和轴椭圆。

1．绘制中心半径圆

（1）单击"中心半径圆"按钮○，然后在绘图区某位置单击圆的起始点，这时将看到一条"橡皮筋"线附着在鼠标指针上。

（2）调整指针的位置可以调节圆的大小，将圆拖至合适的大小并单击鼠标左键完成绘制，如图 3-14 所示。

  2．绘制同心圆

  （1）单击"同心圆"按钮◎，然后选择一个圆或是圆弧以放置圆心。

  （2）移动鼠标，调整圆的半径，在合适的位置单击鼠标左键确定圆的大小，如图 3-15 所示。

  3．绘制三点圆

  （1）单击"三点圆"按钮○，然后依次选择三个不同的点。

  （2）然后单击鼠标中键确认，完成三点圆的绘制，如图 3-16 所示，三个点即为三角形的三个顶点。

图 3-14 草绘中心半径圆   图 3-15 草绘同心圆   图 3-16 草绘三点圆

  4．绘制相切圆

  （1）单击"相切圆"按钮○，然后依次选择三个不同圆、圆弧或直线等。

  （2）然后单击鼠标中键确认，完成相切圆的绘制，如图 3-17 所示。

  5．绘制轴端点椭圆

  （1）单击"轴端点椭圆"按钮⊘，然后在绘图区某位置单击椭圆的轴端点，这时将看到一条"橡皮筋"线附着在鼠标指针上，调整指针位置可以改变椭圆的一根轴的长度和方位，如图 3-18 所示。

  （2）在确定椭圆的一根轴之后，拖动鼠标至合适的另一根轴的长度，单击鼠标左键完成绘制，如图 3-19 所示。

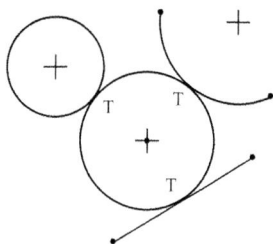

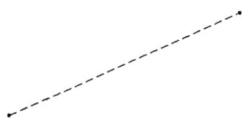

图 3-17 草绘相切圆   图 3-18 草绘椭圆的一根轴   图 3-19 草绘椭圆

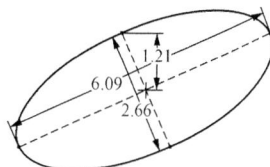

  6．绘制中心和轴的椭圆

  （1）单击"中心和轴的椭圆"按钮 ⊘，然后在绘图区某位置单击椭圆的中心点，这时将看到一条"橡皮筋"线附着在鼠标指针上，调整指针位置可以改变椭圆的一根轴的长度和方位，如图 3-20 所示。

（2）在确定椭圆的一条轴之后，拖动鼠标至合适的另一条轴的长度，单击鼠标左键完成绘制，如图 3-21 所示。

图 3-20　草绘中心及一轴　　　　图 3-21　草绘中心和轴的椭圆

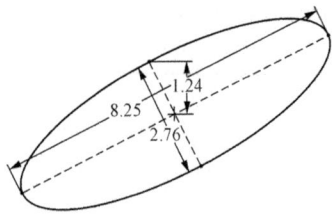

3.2.4　绘制圆弧

在"草绘"工具条中圆弧的绘制按钮 ⌒· ⌐ ⊗ ⌐ ⌐ ⌐ 有五个部分：绘制三点圆弧、绘制同心圆弧、绘制中心圆弧、绘制相切圆弧、绘制圆锥圆弧。

1．绘制三点圆弧

（1）单击"三点圆弧"按钮 ⌒ ，然后在绘图区某位置单击圆弧的一个端点，然后在另一个位置单击鼠标左键，放置另一个端点。

（2）此时移动鼠标指针，圆弧呈橡皮筋样变化，单击圆弧上一点完成绘制，如图 3-22 所示。

2．绘制同心圆弧

（1）单击"同心圆弧"按钮 ⊗ ，然后选择一个圆或是圆弧以放置圆心。

（2）移动鼠标，调整半径，在合适的位置单击两点以确定圆弧的两个端点，如图 3-23 所示。

3．绘制中心圆弧

（1）单击"中心圆弧"按钮 ⌐ ，在绘图区的某位置单击鼠标左键，确定圆弧的中心点。

（2）然后将圆拉至所需的大小，并在圆弧上单击两点确定圆弧的两个端点，如图 3-24 所示。

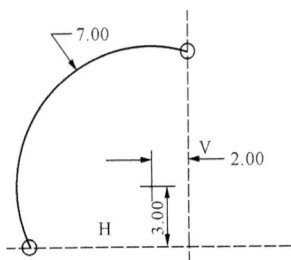

图 3-22　草绘三点圆弧　　　　图 3-23　草绘同心圆弧　　　　图 3-24　草绘中心圆弧

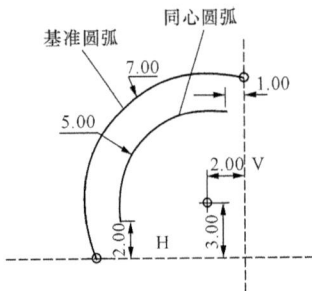

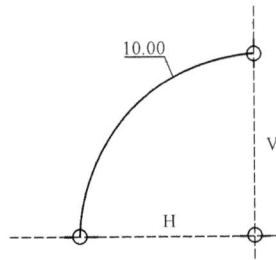

4．绘制相切圆弧

（1）单击"相切圆弧"按钮 ⌐ ，然后依次选择三个不同图元，如圆、圆弧或直线等。

（2）然后单击鼠标中键确认，完成相切圆弧的绘制，如图 3-25 所示。

5. 绘制圆锥圆弧

（1）单击"圆锥圆弧"按钮 ⚬，然后在绘图区某位置单击两点，作为圆锥圆弧的两个端点。

（2）此时移动鼠标指针，圆锥圆弧呈橡皮筋状变化，单击圆锥圆弧的"尖点"位置完成绘制，如图 3-26 所示。

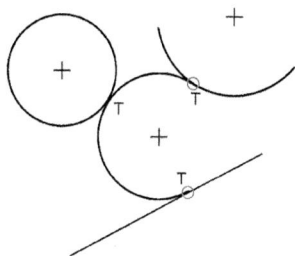

图 3-25　草绘相切圆弧

图 3-26　草绘圆锥圆弧

3.2.5　绘制圆角

在"草绘"工具条中圆角的绘制按钮 ⌐ · ⌐ 有两个部分：绘制圆角、绘制椭圆圆角。

1. 绘制圆角

单击"圆角"按钮 ⌐，分别选择两个图元（如两条边），系统将在两个图元间创建圆角，并将两个图元裁剪至交点，如图 3-27 所示。

2. 绘制椭圆圆角

单击"椭圆圆角"按钮 ⌐，分别选择两个图元（如两条边），系统将在两个图元间创建椭圆圆角，并将两个图元裁剪至交点，如图 3-28 所示。

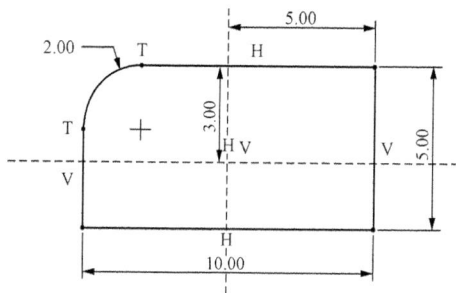

图 3-27　绘制圆角

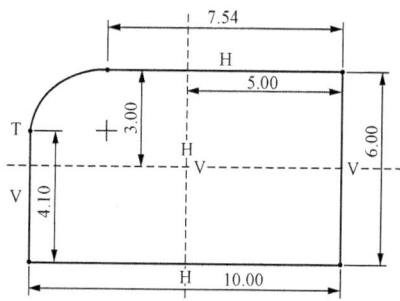

图 3-28　绘制椭圆圆角

3.2.6　绘制倒角

在"草绘"工具条中倒角的绘制按钮 ⌐ ⌐ 有两个部分：绘制倒角、绘制倒角修剪。

1. 绘制倒角

单击"倒角"按钮 ⌐，分别选择两个图元（如两条边），系统将在两个图元间创建倒角，并将两个图元裁剪至交点，如图 3-29 所示。

2．绘制延长倒角

单击"延长倒角"按钮 $\mathcal{V}$ ，分别选择两个图元（如两条边），系统在两个图元间创建倒角，并将两图元从倒角处使用构建线延长相交，如图 3-30 所示。

图 3-29　绘制倒角

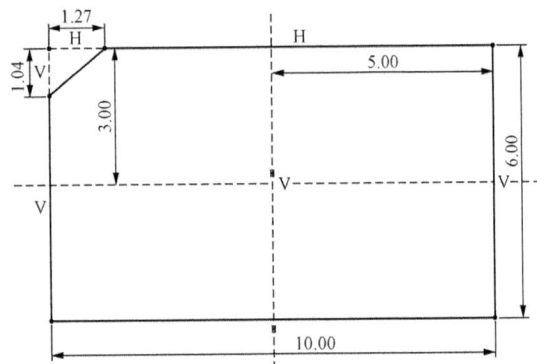

图 3-30　绘制延长倒角

3.2.7　绘制样条曲线

样条曲线是通过任意多个中间点构成的平滑曲线，绘制方法如下：

（1）单击"样条曲线"按钮 $\sim$ ，然后在绘图区单击一系列点，可以看到一条"橡皮筋"样条附着在鼠标指针上。

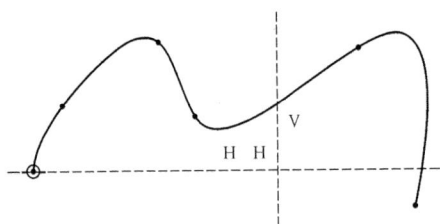

（2）单击鼠标中键完成样条曲线的绘制，如图 3-31 所示。

3.2.8　绘制点和坐标系

在 Pro/ENGINEER Wildfire 5.0 中绘制点和坐标的工具在一个按钮 $\boxed{\times \;\times \;\swarrow \;\measuredangle}$ 中，而且创建方式差别不大，放在一起介绍，注意点和坐标系只能在草图环境使用，而几何点和几何坐标系可以在其他的模块中使用。

图 3-31　绘制样条曲线

1．绘制点或几何点

单击"点"按钮 $\times$ 或"几何点"按钮 $\times$ ，在绘图区中需要的位置单击以放置该点，如图 3-32 所示。

2．绘制坐标系或几何坐标系

单击"坐标系"按钮 $\measuredangle$ 或"几何坐标系"按钮 $\measuredangle$ ，然后在绘图区的某位置单击鼠标左键，确定坐标系原点的位置，如图 3-32 所示。

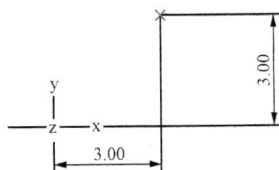

图 3-32　绘制坐标系与点

3.2.9　创建文本

在造型的时候常常会出现输入三维实体文本的情况，这个时候就需要用到草绘中的生成文本的功能。

（1）单击"文本"按钮 $\mathbb{A}$ ，在系统提示下，在绘图区单击一点作为行的起始点。

（2）然后在系统的提示下，单击另一点，作为行的第二点。此时在两点之间会显示一条构建线。该线的长度决定了文本的高度，该线的角度决定了文本的方向。

（3）系统弹出如图 3-33 所示的"文本"对话框，在"文本行"文本框中输入文本（一般要少于 79 个字符）。

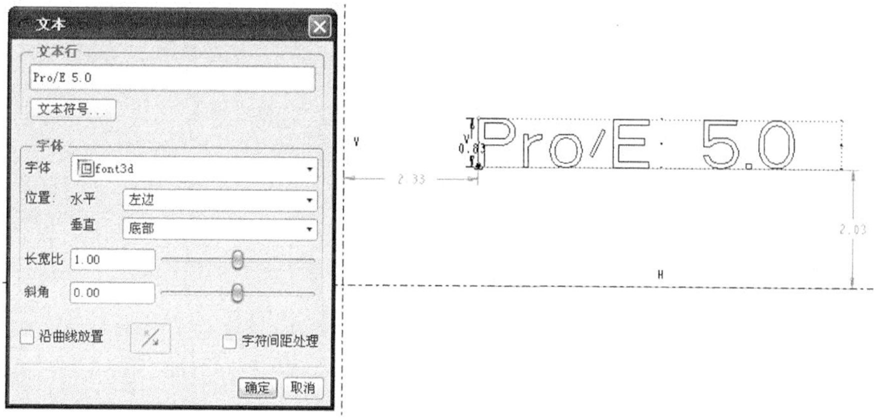

图 3-33　"文本"对话框

（4）在"文本"对话框里可以设置以下一些项目："字体"下拉列表框中可以选取系统提供的各种字体；"位置"选区可以设置水平和垂直的位置；"长宽比"文本框可以设置文本的长宽比；"斜角"文本框可以设置文本的倾斜角度；"沿曲线放置"复选框可以设置沿着一条曲线放置文本，然后选择希望在其上放置文本的弧或是样条曲线；"字符间距处理"复选框可以控制某些字符串之间的空格，改善文本字符的外观。

（5）单击"文本"对话框的"确定"按钮，完成文本的创建。

3.2.10　使用现有图形创建当前草图

在 Pro/ENGINEER Wildfire5.0 中可以使用和继承在 Pro/ENGINEER 软件或是其他软件（如 AutoCAD）中保存过的二维草图。

（1）在草绘环境下单击主菜单的"草绘"→"数据来自文件"→"文件系统"命令，系统将弹出"打开"对话框，如图 3-34 所示。

（2）选择需要打开的文件，并单击"打开"按钮，然后在绘图区单击一点以确定草图放置的位置，该二维草绘便显示在绘图区中，同时系统弹出"移动和调整大小"对话框，如图 3-35 所示。

（3）在"移动和调整大小"对话框中输入一个比例值和一个旋转值。

（4）单击"移动和调整大小"对话框中的"完成"按钮 ✔，结果如图 3-36 所示。

图 3-34　"打开"对话框

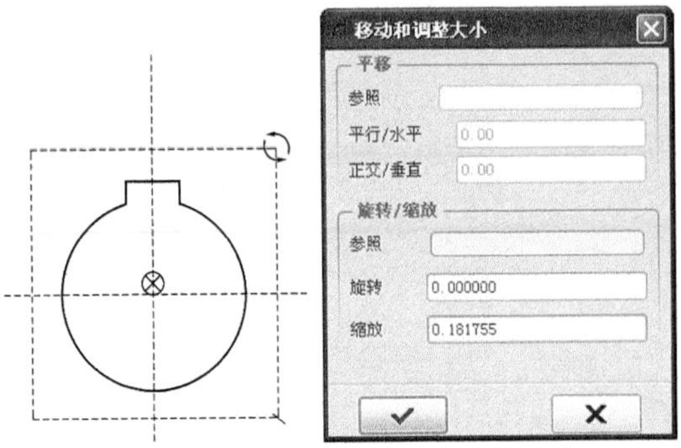

图 3-35 "移动和调整大小"对话框

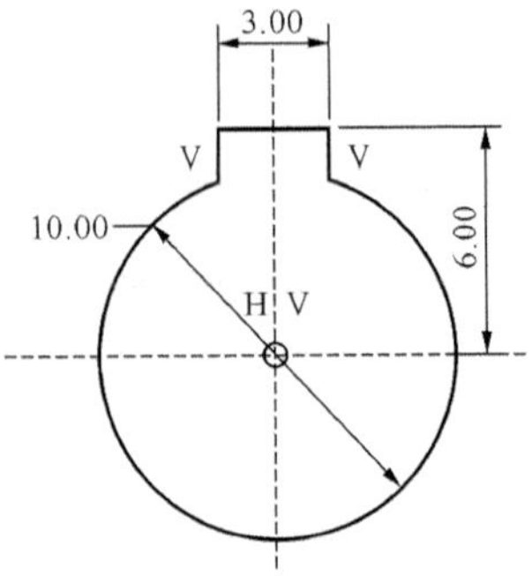

图 3-36 文件引入图形

3.3 编辑几何图元

对几何图元进行编辑是二维草绘的一个重要组成部分，本节将介绍选取、复制、镜像、移动、缩放和旋转、裁剪几何图元的方法和样条的编辑方法。

3.3.1 选取几何图元

对几何图元进行编辑之前要对几何图元进行选取。单击"编辑"→"选取"命令，可以看到"选取"有6个选项：首选项、取消选取全部、依次、链、所有几何和全部，如图 3-37 所示。其中"选取首选项"对话框可以设定选取的参数，如图 3-38 所示。"选取"对应的功能见表 3-1。

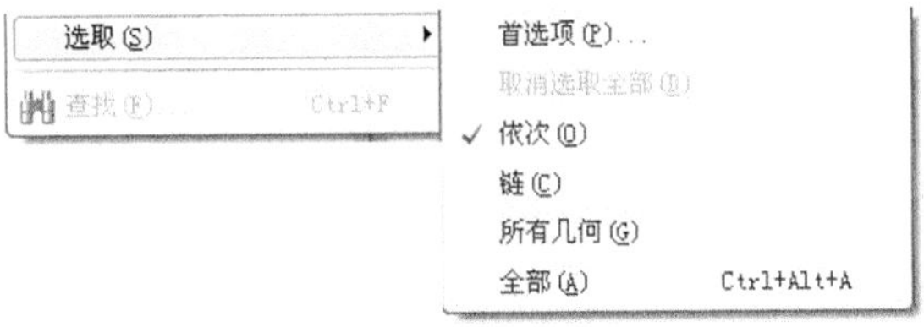

图 3-37 "选取"选项

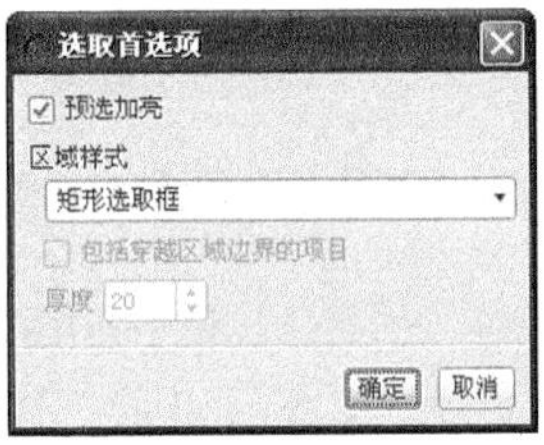

图 3-38 "选取首选项"对话框

表 3-1　　　　　　　　　　　　　　　"选取"的 6 个选项

名　称	功　能
首选项	设置选取的一些参数
取消选取全部	取消选取的内容
依次	每次只能选取一个图元，但是按 Shift 键可以连续选取多个几何图元
链	选取一个几何图元选取所有与之首尾相连的几何图元
所有几何形状	选中绘图区的全部的几何图元
全部	选中绘图区的全部元素，包括几何图元、尺寸约束等

3.3.2 复制几何图元

当需要产生一个或者多个与现有图元相同的图元时，可以使用复制的方法来实现。

（1）在绘图区中单击或是框选要复制的图元，如图 3-39 所示。

（2）单击"编辑"→"复制"命令，然后单击"编辑"→"粘贴"命令，再在绘图区单击一点以确定草图放置的位置，则出现"移动和调整大小"对话框，如图 3-40 所示。

图 3-39　选择要复制的图元

图 3-40　复制时的"移动和调整大小"对话框

（3）单击"完成"按钮，完成复制。

3.3.3　镜像几何图元

镜像图元的步骤如下：

（1）在绘图区单击或框选要镜像的图元。

（2）单击"镜像"按钮，或是单击"编辑"→"镜像"命令。

（3）系统提示选取一条镜像中心线，选择如图 3-41 所示的中心线，要注意的是基准面的投影线看上去很像中心线，但是并不是中心线，要进行创建，然后选取为镜像中心线。

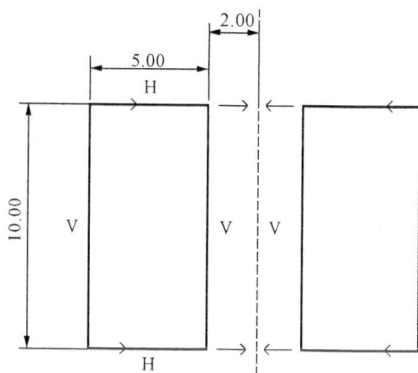

3.3.4　移动几何图元

图 3-41　镜像草绘

移动几何图元的操作相对比较简单，下面以移动一个圆来说明。

（1）在绘图区中绘制两圆，一个直径为 4，另一个直径为 8，如图 3-42 所示。

（2）单击小圆的中心，并按住鼠标左键不松开，然后把它移至大圆内部，结果如图 3-43 所示。

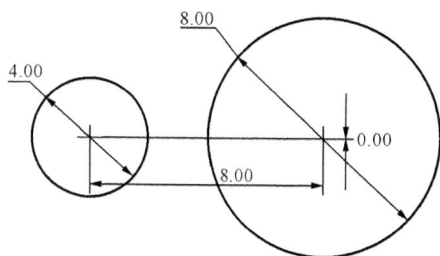

图 3-42　草绘圆

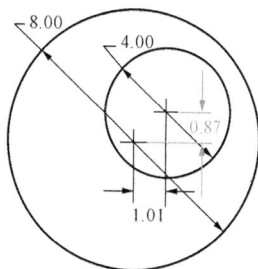

图 3-43　移动圆

3.3.5　缩放和旋转几何图元

（1）在绘图区域中绘制如图 3-44 所示的图形。

（2）选取上一步骤绘制的图形，然后单击工具栏的"缩放和旋转"按钮 ⊙，它和"镜像"按钮 Ⅲ 在一个栏中，弹出"移动和调整大小"对话框，如图 3-45 所示。

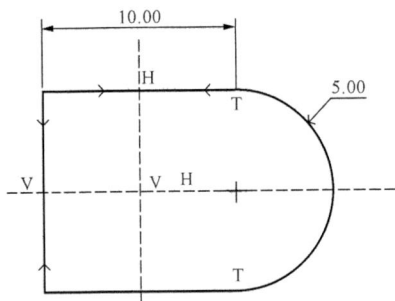

图 3-44　草绘基础图形

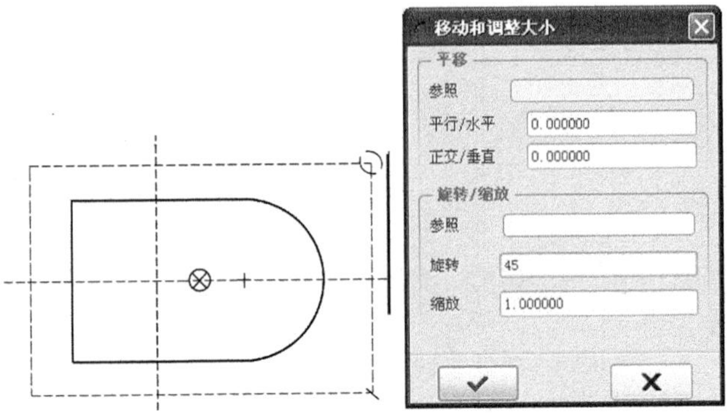

图 3-45　缩放图元位置时"移动和调整大小"对话框

（3）单击选取图 3-45 中不同的操纵手柄，可以移动、缩放和旋转操纵，也可以在"移动和调整大小"对话框中精确输入数值，角度为"45°"，然后单击"完成"按钮 ✔，完成操作，如图 3-46 所示。

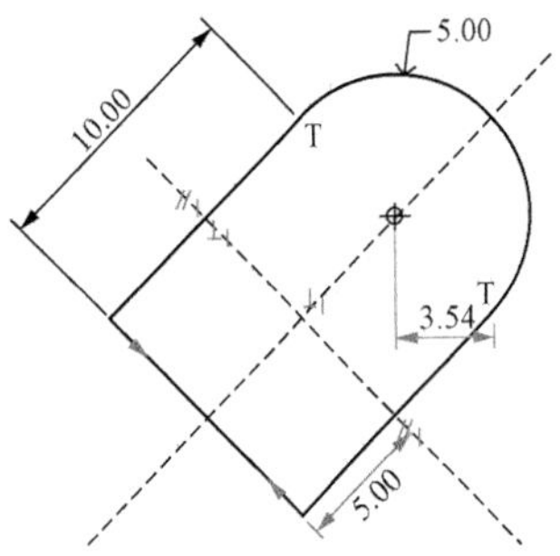

3.3.6　裁剪几何图元

裁剪图元有三种方法：删除段、顶角和分割，图标为 。

1. 删除段

删除段是指在绘图区将已经绘制好的几何图元的一段删除，这里的段就是该几何图元的两个端点或是端点和其他几何图元的交点之间的部分。

图 3-46　旋转结果

（1）在绘图区里绘制如图 3-47 所示的图形。

（2）单击工具栏上的"删除段"按钮 ，用鼠标左键在绘图区选取直线在圆内的部分，此后此段被删除，如图 3-48 所示。

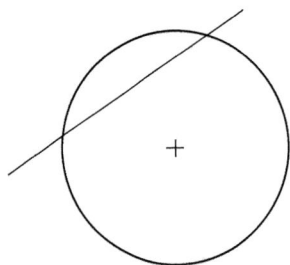

图 3-47　草绘圆和直线　　　　　图 3-48　删除段

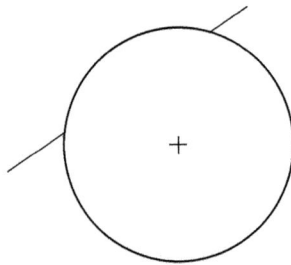

2. 顶角

顶角操作会出现两种情况：一种是当操作的两图元不相交时两图元将自动延长；另一种是当操作的两图元相交时两图元就形成顶角。

（1）绘制如图 3-49 所示的图形。

（2）单击工具栏上的"顶角"按钮，然后在绘图区单击直线 1 和直线 2 要保留的部分，发现系统自动删除两直线非保留的部分，直接单击直线 3 和直线 4，发现系统自动把两直线延伸相交，如图 3-50 所示。

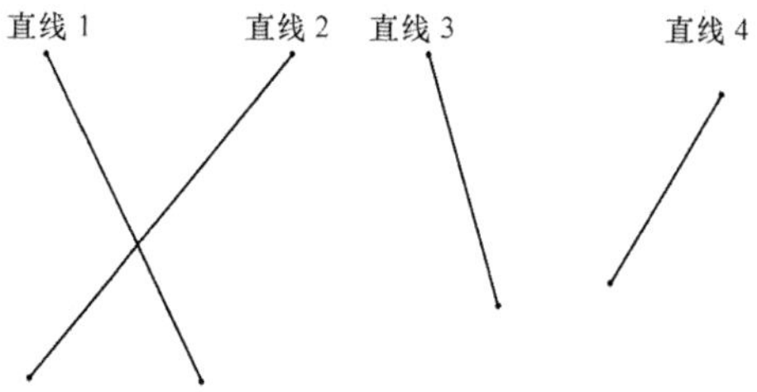

图 3-49　相交直线与不相交直线

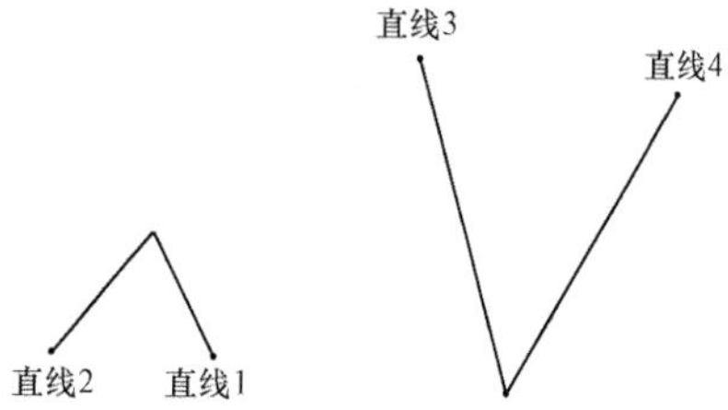

图 3-50　顶角结果

3. 分割

分割实际上就是将现有几何图元打断，使之成为多个几何图元。

（1）绘制如图 3-51 所示的图形。

（2）单击工具栏上的"分割"按钮，在绘图区中单击矩形的上边，可以看到边变成了两条线段，如图 3-52 所示。

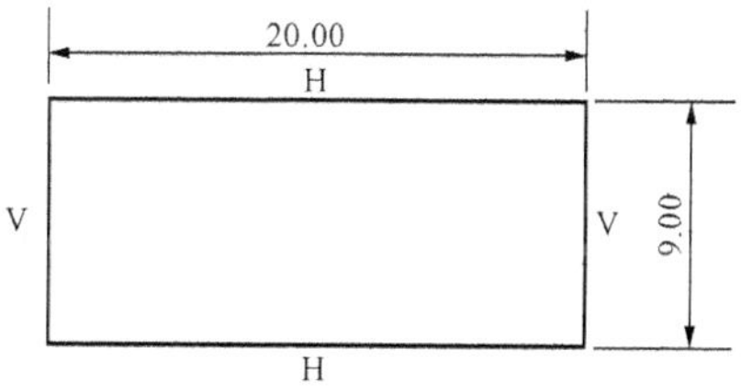

图 3-51　矩形

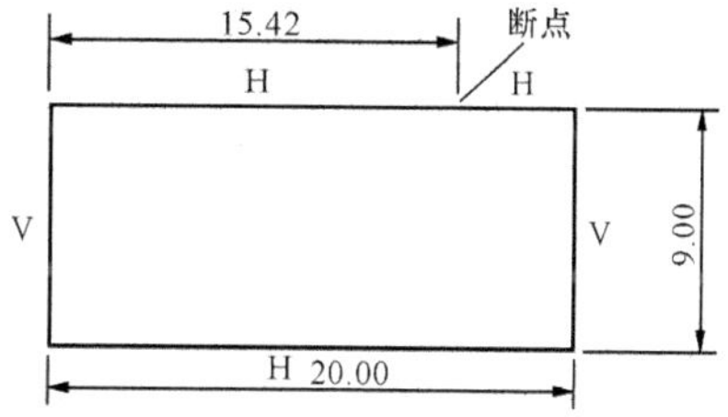

图 3-52　断点分割

3.3.7　引用几何图元

在绘制草图的时候常常需要引用一些边线，这些边线大多位于草绘平面的外部，但是从草绘平面上可以看到它们。这个时候就要用到引用工具。

（1）绘制如图 3-53 所示的模型。

（2）单击主菜单"插入"→"模型基准"→"草绘"命令，或者直接单击"基准"工具栏上的"草绘"按钮，系统弹出"草绘"对话框，如图 3-54 所示。在绘图区域中选择 FRONT 平面作为草绘平面，按照提示还要设置参照和方向，这里设置的参照将决定草绘平面的放置方向。单击"草绘"对话框中的"草绘"按钮，即可以进入草绘界面。

（3）在草绘环境里单击工具栏的"引用"按钮，选取圆柱在 FRONT 平面的投影线，此线作为引用线出现在 FRONT 平面上，单击"完成"按钮，草绘曲线创建成功，如图 3-55

所示。

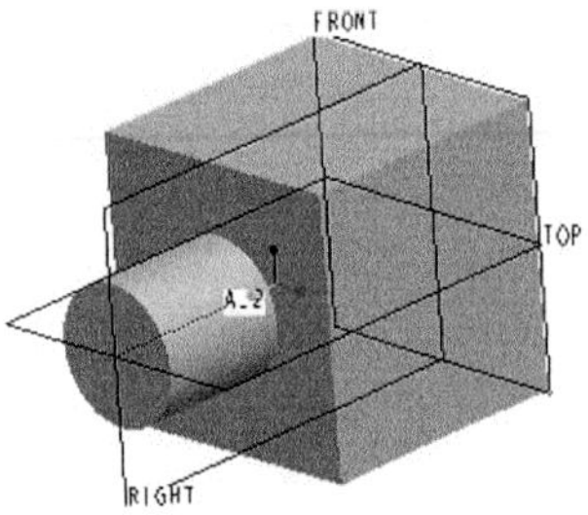

图 3-53　实体模型 　　　图 3-54　引用时"草绘"对话框 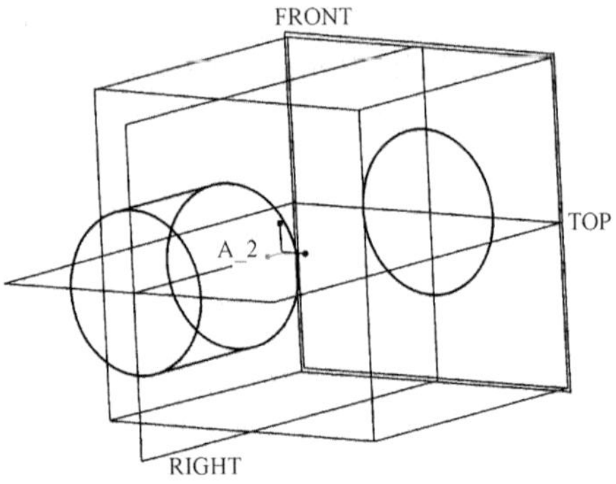　　　图 3-55　引用草绘曲线

（4）如果在上一步骤中选取的工具栏按钮是"引用偏距"按钮 ，那么选取的曲线将偏移一定的距离，绘图区将提示输入偏距值，如图 3-56 所示，输入"2"。

图 3-56　偏距引用

（5）最后结果如图 3-57 所示。

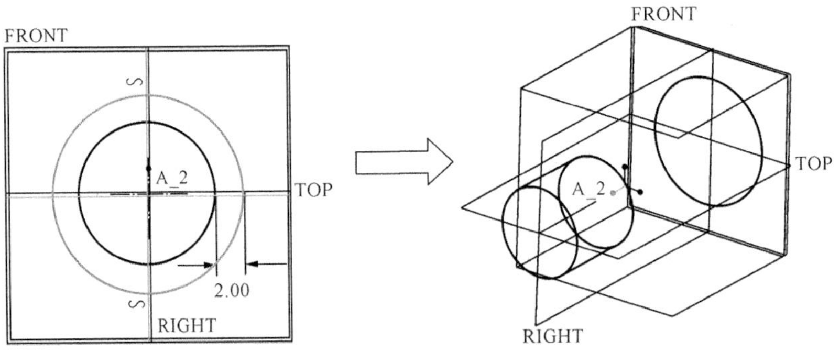

图 3-57　偏距引用结果

（6）如果在步骤（3）中选取的工具栏按钮是"引用加厚边"按钮 ，选取要加厚的图元，如图 3-58 所示，输入厚度尺寸和偏移尺寸，如图 3-59 所示，分别输入"20"和"50"，生成的草绘有两个强尺寸（厚 20 和偏移 50）和一个参照尺寸 （厚度值减去偏移值），如图 3-60 所示。

图 3-58 正视实体模型

图 3-59 "输入"对话框

（7）如果在"类型"菜单中选取了"平整"选项则结果如图 3-61 所示，选取了"圆形"选项则结果如图 3-62 所示。

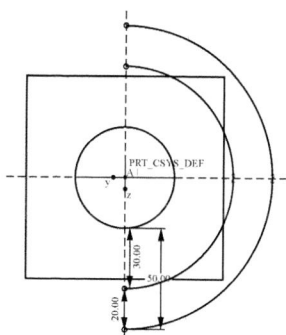

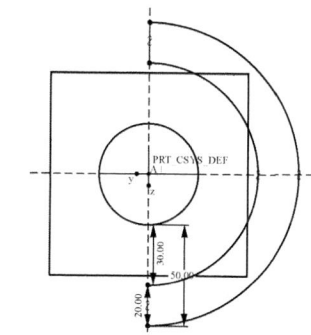

图 3-60 使用"开放"选项模型　　图 3-61 使用"平整"选项模型　　图 3-62 使用"圆形"选项模型

3.3.8 样条曲线的修改

样条曲线是一种特殊的几何图元，它的修改有专门的修改对话框。下面将介绍样条的修改。

（1）绘制一条样条线，如图 3-63 所示。

（2）用鼠标双击样条线，系统弹出"样条修改"操控面板，如图 3-64 所示。

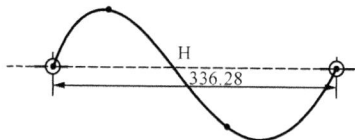

图 3-63 样条曲线

点　拟合　文件

图 3-64 "样条修改"操控面板

（3）单击"样条修改"操控面板上的"控制点"按钮，同时单击"曲率分析工具"按钮，然后在"比例"文本框里输入"40"，在"密度"文本框里输入"1"，此时样条显示如图 3-65 所示。此时可以拖动样条外侧的控制点，样条的形状将发生变化。

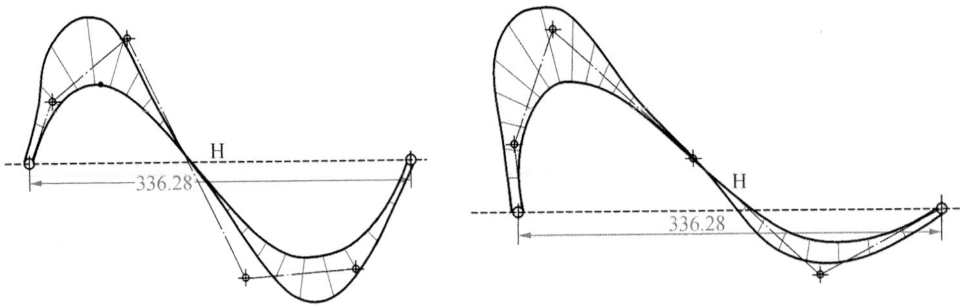

图 3-65　拖动控制点修改样条

（4）同时可以单击样条的某一通过点，然后在 "样条修改"操控面板的"点"下滑面板中修改它的具体坐标位置，如图 3-66 所示。也可以在"拟合"下滑面板中修改样条的参数，如图 3-67 所示。在"文件"下滑面板中输出样条点到.pts 文件中去，文件将记录样条点的三维坐标值，如图 3-68 所示。

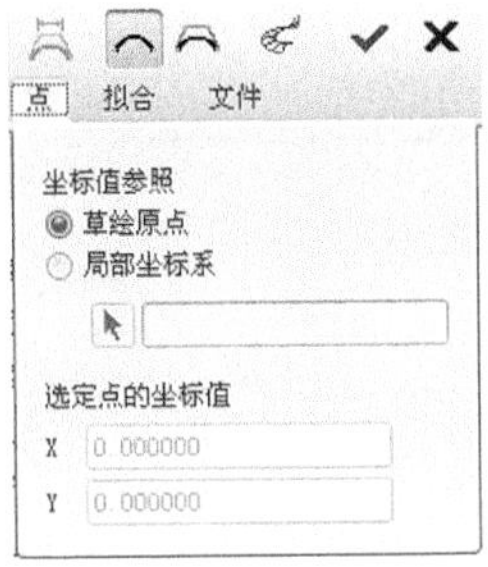

图 3-66　"点"下滑面板

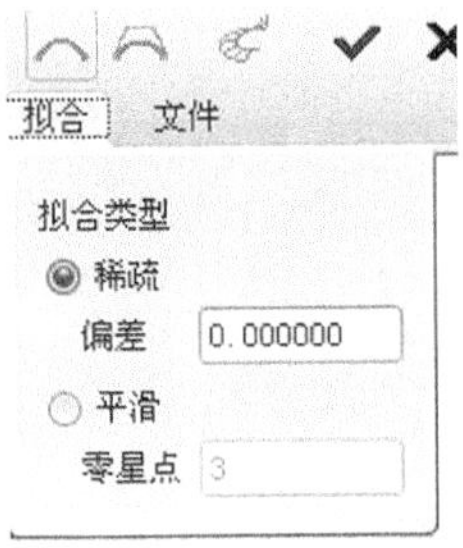

图 3-67　"拟合"下滑面板

（5）单击"样条修改"操控面板上的"完成"按钮 ✔ ，或是单击鼠标中键，完成样条的修改，如图 3-69 所示。

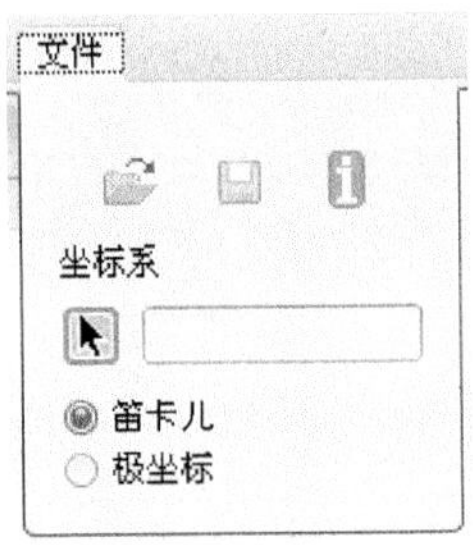

图 3-68　"文件"下滑面板

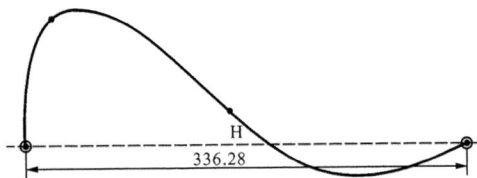

图 3-69　修改后的样条

3.4　尺 寸 与 约 束

Pro/ENGINEER Wildfire 5.0 具有尺寸驱动机制，这里尺寸驱动就是草绘好图元的基本形状后，改变尺寸的数值，图形会自动根据数值的大小进行变化。这实际上是参数化造型的一个基本功能。

3.4.1 尺寸的标注

在设计草绘图形的时候系统会自动为几何图元标注上尺寸,这些尺寸被称为"弱尺寸",系统在创建和删除它们时不会给予警告,但是不能手动删除,"弱尺寸"呈灰色。但是这些并不一定满足要求,这样就必须进行新的标注,这些后标注的尺寸称为"强尺寸"。这一节将介绍尺寸的标注。

1. 标注线段的长度

(1)单击工具栏上的"标注"按钮 |↔|,然后在绘图区中单击直线,在要放置尺寸的位置单击鼠标中键,如图 3-70 的尺寸 1 所示。

(2)单击直线两端点,在直线上侧端点右侧单击鼠标中键,标注如图 3-70 的尺寸 2 所示。

(3)在上一步骤中,如果在直线下侧端点单击鼠标中键,标注如图 3-71 的尺寸 3 所示。

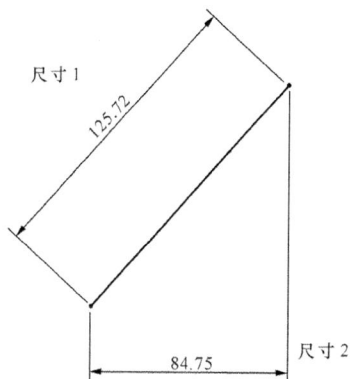

图 3-70 尺寸标注(一)　　　　　图 3-71 尺寸标注(二)

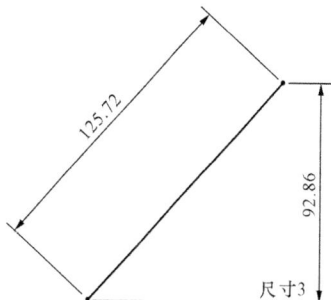

2. 标注两条平行线间的距离

单击工具栏上的"标注"按钮 |↔|,然后在绘图区中单击两条平行直线,然后在要放置尺寸的位置单击鼠标中键,如图 3-72 的尺寸 1 所示。

3. 标注一个点和一条直线之间的距离

单击工具栏上的"标注"按钮 |↔|,在绘图区中单击点和直线,然后在要放置尺寸的位置单击鼠标中键,如图 3-73 的尺寸 1 所示。

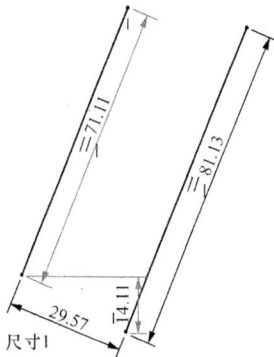

图 3-72 平行间距标注　　　　　图 3-73 点到直线的标注

4. 标注对称尺寸

单击工具栏上的"标注"按钮，在绘图区中单击直线的端点 1，选取一条对称中心线，然后再次单击直线的端点 1，用鼠标中键单击放置尺寸，如图 3-74 的尺寸 1 所示。

5. 标注两条直线间的角度

单击工具栏上的"标注"按钮，然后在绘图区中单击两条直线，用鼠标中键单击放置尺寸，如图 3-75 的尺寸 1 所示。

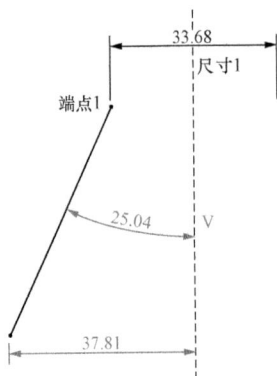

图 3-74　对称尺寸标注　　　　　　　图 3-75　角度标注

6. 标注圆弧角度

单击工具栏上的"标注"按钮，然后在绘图区中单击圆弧的端点 1，端点 2 及圆弧上点 3，用鼠标中键单击圆弧外一点放置尺寸，如图 3-76 的尺寸 1 所示。

7. 标注半径

单击工具栏上的"标注"按钮，在绘图区中单击圆上的两个点，再在圆外单击鼠标右键放置尺寸，如图 3-77 的尺寸 1 所示。如果单击一个圆上点，然后再在圆外单击鼠标右键放置尺寸，如图 3-77 的尺寸 2 所示。

图 3-76　圆弧角度标注　　　　　　　图 3-77　直径与半径标注

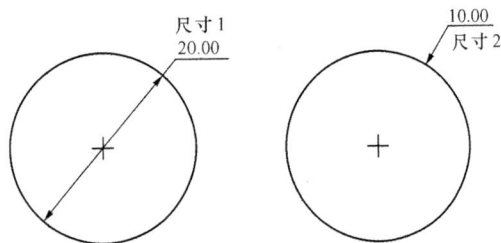

8. 样条的标注

样条是一种特殊的图元，一般只对其首尾端点进行标注，而中间形状一般通过控制点的位置进行控制。单击工具栏上的"标注"按钮，在绘图区中单击样条的一个端点，然后单击样条，再单击尺寸的基准参考（此处为中心线），这时在样条的端点处出现了相对基准参考的切向量的角度标注，如图 3-78 所示。

9. 周长标注

使用"周长"按钮 可以对草绘中的图元进行周长标注。

（1）单击工具栏上的"周长"按钮 ，然后在绘图区中使用鼠标左键选取要进行周长尺寸标注的图元，选取时可以按住 Ctrl 键不放进行多个图元的选取。选取结束后单击鼠标中键确认选取。

（2）之后单击选取的多个图元中一个作为周长尺寸的驱动尺寸，此时该尺寸后会出现"变量"文字，然后在周长输入框中输入周长数值"30"，确认后标注如图 3-79 所示。

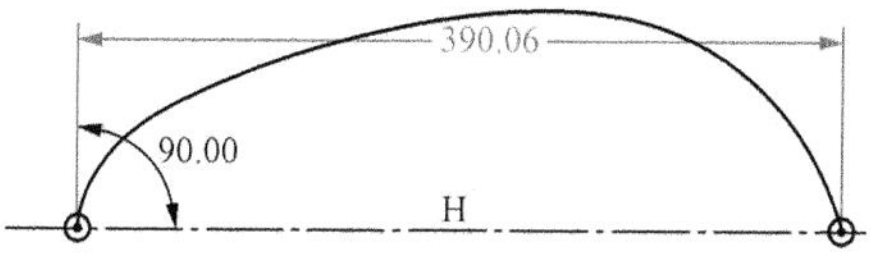

图 3-78　样条标注

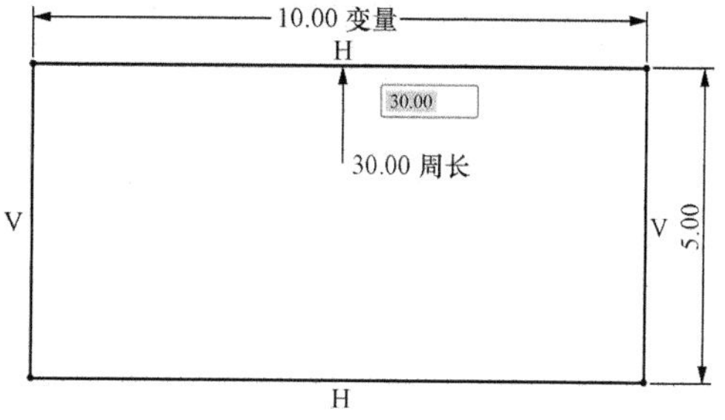

图 3-79　周长标注

10. 参照尺寸标注

使用"参照"按钮 可以对草绘中的图元进行参照尺寸的标注。

（1）单击工具栏上的"参照"按钮 ，然后在绘图区中使用鼠标左键选取要进行参照尺寸标注的图元，选取结束后单击鼠标中键确认选取，如图 3-80 所示。

（2）参照尺寸是不能直接进行更改的。

11. 基线标注

使用"基线"按钮 可以在草绘中创建坐标尺寸基准。单击工具栏上的"基线"按钮 ，然后在绘图区中使用鼠标左键选取要进行基线标注的图元，如果为直线，则单击鼠标中键确认后此直线作为标注基准，并出现"0.00"；如果为点，则会出现"尺寸定向"对话框，进行定向，如图 3-81 所示。

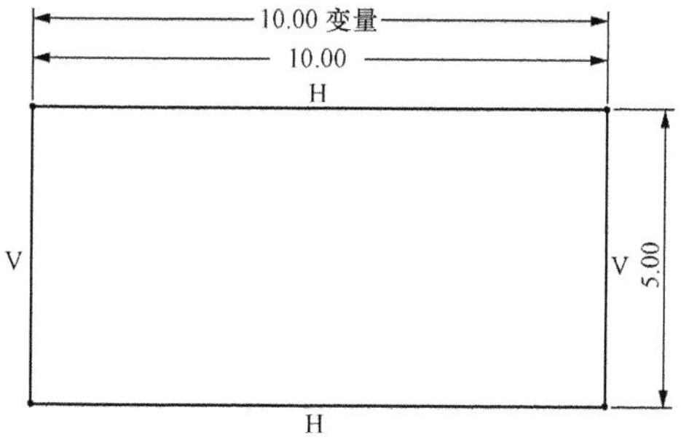

图 3-80　参照标注

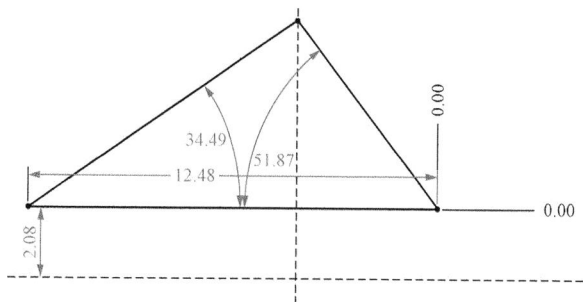

图 3-81　基线标注

12. 修改尺寸

修改尺寸有两种方法：

（1）在要修改的尺寸文本上双击，此时出现尺寸修正框，然后在修正框中输入新的值，最后按"回车"键完成修改，如图 3-82 所示。

（2）单击要修改的尺寸文本，然后单击工具栏上的"尺寸修改"按钮 ⫻ ，弹出"修改尺寸"对话框，如图 3-83 所示，其中"再生"复选框被勾选，表示输入的数值实时在绘图区显示出来，"锁定比例"复选框被勾选，表示修改一个尺寸，其他的尺寸也将按比例改变。可以在对话框中输入新的数值，单击"完成"按钮 ✔ 完成。

图 3-82　修改尺寸

图 3-83　"修改尺寸"对话框

3.4.2　约束的设定

按照工程技术人员的设计习惯，在草绘时或是草绘后希望对绘制的草图增加一些平行、相切、相等等约束来帮助定位几何。

在设计的时候随时可以设定约束，在草绘环境下单击主菜单的"草绘"→"约束"命令，或是单击工具栏上的"约束"按钮，直接选择需要设置的约束。如图 3-84 所示，可以在对话框中选择 9 种约束来定位几何。下面我们来一一介绍。

1．"竖直"约束　十

绘制如图 3-85 所示的直线，单击 "约束"中的"竖直"约束按钮 十 ，在绘图区选取此直线，可以看见直线马上变成竖直状态，同时直线边出现一个"V"，表示该直线有了竖直约束。

2．"水平"约束　十

绘制如图 3-86 所示的直线，单击 "约束"中的"水平"约束按钮 十 ，在绘图区选取此直线，可以看见直线马上变成水平状态，同时直线边出现一个"H"，表示该直线有了水平约束。

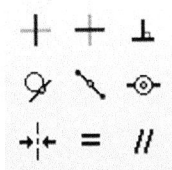

图 3-84　约束类型　　　　图 3-85　设置"竖直"约束　　　　图 3-86　设置"水平"约束

3. "正交" 约束 ⊥

绘制如图 3-87 所示的直线和圆弧, 单击 "约束" 中的 "正交" 约束按钮 ⊥, 在绘图区选取此直线和圆弧, 可以看见直线和圆弧的相对位置和相对变化, 同时在直线和圆弧边出现一个 "T_1"。

4. "相切" 约束 ⌀

绘制如图 3-88 所示的直线和圆弧, 单击 "约束" 中的 "相切" 约束按钮 ⌀, 在绘图区选取此直线和圆弧, 可以看见直线和圆弧的相对位置和相对变化, 同时在直线和圆弧边出现一个 "T"。

图 3-87   设置 "正交" 约束   图 3-88   设置 "相切" 约束

5. "中点" 约束 ⟍

绘制如图 3-89 所示的三角形和直线, 单击 "约束" 中的 "中点" 约束按钮 ⟍, 在绘图区选取此三角形一个端点和直线, 可以看见三角形的端点到了直线的中点上, 同时在直线上出现一个 "*"。

6. "点在线上" 约束 ⊙

绘制如图 3-90 所示的直线和圆弧, 单击 "约束" 中的 "点在线上" 约束按钮 ⊙, 在绘图区选取此直线的一个端点和圆弧, 可以看见直线和圆弧的相对位置发生变化, 同时在直线的端点出现一个 "o"。

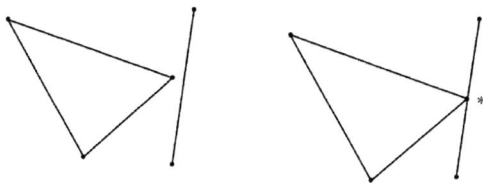

图 3-89   设置 "中点" 约束   图 3-90   设置 "点在线上" 约束

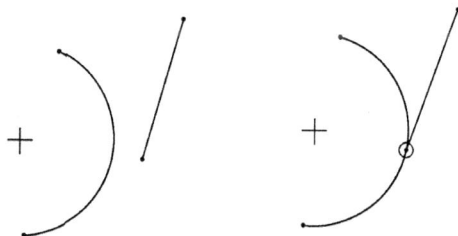

7. "对称" 约束 ⟊

绘制如图 3-91 所示的两条直线和中心线, 单击 "约束" 中的 "对称" 约束按钮 ⟊, 在绘图区中单击两条直线的端点, 然后单击中心线, 最后按鼠标中键, 这时可以看见中心线两侧的直线端点关于中心线对称, 同时在直线边上出现一个 "→"。

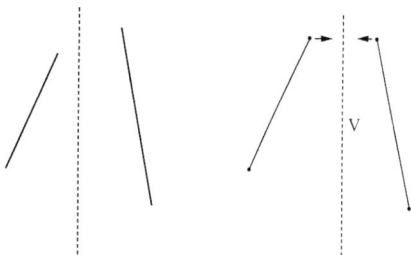

8. "相等" 约束 =

绘制如图 3-92 所示的两个圆弧, 单击 "约束" 中

图 3-91   设置 "对称" 约束

的"相等"约束按钮 $\boxed{=}$ ，在绘图区选取这两个圆弧，可以看见两个圆弧半径变成相等，同时在两个圆弧上出现一个"R₁"。

    9．"平行"约束 $\boxed{\,/\!/\,}$

    绘制如图 3-93 所示的两条直线，单击 "约束"中的"平行"约束按钮 $\boxed{\,/\!/\,}$ ，在绘图区选取两条直线，可以看见两直线平行了，同时在两条直线边出现一个"//₁"。

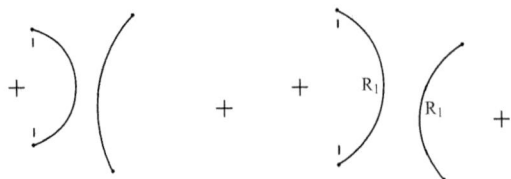

图 3-92　设置"相等"约束   图 3-93　设置"平行"约束

3.5　关　系　式

    所谓关系式，指的是几何尺寸的数值之间满足的一些等式和不等式。利用关系式，可以使得一些几何尺寸满足这些关系式所表达的关系，当关系的一个尺寸确定后，其他的尺寸可以通过关系式自动计算出来。在关系式中除了可以运用一些运算符号以外，还可以使用一些数学符号，如表 3-2 所示。

    关系式不仅可以在二维草绘中使用，也可以在三维实体造型中得到应用。

表 3-2   关系式中常用的运算符号和数学符号

运算符号	+	−	*	/	( )	^	>	<	>=	<	<>
数学函数	cos( )	sin( )	tan( )	sqrt( )	asin( )	acos( )	atan( )	exp( )	abs( )	log( )	ln( )

    （1）绘制如图 3-94 所示的矩形，然后单击主菜单的"信息"→"切换尺寸"命令，发现绘图区中矩形的标注尺寸由数值变成了尺寸代号，也可以说是尺寸变量名。

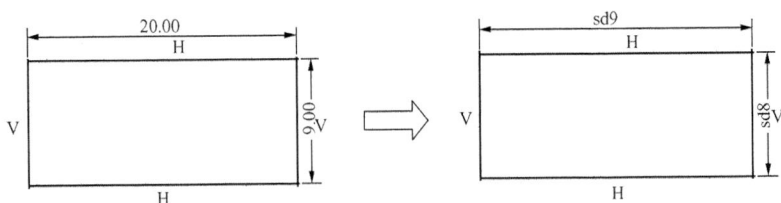

图 3-94　切换尺寸显示

    （2）单击主菜单的"工具"→"关系"命令，将弹出"关系"窗口，如图 3-95 所示。可以在"关系"编辑区中输入想要的关系式，如 sd8＝sd9，之后单击"确定"按钮，发现绘图区中的矩形变成了正方形，长宽相等，如图 3-96 所示。

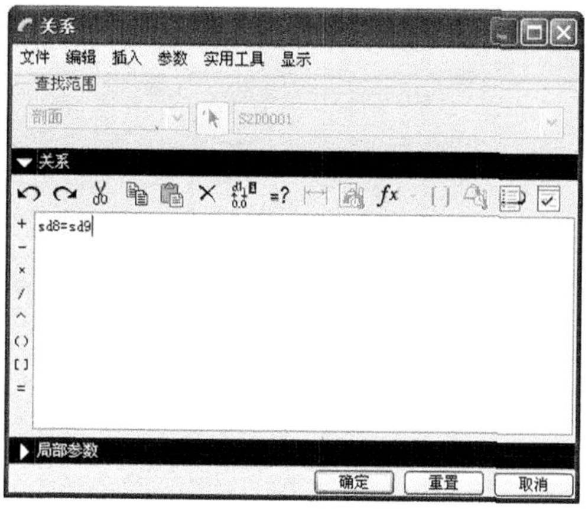

图 3-95 "关系"窗口

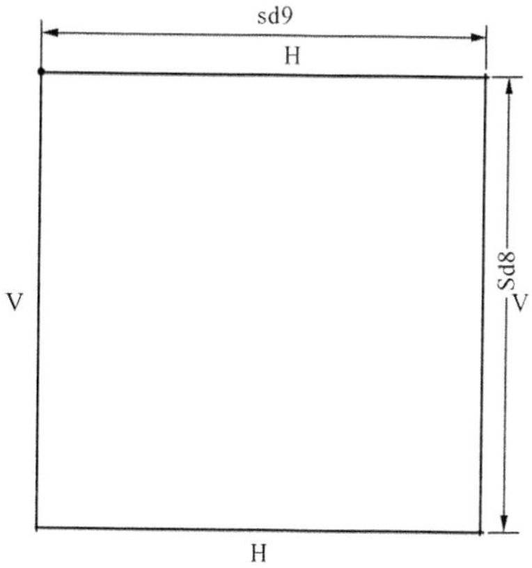

图 3-96 矩形尺寸的变化

3.6 草 绘 实 例

（1）绘制如图 3-97 所示的草绘实例。启动 Pro/ENGINEER Wildfire 5.0，进入工作环境。

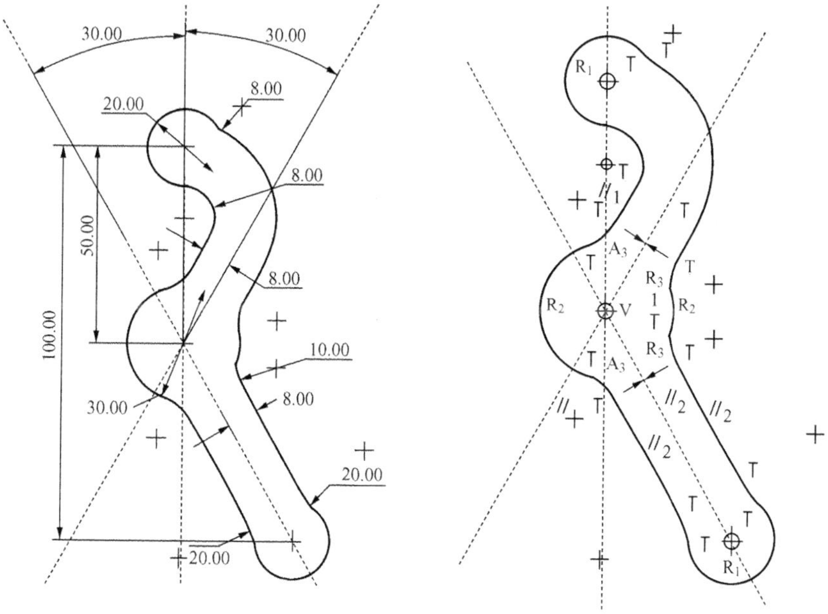

图 3-97 草绘实例

（2）单击主菜单的"新建"→"文件"命令，弹出"新增"对话框，在对话框的"类型"选项组中选择"草绘"，并在"名字"文本框中输入文件名，输入 test，然后单击 "确定"按钮，进入草绘环境。

（3）绘制如图 3-98 所示的三条中心线，标注之间的角度为 30°。

（4）在竖直的中心线上绘制一个直径为 20 的圆，在斜向的中心线上和在中心线的交点处分别绘制直径为 20、30 的圆，并和如图 3-99 所示一样标注。

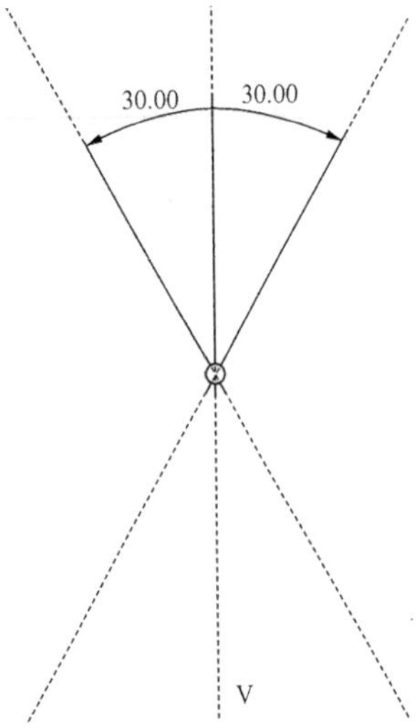

图 3-98　绘制中心线

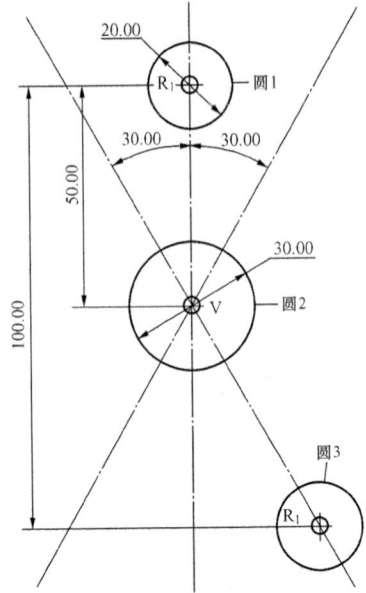

图 3-99　绘制圆

（5）绘制四条平行于斜向中心线的直线，间距为 16，如图 3-100 所示。

（6）在直线 1、直线 2 和圆 2 之间，直线 3、直线 4 和圆 2 之间进行倒圆角，半径为 10，如图 3-101 所示。

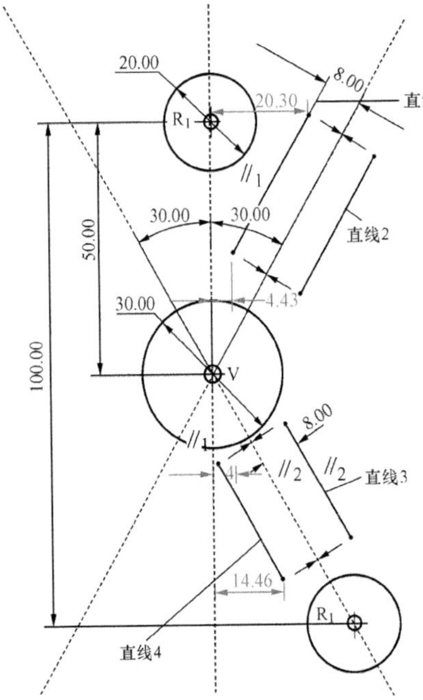

图 3-100　绘制四条直线

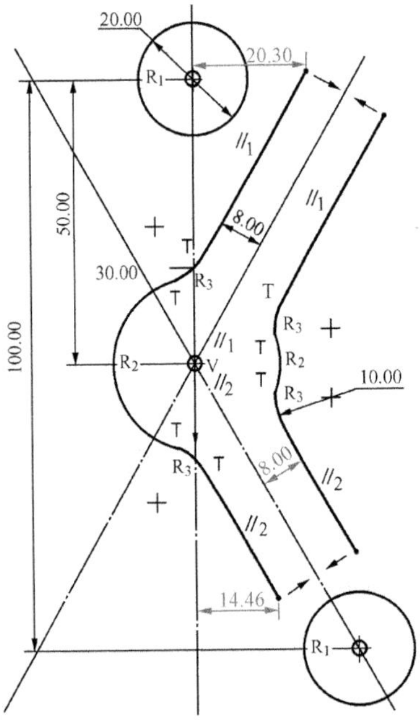

图 3-101　直线与圆之间倒圆角

（7）在圆 1 和直线 1 之间倒圆角，半径为 8，在圆 3 和直线 3、直线 4 之间倒圆角，半径为 20，并删除多余的线段，如图 3-102 所示。

（8）过圆弧 1 的圆心绘制一个半径为 24 的圆，并在它与圆 1 之间倒圆角，半径为 8，如图 3-103 所示。

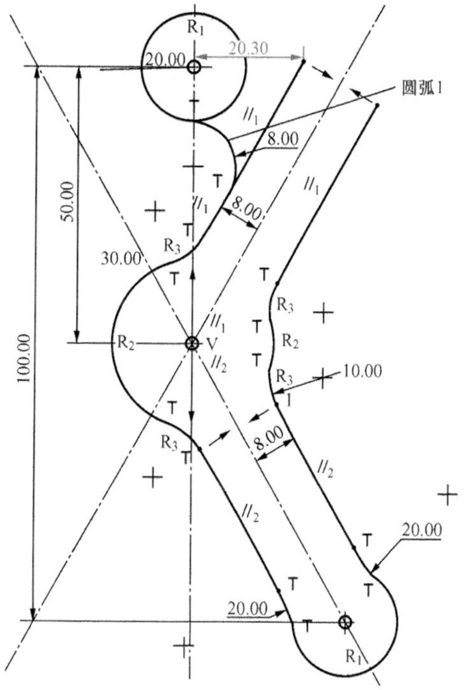

图 3-102 直线与圆之间倒圆角半径为 20

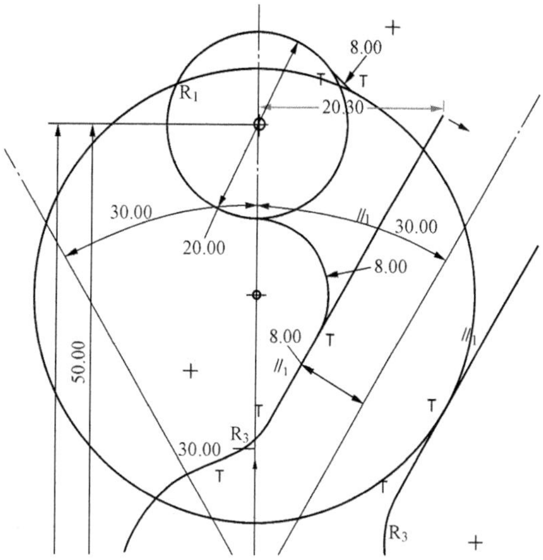

图 3-103 绘制圆并倒圆角

（9）删除多余的图元，得到最后的结果，如图 3-104 所示。

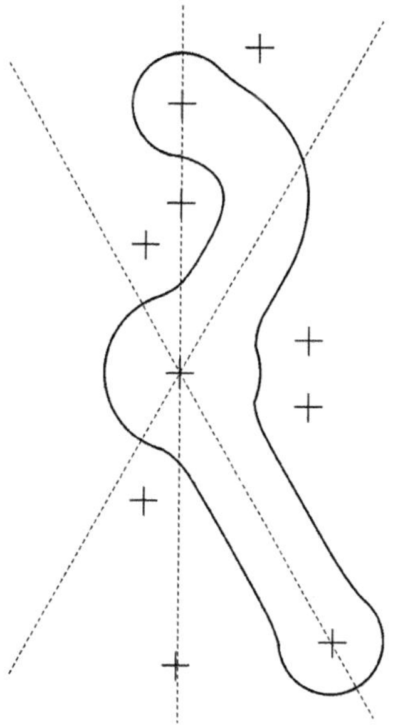

图 3-104 最后结果

第4章 三维造型基础

通过前面内容的学习,我们知道 Pro/ENGINEER 是一款功能强大的 CAD/CAM 集成软件,而三维实体造型是该软件最富有特色也是最强大的功能。相对于二维草绘来说,三维建模涉及的知识面更加广泛,其理论知识更加丰富。在正式开始三维实体建模之前,首先介绍其必要的基础知识。

4.1 草绘平面与参照面

无论是创建实体特征还是曲面特征,都不能脱离二维平面草绘,在二维草绘时则需要选择一个草绘平面,同时还要选择一个参照面,系统将草绘平面旋转到与显示器屏幕"重叠"的状态。草绘平面与参照面是二维"平面"且相互正交,一般来说,基准面、实体表面(平面)、平面型曲面都可以作为草绘平面及参照面。

4.1.1 草绘平面的设置

在生成基础实体特征之前,系统提供有三个互相正交的基准平面作为标准基准平面,如图 4-1 所示,分别命名为 TOP、FRONT 和 RIGHT。从零开始进行三维建模工作时,通常选取标准基准平面中的某个面作为草绘平面,用户可以根据自己的习惯任意选择一个。在选择了草绘面之后,系统还会自动选择好参照面,用户可以按照系统默认的方式进入草绘状态。

例如,在选择了 FRONT 面作为基准面之后,如图 4-2 所示,在"草绘"对话框的"参照"文本框中可以看出系统按照默认方式选择了 RIGHT 面作为参照面,若无特别要求,用户可以单击"草绘"按钮进入草绘状态。

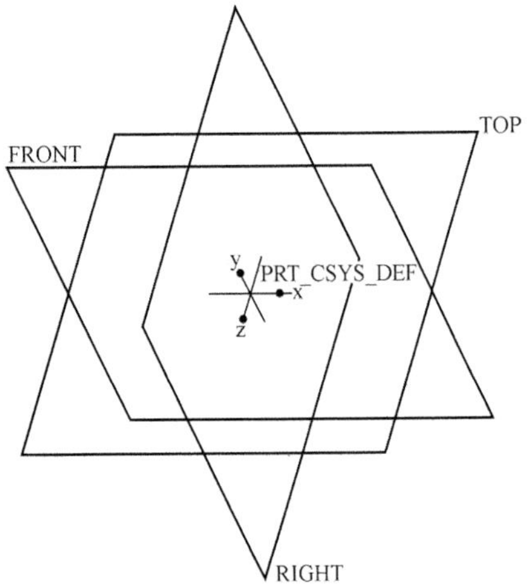

图 4-1 默认的基准面

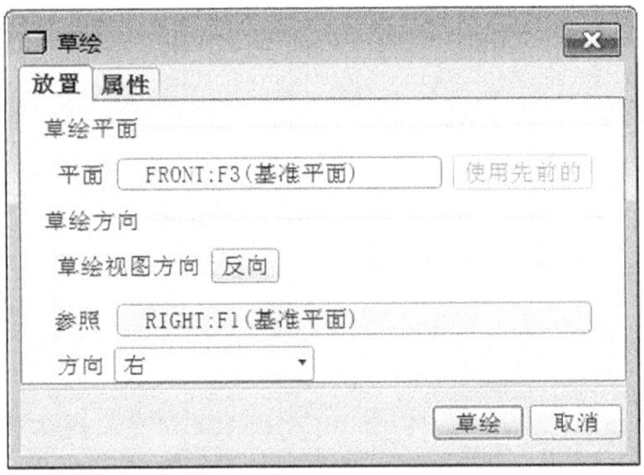

图 4-2 "草绘"对话框

　　在建立放置实体特征时，通常选取实体特征上的表面作为草绘平面，但是在选取草绘平面时不能选取曲面。

　　在某些特殊情况下，还需要用户先创建基准面来作为草绘平面，如图 4-3 所示，其中 DTM1 就是新建的草绘平面。

图 4-3　使用新建草绘平面示例

　　在创建偏距特征、筋特征等放置实体特征时，系统要求指定实体特征以外的平面作为草绘平面，如果标准基准平面不可使用，必须新建基准平面作为草绘平面，这在后面的章节中会介绍。

　　另外，从如图 4-2 所示的"草绘"对话框中可以看出，用户还可以单击"使用先前的"按钮来选择前一次的草绘平面作为当前草绘的基准面，这是一种快速选择的方式，但前提是前后两个特征可以使用同一个面作为草绘平面。

4.1.2　草绘方向的设置

　　草绘平面的方向（法向量方向）可朝向显示器"外部"与"内部"（即逼近用户"⊗"与远离用户"⊗"）。

　　在建立草绘剖面特征时，草绘平面上的箭头指向为观看方向，并非特征产生的方向，该观看方向会朝向显示器的内部即远离用户"⊗"。若要改变视图方向可以单击如图 4-2 所示的"草绘"对话框中的"方向"项，也可以用鼠标左键单击绘图区视图方向的箭头来实现视图观看方向的改变，如图 4-4 所示。

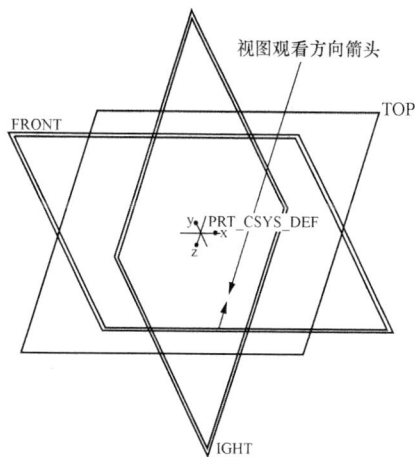

图 4-4　改变视图方向

　　在选择其他性质的平面作为草绘平面时可用同样的方法设置视图方向。

4.1.3　参照面的设置

　　在定义草绘平面时只要选取要垂直"看过去"的面即可，定义参照面则需要确定一个面及此参照面的方向。如图 4-5 所示，选择实体上表面为草绘平面，选择图中箭头所指侧面为参照面，在"方向"的下拉列表中有"顶"、"底部"、"左"和"右" 4 个方向选项，这里的方向指的是参照面法线方向。依次选择 4 个方向则可得到实体不一样的摆放位置，如图 4-6 所示。

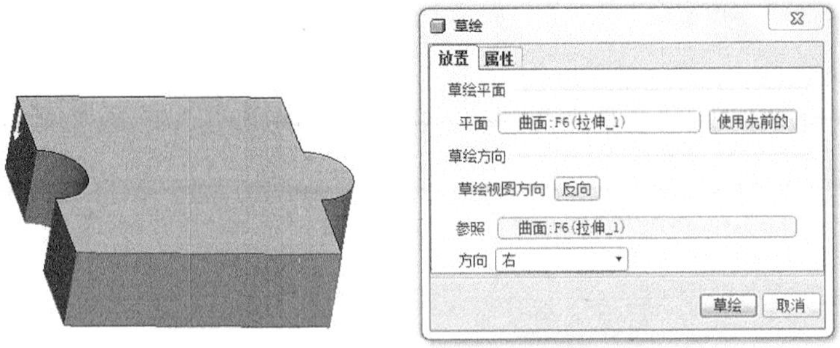

图 4-5   选择实体表面作为草绘平面和参考平面

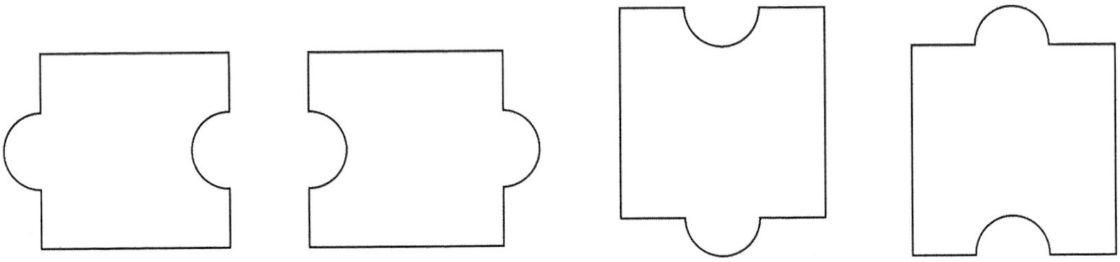

图 4-6   相同参照面不同方向的摆放位置

（a）顶；（b）底部；（c）左；（d）右

为了能按照用户意图快速摆放好草绘平面，系统提供了智能模式，但要求用户在进入草绘状态前选择好草绘平面并将草绘平面旋转到接近摆放的角度。这样只要用户选择了草绘平面，系统会自动选择好一个参照面并按照最接近用户摆放草绘平面的角度将草绘平面摆放好。

4.2   基准特征概述

Pro/ENGINEER 中基准特征包括基准平面、基准轴、基准曲线、基准点、基准坐标系等几种类型。这些基准特征可以作为构造实体、曲面模型及装配模型的基准或参考。如基准曲线可用作构造扫描曲面时需要的轨迹线；基准坐标系可以使系统以坐标形式表示几何元素的形状及位置；基准轴可以作为构造旋转实体特征的轴线；基准点可以作为构造基准曲线的参考点；基准平面可以作为草绘平面等。

4.2.1   设置基准状态的显示状态

基准特征是三维实体造型设计的基础，是必不可少的组成部分。在复杂的实体造型设计中常常需要添加大量的基准特征，但是太多的基准特征会使图形显得不整洁而影响设计的正常进行，因此就有必要调整基准特征的显示状态。

（1）使用工具栏中的 □ ✓ ✗ ✗ □ 按钮分别控制工作区内的基准平面、基准轴、基准点和坐标系的显示或关闭。

（2）选取"工具"→"环境"命令弹出"环境"对话框，如图 4-7 所示。在该对话框的"显示"选项卡中选中或撤选相应的复选框即可完成该类基准特征显示状态的设定。

（3）在"视图"菜单中单击"显示设置"选项，并在其级联菜单中单击"基准显示"命令，弹出如图 4-8 所示的"基准显示"对话框，用户可以从中设置基准的显示状态。

4.2.2 修改基准特征的显示颜色

当系统的基准特征很多而且都必不可少、不能隐藏时，可以设置不同的颜色来区分这些基准特征。

在"视图"菜单中选取"显示设置"选项，在其级联菜单中选取"系统颜色"命令，弹出如图 4-9 所示的"系统颜色"对话框，然后选取其中的"基准"选项卡就可以设置基准特征的颜色。

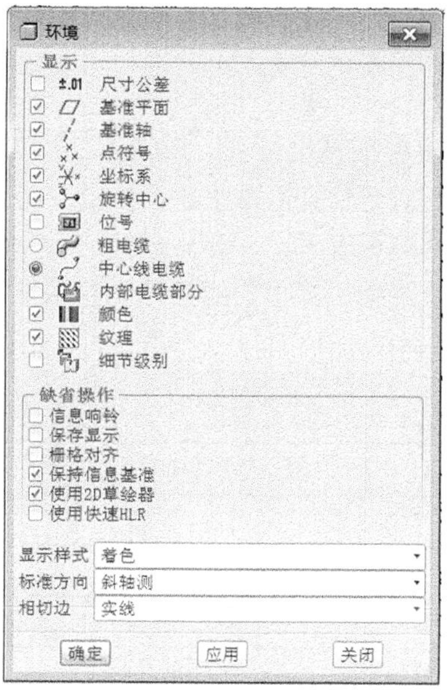

图 4-7 "环境"对话框 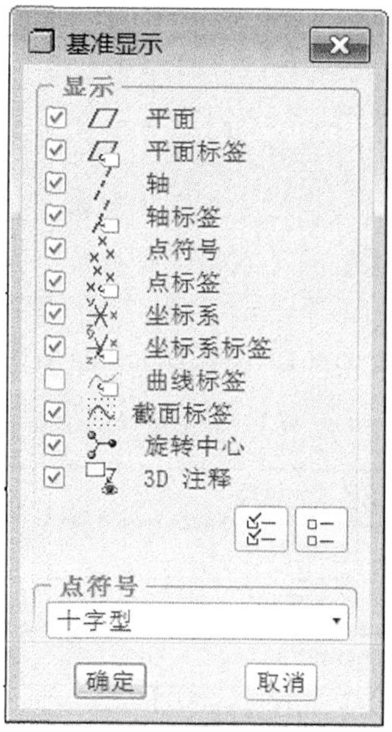   图 4-8 "基准显示"对话框 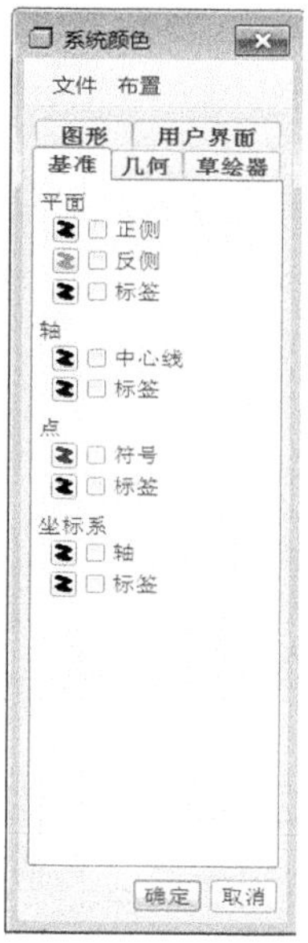   图 4-9 "系统颜色"对话框

4.2.3 修改基准特征的名称

在"模型树"窗口中选择需要换名的基准特征，然后单击右键菜单选项中的"重命名"选项即可。

新增基准平面，可以单击"插入"菜单（或者单击"基准平面"按钮），选取其中的"模型基准"选项，然后在其级联菜单中选取"平面"或其他选项，在弹出的如图 4-10 所示的"基准平面"对话框中选择"属性"选项卡，在此设定基准名称。

4.2.4 新增基准特征的基本方法

在 Pro/ENGINEER 中单击"插入"菜单，然后选取其中的"模型基准"选项，如图 4-11 所示，用户可以在设计中根据需要加入各种基准特征。灵活运用基准特征对于设计者来讲是非常重要的，也是快速实现三维造型的基础，下一节作为重点来进行阐述。

图 4-10　"基准平面"对话框　　　　　　　　图 4-11　　"模型基准"菜单管理器

4.3　基　准　平　面

基准平面是所有基准特征中使用最频繁，同时也是最重要的基准特征。Pro/ENGINEER Wildfire 5.0 提供了菜单和工具按钮来实现新增基准平面，相对于前期版本来说，在操作方式上有了很大的改变，通过对话框的形式来进行操作。从对话框可以看出，要想创建一个基准平面，就需要分别指定一个或多个约束条件和参照条件，系统会根据指定的条件创建基准平面。表 4-1 中列出了各种约束条件和参照条件之间的搭配关系。

表 4-1　　　　　　　　　　　　　　基准平面的生产方法

约束条件	约束条件的用法	与之搭配的参照条件
穿过	基准平面通过选定参照	轴、边、曲线、点/顶点、平面、圆柱
法向	基准平面与选定参照垂直	轴、边、曲线、平面
平行	基准平面与选定参照平行	平面
偏移	基准平面由选定参照平移生成	平面、坐标
角度	基准平面由选定参照旋转生成	平面
相切	基准平面与选定参照相切	圆柱
混合截面	在选定特征上加入基准平面	

4.3.1　基准平面的创建

要想新增基准平面，可以单击"插入"菜单，选取其中的"模型基准"选项，然后在其级联菜单中选取"平面"选项，或者单击"基准平面"按钮 □，弹出如图 4-12 所示的"基准平面"对话框。

在"放置"选项卡的"参照"区域中单击鼠标左键激活，然后用鼠标在绘图区中选择建立基准平面的参考图元。选择多个图元时，需按住键盘上的 Ctrl 键，然后用鼠标左键单击图元。另外，还可以在参照对象右侧的下拉列表中选择新增基准平面的方式及在"偏距"区域中设置"平移"距离。

在"显示"选项卡的"法向"选项处可以更改基准平面的法线方向，还可以设置基准平面在绘图区中的显示方式和大小。而其"属性"选项卡用来定义基准平面的名称。

（a）   （b）

图 4-12 "基准平面"对话框

（a）"放置"选项卡；（b）"显示"选项卡

4.3.2 基准平面创建实例

1. 创建偏距平面

执行插入基准平面的命令，在绘图区选择要偏距的平面或实体曲面（也可以先选择要偏距的平面再执行插入基准平面的命令），在对话框中输入偏距值或在绘图区中双击尺寸值修改，也可以直接拖动图 4-13 箭头所指控制滑块来动态改变尺寸。

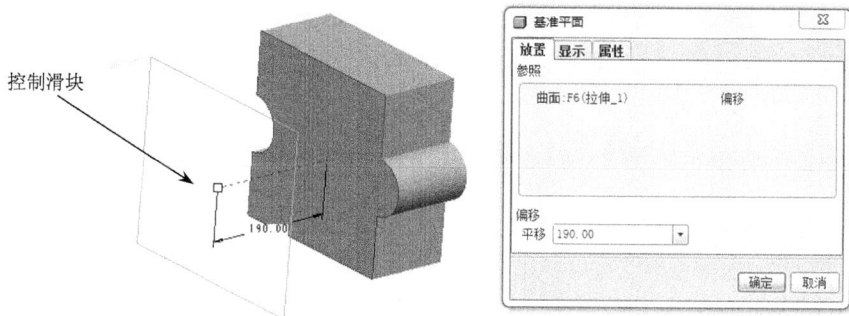

图 4-13 创建偏距平面

单击图 4-13 中"基准平面"对话框中的"确定"按钮完成基准平面特征的创建。

2. 通过几何图素来创建平面

（1）通过直线和点创建基准平面。在执行插入基准平面的命令之后，系统弹出"基准平面"对话框，用户可以选择直线、顶点、基准点、曲面等几何图元来创建平面，在选取多个几何对象时需按住 Ctrl 键来选取。如图 4-14 所示为选择三个顶点确定基准平面，如图 4-15 所示为选择一条直线和线外一顶点来确定基准平面，而如图 4-16 所示为选择两条直线来确定基准平面。

（2）通过混合截面创建基准平面。若以混合特征的某个截面为平面基准，可以在执行了插入基准平面的命令之后，选择混合特征并在"基准平面"对话框中选择截面号，单击"确定"按钮完成特征的创建，如图 4-17 所示。

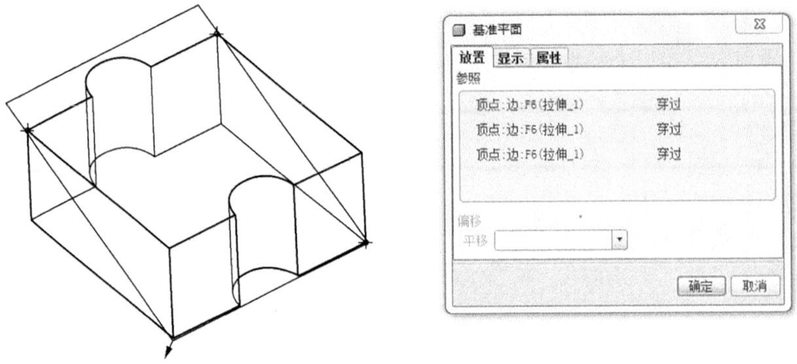

图 4-14   三个顶点确定基准平面

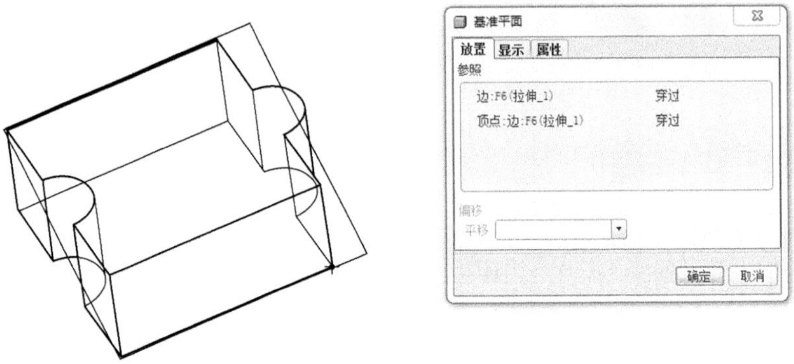

图 4-15   直线及一点确定基准平面

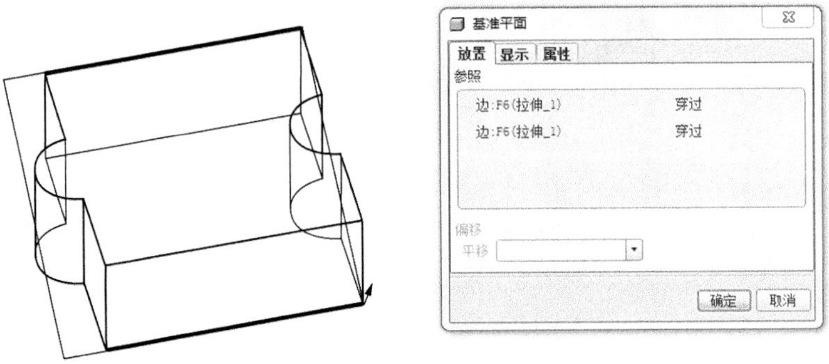

图 4-16   两条直线确定基准平面

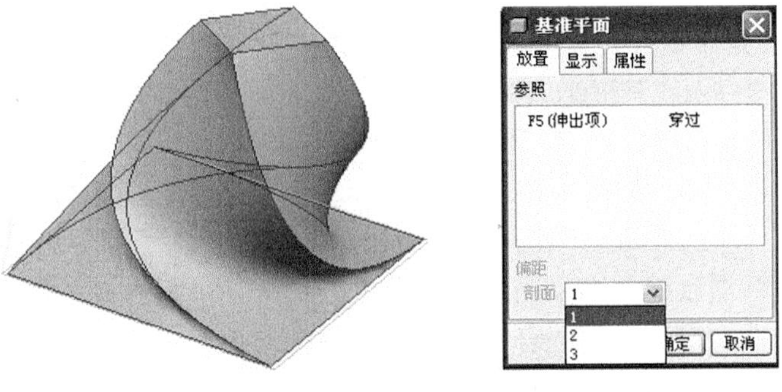

图 4-17   通过混合截面创建基准平面

（3）使用偏移坐标系创建基准平面。创建一个垂直于一个坐标轴并偏离坐标原点的基准平面。单击"基准平面"按钮 ▱ ，选取坐标系，在对话框中选取平移轴向，并输入偏距值，如图 4-18 所示。单击"确定"按钮完成特征的创建。

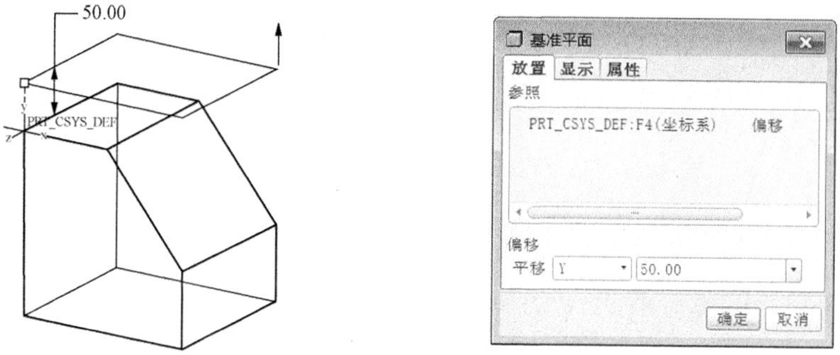

图 4-18　通过偏移坐标系创建基准平面

3. 创建平行平面

执行创建基准平面的命令，弹出"基准平面"对话框，按住 Ctrl 键选择已存在的平面或实体表面，选取点、直线或其他图素构造平行面，如图 4-19 所示。单击"确定"按钮完成特征的创建。

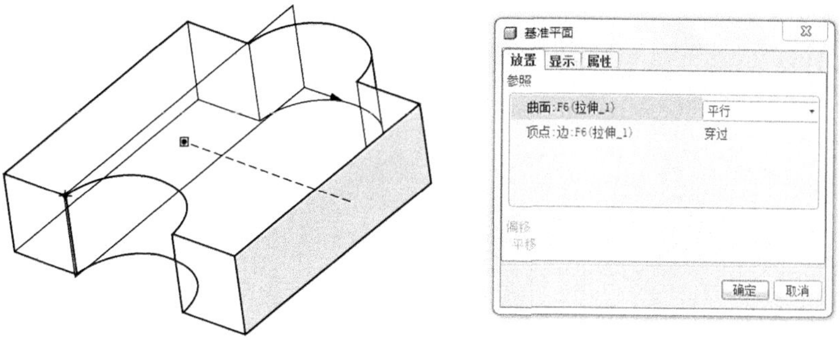

图 4-19　过顶点做平行面

4. 创建角度平面

执行创建基准平面的命令，弹出"基准平面"对话框，按住 Ctrl 键来选取一个已存在的平面，选取一直线或基准轴作为旋转轴，在对话框中输入旋转角度，如图 4-20 所示。单击"确定"按钮完成特征的创建。

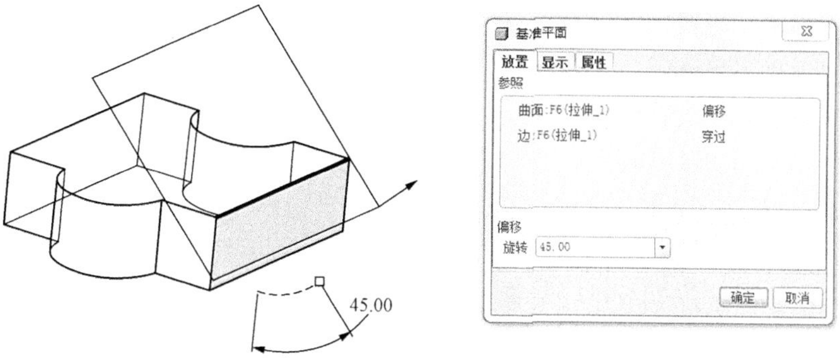

图 4-20　创建角度平面

5. 创建法向平面

在执行插入基准平面的命令之后，弹出"基准平面"对话框，按住 Ctrl 键来选取与所创建平面垂直的平面及法向平面中的几何图元，在对话框"参照"下拉列表中选择"法向"，如图 4-21 所示。单击"确定"按钮完成特征的创建。

图 4-21　创建法向平面

6. 创建相切平面

在执行插入基准平面的命令之后，弹出"基准平面"对话框，按住 Ctrl 键来选取圆柱面或圆锥面，选取其他几何图素或基准平面，从对话框"参照"下拉列表中选择"相切"，如图 4-22 所示。单击"确定"按钮完成特征的创建。

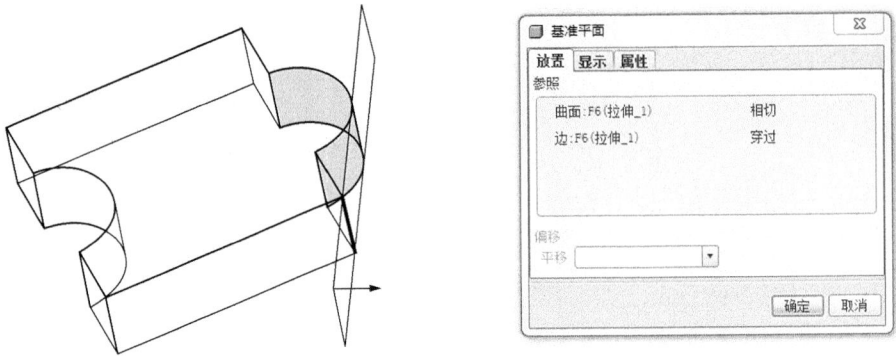

图 4-22　创建相切平面

4.4　基　准　轴

基准轴用来作为创建特征时的参考，尤其是协助基准面和基准点的创建，尺寸标注参考，圆柱、圆孔及旋转特征中心线的创建，阵列复制和旋转复制等操作时用的旋转轴等。通过选择模型的边、平面的交线或两个空间点等图素，可以创建各种基准轴线。

4.4.1　基准轴的创建

单击"基准轴"按钮 ╱ 或执行菜单"插入"→"模型基准"→"轴"命令，系统弹出如图 4-23 所示的"基准轴"对话框。

在"放置"选项卡的"参照"区域中单击鼠标左键，然后用鼠标在绘图区中选择建立基准轴的参考图元。选择多个图元时，可以按住 Ctrl 键，然后用鼠标左键单击图元。"偏移参照"区域中主要完成基准轴线位置的定义。

在"显示"选项卡中可以设置基准轴线的长度，而其"属性"选项卡中可以定义基准轴的名称。

图 4-23 "基准轴"对话框

(a)"放置"选项卡；(b)"显示"选项卡

4.4.2 基准轴的创建实例

与创建基准平面的过程类似，存在多种方法来创建基准轴。下面介绍几种主要的创建基准轴的方法。

1. 过边界

通过实体特征的边线建立基准曲线，如图 4-24 所示。在执行了插入基准轴的命令之后，直接选取实体边，单击"基准轴"对话框中的"确定"按钮，即完成基准轴的建立。

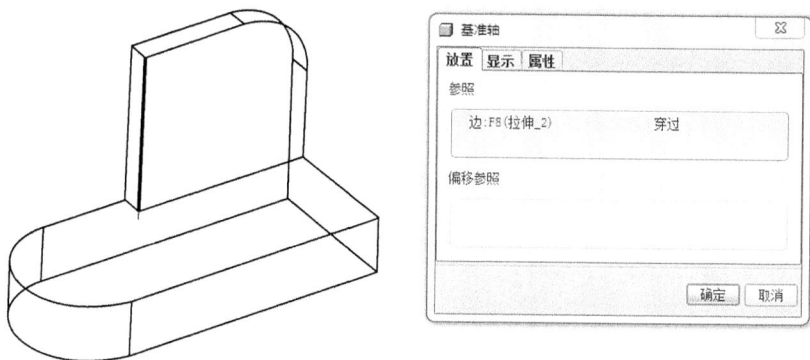

图 4-24 过边界创建基准轴

2. 垂直平面

执行插入基准的命令，在弹出的如图 4-25 所示的"基准轴"对话框中定义图中阴影面为放置参照，拖动基准轴线的两个控制滑块到实体的两个侧面，完成其偏移参照的定义。双击尺寸修改尺寸值或者在"基准轴"对话框中进行定义，单击"确定"按钮完成特征的建立。

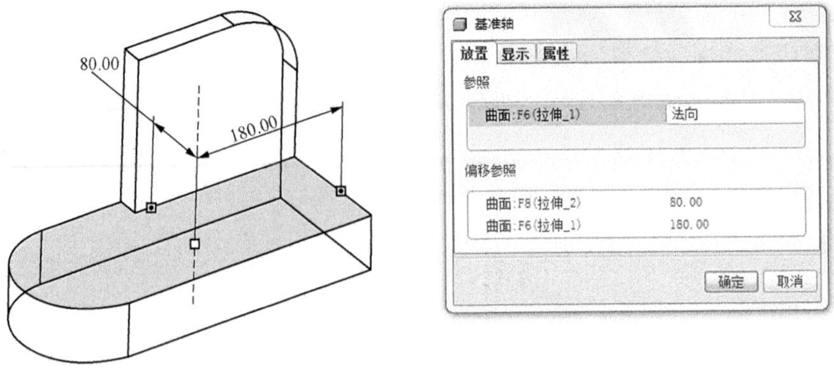

图 4-25   创建垂直平面的基准轴

3.过点且垂直于平面

在执行了插入基准轴线的命令之后，按住 Ctrl 键选择如图 4-26 所示的阴影面和其上的点 PNT0，即可出现过基准点且垂直曲面的基准轴。

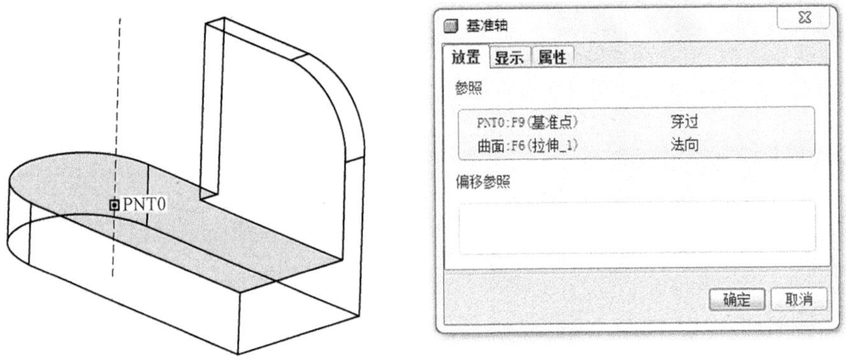

图 4-26   过点创建垂直平面的基准轴

4.过圆柱面

在执行了插入基准轴线的命令之后，直接选取圆柱曲面，如图 4-27 所示，单击"基准轴"对话框中的"确定"按钮，即可完成通过模型上一个旋转曲面中心轴的基准轴。也可以先选择图中的阴影柱面，再执行插入"基准轴"的命令，完成基准轴特征的建立。

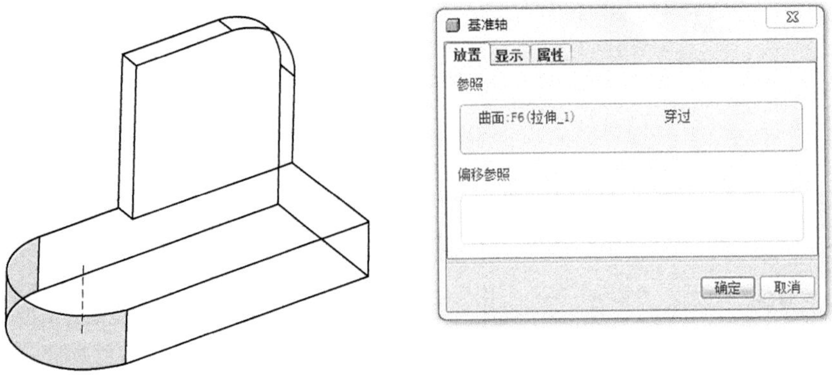

图 4-27   过圆柱面创建基准轴

5. 两平面相交

在执行了插入基准轴线的命令之后，按住 Ctrl 键选取两基准平面或曲面，如图 4-28 所示，单击对话框中的"确定"按钮，完成基准轴的建立。也可以先选择图中的 TOP 面和 RIGHT 面，再执行插入"基准轴"的命令，完成基准轴特征的建立。

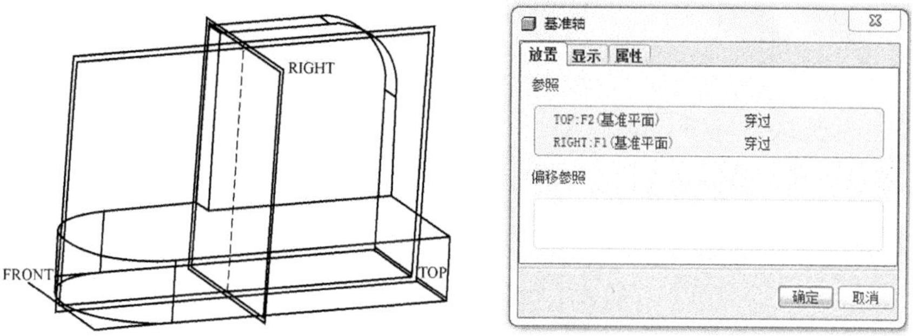

图 4-28　两平面相交创建基准轴

6. 两个点或顶点

创建的基准轴通过两个点，这两个点既可以是基准点也可以是模型上的顶点。在执行了插入基准轴线的命令之后，按住 Ctrl 键选取模型上的两顶点，如图 4-29 所示，单击"确定"按钮完成特征的建立。也可以先选择两个顶点再执行插入基准轴的命令完成特征的建立。

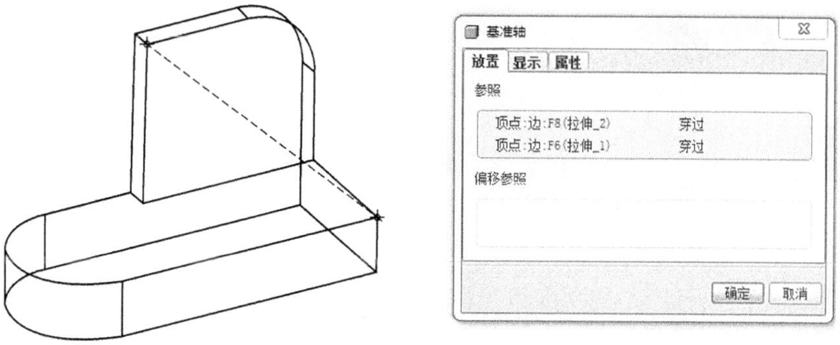

图 4-29　通过两个点创建基准轴

7. 曲面点

如图 4-30 所示可通过曲面上的一点创建该曲面法线方向的基准轴线，创建方法与过点且垂直平面的基准轴创建方法类似。

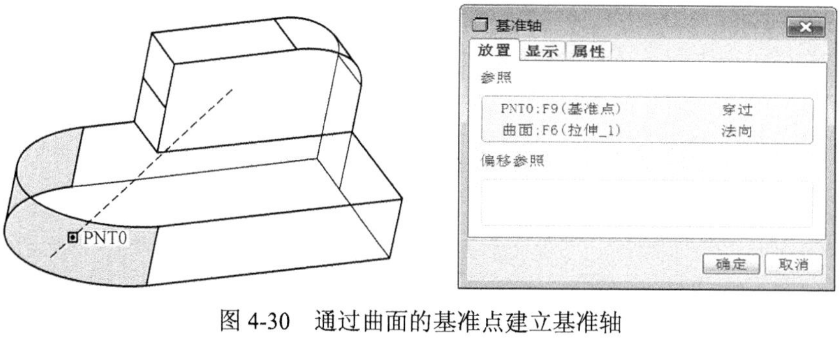

图 4-30　通过曲面的基准点建立基准轴

8. 曲线相切

通过实体特征的边线或者曲线的端点，沿其切线方向建立基准轴线，如图 4-31 所示。

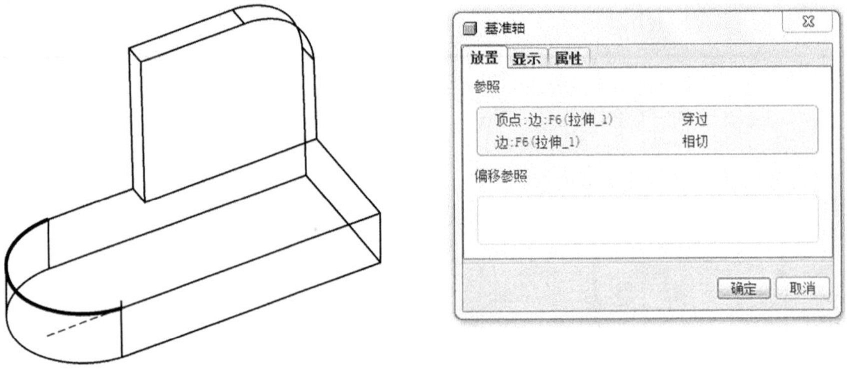

图 4-31　过曲线切线创建基准轴

4.5　基　　准　　点

基准点主要用来进行空间定位，也可用来辅助创建其他基准特征，如利用基准点放置基准轴、基准平面、定义注释箭头指向位置；还可用来放置孔等实体特征；另外还可用来创建复杂的曲线与曲面。基准点也被认为是零件特征。

新增基准点可以单击"插入"→"模型基准"→"点"→"点"命令或者其他选项，也可以单击"基准点"按钮 ⟨⟨⟨ 中的相应按钮执行插入点的命令。新增基准点一般分为 3 种方式：一般基准点、草绘基准点和域基准点。

4.5.1　一般基准点

一般基准点是运用最广泛的基准点，使用起来非常灵活。单击"一般基准点"按钮 ⟨⟨ 或执行"插入"→"模型基准"→"点"→"点"命令，系统弹出如图 4-32 所示的"基准点"对话框。

图 4-32　"基准点"对话框

　　在"放置"选项卡的"参照"区域中单击鼠标左键，然后用鼠标在绘图区中选择建立基准点的参考图元。选择多个图元时，可以按住 Ctrl 键，然后用鼠标左键单击基准点所在的面或线。

　　在其"属性"选项卡中可以设计基准点的名称。

　　下面介绍几种常见的一般基准点创建方法。

1. 曲面上

　　使用这种方法可以创建位于曲面上的点。创建曲面上的基准点时，执行插入基准点的命令，系统弹出"基准点"对话框，选择放置曲面，曲面上出现基准点及三个控制滑块，如图 4-33 所示。拖动控制滑块到参照曲面并修改尺寸值，单击"确定"按钮，完成基准点特征的建立。

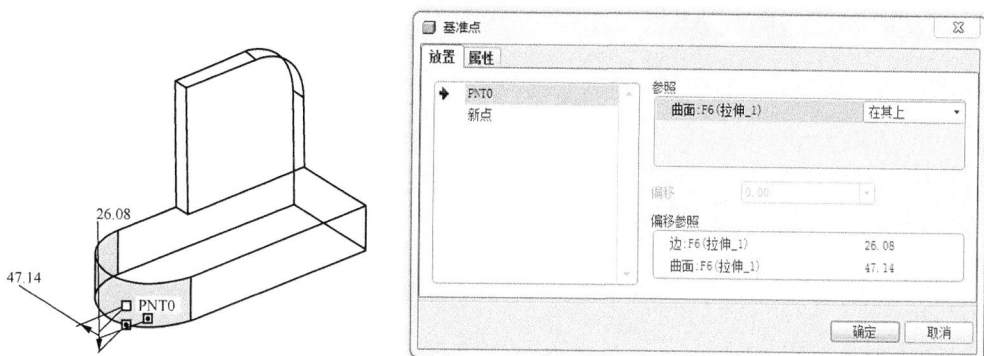

图 4-33　在曲面上插入基准点

　　若是在"基准点"对话框的"参照"下拉列表中选择"偏移"选项，对话框中的"偏移"文本框将被激活，输入偏移值就可以创建偏距曲面基准点。

2. 曲线与曲面、基准平面的交点

　　执行插入基准点命令，打开"基准点"对话框，按住 Ctrl 键选取曲线、曲面或基准曲面，如图 4-34 所示，单击"确定"按钮，完成基准点特征的建立。

图 4-34　通过曲线、基准平面交点创建基准点

3. 三曲面相交

　　执行插入基准点命令之后，打开"基准点"对话框，按住 Ctrl 键选取三个基准平面或实

体曲面，如图 4-35 所示，单击"确定"按钮，完成基准点特征的建立。

图 4-35　三曲面相交创建基准点

4．两曲线相交

在执行插入基准点命令之后，按住 Ctrl 键选取两条相互交叉的曲线，单击"基准点"对话框中的"确定"按钮，完成基准点特征的建立。

5．顶点

选择一曲线的顶点或实体边的顶点完成基准点特征的建立。

6．在曲线上的基准点

执行插入基准点的命令，打开"基准点"对话框，选择曲线，曲线上出现了控制滑块。在对话框中输入尺寸值或直接在绘图区双击修改，如图 4-36 所示，单击"确定"按钮完成基准点特征的建立。

在"偏移"区域的下拉列表中可以选择"比率"和"实数"选项两种方式来定义基准点的位置。"比率"是指点分割曲线的比，如果修改比率值为 0.5 则基准点在曲线的中央，"实数"是指基准点与某端点的偏距值。

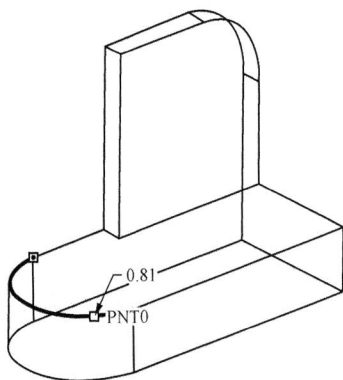

图 4-36　在曲线上创建基准点

7．中心点

执行插入基准点命令，打开"基准点"对话框，选择圆弧曲线。在对话框参照下拉列表中选择"居中"选项，如图 4-37 所示，单击"确定"按钮，完成基准点特征的建立。

图 4-37　利用圆弧圆心点创建基准点

4.5.2　草绘基准点

在草绘环境中创建的基准点，称为草绘基准点。一次可草绘多个基准点，这些基准点位于同一个草绘平面内，属于同一个基准点特征。

创建草绘基准点的步骤如下：

（1）单击工具栏中的"草绘基准点"按钮 ，打开"草绘基准点"对话框，与其他实体特征的"草绘"对话框相同。

（2）选择草绘平面与参照平面，进入草绘环境。

（3）单击草绘命令工具条中的按钮 ✖ 放置一个点，也可以连续放置多个点。

（4）单击草绘命令工具条中的按钮 ✔ ，退出草绘环境，系统显示基准点创建成功。

4.5.3　域基准点

使用这种方法可以随意地在实体上加入基准点，在创建域点时无需定位基准点的精确位置。选择"插入"→"模型基准"→"点"→"域"命令或者单击"域基准点"按钮 ，系统弹出"域基准点"对话框。在实体表面上用鼠标左键随意点取基准点，如图 4-38 所示的点为创建的域点。

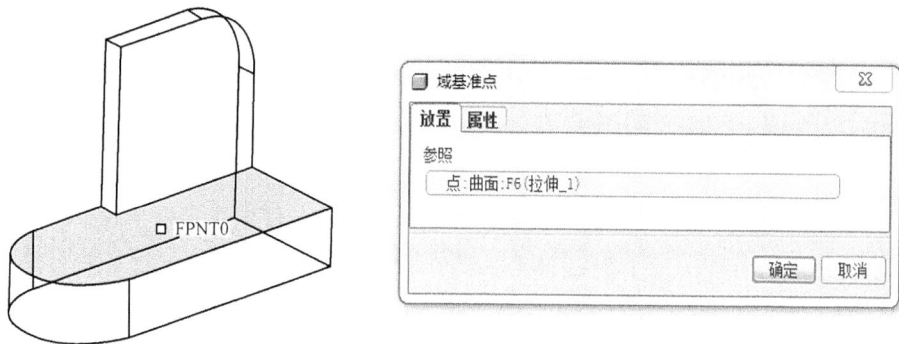

图 4-38　创建域点

4.6 基 准 曲 线

基准曲线可以用来创建和修改曲面，也可以作为扫描特征的轨迹，作为建立圆角、拔模、骨架、折弯等特征的参照，还可以辅助创建复杂曲面。

在 Pro/ENGINEER 中，用户可以使用系统提供的多种方法创建形式多样的基准曲线。执行"插入"→"模型基准"→"曲线"命令或者单击"插入基准曲线"按钮 ，弹出如图 4-39 所示的"曲线选项"菜单管理器。

4.6.1 草绘

草绘是生成基准曲线最简单、最直接的方法。单击"草绘"按钮 ，打开"草绘"对话框，然后直接在选定的草绘平面上绘制基准曲线即可。使用草绘方法创建的基准曲线为平面型曲线，曲线可以为开放型曲线或封闭型曲线。

图 4-39 "曲线选项"菜单管理器

4.6.2 通过点

使用这种方法可以将已经生成的基准点、实体上的顶点连接成样条曲线，以及单一半径或多重半径的基准曲线。而且在同一条曲线上可以同时使用三种方式来生成不同的曲线段。选择菜单"插入"→"模型基准"→"曲线"命令或者单击"插入基准曲线"按钮 完成，弹出如图 4-40 所示的"曲线：通过点"特征管理器和菜单管理器。

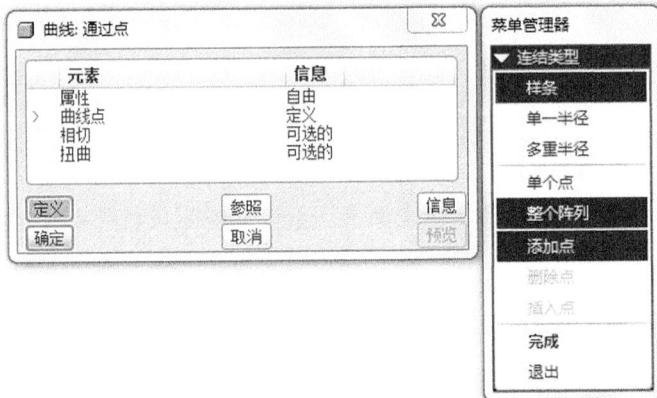

图 4-40 "曲线：通过点"创建基准曲线管理器

图 4-41 所示是使用实体的顶点生成基准曲线的示例，若使用"多重半径"生成基准曲线时，通过指定每个折弯的半径来构建曲线，每添加一个新的基准点（或顶点）都要输入转变半径，而"单一半径"是指使用贯穿所有折弯的同一半径来构建曲线。

"单个点"：选择单独的基准点和顶点，可以单独创建或作为基准点阵列创建这些点。

"整个阵列"：以连续顺序，选择"基准点/偏距坐标系"特征中的所有点。

"增加点": 向曲线定义增加一个该曲线将通过的已存在点、顶点或曲线端点。

"删除点": 从曲线定义中删除一个该曲线当前通过的已存在点、顶点或曲线端点。

"插入点": 在已选定的点、顶点和曲线端点之间插入一个点, 该选项可修改曲线定义要通过的插入点。系统提示需要选择一个要在其前面插入点的点或顶点。

图 4-41 通过点生成的基准曲线

4.6.3 自文件

使用外部文件提供的点参数来生成基准曲线, 主要是使用点的坐标值参数来生成基准曲线。"从文件"选项可输入.ibl、IGES、SET 或 VDA 文件格式的基准曲线。IBL (Imported Blend File) 数据格式文件是美国 Pro/ENGINEER 软件一个专门用于反求工程 (逆向工程) 的数据文件。扫描机或三坐标测量机能生成 IBL 格式的文件, 每段曲线的坐标前都需标有"begin section"语句和"begin curve"语句。

下面是一个简单的*.ibl 文件的内容:

```
Closed Index arclength
begin section!1
begin curve
1 0 0 0
2 1 1 0
3 2 0 0
4 3 -1 0
5 4 0 0
```

4.6.4 使用剖截面

首先在实体特征上创建剖截面如图 4-42 所示, 执行插入基准曲线的命令, 在弹出的"曲线选项"菜单管理器中选择"使用剖截面"选项。根据系统提示选择剖截面的名称, 绘图区中立刻出现截面曲线然后使用剖截面的边界曲线作为基准曲线。

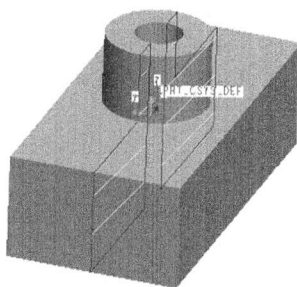

图 4-42 使用剖截面得到基准曲线

4.6.5　从方程

使用数学方程式方法生成基准曲线，这种方法适合于作复杂而精确的曲线设计。执行插入基准曲线的命令，在弹出的"曲线选项"菜单管理器中选择"从方程"选项，单击"完成"根据系统提示选取坐标系。在弹出的菜单管理器中选择"笛卡儿"坐标类型，系统弹出如图4-43所示的文本编辑器。在其中输入某齿轮齿廓的渐开线方程，保存该文件并退出文本编辑器。单击"曲线"特征对话框中的"确定"按钮便可得到如图4-43所示的渐开线曲线。

图 4-43　渐开线方程及渐开线

4.7　基准坐标系

坐标系是设计中最重要的公共基准，常用来确定特征的绝对位置，是创建混合实体特征、折弯特征等过程中不可缺少的基本参照。在进行有限元分析时放置约束，在 NC 加工中为刀具轨迹提供操作参照原点也需要基准坐标系。

单击"插入"→"模型基准"→"坐标系"命令，或者单击"基准坐标系"按钮，系统弹出如图4-44所示的"坐标系"对话框，在"原点"选项卡的"参照"区域中单击鼠标左键，然后在绘图区中选择建立基准坐标系原点的参考图元。在"方向"选项卡中定义 X 轴、Y 轴的方向，在"属性"选项卡中修改基准坐标系名称及其他相关信息。

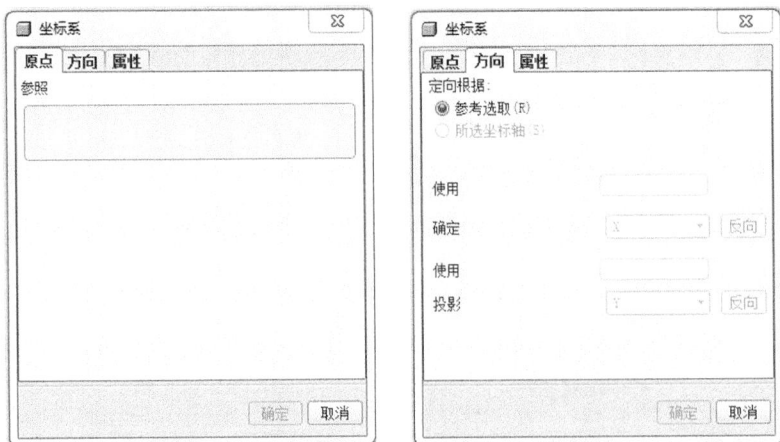

图 4-44　"坐标系"对话框

下面介绍几种常用的坐标系创建方法。

1. 三平面

选取三个实体特征上的平面、基准平面或平面型曲面，然后在其交点处创建坐标系，交点即为坐标原点。当三个平面不是两两正交时，系统会自动地生成最近似的坐标系，如图 4-45 所示。

在执行了插入基准坐标系命令之后，系统弹出"坐标系"对话框，在"原点"选项卡的"参照"区域中选择图中三个阴影面，在"方向"选项卡中确定坐标轴方向，单击"确定"按钮完成基准坐标系的建立。

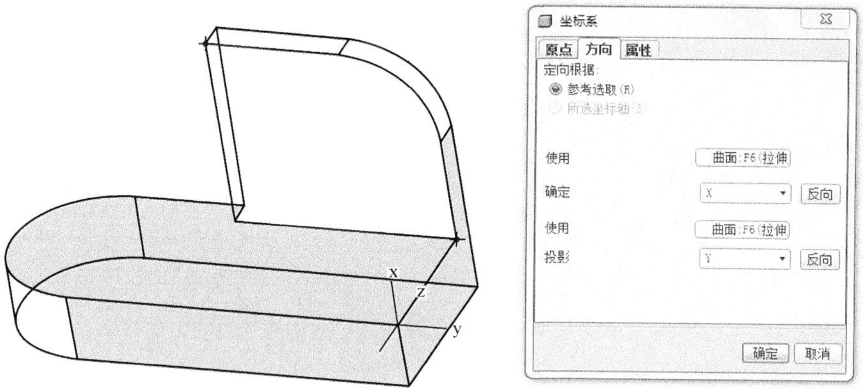

图 4-45　利用三个平面创建坐标系

2. 点/两轴

在"原点"选项卡的"参照"区域选定一个基准点、角落点或现存的某个坐标系的原点为新坐标系的原点，在"方向"选项卡中再选择两个基准轴、直线型实体边与曲线，然后指定任意的两个轴向，系统就会根据右手定则得出第三轴的方向，如图 4-46 所示。

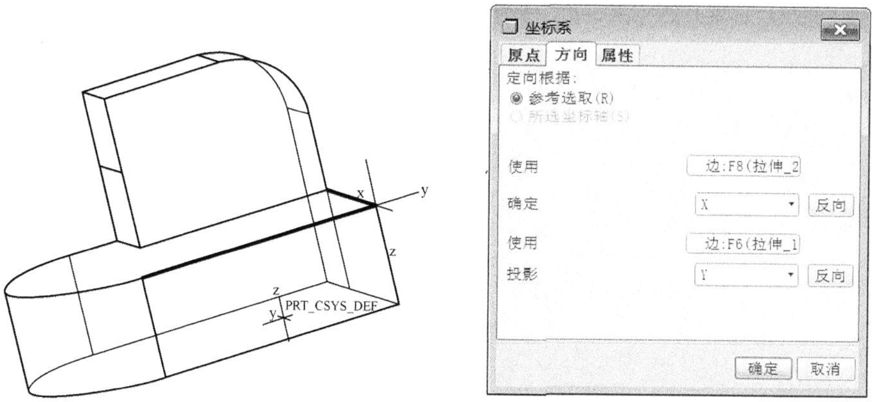

图 4-46　利用点/两轴确定基准坐标系

3. 两轴

在"原点"选项卡的"参照"区域选择两个基准轴、直线型实体边与曲线，将其交叉处或最短距离处定为新原点（原点会落在所选的第 1 条线上），在"方向"选项卡中指定任意的两个轴向，系统会依据右手定则得出第三轴的方向，如图 4-47 所示。

图 4-47　利用两轴确定基准坐标系

4．偏距

把原始坐标系作为参照，在空间偏移一定的距离，得到新的坐标系。偏移类型有如图 4-48 所示的 4 种类型，常用的是"笛卡儿"坐标系，在"原点"选项卡定义三个轴向的偏移值，在"方向"选项卡中，可以在偏距的同时旋转坐标系，如图 4-49 所示。

图 4-48　利用偏距创建坐标系

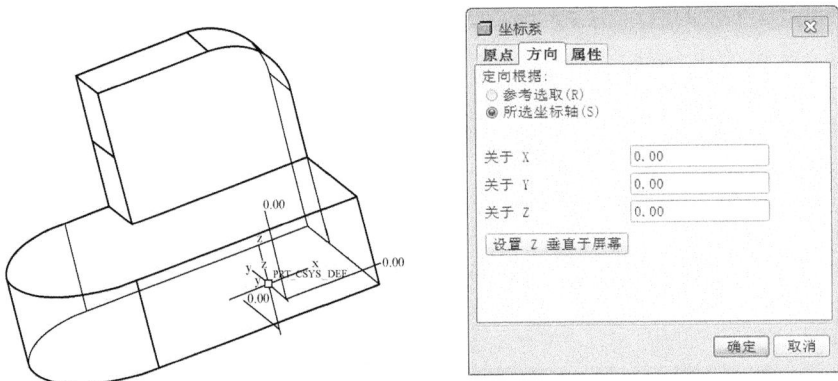

图 4-49　旋转偏距坐标系

第5章 基础实体造型

三维基础实体特征在 Pro/ENGINEER 中有着极其重要的地位。一方面，基础实体特征是放置实体特征产生的基础；另一方面，创建基础实体特征的一般原理和基本方法对于创建放置实体特征和曲面特征都具有很好的指导作用。

创建基础实体特征主要有 4 种方式："拉伸"、"旋转"、"扫描"、"混合"。而每种方式都可以得到"伸出项"（加材料）、"切口"（减材料）、"曲面"和"薄壁"等。

5.1 创建"拉伸"特征

拉伸特征是由二维草绘截面沿着给定方向和给定深度生长而成的三维特征，它适合于创建等截面的实体特征。要执行"拉伸"命令，可单击基础特征工具条上的"拉伸"按钮 🗗 ，或单击菜单"插入"→"拉伸"命令。执行命令之后操作界面出现如图 5-1 所示的操控面板。

图 5-1 "拉伸"操控面板

5.1.1 操控面板功能简介

1. "拉伸"操控面板按钮功能

🗗：建立拉伸实体特征。

🗋：创建拉伸曲面特征，有关曲面特征的详细介绍在后面的章节中介绍。

🔟▾：按给定值沿一个指定方向拉伸，单击其旁边的按钮 ▾ ，有几种其他方式的拉伸模式供使用，具体如表 5-1 所示。

表 5-1 "拉伸"深度选项说明

深度形式	说　　　明
🔟 盲孔	从草绘平面以指定深度值拉伸
⊟ 对称	在各方向上以指定深度值的一半拉伸草绘平面的两侧
⩵ 到下一个	拉伸至下一曲面
⧲ 穿透	拉伸与所有曲面相交
🔟 穿至	拉伸至与选定曲面相交
⊥ 到选定的	拉伸至选定的点，曲线，平面或者曲面

╱：相对于草绘平面反转特征创建方向。

◿：当按钮处于未选中状态时，将添加拉伸实体特征；当该按钮处于选中状态时，将建立拉伸去除特征，从已有的模型中去除材料。

□：通过为截面轮廓指定厚度创建薄体特征。

▮▮：暂时中止使用当前的特征工具，以访问其他可用的工具。

▶：退出暂定模式，继续当前的特征工具。

☑∞：模型预览。若预览时出错，表明特征的构建有误，需要重定义。

☑：确认当前特征的建立或重定义。

✕：取消特征的建立或重定义。

2. 下滑面板各控件功能

（1）"放置"下滑面板。单击操控面板上的"放置"按钮，弹出如图 5-2 所示的"放置"下滑面板，单击"定义"按钮选择草绘平面和参照平面，进入草绘截面状态。

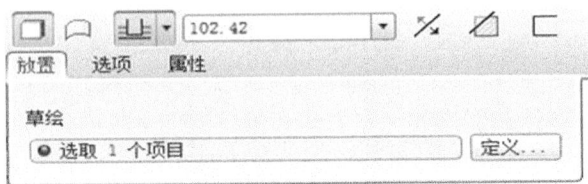

图 5-2 "放置"下滑面板

（2）"选项"下滑面板。单击操控面板上的"选项"按钮，弹出如图 5-3 所示的"选项"下滑面板，可以完成拉伸深度方式的选择和具体数值的定义；"侧 1"和"侧 2"同时使用适合双侧拉伸；"封闭端"复选框适应于拉伸曲面特征。

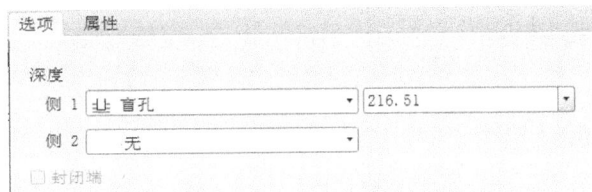

图 5-3 "选项"下滑面板

（3）"属性"下滑面板。单击操控面板上的"属性"按钮，弹出如图 5-4 所示的"属性"下滑面板，使用该下滑面板编辑特征名，单击 ⓘ 按钮可在 Pro/ENGINEER 浏览器中打开特征信息。

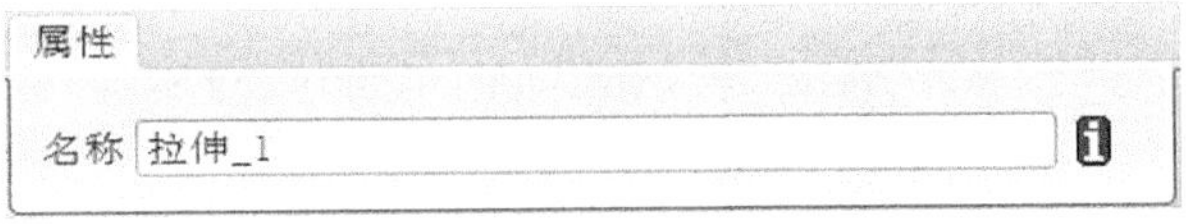

图 5-4 "属性"下滑面板

5.1.2 创建"拉伸"实例

1. 建立新文件

单击工具条中的"新建"按钮 □，或者单击菜单"文件"→"新建"命令，在"新建"

对话框中选择"零件"→"实体"选项，对文件命名并使用公制模板。

2．建立拉伸实体特征

单击工具条中的"拉伸"按钮 ⌐，或者单击菜单"插入"→"拉伸"命令，进入绘图状态。单击"拉伸"控制面上的"放置"按钮，在弹出的下滑面板中单击"定义"按钮，系统弹出"草绘"对话框，选择好草绘平面和参照平面，进入草绘截面状态。

3．绘制拉伸对象的截面图

进入草绘状态之后，绘制如图 5-5 所示的"拉伸"截面，单击"草绘"工具条上的"完成"按钮 ✔ ，完成草绘，继续下一步操作。

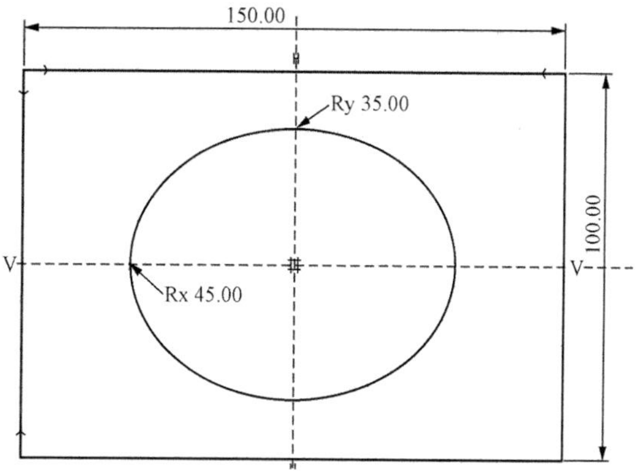

4．定义拉伸方式

可在"选项"下滑面板或直接在控制面板上定义拉伸方式和深度，这里选择对称拉伸，拉伸深度为 100。

也可以在如图 5-6 所示模型预览图的深度控制滑块上单击鼠标右键，系统弹出"深度"快捷菜单。用户可快速选择拉伸方

图 5-5　"拉伸"截面

式，而深度值可以直接拖曳深度控制滑块获得，也可双击深度值进行修改。

快捷菜单的使用可以提高绘图速度和工作效率，在不同环境下单击鼠标右键系统弹出与之操作对应的快捷菜单。例如，在拉伸特征定义过程中，在绘图区单击鼠标右键系统弹出如图 5-7 所示的快捷菜单，用户可根据需要选择要执行的命令。

在完成了定义之后，单击控制面板上的"完成"按钮 ☑ 或者单击鼠标中键，完成拉伸特征的建立，最终模型如图 5-8 所示。

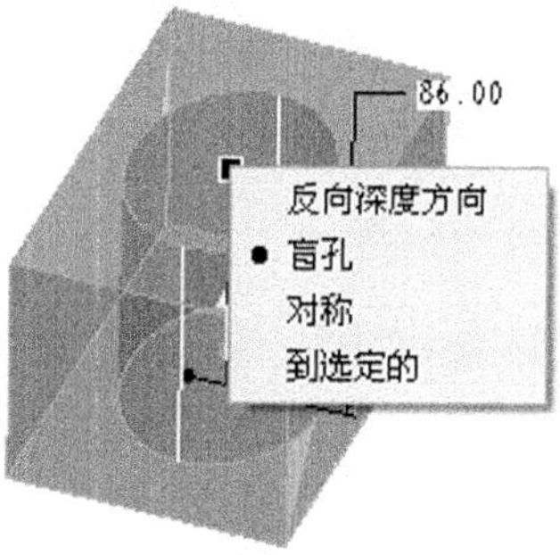

图 5-6　"深度"快捷菜单 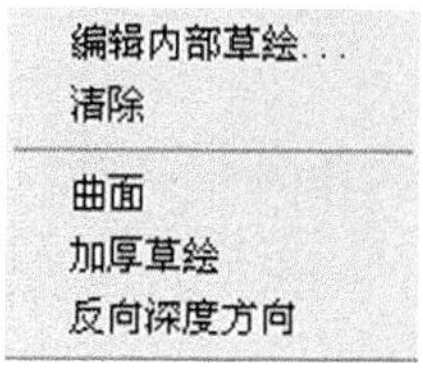　　　图 5-7　"拉伸"快捷菜单 　　　图 5-8　"拉伸"模型

5．建立拉伸减材料特征

刚刚作拉伸实体特征时，是先执行拉伸命令，再绘制拉伸截面，实际上也可以先绘制拉伸截面，再执行拉伸命令，这里采用后一种方式。

单击工具栏中的"草绘"按钮 ，在弹出的"草绘"对话框中选择实体上表面作为草绘平面，选择实体其中一个侧面作为参考平面，进入草绘状态。

6. 绘制拉伸截面

如图 5-9 所示，绘制 4 个大小相等的圆。

7. 形成实体模型

单击工具条中的"完成"按钮 ✔，完成草图绘制。单击工具条中的"拉伸"按钮 （或选择对应菜单），执行拉伸命令；在模型树中选择刚刚完成的草图作为拉伸对象，在"拉伸"控制面板中单击 按钮并根据情况单击 按钮调整拉伸方向和材料保留侧，并选择"盲孔"为拉伸方式，深度为 25。最后得到的实体如图 5-10 所示。

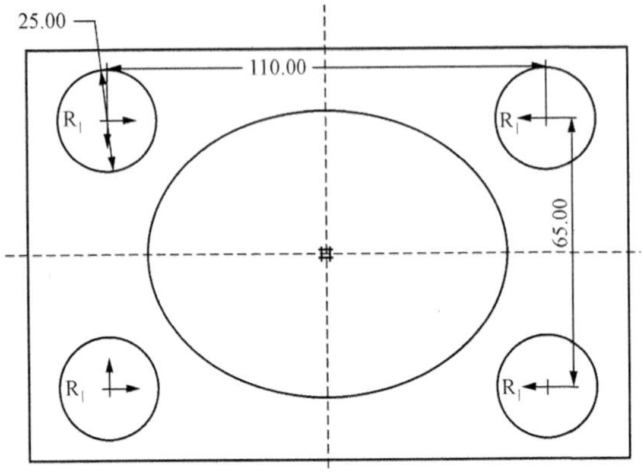

图 5-9　"拉伸"截面　　　　　　　　　图 5-10　实体模型

注　意

调整方向时可通过单击控制面板中的按钮 ，也可在图形预览区直接单击方向箭头。

拉伸曲面特征和拉伸薄板特征的操作方法与拉伸实体特征的方法相同，这里不举例说明，用户可以通过切换操控面板上的按钮 和按钮 来实现不同类型特征的建立。

5.2　创建"旋转"特征

在生活中，我们常常会遇到另一类典型实体特征，这类特征具有回转中心轴线，而且过中心轴线的剖面形状关于轴线严格对称，这类实体特征就是旋转实体特征。旋转实体特征的创建也有添加材料和去除材料两种方法。

要执行"旋转"命令，可单击工具条中的"旋转"按钮 ，或单击"插入"→"旋转"命令。执行命令之后操作界面出现如图 5-11 所示的操控面板。

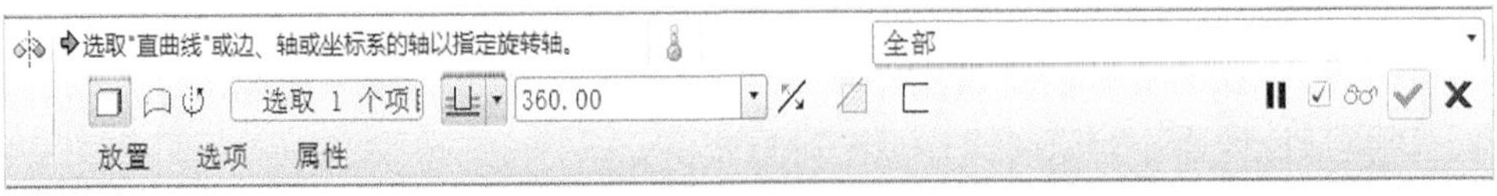

图 5-11　"旋转"操控面板

5.2.1 操控面板功能简介

1．"旋转"操控面板各按钮功能

　　：创建旋转实体特征。

　　：创建旋转曲面特征。

　　 选取 1 个项目 　　：旋转轴。单击收集器将其激活，激活后颜色变为黄色。若在草绘旋转截面时绘制了中心线则自动捕获为内部 CL，也可以在设计时利用此工具选用外部对象（基准轴线、实体边等）为旋转轴。

　　：从草绘平面开始按给定角度值旋转，单击其旁边的按钮 ▼，有三种旋转模式供使用。具体如表 5-2 所示。

表 5-2　　　　　　　　　　　　　　　　"旋转"角度选项说明

角度形式	说　　明
可变的	从草绘平面指定一个角度值旋转剖面，或是选取预先定义的角度（90、180、270、360）
对称	以指定角度值的一半向平面的两侧旋转剖面
到选定的	将剖面旋转到选定的基准点、顶点、平面或曲面，但终止平面或曲面包含旋转轴

　　：相对于草绘平面反转特征创建方向。

　　：使用旋转特征体积块创建切减材料特征。

　　：通过为截面轮廓指定厚度的薄板特征。

2．下滑面板各控件功能

（1）"放置"下滑面板。单击操控面板上的"放置"按钮，弹出如图 5-12 所示的"放置"下滑面板。单击"定义"按钮选择草绘平面和参照平面，进入草绘截面状态。若选择某一截面为旋转截面，则激活"轴"的收集器选择某对象为旋转轴。

（2）"选项"下滑面板。单击操控面板上的"选项"按钮，弹出如图 5-13 所示的"选项"下滑面板，可以完成旋转角度方式的选择和具体数值的定义；"侧 1"和"侧 2"同时使用适合双侧旋转；"封闭端"复选框适应于旋转曲面特征。

图 5-12　"放置"下滑面板　　　　　　　　　　图 5-13　"选项"下滑面板

（3）"属性"下滑面板。与"拉伸"下滑面板一样，使用该下滑面板编辑特征名，并可在 Pro/ENGINEER 浏览器中打开特征信息。

5.2.2 创建"旋转"实例

1. 建立新文件

单击工具条中的"新建"按钮 📄，或者单击菜单"文件"→"新建"命令，在"新增"对话框中选择"零件"→"实体"选项，对文件命名并使用公制模板。

2. 建立旋转增料特征

单击工具条中的"旋转"按钮 ◇▷，或者单击菜单"插入"→"旋转"命令，进入绘图状态。单击"旋转"控制面上的"放置"按钮，在弹出的下滑面板中单击"定义"按钮，系统弹出"草绘"对话框，选择好草绘平面和参照平面，进入草绘截面状态。

3. 绘制旋转截面及旋转轴

进入草绘状态之后，绘制如图 5-14 所示的截面，单击"草绘"工具条上的"完成"按钮 ✅，完成草绘，继续下一步的操作。

4. 定义旋转方式和角度

可在"选项"下滑板和控制面板上定义旋转方式和深度，这里选择"可变的"的方式，旋转角度为 300，得到的模型如图 5-15 所示。

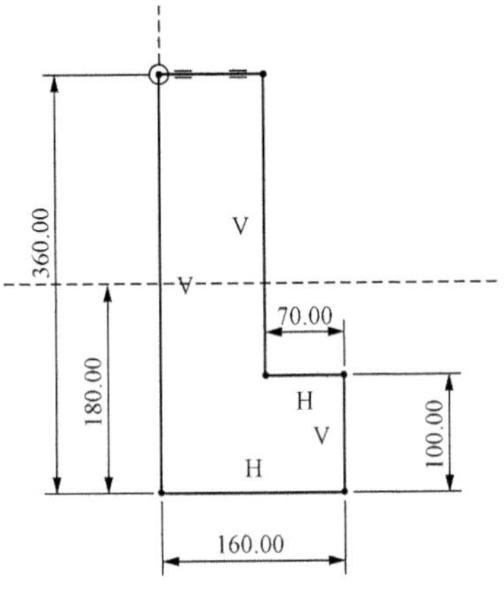

图 5-14 "旋转"截面 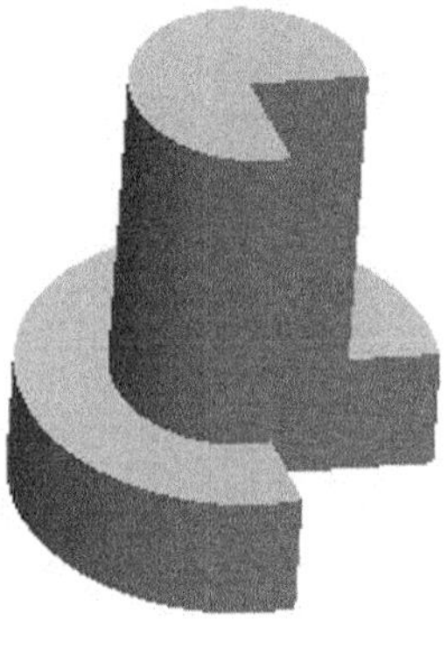   图 5-15 "旋转"得到的模型

当然也可以直接在旋转特征的操控面板上直接定义旋转方式和角度；还可以通过单击预览模型上的控制滑块，在系统弹出的快捷菜单中选择角度的旋转方式并双击预览图中的角度数值进行修改。

5. 建立旋转减特征

操作过程与建立旋转增料特征类似，关键是要注意选择控制面板上的按钮 ◿。在进入草绘状态之后绘制如图 5-16 所示的封闭截面，若截面只画如图 5-17 所示的 1/4 圆的开放截面，也同样实现材料的切除。

这里需要注意的是为了能准确定位图中圆心的位置，可在草绘状态下选择菜单"草绘"→"参照"命令，系统弹出如图 5-18 所示的"参照"对话框，来添加模型的上表面与左侧轮廓线作为绘图参照。用户在设计过程中很多时候系统默认的参照不一定满足要求，需要根据情况自定义参照，这种方法希望读者能掌握。

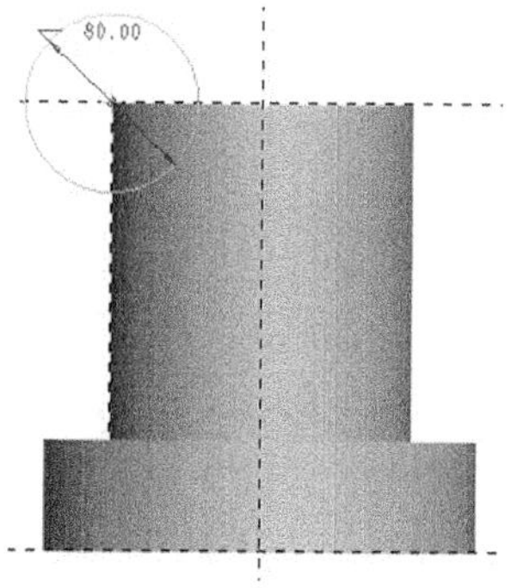

图 5-16 "旋转"切除封闭截面

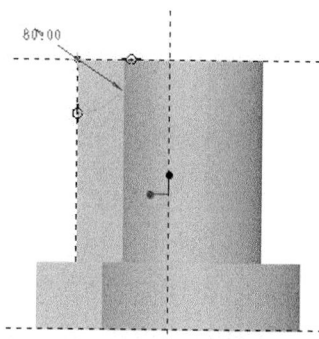

图 5-17 "旋转"切除开放截面

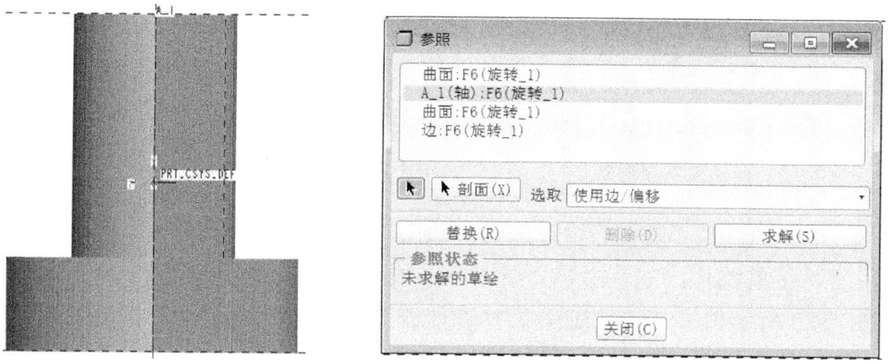

图 5-18 自定义"参照"

单击"草绘"工具条上的"完成"按钮 ✔ 完成旋转截面绘制，通过激活操控面板上旋转轴的收集器 ↻ 内部 CL ，选择如图 5-19 所示的两平面交线作为外部旋转轴，当然也可以在绘制旋转截面时一并绘制内部中心轴。采用"到选定的"的方式在定义旋转角度，用鼠标指定要切除材料的终止平面（图 5-20 中阴影面）。最后完成的实体模型如图 5-21 所示。

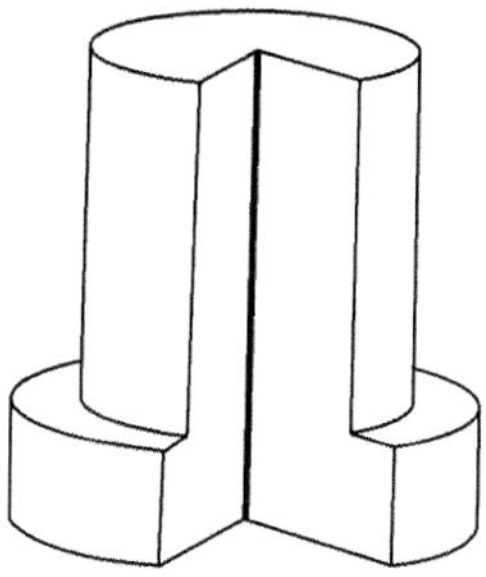

图 5-19 外部旋转轴

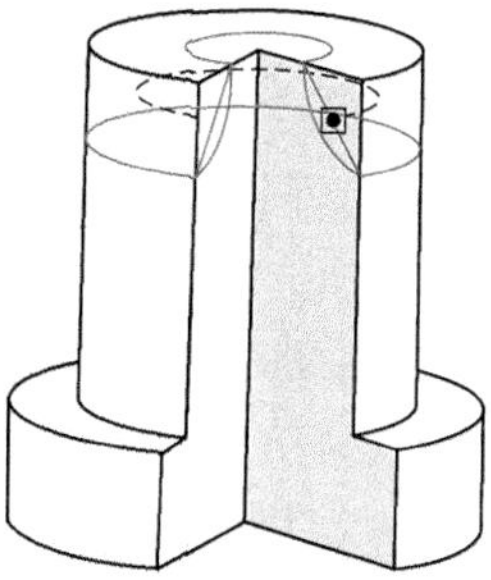

图 5-20 旋转终止面

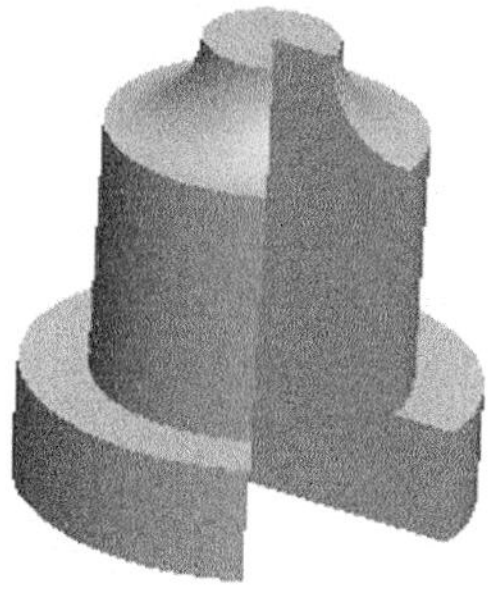

图 5-21 "旋转"切减材料后的模型

5.3 创建"扫描"特征

扫描实体特征就是将绘制的二维草绘截面沿着指定的轨迹线扫描生成二维实体特征。同拉伸与旋转实体特征一样，建立扫描实体特征也有添加材料和去除材料两种方法。建立扫描实体特征时首先要绘制一条轨迹线，然后再建立沿轨迹线扫描的特征截面。扫描实体特征可以构建复杂的实体特征。

5.3.1　菜单功能简介

在默认的 Pro/ENGINEER 特征工具条上没有"扫描"特征的快捷按钮，要执行"扫描"命令，可单击菜单"插入"→"扫描"→"伸出项"命令，如图 5-22 所示。系统弹出如图 5-23 所示的"伸出项：扫描"特征对话框和菜单管理器。

图 5-22　扫描菜单管理器

图 5-23　"伸出项：扫描"特征对话框与菜单管理器

从图 5-22 可以看出，"扫描"可以完成"伸出项"、"薄板伸出项"、"切口"、"薄板接口"和"曲面"等特征的操作。本节主要介绍"伸出项"命令的使用。

从如图 5-23 所示的"扫描轨迹"菜单管理器可以看出，系统提供了两种方式确定扫描轨迹。

（1）草绘轨迹：用"草绘器"模式草绘扫描轨迹。

（2）选取轨迹：选取现有曲线或边的链作为扫描轨迹。单击"选取轨迹"项，系统弹出如图 5-24 所示的"链"菜单管理器，系统提供了 6 种方式用于选取轨迹线。

"依次"：按照任意顺序选取实体边线或基准曲线作为轨迹线，在这种方式下，一次只能选取一个对象。

"相切链"：一次选中多个相互间相切的边线或基准曲线作为轨迹线。

"曲线链"：选取基准曲线作为轨迹线，当选取指定基准曲线后，系统还会自动选取所有与之相切的基准曲线作为轨迹线。

"边界链"：选取曲面的边界后，可以一次选中所有与该边界相切的边界曲线作为轨迹线，在曲面的相关内容中应用较多。

"曲面链"：选取某曲面，并将其边界曲线作为轨迹线。

图 5-24　"链"菜单管理器

"目的链"：选取环形的边线或曲线作为轨迹线。

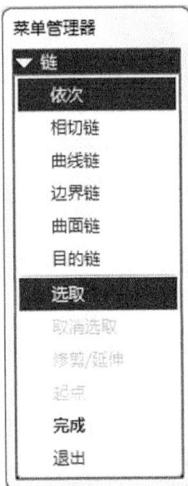

5.3.2　创建"扫描"实例

下面以实例的方式说明菜单和命令的用法。

1. 简单"扫描"

执行"插入"→"扫描"→"伸出项"命令，在弹出的菜单管理器中选择"草绘轨迹"按钮，按照系统提示进入草绘截面并完成如图 5-25 所示的轨迹线。单击"草绘"工具条上的

"完成"按钮，完成轨迹线的绘制，继续下一步的操作。

在操作界面的信息提示区系统提示"现在草绘横截面"，用户可在绘图区系统默认的参照点绘制如图 5-26 所示的横截面。

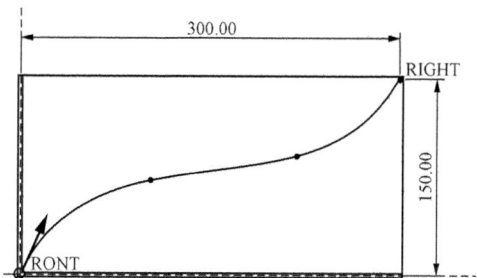

图 5-25 "扫描"轨迹线

图 5-26 草绘横截面

单击"草绘"工具条上的"确定"按钮，完成横截面的绘制，继续下一步的操作。单击"扫描"特征对话框中的"确定"按钮，完成"扫描"模型，如图 5-27 所示。

图 5-27 "伸出项：扫描"实例

2. "合并端点"与"自由端点"扫描

若用户在某实体特征的表面上选择已完成的曲线（不封闭，且与实体的面相交）作为扫描轨迹线，则系统弹出如图 5-28 所示的特征对话框和菜单管理器。

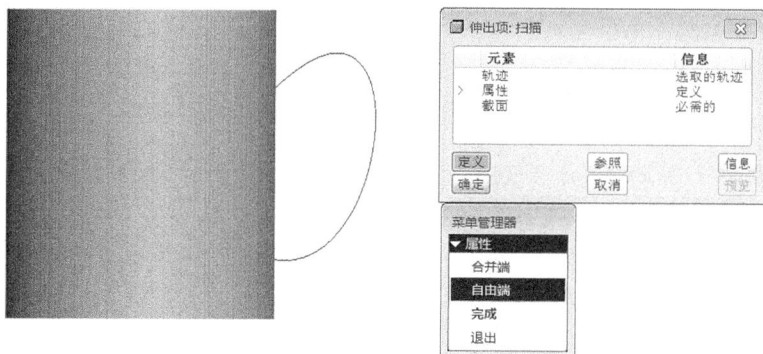

图 5-28 草绘轨迹及"伸出项：扫描"特征对话框，菜单管理器

在"属性"菜单中有"合并端点"和"自由端点"之分：

（1）合并端点：把扫描的端点合并到相邻实体。为此，扫描端点必须连接到零件几何。

（2）自由端点：不将扫描端点连接到相邻几何。如图 5-29 所示的两个模型是同样的横截面沿相同的轨迹线扫描得到，但是若选择"自由端点"为扫描属性，扫描特征的末端与实体的相邻面存在间隙，而选择"合并端点"则可实现扫描特征与实体相邻面的无缝连接。

图 5-29 "自由端点"与"合并端点"的区别

3. "添加内表面"和"无内表面"扫描

使用草绘曲线的方法在实体面上绘制如图 5-30（a）所示的封闭的曲线链，执行扫描命令，选择该曲线链为扫描轨迹，系统弹出如图 5-30（b）所示的菜单管理器，在"属性"菜单中有"添加内表面"和"无内表面"两个选项。

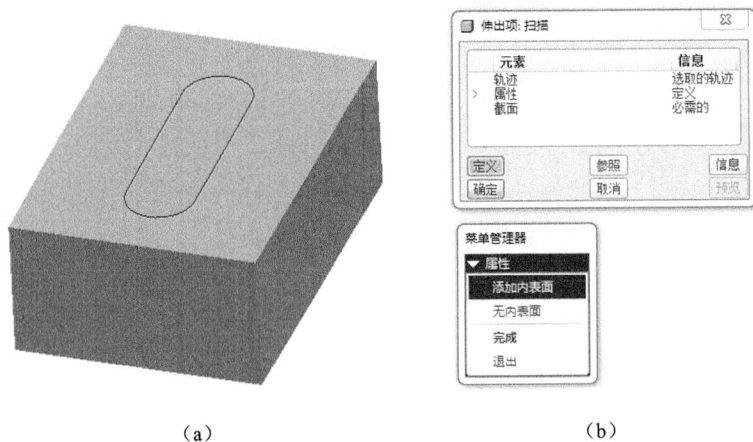

（a）   （b）

图 5-30 "扫描"轨迹与"伸出项：扫描"特征对话框及其菜单管理器
（a）"扫描"轨迹；（b）"伸出项：扫描"特征对话框及其菜单管理器

"添加内表面"：草绘剖面沿轨迹线扫描产生实体特征后，自动补足上下表面，形成闭合实体结构，如图 5-31 所示，则要求使用开放型剖面。

图 5-31 "增加内部因素"产生实体特征

"无内表面"：草绘剖面沿轨迹线扫描产生实体特征后，不会补足上下表面，如图 5-32 所示，这时要求使用封闭型剖面。

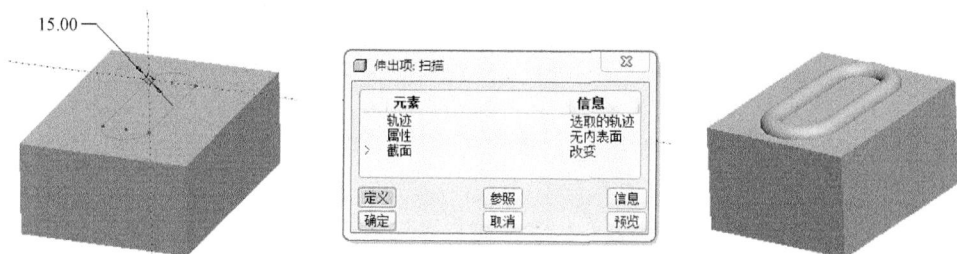

图 5-32 "无内部因素"产生实体特征

4. "插入"→"扫描"→"切口"命令的使用

"插入"→"扫描"→"切口"命令其操作方法与前面所讲的"插入"→"扫描"→"伸出项"命令相同，也有"添加内表面"和"无内表面"之分，如图 5-33 所示。

图 5-33 "插入"→"扫描"→"切口"操作实例

5. "插入" → "扫描" → "薄板" 命令的使用

执行该命令之后，系统会弹出如图 5-34 所示的特征对话框，需按照系统提示选择薄板的材料生长方向及厚度值。

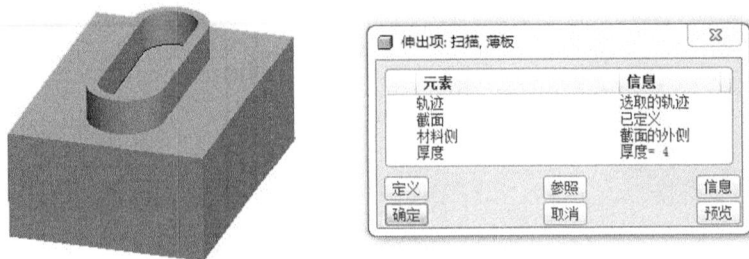

图 5-34 "伸出项：扫描，薄板" 对话框

6. "插入" → "扫描" → "薄板切口" 命令的使用

"插入" → "扫描" → "薄板切口" 命令与 "插入" → "扫描" → "薄板" 命令的使用类似，如图 5-35 所示，注意去除材料的操作。

图 5-35 "切剪：扫描，薄板" 对话框

"插入" → "扫描" → "曲面" 命令与 "插入" → "扫描" → "伸出项" 命令操作方法一样，这部分内容在曲面造型中会详细讲解。要注意的是薄板、切口、薄板切口和曲面扫描特征的横截面可以是开放型截面。

5.4   创建 "混合" 特征

混合实体特征是一种形状更加复杂的三维实体特征，是由两个或多个草绘截面在空间融合所形成的特征，沿实体融合方向截面的形状是渐变的。

混合实体特征不仅应用非常广泛，而且其生成方法也非常丰富，灵活多变。

5.4.1   菜单功能简介

在默认的 Pro/ENGINEER 特征工具条上没有 "混合" 特征的快捷按钮，要执行 "混合" 命令，可单击菜单 "插入" → "混合" → "伸出项" 命令，系统弹出如图 5-36 所示的 "混合选项" 菜单管理器。

在 "混合选项" 菜单管理器中，单击下列命令之一，然后单击 "完成" 按钮。

（1）平行：所有混合截面都位于截面草绘中的多个平行平面上。

（2）旋转的：混合截面围绕 Y 轴旋转，最大旋转角度可达 120°。每个截面都单独草绘并用截面坐标系对齐。

（3）一般：一般混合截面可以围绕 X 轴、Y 轴和 Z 轴旋转，也可以沿这三个轴平移。每个截面都单独草绘并用截面坐标系对齐。

（4）规则截面：特征使用草绘平面。

（5）投影截面：特征使用选定曲面上的截面投影。该选项只用于平行混合。

（6）选取截面：选取截面图元。该选项对平行混合无效。

（7）草绘截面：草绘截面图元。

单击"完成"按钮继续进行下一步操作，系统弹出"属性"菜单管理器，如图 5-37 所示，不同的实体特征不但具有不同的视觉效果而且还会具有不同的使用性能。如图 5-37 所示选项用于所有混合实体特征：

（1）"直"：各截面之间采用直线连接，截面间的过渡存在明显的转折。在这种混合实体特征中可以比较清晰地看到不同截面之间的转接。

（2）"光滑"：各截面之间采用样条曲线连接，截面之间平滑过渡，在这种混合实体特征上看不到截面之间明显的转接。

若"混合选项"选择"旋转的"，单击"完成"继续下一步操作，系统弹出如图 5-38 所示的菜单，除了"直"和"光滑"属性之外，还有"开放"和"封闭的"两个属性。

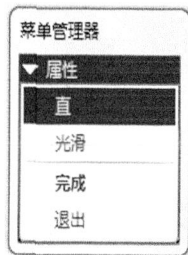

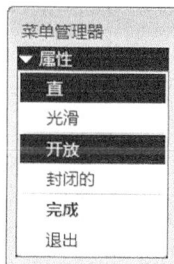

图 5-36 "混合选项"菜单管理器　图 5-37 "属性"菜单管理器（一）　图 5-38 "属性"菜单管理器（二）

（1）"开放"：顺次连接各截面形成旋转混合实体特征，实体起始截面和终止截面并不封闭相连。

（2）"封闭的"：顺次连接各截面形成旋转混合实体特征，同时，实体起始截面和终止截面相连组成封闭实体特征。

5.4.2 创建"混合"实例

1. 平行混合

平行混合特征中所有的截面都互相平行，所有的截面都在同一窗口中绘制完成。截面绘制完毕后，要指定混合截面的距离，下面以如图 5-39 所示的多头蜗杆为例来介绍平行混合的相关知识。

图 5-39　多头蜗杆

（1）单击"插入"→"混合"→"伸出项"命令，选择"平行"→"规则截面"→"草绘截面"方式并单击"完成"按钮，在"属性"菜单中选择"光滑"选项，单击"完成"按钮继续下一步操作。

（2）按照系统提示选择好草绘平面与参照平面，进入草绘状态，完成如图 5-40 所示的截面绘制并保存。因为该实例模型截面形状一致，在绘制后面的截面时可直接调用保存的对象，也可以在执行"混合"命令之前先完成截面草图的绘制并保存。

（3）在绘图区单击鼠标右键，弹出如图 5-41 所示的快捷菜单，选择"切换剖面"命令，或者单击菜单"草绘"→"特征工具"→"切换剖面"命令，进入第二个截面的绘图状态。本例中可直接通过单击"草绘"→"数据来自文件"→"文件系统"命令，在"打开"对话框中找到刚刚保存的截面图文件并打开，用鼠标左键在绘图区拾取截面图的插入点，系统弹出如图 5-42 所示的"缩放旋转"对话框。按照比例为 1:1 和旋转 0°角的方式插入刚刚保存的截面。

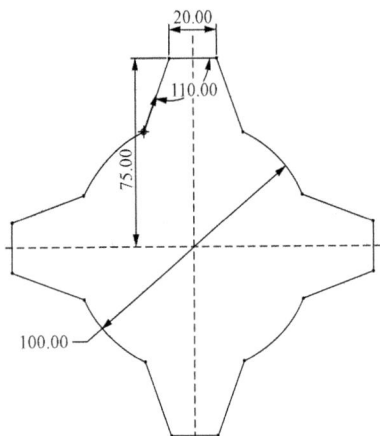

图 5-40　草绘截面

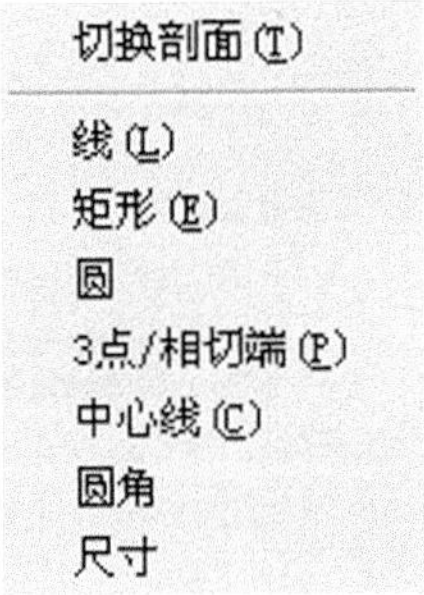

图 5-41　"切换剖面"快捷菜单

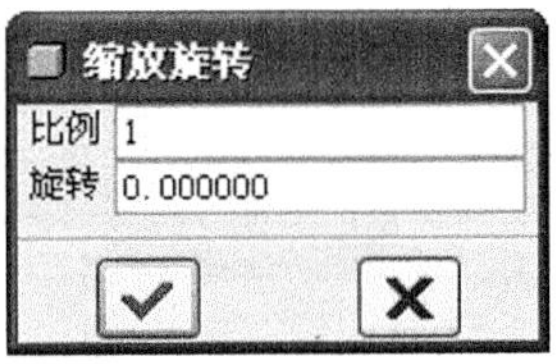

图 5-42　"缩放旋转"对话框

当然，第二个截面也可以在切换剖面后重新绘制。

（4）选择如图 5-43 所示截面图中箭头所指的点，单击菜单"草绘"→"特征工具"→"起始点"命令，也可以在选择点之后单击鼠标右键，系统弹出如图 5-44 所示的快捷菜单，选择"起始点"命令设置当前点为第二个截面的混合起始点，起始点方向与第一个截面的起始点方向均为顺时针方向。可以通过在所选端点上再次执行"起始点"命令改变起始点方向。

（5）按照同样的方法完成第三个截面。

（6）单击"草绘"工具条上的"确定"按钮，完成截面草绘。按照系统提示输入三个截面之间的间距，这里均为 150，单击特征对话框中的"预览"按钮并最终单击"确定"按钮，可得到如图 5-45（a）所示的平行混合实体模型。若将"属性"改为"直的"，其模型如图 5-45（b）所示。

（7）在混合实体模型的上表面创建如图 5-46 所示的"拉伸"特征，最后完成多头蜗杆模型。

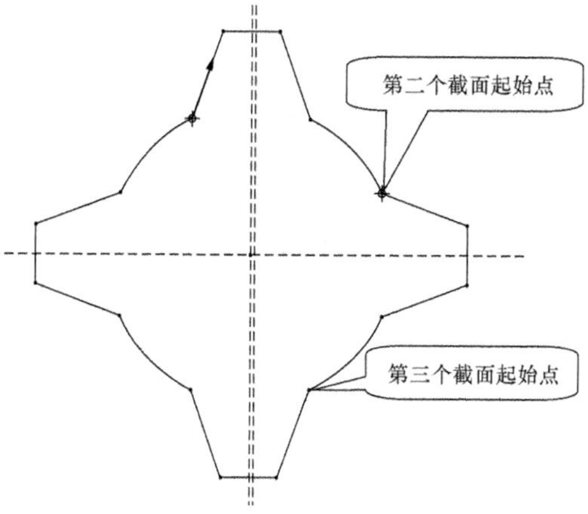

图 5-43 第二个截面起始点

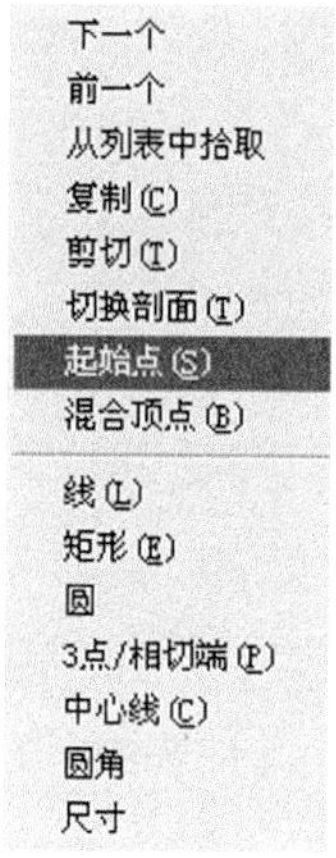

图 5-44 "起始点"快捷菜单

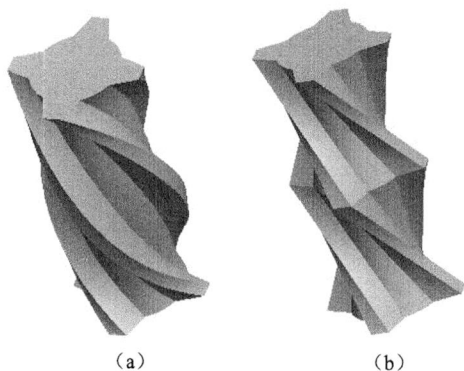

（a） （b）

图 5-45 混合实体模型

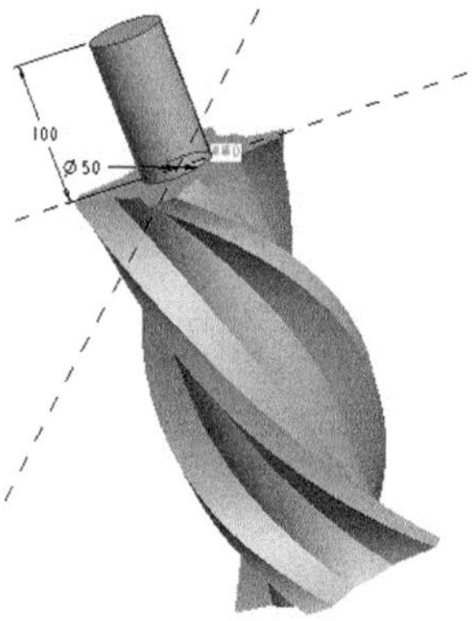

图 5-46 创建"拉伸"特征

注意

（1）平行混合中每一个截面图中都有一个起始点，不同截面上的起始点相互连接，在起始点后按照箭头指示的方向顺次相连。

（2）一般来说，要求参与混合的各截面具有相同数量的顶点。对于没有足够几何图元的截面，可以使用"草绘"工具条中的"分割"按钮 ✂ 分割图元，也可以采用"混合顶点"的方法加以处理。如图 5-47 所示，第一个截面为四边形，第二个截面为三边形，可在绘制完第二个截面后，选中图形中箭头所指顶点单击菜单"草绘"→"特征工具"→"混合顶点"命令，或单击鼠标右键，在弹出的快捷菜单中选择"混合顶点"命令，这样才能正确完成混合，得到的模型如图 5-48 所示。

2. 旋转混合

旋转混合实体特征的生成方法和平行实体特征有比较大的差异。创建这种混合实体特征时使用的截面不一定必须满足平行条件，但是仍然要求各截面具有相同数量的边数或顶点数。某一截面的顶点数少于其他截面的顶点数时，同样可以采用混合顶点的方法。

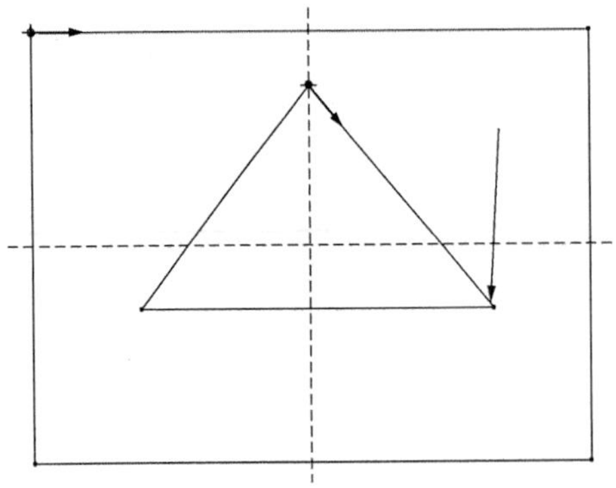

图 5-47　"混合顶点"设置

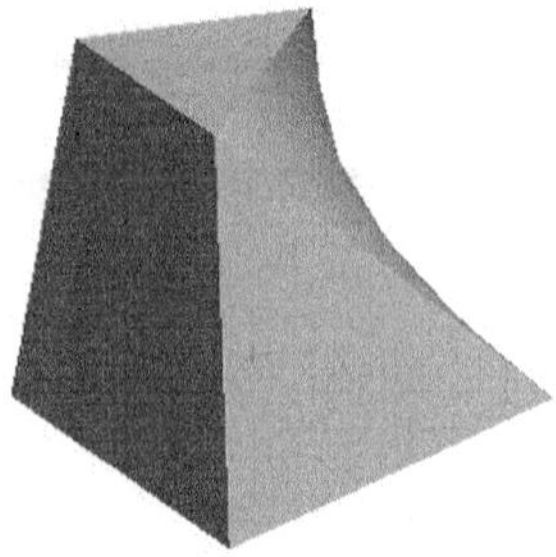

图 5-48　"混合"实体模型

旋转混合具备回转体的性质，特别可完成不规则的回转体，例如，常见的苹果就可以通过旋转混合实现快速造型。

（1）单击"插入"→"混合"→"伸出项"命令，选择"旋转的"→"规则截面"→"草绘截面"命令，单击"完成"按钮继续下一步操作。

图 5-49　草绘截面

（2）在"属性"菜单中选择"光滑"→"封闭的"→"完成"命令，按照系统提示选择好草绘平面和参照平面进入草绘状态，完成如图 5-49 所示的平面图形。特别注意旋转混合需要建立坐标系作为旋转参照，因此在绘制截面图时应该单击"草绘"工具条上"坐标系"按钮 ⅃ 插入坐标系。由于苹果的各个截面类似，可将该图形保存，在后面插入新的截面时直接调用该截面并可作适当修改。

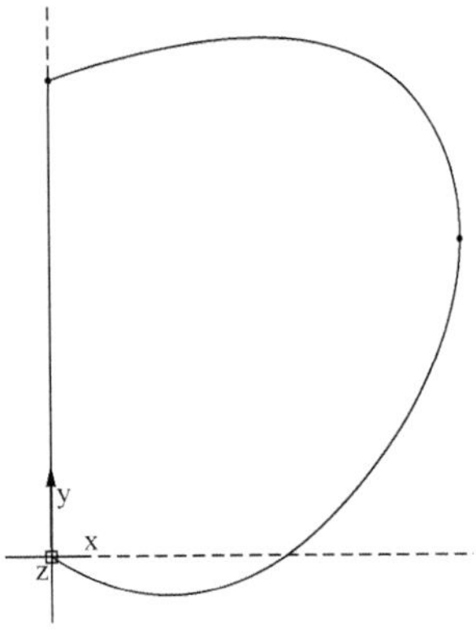

（3）单击"草绘"工具条上的"完成"按钮，完成第一个截面的绘制。按照系统提示输入截面 2 与截面 1 绕 Y 轴的旋转角（10°～120°），这里输入 45°；进入第二个截面的绘图状态，本例中可直接通过单击"草绘"→"用户来自文件"→"文件系统"命令按照比例 1:1 和旋转角度 0°的方式插入刚刚保存的截面。可适当编辑该截面的样条曲线从而稍微改变截面的形状，单击"草绘"工具条上的"完成"按钮，完成第二个截面的绘制。按照系统提示继续绘制下一截面，共完成 5 个类似的截面。

当然，第一个截面后的其他截面也可以在进入新的截面绘图状态后重新绘制，但要注意的是每次绘制新的截面都需要插入坐标系。

（4）最后按照系统提示"继续下一截面吗"，选择"否"按钮，完成所有截面的绘制。单击"特征"对话框中的"确定"按钮，得到如图 5-50（a）所示的实体模型，若将"属性"改为"开放"，则实体模型如图 5-50（b）所示。

（5）在旋转混合特征的基础上加入辅助特征"扫描混合"（该特征的具体用法后面详细讲解），从而得到苹果的"把"，最终完成苹果模型如图 5-51 所示。

3．一般混合

一般混合实体特征具有更大的设计灵活性，可以用于生成更为复杂的实体特征，掌握了

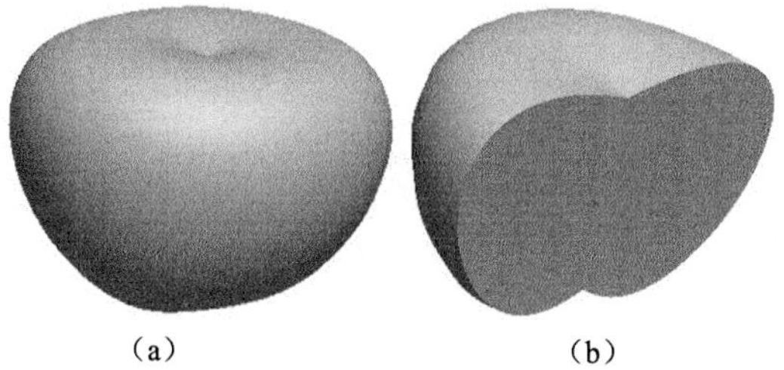

（a） （b）

图 5-50 "混合"实体模型  图 5-51 苹果实体模型

旋转混合实体特征的生成方法后，很容易理解一般混合特征的生成原理。旋转混合实体特征中后一截面的位置是由前一截面绕 Y 轴转过指定角度后，再在 XOY 平面内由到 X 轴和 Y 轴的两个线性距离尺寸来确定的。在一般混合实体特征的生成过程中，后一截面的位置是由前一截面分别绕 X，Y，Z 三个坐标轴各转过一定角度来确定。这样截面的位置更加丰富，可以生成更加复杂的实体特征。

执行插入"混合"→"伸出项"命令，在弹出的菜单管理器中选择"一般"→"规则截面"→"草绘截面"命令，单击"完成"按钮并在"属性"菜单管理器中选择"光滑"选项，按照系统提示选择草绘平面进入到草绘环境，绘制如图 5-52 所示的第一个截面，与旋转混合相似的是这里也需要插入坐标系。

单击"草绘"工具条上的"确定"按钮，按照系统提示输入第二个截面相对坐标系 X、Y、Z 轴三个方向旋转的角度，分别为 30°、30°、0°，进入草绘界面后绘制如图 5-53 所示的第二个截面。

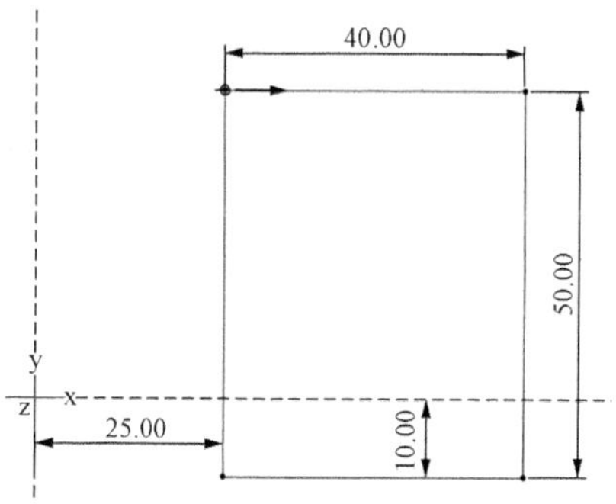

图 5-52 第一个截面

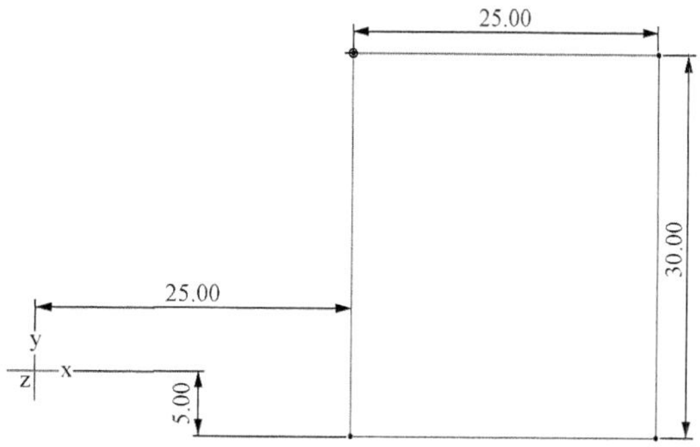

图 5-53 第二个截面

单击"草绘"工具条上的"确定"按钮，完成第二个截面的绘制。在信息提示区的编辑框中输入"Y"或单击"是"按钮，继续下一个截面的绘制。

根据系统提示，输入第三个截面绕相对坐标系 X、Y、Z 轴三个方向旋转的角度为 30°、0°、15°，进入草绘界面后绘制如图 5-54 所示的第三个截面。

单击"草绘"工具条中的"确定"按钮，完成第三个截面的绘制。然后在信息提示区中单击"否"按钮，表示不继续绘制下一截面。按照系统提示输入截面间的深度值分别为 50、40。

单击"混合"特征对话框中的"确定"按钮完成一般混合模型的创建，如图 5-55 所示。

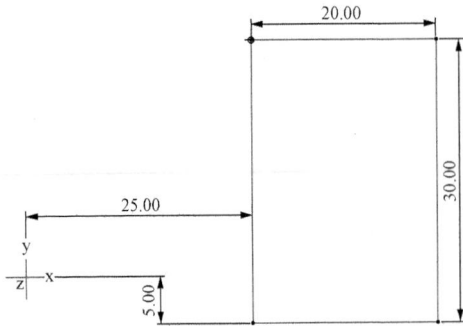

图 5-54　第三个截面

图 5-55　"混合"实体模型

至此已经全部介绍了基础实体特征的四种创建方法。这四种方法在三维实体建模中具有相当重要的地位。在随后曲面特征的创建中我们将看到，这些方法同时还是曲面特征创建的基本工具，具有几乎相同的创建原理。

另外，除了上述四种创建了基础实体特征的方法外，系统还提供了一些高级功能，使用这些高级功能可以创建更加典型和复杂的实体特征。

5.5　创建"扫描混合"特征

扫描混合可以具有两种轨迹：原点轨迹（必需）和第二轨迹（可选）。每个轨迹特征必须至少有两个剖面，且可在这两个剖面间添加剖面。要定义扫描混合的轨迹，可选取一条草绘曲线、基准曲线或边的链。

5.5.1　操控面板功能简介

单击"插入"→"扫描混合"命令，系统操作界面将出现"扫描混合"操控面板，如图5-56 所示。

图 5-56　"扫描混合"操控面板

从操控面板的内容可以看出，"扫描混合"特征与基础实体特征一样，通过选择操控面板上不同的按钮可以实现"曲面"、"切口"、"薄板"等特征的切换及"方向"的改变。

1. "参照"下滑面板

如图 5-57 所示的"参照"下滑面板主要包含以下内容。

（1）"轨迹"收集器：收集最多两条链作为扫描混合的轨迹。截面垂直于在 N 栏中选中的轨迹。

（2）"细节"：单击该按钮可打开"链"集合对话框。

（3）"剖面控制"：控制剖面的选项的列表。

"垂直于轨迹"：草绘平面将垂直于指定的轨迹。此为默认设置。

"垂直于投影"：Z 轴与指定方向上的"原点轨迹"的投影相切。"方向参照"收集器激活，提示选择方向参照，不需要水平/垂直控制。

"恒定法向"：Z 轴平行于指定方向向量。"方向参照"收集器激活，提示选择方向参照。

（4）"水平/竖直控制"：设置水平或竖直控制。

"垂直于曲面"：Y 轴指向选定曲面的方向，垂直于与"原点轨迹"相关的所有曲面。当原点轨迹至少具有一个相关曲面时，此项为默认设置。单击"下一项"按钮可切换可能的曲面。

"X 轨迹"：有两个轨迹时显示。X 轨迹为第二轨迹而且必须比"原点"轨迹要长。

"自动"：X 轴位置沿原点轨迹确定。当没有与原点轨迹相关的曲面时，这是默认设置。

（5）"起点的 X 方向参照"：通过单击"默认"激活参照收集器来指定轨迹起始处的 X 轴方向。

（6）"反向"：单击该按钮可反向参照方向。

2. "截面"下滑面板

如图 5-58 所示的"截面"下滑面板可启用扫描混合剖面的定义。为扫描混合所草绘的或选取的截面会列在截面表中。

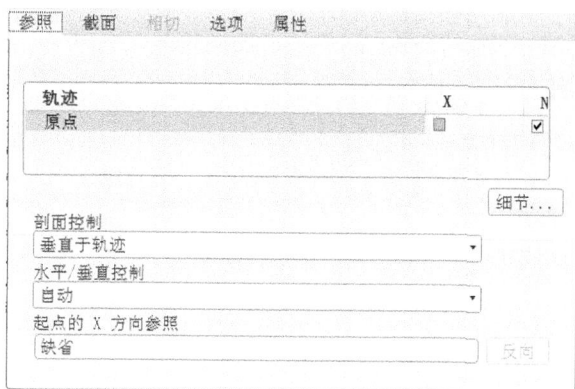

图 5-57 "参照"下滑面板

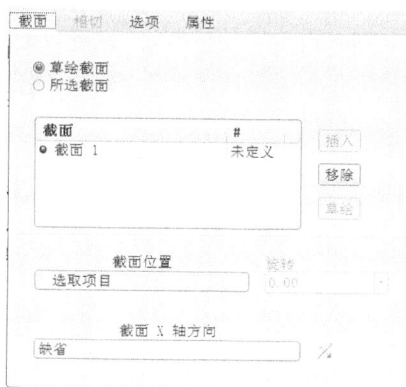

图 5-58 "截面"下滑面板

（1）"草绘截面"：在轨迹上选取一点，并单击"草绘"按钮可定义扫描混合的剖面。

（2）"所选截面"：将先前定义的截面选取为扫描混合剖面。

（3）"截面"列表：为扫描混合定义的剖面表。当将剖面添加到列表时，会按时间顺序对其进行编号和排序。

（4）"插入"：单击可激活新收集器。新截面为活动截面。

（5）"移除"：单击可删除表格中的选定截面和扫描混合。

（6）"草绘"：打开"草绘器"为剖面定义草绘。

（7）"截面位置"：激活可收集链端点、顶点或基准点以定位截面。

（8）"旋转"：对于定义截面的每个顶点或基准点，指定截面关于 Z 轴的旋转角度

（–120°～+120°）。

（9）"截面 X 轴方向"：为活动截面设置 X 轴方向。

3．"相切"下滑面板

如图 5-59 所示的"相切"下滑面板允许在由开始或终止截面图元和元件曲面生成的几何对象间定义相切关系。

4．"选项"下滑面板

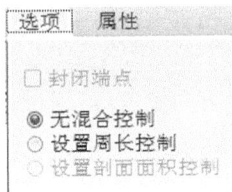

如图 5-60 所示的"选项"下滑面板可启用特定设置选项，用于控制扫描混合的截面之间部分的形状。

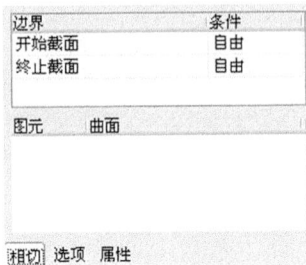

边界	条件
开始截面	自由
终止截面	自由

图元	曲面

相切 选项 属性

选项 属性

☐ 封闭端点

◉ 无混合控制
◯ 设置周长控制
◯ 设置剖面面积控制

图 5-59 "相切"下滑面板　　　图 5-60 "选项"下滑面板

（1）"封闭端点"：用曲面的封闭端点。

（2）"无混合控制"：无混合控制集。

（3）"设置周长控制"：设置以便按线性方式改变截面之间的混合的周长。

（4）"设置剖面区域控制"：在扫描混合的指定位置指定剖面区域。

5．"属性"下滑面板

使用该下滑面板编辑特征名，单击按钮 ⓘ 可在 Pro/ENGINEER 浏览器中打开特征信息。

5.5.2　创建"混合扫描"实例

（1）绘制轨迹线：单击"基准特征"工具条中的按钮 ，打开"草绘"对话框，通过选择草绘平面和参考平面进入草绘状态，绘制如图 5-61 所示的曲线为"扫描混合"轨迹线。

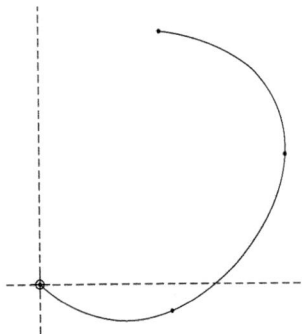

（2）单击"草绘"工具条的"确定"按钮，完成轨迹线的绘制。

（3）单击"插入"→"扫描混合"菜单命令，系统弹出如图 5-56 所示的操控面板。

（4）单击操作面板上的"参照"按钮，弹出对应下滑面板，如图 5-57 所示，激活"轨迹"收集器，点选刚刚完成的曲线为扫描轨迹，其他接受系统设置。

（5）单击操控面板上的"截面"按钮，弹出对应下滑面板，如图 5-58 所示，为"截面 1"选择截面位置，用鼠标左键点选轨迹线的一端点，其他接受系统默认设置，单击"草绘"按钮进入草绘环境，绘制如图 5-62 所示的剖面 1。

图 5-61 "扫描混合"轨迹线

（6）单击"草绘"工具条上的"确定"按钮，完成"截面1"的绘制，回到"扫描混合"操控面板。

（7）单击"插入"按钮添加"截面2"，选取轨迹线另一端点为"截面2"的"截面位置"并"旋转"90°。

（8）单击"草绘"按钮进入草绘环境，绘制如图 5-63 所示的"截面2"。

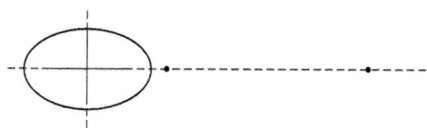

图 5-62 "截面 1"

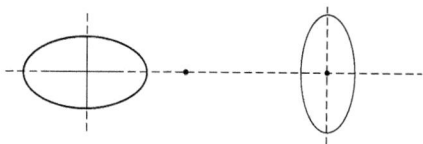

图 5-63 "截面 2"

（9）单击"草绘"工具条上的"确定"按钮，完成"截面2"的绘制，回到"扫描混合"操控面板。单击"确定"按钮，完成"扫描混合"特征，如图 5-64 所示。

（10）若想在轨迹线中间加入"截面3"混合，则须在轨迹线上插入基准点。在模型树中选择"扫描混合"特征，单击鼠标右键，在弹出的快捷菜单中选择"编辑定义"命令，系统弹出"扫描混合"操控面板。

（11）单击"截面"下滑面板中的"插入"按钮，添加"截面3"。由于此时轨迹线上没有点可作为截面位置，用户可单击"草绘"工具条上的"基准点"按钮 ✕✕，在轨迹线上插入基准点，如图 5-65 所示。

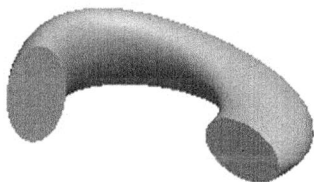

图 5-64 "扫描混合"特征

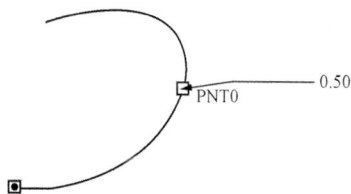

图 5-65 插入基准点

（12）单击操控面板上的按钮 ▶，激活"扫描混合"操控面板，在"截面"下滑面板中单击"草绘"按钮进入草绘环境，完成如图 5-66 所示的"截面3"。

（13）最后得到的"扫描混合"特征如图 5-67 所示。可以看出它与由两个截面扫描混合而成的特征在外形上有较大的差别。

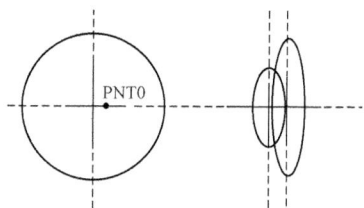

图 5-66 "截面 3"

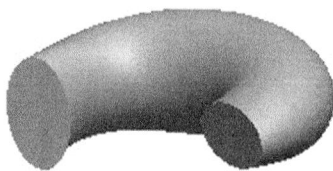

图 5-67 插入截面 3 "扫描混合"特征

5.6　创建"螺旋扫描"特征

螺旋扫描是沿着一旋转面上的轨迹线来扫描以产生螺旋状的特征。特征的建立需要有旋转轴、轮廓线、螺距、截面四要素。用螺旋扫描可以创建弹簧和螺纹。

5.6.1　菜单功能简介

单击 "插入"→"螺旋扫描"菜单命令可以执行插入螺旋扫描的命令，从如图 5-68 所示菜单选项可知螺旋扫描可以完成"伸出项"、"薄板伸出项"、"曲面"等不同的对象。本节主要讲解通过单击"螺旋扫描"→"伸出项"命令得到实体特征。

选择"插入"→"螺旋扫描"→"伸出项"命令之后，系统弹出如图 5-69 所示的对话框及菜单管理器。

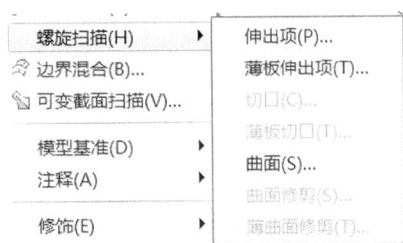

图 5-68　"螺旋扫描"菜单选项　　　图 5-69　"伸出项：螺旋扫描"对话框及"属性"菜单管理器

在"属性"菜单管理器中，对以下成对出现的选项（只选其一）进行选择，来定义螺旋扫描特征。

（1）"常数"：螺距恒定。

（2）"可变的"：螺距可变，而且由图形定义。

（3）"穿过轴"：横截面位于穿过旋转轴的平面内。

（4）"垂直于轨迹"：确定横截面方向，使之垂直于轨迹（或旋转面）。

（5）"右手定则"：使用右手规则定义轨迹。

（6）"左手定则"：使用左手规则定义轨迹。

5.6.2　用"恒定"螺距值创建"螺旋扫描"

（1）选择"插入"→"螺旋扫描"→"伸出项"菜单命令，打开"属性"菜单。接受"属性"菜单中的默认命令"常数"→"穿过轴"→"右手定则"，然后单击"完成"按钮。

（2）按照系统提示选择好绘图平面和参考平面，进入草绘状态。绘制如图 5-70 所示的旋转轴和螺旋轨迹，单击"草绘"工具条中的"确定"按钮，按照系统提示输入螺距值为 6，单击鼠标中键进入草绘状态，按照系统提示绘制螺旋扫描剖面如图 5-71 所示。

（3）单击"草绘"命令工具条中的"确认"按钮，完成扫描剖面的绘制，最后单击特征对话框中的"确定"按钮完成"螺旋扫描"特征，如图 5-72 所示。

图 5-70　旋转轴和螺旋轨迹　　　　图 5-71　螺旋扫描剖面　　　图 5-72　"恒定"螺距"螺旋扫描"特征

5.6.3　用"可变"螺距值创建螺旋扫描

（1）选择"插入"→"螺旋扫描"→"伸出项"菜单命令，打开"属性"菜单管理器。修改"属性"菜单管理器中的选项依次为"可变的"→"穿过轴"→"右手定则"命令，然后单击"完成"按钮。

（2）按照系统提示选择好绘图平面和参考平面，进入草绘状态。绘制如图 5-73 所示的旋转轴和轮廓线，注意可在轮廓线上定义几个点作为后面定义可变的螺距使用。

（3）单击"草绘"工具条中的"确定"按钮，系统弹出定义初始螺距的子窗口。通过单击"控制曲线"菜单中"定义"→"添加点"命令来定义指定点的螺距，并可预览窗口看到定义的位置及数值，如图 5-74 所示。

图 5-73　旋转轴和螺旋扫描轨迹

（4）定义好可变的螺距之后，系统会提示要求绘制扫描的横截面，可在起点处绘制直径为 10 的圆。

（5）单击"草绘"工具条中的"确定"按钮，再单击特征对话框中的"确定"按钮，可最后得到"螺旋扫描"特征，如图 5-75 所示。

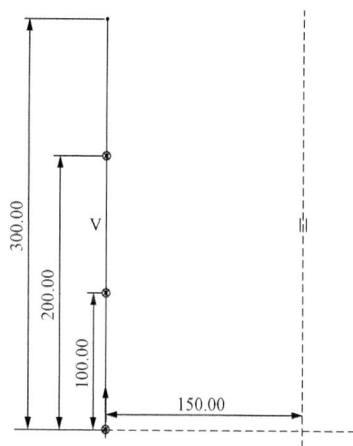

图 5-74　各点螺距曲线图　　　　　　　图 5-75　"可变"螺距"螺旋扫描"特征

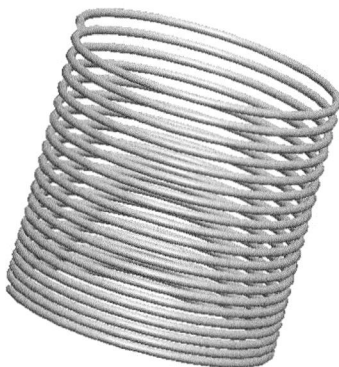

第6章　创建放置实体特征

　　有了基础实体造型，设计者可以完成零件的主体部分建模。但要完成零件的一些细小结构和辅助特征，则需要在基础特征的基础上进行加工，即创建放置实体特征，主要包括"孔"、"壳"、"筋"、"拔模"、"圆角"和"倒角"等特征。

　　在 Pro/ENGINEER Wildfire 5.0 中，在工程特征的操作模式方面作了大幅度的修改，即去除了菜单管理器而增加了按钮及操控面板。通过此操控面板，可以对模型快速地更改其特征的"设置"与"属性"，且可动态地更新模型，并能让用户随时了解更改后的变化情况。

　　在特征建立的过程中，可以通过操控面板修正、更改或输入数值，也可以用鼠标左键在绘图区域中通过点选、拖拉等操作完成相同的工作。配合操控面板的使用，可以增加操作的灵活性及提高绘图的效率。

　　一般来说有两种方法可以进行工程特征的操作，如图 6-1 所示。一是选择"插入"菜单中的选项，二是单击鼠标左键操作界面右方"特征"工具栏中的按钮。其中选择"插入"菜单中的"倒角"选项可以选择"边倒角"及"拐角倒角"两种倒角类型。

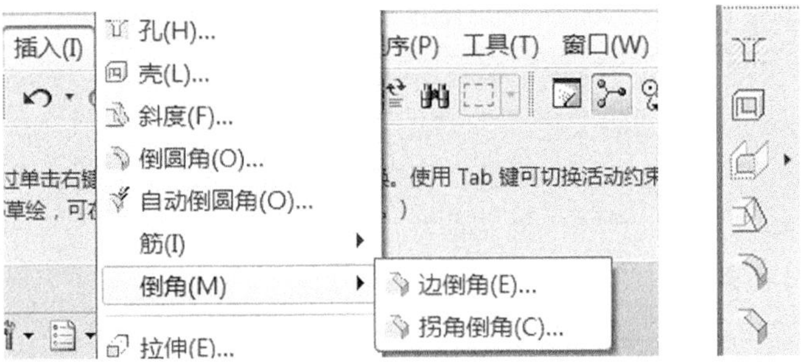

图 6-1　"放置特征"菜单及工具条

6.1　创建"孔"特征

　　利用"孔"工具可向模型中添加简单孔、定制孔和工业标准孔。通过定义放置参照、设置次（偏移）参照及定义孔的具体特性来添加孔。操作时，Pro/ENGINEER 会显示孔的预览几何。注意，孔总是从放置参照位置开始延伸到指定的深度。可直接在图形窗口和操控板中操控并定义孔。

　　可创建以下孔类型：

　　（1）简单：由带矩形剖面的旋转切口组成。

　　（2）草绘 ：使用"草绘器"中创建的草绘轮廓。

　　（3）标准：由基于工业标准紧固件表的拉伸切口组成。Pro/ENGINEER 提供选取的紧固件的工业标准孔图表及螺纹或间隙直径。注意，对于"标准"孔，系统会自动创建螺纹注释。

要访问"孔"工具，可用鼠标左键单击"基础特征"工具条上的"孔"按钮 ⟙ ，或单击"插入"→"孔"菜单命令。执行命令之后操作界面出现如图 6-2 所示的"孔"操控面板。

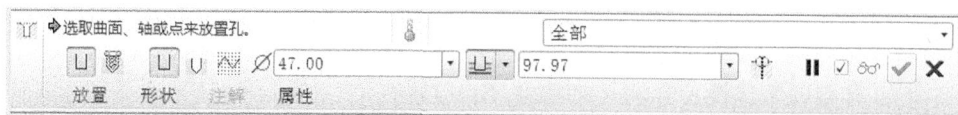

图 6-2 "孔"操控面板

6.1.1 操控面板功能简介

1. 图标按钮

共有四个图标按钮，具体介绍如下。

⟨⟩：显示直孔选项，允许创建"简单"及"草绘"直孔，可在其左侧的下拉列表中切换，Pro/ENGINEER 会默认选取"简单"直孔选项。

⟨⟩：显示标准孔选项，允许用工业标准螺纹数据创建孔，主要包含 ISO、UNC、UNF 三种类型，同样可在其左侧的下拉列表中切换。其中：

（1）ISO：标准螺纹，广泛应用的标准螺纹。

（2）UNC：粗牙螺纹，用于快速装拆或有可能产生腐蚀和轻微损伤的场合。

（3）UNF：细牙螺纹，用于外螺纹和相配的内螺纹的脱扣强度高于外螺纹零件的抗拉承载力，或短旋合长度、小螺旋升角及壁厚要求细牙螺距等场合。

目前国内使用较多的是 ISO 标准螺纹。

⟨⟩：直径框 ，用来控制简单孔的直径。可输入新值，或从列表中选取最近使用的值。

⟨⟩：按给定值沿一个指定方向拉伸，单击其旁边的按钮 ⟨⟩，有几种其他方式的拉伸模式供使用，具体说明可参考表 6-1。

其他图标按钮与"拉伸"操控面板的功能相同或类似，这里不再赘述。

2. 下滑面板

"孔"操控面板中包含了"放置"、"形状"、"注释"和"属性"四个下滑面板，如图 6-3 所示，其主要功能如下。

（1）"放置"下滑面板。单击操控面板上的"放置"按钮，弹出如图 6-3 所示的"放置"下滑面板，包含了直孔和标准孔的放置信息，允许对其进行校验和修改。此下滑面板包含以下选项。

1）"主参照收集器"：包含已选取的用来放置孔的主放置参照。可在此收集器中进行单击左键以将其激活，或使用快捷

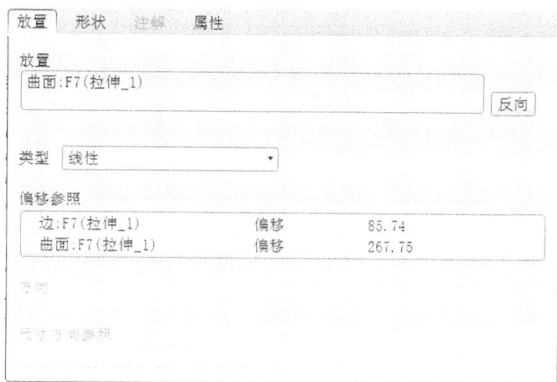

图 6-3 "放置"下滑面板

菜单中的"放置参照收集器"命令，使用鼠标左键在模型上拾取参照。

2）"反向"：反转孔的放置方向，也可使用快捷菜单中的"反向"命令。注意，"反向"

只适用于使用"可变"、"到下一个"或"穿透"深度选项的简单和标准孔。

3)"类型"框：显示孔放置类型，允许定义孔放置的方式。注意，必须在模型上选取主放置参照以显示孔放置类型。Pro/ENGINEER 提供以下放置类型。

"线性"：使用两个线性尺寸在曲面上放置孔。

"径向"：使用一个线性尺寸和一个角度尺寸放置孔。

"直径"：通过绕直径参照旋转孔来放置孔。此放置类型除了使用线性和角度尺寸之外还将使用轴。

"同轴"：将孔放置在轴与曲面的交点处，此放置类型使用线性和轴参照。注意：如果选取轴作为主放置参照，则"同轴"会成为唯一可用的放置类型。

"在点上"：将孔与位于曲面上的或偏移曲面的基准点对齐，此类型不需要次放置参照。此放置类型只有在选取基准点作为主放置参照时才可用，且此类型是唯一可用的放置类型。

4)"次参照"表：包含直孔或标准孔的次放置（偏移）参照信息，允许约束孔。注意，如果主放置参照是一个基准点（"在点"放置类型），则此表不可用。"次参照"表包含以下选项。

"次参照收集器"（左列）：包含已为孔选取的次放置（偏移）参照。注意，如果主放置参照改变，仅当现有的次参照对于新的孔放置有效时，Pro/ENGINEER 才会继续使用它们。可在此收集器中进行单击以将其激活，或使用快捷菜单中的"次参照收集器"命令，用鼠标左键在模型上拾取。

"参照类型框"（中列）：包含次（偏移）参照类型，允许定义次参照。Pro/ENGINEER 基于选取的主放置类型显示类型。该框包含的选项如表 6-1 所示。

表 6-1   "次参照"选项说明

选 项	说 明
偏移	从次参照偏移孔。如果选取"线性"主放置参照和一个次放置参照，则会显示此选项。Pro/ENGINEER 会默认选取此选项
对齐	将孔中心与次参照对齐。如果选取"线性"主放置参照，则会显示此选项
角度	使用次参照确定孔角度。如果选取"径向"或"直径"主放置参照类型和一个次放置参照（不包括轴），则会显示此选项
半径	使用次参照确定孔半径。如果选取"径向"主放置参照，并选取轴作为次参照，则会显示此选项
直径	使用次参照确定孔直径。如果选取"直径"主参照，并选取轴作为次参照，则会显示此选项

"参照值框"（右列）：控制孔的次放置（偏移）参照。可输入新值，或从列表中选取最近使用的值。

5)"尺寸方向参照"：包含用于约束孔的方向参照，此选项仅在下列情况下才可用。

已选取"线性"作为放置类型。

将垂直于主参照的孔的轴或基准轴选定为从参照。

（2）"形状"下滑面板。单击操控面板上的"形状"按钮，系统弹出其下滑面板，允许定义当前孔几何，并提供孔几何的说明。Pro/ENGINEER 为不同孔类型提供不同的"形状"下滑面板选项：

1)简单（直）孔：对于简单孔，"形状"下滑面板如图 6-4 所示，主要包含"侧 2 深度选项框"、"侧 1 深度选项框"、"侧 1 深度框"及"直径文本框"等,用户可通过此下滑面板完成直孔的详细定义。

2)草绘(直)孔:对于草绘孔,Pro/ENGINEER 在"形状"下滑面板的嵌入式窗口中仅显示草绘几何,如图 6-5 所示。

图 6-4　简单孔"形状"下滑面板

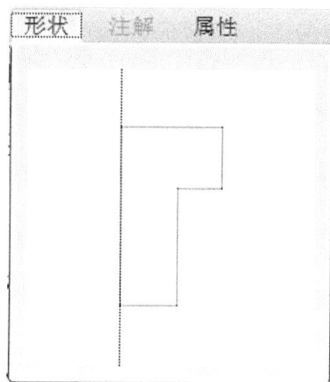

图 6-5　草绘孔"形状"下滑面板

3)标准孔:对于标准孔,"形状"下滑面板根据以下条件包含不同的选项:

标准孔为间隙(非攻丝)孔。必须单击操控面板上的按钮 🔹 以关闭该螺纹攻丝选项。

标准孔包含一个埋头孔。必须单击操控板上的按钮 🔻 来显示相关选项,可设置埋头孔直径和角度。

标准孔包含一个沉孔。必须单击操控板上的按钮 🔻 来显示相关选项,可设置沉孔直径和深度。

标准孔的"形状"下滑面板选项与"深度"选项的选择也有关系。

若在操控面板中选择"穿透"深度选项,并执行操控面板上的按钮 🔹、🔻、🔻,可得到如图 6-6 所示的"形状"下滑面板。

(3)"注释"下滑面板。单击操控面板上的"注释"按钮,系统弹出如图 6-7 所示的"注释"下滑面板以查看标准孔的螺纹注释。创建孔后,Pro/ENGINEER 还会在模型树及图形窗口中显示螺

图 6-6　标准孔"形状"下滑面板

纹注释。注意,要在"模型树"中查看注释,必须在"模型树"中单击"设置"→"树过滤器"命令。在"模型树项目"对话框中,用"鼠标"左键单击"显示"下的"注释"复选框,然后单击"确定"按钮。"注释"下滑面板仅对于标准孔可用。

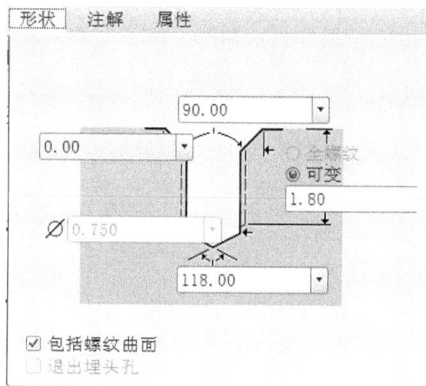

图 6-7　"注释"下滑面板

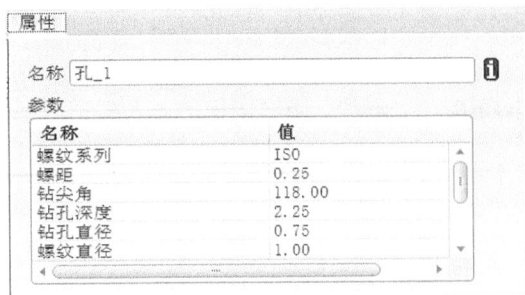

图 6-8　"属性"下滑面板

（4）"属性"下滑面板。利用"属性"下滑面板，可以获取直孔或标准孔的常规及参数信息。此下滑面板包含以下内容，如图 6-8 所示。

1）"名称"：显示当前孔特征名称，允许将其重命名。

2）🛈：在 Pro/ENGINEER 浏览器中提供详细的孔特征信息。

3）"参数"表：显示定制的孔图表数据，允许查看正在使用的"标准"孔图表（.hol）文件中的定制孔数据。注意，要修改参数名和值，必须修改孔图表文件。此表仅可用于"标准"孔。

6.1.2　建立简单直孔

简单直孔为最常见的孔，采用孔特征来实现也比较简单，通过下面的实例来熟悉简单直孔的生成方法。

（1）建立如图 6-9 所示的实体模型。

（2）单击"特征"工具条中的"孔"按钮 ⊺，或单击相应菜单命令，执行插入"孔"特征命令。

（3）在操作界面中下方的操控面板上单击"放置"按钮，在弹出的上滑面板中选择图 6-10 中模型上表面（阴影面）为主参照，并在参照类型的下拉列表框中选择"线性"项，用鼠标左键在模型上拾取箭头所指的两个侧面为次参照，并输入偏移值为 100，如图 6-11 所示。

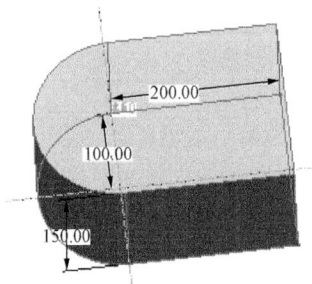

图 6-9　实体模型实例

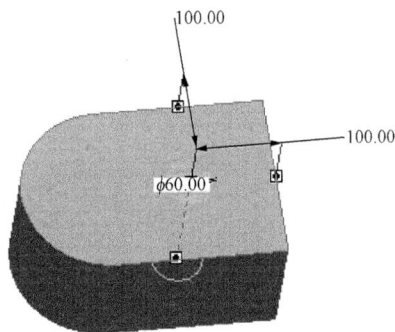

图 6-10　"孔"的主参照和次参照

> ⚠ 注 意
>
> 选择两个次参照时可以按住 Ctrl 键连续选取，并在下滑面板中输入数值；也可以在绘图区直接拖动控制滑块到参照，并在绘图区双击鼠标左键偏移值进行修改。

（4）在孔的位置确定之后，接下来就是要确定孔的形状。可以单击"形状"下滑面板，如图 6-12 所示，定义孔的直径为 60，深度选项设置为"穿透"。

图 6-11 "放置"下滑面板

图 6-12 "形状"下滑面板

（5）单击操控面板上的"确定"按钮，完成孔特征的绘制，如图 6-13 所示。

（6）刚才是采取线性参照的方式确定孔，系统还提供了"径向"、"直径"和"同轴"三种方式来定位孔。再以"同轴"的方式建立第二个孔特征。

（7）单击"基准"工具条中的"基准轴"按钮 ，为模型的半圆柱面插入基准轴。

（8）单击"特征"工具条中的"孔"按钮 ，或单击相应菜单，执行插入"孔"特征命令。

图 6-13 "简单"孔实例

（9）在操作界面中下方的操控面板上单击"放置"下滑面板，在弹出的如图 6-14 的下滑面板中选择模型上表面为主参照，并按住 Ctrl 键选取刚刚插入的基准轴。

（10）按照上面的方法定义孔的形状，直径值为 60，采取"穿透"的方式，最后得到的模型如图 6-15 所示。

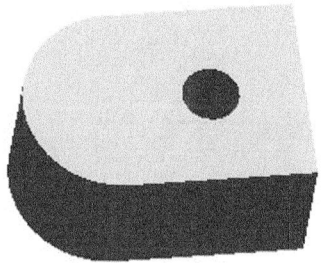

图 6-14 "放置"下滑面板

图 6-15 "同轴"孔实例

6.1.3 建立草绘孔

"草绘孔"设置定位方式与"简单直孔"相同，不同处为其孔径与深度都需要通过草绘方式定义，也就是由用户绘制截面，其草绘的原则如下，与旋转相同。

（1）以一条中心线作为旋转轴。

图 6-16　"孔"操控面板

（2）至少要有一条线段垂直于此中心线。

（3）须为封闭型截面。

如果要进行"草绘孔"的建立，则需将孔类型由"简单"直孔更改为"草绘"，"孔"操控面板也随之更新，如图 6-16 所示。可以选择操控面板上的"打开"按钮 📂 读取已经建立的截面文件，或者单击"草绘"按钮 进入草绘环境绘制截面。这里仍然以上例中的模型为基础创建草绘孔。

（1）由于之前没有作好相关截面，单击"草绘"按钮 ，进入草绘状态，并完成如图 6-17 所示的截面。

（2）单击"草绘"工具条中的"确定"按钮，结束草图绘制，回到"孔"特征的操控面板，依照上例的中的方法通过"放置"下滑面板定义孔的位置，如图 6-18 所示。

（3）单击操控面板上的"确定"按钮，完成孔特征的绘制，如图 6-19 所示。

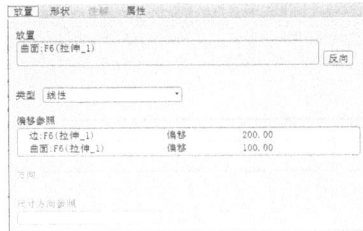

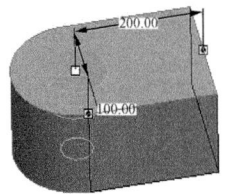

图 6-18　"孔"的参照设置

图 6-17　草绘截面

图 6-19　"草绘"孔实例

6.1.4　创建标准孔

"标准孔"是取用现存标准规格的孔型，并能表现"螺纹"，有"ISO"、"UNC"和"UNF"等通用规格。

定义主参照（即放置平面）的方式在操作上与"直孔"相同，不同之处在于其孔形为标准形式，用户可以再利用"形状"下滑面板针对其外形作进一步的修正。进入孔特征操控面板后，单击"标准"孔按钮即可切换成"标准孔"操控面板，如图 6-20 所示。

图 6-20　"标准孔"操控面板

"形状"下滑面板的内容与所选螺纹类型、深度选项及按钮 ⊕ 、Ⴠ 和 ⫿ 的开关状态有关，设计者可根据具体情况来进行组合从而实现自己所需要的结构。

"注释"下滑面板只在"标准孔"形式中使用，其中包含建立"标准孔"的注释，如图 6-21 所示，完成"标准孔"的建立后，在零件窗口中就会显示此注释。

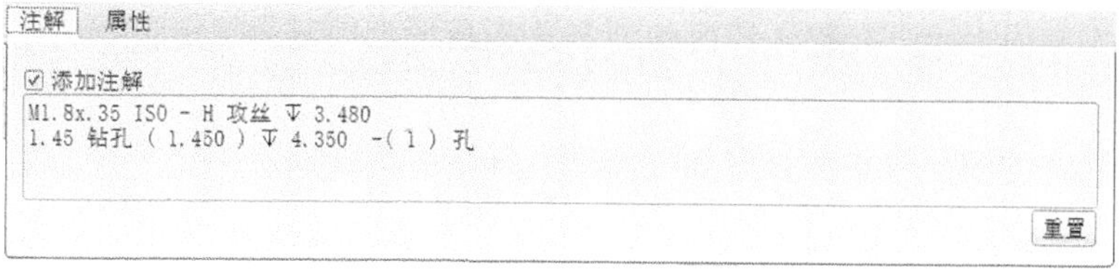

图 6-21　"标准孔"注释下滑面板

"属性"下滑面板虽然在"直孔"及"草绘孔"形式下都可以使用，但在"标准孔"的模式下有更大的作用。用户可以通过该下滑面板了解所建立的"标准孔"的相关参数及设置，如图 6-22 所示。

总之，创建"标准孔"与前面所讲的创建"直孔"和"草绘孔"操作方式大致相同，非常方便，可迅速构建出不同型号的标准孔，用户应该熟练使用。

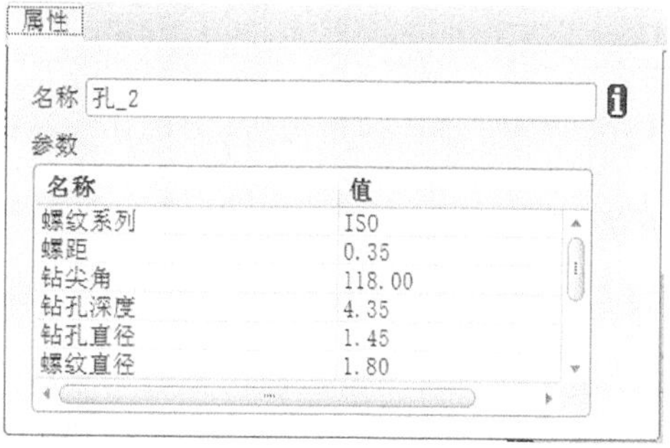

图 6-22　"标准孔"属性下滑面板

6.2　创建"壳"特征

"壳"特征可将实体内部掏空，只留一个特定壁厚的壳。它可用于指定要从壳移除的一个或多个曲面。如果未选取要移除的曲面，则会创建一个"封闭"壳，将零件的整个内部都掏空，且空心部分没有入口。在这种情况下，可在以后添加必要的切口或孔来获得特定的几何。如果是反向厚度侧（例如，通过输入的厚度值为负值或在对话栏中单击按钮 ⫽ 调整方向后得到的壳），壳厚度将被添加到零件的外部。

定义壳时，也可选取要在其中指定不同厚度的曲面。可为每个此类曲面指定单独的厚度值。但是，无法为这些曲面输入负的厚度值或反向厚度侧。厚度侧由壳的默认厚度确定。也可通过在"排除曲面"收集器中指定曲面来排除一个或多个曲面，使其不被壳化。此过程称作部分壳化。要排除多个曲面，在按住 Ctrl 键的同时选取这些曲面。不过，Pro/ENGINEER 不能壳化同在"排除曲面"收集器中与指定的曲面相垂直的面。

当 Pro/ENGINEER 制作壳时，在创建"壳"特征之前添加到实体的所有特征都将被掏空。因此，使用"壳"特征时其特征创建的次序非常重要。

6.2.1　操控面板简介

要访问"壳"特征用户界面，可在工程特征工具条中单击"壳"按钮 ⊡，或单击"插入"→"壳"菜单命令，其操控面板如图 6-23 所示。

图 6-23 "壳"操控面板

用户可在操控面板上直接输入厚度值或者选择最近使用过的厚度值，单击按钮 $\%$ 可以改变厚度方向。

操控面板包含"参照"、"选项"和"属性"三个下滑面板。

1. "参照"下滑面板

在操控面板中单击"参照"按钮，系统弹出如图 6-24 所示的"参照"下滑面板，主要包含以下内容。

（1）"移除的曲面"：可用来选取要移除的曲面。如果未选取任何曲面，则会创建一个"封闭"壳，将零件的整个内部都掏空，且空心部分没有入口。

（2）"非默认厚度"：可用于选取要在其中指定不同厚度的曲面。可为包括在此收集器中的每个曲面指定单独的厚度值。

2. "选项"下滑面板

单击操控面板上的"选项"按钮，系统弹出如图 6-25 所示的"选项"下滑面板，主要包含以下内容。

图 6-24 "参照"下滑面板

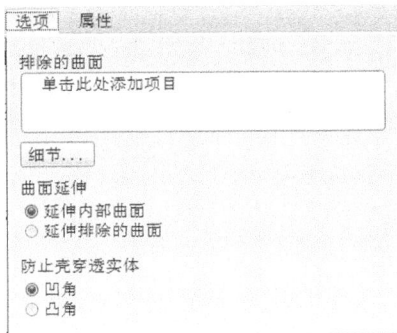

图 6-25 "选项"下滑面板

（1）"排除的曲面"：可用于选取一个或多个要从壳中排除的曲面。如果未选取任何要排除的曲面，则将壳化整个零件。

（2）"细节"：打开用来添加或移除曲面的"曲面集"对话框。

（3）"延伸内部曲面"：在壳特征的内部曲面上形成一个盖。

（4）"延伸排除的曲面"：在壳特征的排除曲面上形成一个盖。

3. "属性"下滑面板

"属性"下滑面板包含"名称"文本框，可在其中为壳特征输入定制名称，以替换自动生成的名称。它还包含"信息"图标 $\mathbf{i}$，可单击它以显示关于特征的信息。

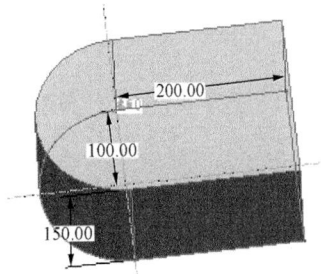

6.2.2 创建厚度不一的"壳"特征

（1）建立如图 6-26 所示的实体模型。

（2）单击"特征"工具条中的"壳"按钮 ，或者单击"插入"→"壳"菜单命令，通过操控面板上的"参照"

图 6-26 抽壳前实体模型

下滑面板选择模型上表面为要移除的表面，并选择如图 6-27 所示模型两侧面（阴影面）为非默认的厚度面。

图 6-27 "壳"参照设置

（3）单击操控面板上的"确定"按钮，完成壳特征的绘制，如图 6-28 所示。

6.2.3 通过排除曲面来创建"壳"特征

（1）建立如图 6-29 所示的实体模型。

（2）单击工具条中的"壳"按钮 ▣ ，或者单击"插入"→"壳"菜单命令，通过"参照"下滑面板选择模型上表面为要移除的表面，单击"选项"下滑面板选择图 6-30 中箭头所指的四个面为要排除的曲面。

图 6-28 厚度不一的"壳"特征

图 6-29 排除曲面抽壳实体模型

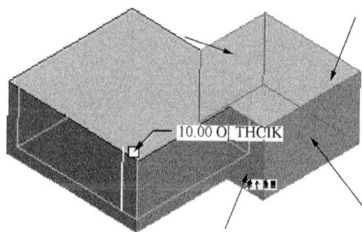

图 6-30 "排除的曲面"设置

（3）单击操控面板上的"确定"按钮，完成壳特征的绘制，如图 6-31 所示。

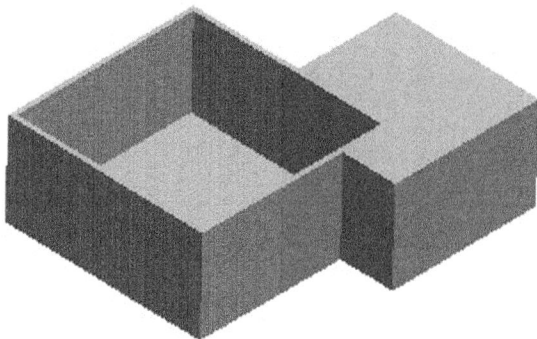

图 6-31 排除曲面的"壳"特征

6.2.4 不同次序创建特征的"壳"特征

对于由同样内容的特征组成的实体模型，创建特征的次序不一样，其结果也有很大的区别。如图 6-32（a）所示的模型特征创建顺序为"拉伸"→"孔"→"壳"，而图 6-32（b）所示的模型特征创建顺序为"拉伸"→"壳"→"孔"。

（a）   （b）

图 6-32 不同特征创建次序的"壳"特征

6.3 创建"筋"特征

筋又称加强筋，在产品设计上起着重要的作用，对薄壳外形产品有提升强度的功能。一般而言，加强肋的外形为薄板，其位置常见于两个相邻实体面的相接处，用以增加强度及降低翘曲的程度。

"筋"特征的构建概念与"拉伸"特征相似，在所选定的草绘平面上绘制筋的外形必须为开放型截面，然后指定材料的填满方向与厚度值即可。

6.3.1 操控面板简介

单击"插入"→"筋"菜单命令或者单击工具条上的"筋"按钮 ，执行创建"筋"特征的命令，在操作界面弹出如图 6-33 所示的"筋"操控面板。

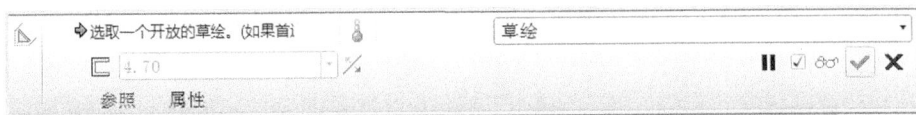

图 6-33 "筋"操控面板

操控面板上的"厚度"文本框和"方向"控制按钮只有在绘制了正确的截面之后才能使用，当前状况为灰色。

用户可以通过如图 6-34 所示的"参照"下滑面板完成截面图的绘制，而"属性"下滑面板与其他特征的"属性"下滑面板一样，主要用来定义特征名称及浏览特征信息。

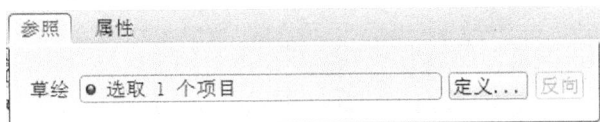

图 6-34 "参照"下滑面板

6.3.2 创建"筋"特征实例

以 6.2.2 节中的抽壳模型为例,在模型的底板和侧面壁之间建立加强筋。

(1)执行插入"筋"特征的命令。

(2)在操作界面中出现的操控面板中选择"参照"项,在弹出的"参照"下滑面板中单击"定义"按钮,系统弹出"草绘"对话框,进入草绘环境。根据需要增加图 6-35(a)中箭头所指对象为参照,目的是为了草绘截面要与实体接触。绘制如图 6-35(b)所示的截面,一定是开放型的截面,这里是一条与底面成 45°夹角的直线,但直线两端与实体充分接触。

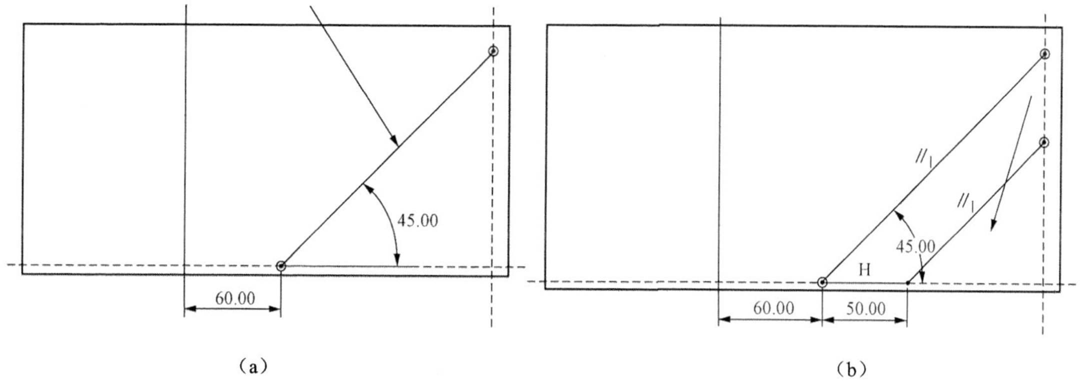

(a) (b)

图 6-35 "筋"特征的截面

(a)实体接触型;(b)开放型

(3)单击"草绘"工具条中的"确定"按钮,完成截面绘制。在操控面板中输入筋板厚度,或者在绘图区直接拖动控制滑块来确定筋板厚度,也可以在绘图区双击尺寸进行修改。这里输入厚度值 20,单击操控滑面板中的"确定"按钮,完成筋板的绘制,如图 6-36(a)所示。

若将图 6-35(a)中的截面换成如图 6-35(b)所示,则可得到如图 6-36(b)所示的筋特征。

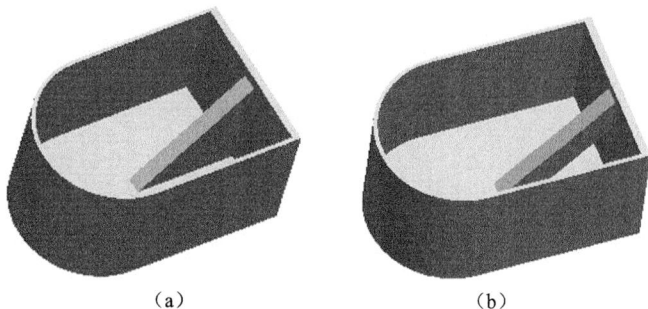

(a) (b)

图 6-36 "筋"特征

(a)实体接触型筋板;(b)开放型筋板

有人说筋特征用前面学过的"拉伸"也能快速实现,其实这是有本质区别的。"筋"特征不仅能快速实现特征的建立,还真正实现了"筋"特征的参数化,尤其在为圆柱面建立筋板特征时用"拉伸"的方法还不方便，用户在操作过程中可以慢慢体会。

<h1 style="text-align:center">6.4　创建"拔模"特征</h1>

相信熟悉铸造技术的读者都不会对砂型铸造中拔模斜度这个术语感到陌生。具有拔模斜度的模型表面都是具有一定斜度的平面或曲面，这样可以方便造芯时起模和取芯。其实，铸造模型上的这种斜面结构就是一种典型的拔模特征，拔模特征就是一种在实体表面上加入一定结构斜度的扭曲特征。

6.4.1　操控面板简介

要访问"拔模"特征，可以单击"插入"→"斜度"菜单命令或者单击"特征"工具条上的"拔模"按钮 ，系统弹出如图 6-37 所示的"拔模"操控面板。

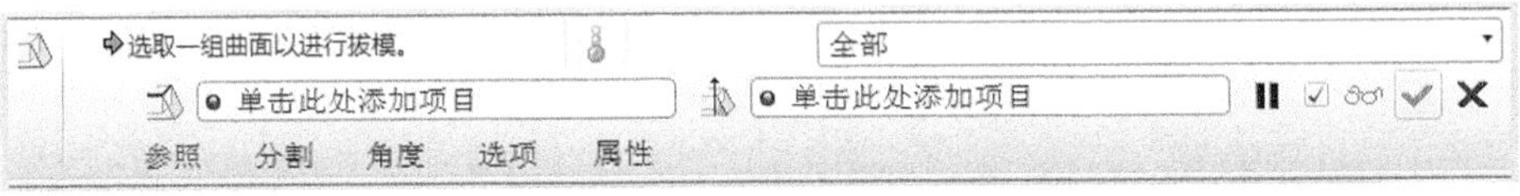

图 6-37　"拔模"操控面板

1. 对象收集器

在操控面板中提供了以下两个收集器。

（1） "拔模枢轴"：用来指定拔模曲面上的中性直线或曲线，即曲面绕其旋转的直线或曲线。单击收集器可将其激活，最多可选取两个平面或曲线链。要选取第二枢轴，必须先用分割对象分割拔模曲面。

（2） "拖动方向"：用来指定测量拔模角所用的方向，单击收集器可将其激活。可选取平面、直边或基准轴，或坐标系的轴。

2. 下滑面板

"拔模"操控面板包含"参照"、"分割"、"角度"、"选项"和"属性"下滑面板，用来具体定义"拔模"特征的属性和参数。

（1）"参照"下滑面板。单击操控面板中的"参照"按钮，系统弹出如图 6-38 所示的"参照"下滑面板，主要包含下列元素。

1）"拔模曲面"：用来选取拔模曲面。仅当曲面是由列表圆柱面或平面形成时，才可拔模。可选取单个曲面或连续的曲面链。

2）"细节"：打开可添加或移除拔模曲面的"曲面集"对话框。

3）"拔模枢轴"：可用来指定拔模曲面上的中性曲线，即曲面绕其旋转的直线或曲线。最多可选取两个拔模枢轴。要选取第二枢轴，必须先用分割对象分割拔模曲面。

4）"细节"：　打开可处理拔模枢轴链的"链"对话框。

5）"拖拉方向"：用来指定测量拔模角所用的方向。选取平面，则拖动方向与此平面垂直；选取直边或基准轴，此时拖动方向与此边或轴平行；选取坐标轴，此时拖动方向平行于此轴，选取坐标系的具体轴，而非坐标系名称。

6）"反向"：用来反转拖动方向（以黄色箭头标明）。

（2）"分割"下滑面板。"分割"下滑面板如图 6-39 所示包含以下选项。

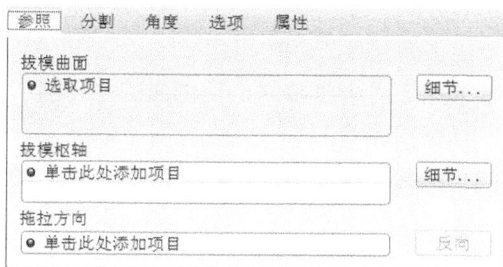

图 6-38 "参照"下滑面板

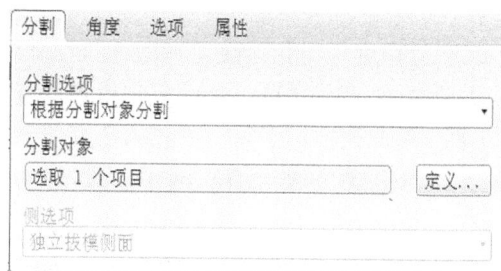

图 6-39 "分割"下滑面板

1）"不分割"： 不分割拔模曲面。整个曲面绕拔模枢轴旋转。

2）"根据拔模枢轴分割"：沿拔模枢轴分割拔模曲面。

3）"根据分割对象分割"：使用面组或草绘分割拔模曲面。如果使用不在拔模曲面上的草绘分割，Pro/ENGINEER 会以垂直于草绘平面的方向将其投影到拔模曲面上。如果选取此选项，则 Pro/ENGINEER 会激活"分割对象"收集器。

4）"分割对象"：可使用收集器旁的"定义"按钮草绘分割曲线，或选取曲面面组，此时分割对象为此面组与拔模曲面的交线，也可选择外部（现有的）草绘曲线。

5）"侧选项"：可选取下列选项之一。

"独立拔模侧面"：为拔模曲面的每一侧指定独立的拔模角度。

"从属拔模侧面"：指定一个拔模角度，第二侧以相反方向拔模。此选项仅在拔模曲面以拔模枢轴分割或使用两个枢轴分割拔模时可用。

"仅拔模第一侧面"：仅拔模曲面的第一侧面（由分割对象的正拖动方向确定），第二侧面保持中性位置。此选项不适用于使用两个枢轴的分割拔模。

"仅拔模第二侧面"：仅拔模曲面的第二侧面，第一侧面保持中性位置。此选项不适用于使用两个枢轴的分割拔模。

注 意

如果选取了"分割选项"下面的"不分割"项，则"分割对象"和"侧选项"将不可用。

（3）"角度"下滑面板。如图 6-40 所示的"角度"下滑面板，对于"恒定"拔模，是一行包含带有拔模角度值的"角度"框。对于"可变"拔模，每一附加拔模角会附加一行。每行均包含带拔模角度值的"角度"框、带参照名称的"参照"框和指定沿参照的拔模角度控制位置的"位置"框。对于带独立拔模侧面的"分割"拔模（"恒定"和"可变"），每行均包含两个框，"角度 1"和"角度 2"，而非"角度"框。

1）"调整角度以保持相切"：强制生成的拔模曲面相切，不适用于"可变"拔模，"可变"拔模始终保持曲面相切。

2）如果用鼠标右键单击"角度"下滑面板，则会出现一个快捷菜单，其中包含以下命令。

"添加角度"：在默认位置添加另一角度控制并包含最近使用的拔模角度值，角度值和位置均可修改。

"删除角度"：删除所选的角度控制，仅在指定了多个角度控制时可用。

"反向角度"：在选定角度控制位置处反向拔模方向。对于带独立拔模侧面的"分割"拔模，要使用此选项，必须在单独的角度单元格中用鼠标右键单击。

"成为恒定"：删除第一角度控制外的所有角度控制项。此选项只对于"可变"拔模可用。

（4）"选项"下滑面板。如图 6-41 所示的"选项"下滑面板主要包含以下内容。

图 6-40　"角度"下滑面板

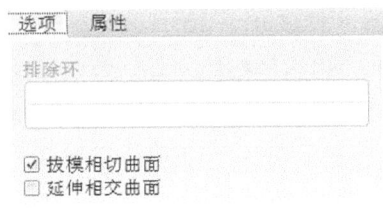

图 6-41　"选项"下滑面板

1）"排除环"：可用来选取要从拔模曲面排除的轮廓，仅在所选曲面包含多个环时可用。

2）"拔模相切曲面"：如选中，Pro/ENGINEER 会自动延伸拔模，以包含与所选拔模曲面相切的曲面。此复选框在默认情况下被选中。

3）"延伸相交曲面"：如选中，Pro/ENGINEER 将试图延伸拔模以与模型的相邻曲面相接触。如果拔模不能延伸到相邻的模型曲面，则模型曲面会延伸到拔模曲面中。如果以上情况均未出现，或如果未选中该复选框，则 Pro/ENGINEER 将创建悬于模型边上的拔模曲面。

（5）"属性"下滑面板。包含"名称"文本框，可在其中输入拔模特征的定制名称，以替换自动生成的名称。它还包含"信息"图标 ，可单击它以显示关于特征的信息。

6.4.2　创建"拔模"实例

1．基本"拔模"

（1）建立如图 6-42 所示实体模型。

（2）单击"特征"工具条中的"拔模"按钮 ，执行"拔模"命令，进入其操控面板进行相关设置。

（3）单击"参照"下滑面板，激活"拔模曲面"栏，选取模型任意侧面。因为所有侧曲面均彼此相切，而在"选项"下滑面板中默认勾选了"拔模相切曲面"项，所以拔模将自动延伸到零件的所有曲面。激活"拔模枢轴"栏，选择模型上表面为拔模枢轴面，系统还使用它来自动确定拉伸方向，并显示预览几何，如图 6-43 所示。

（4）在操控面板的 区域输入拔模角度为 5，如果要改变拔模方向或角度方向则单击操控面板中的按钮 。

（5）单击操控面板中的"确定"按钮，完成"拔模"特征，如图 6-44 所示。

图 6-42　基本拔模实体模型　　　　图 6-43　"拔模"预览　　　　图 6-44　基本"拔模"特征

2．延伸相交曲面"拔模"

（1）建立如图 6-45 所示的实体模型。

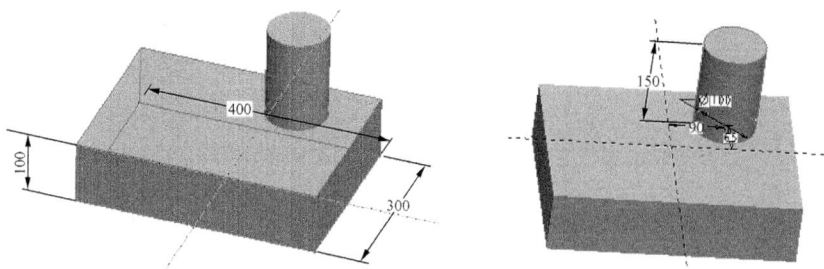

图 6-45　延伸相交曲面拔模前实体模型

（2）单击"特征"工具条中的"拔模"按钮 ，执行"拔模"命令，进入其操控面板进行相关设置。

（3）单击"参照"下滑面板，激活"拔模曲面"栏，选取模型凸台的圆柱面。激活"拔模枢轴"栏，选择模型凸台上表面为拔模枢轴面，系统还使用它来自动确定拉伸方向，并显示其预览几何，如图 6-46 所示。

（4）在操控面板的 区域输入拔模角度为 30，如果要改变拔模方向或角度方向则单击操控面板中的按钮 。

（5）单击操控面板中的"确定"按钮，完成"拔模"特征，如图 6-47 所示。

（6）很显然，这种拔模结构是不符合要求的，因此应该选择"选项"下滑面板中的"延伸相交曲面"项，完成后得到的模型如图 6-48 所示。

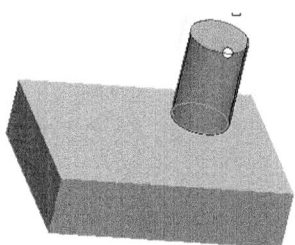

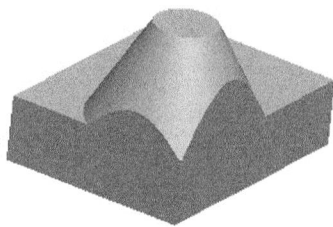

图 6-46　延伸相交曲面"拔模"预览　图 6-47　不合理"拔模"特征　图 6-48　合理的"拔模"特征

3. 创建可变拔模

（1）建立如图 6-49 所示的实体模型。

（2）单击"特征"工具条中的"拔模"按钮 ⦜，执行"拔模"命令，进入其操控面板进行相关设置。

（3）单击"参照"下滑面板，激活"拔模曲面"栏，选取模型箭头所指侧面。激活"拔模枢轴"栏，选择模型下表面为拔模枢轴面，系统还使用它来自动确定拉伸方向，并显示预览几何，如图 6-50 所示。

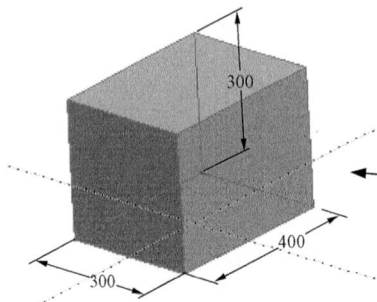

图 6-49　可变拔模前实体模型

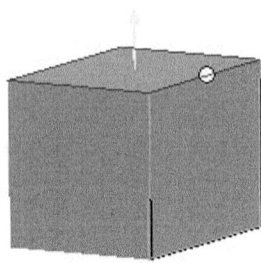

图 6-50　可变"拔模"预览

（4）鼠标右键单击连接到拔模角度的任一圆形控制滑块，然后选取"添加角度"项，系统将添加另一个拔模角度控制位置，如图 6-51 所示。

（5）在如图 6-52 所示的"角度"下滑面板中设置好添加点的准确位置和拔模角度。

（6）单击操控面板中的"确定"按钮，完成"拔模"特征，如图 6-53 所示。

图 6-51　"添加角度"方法

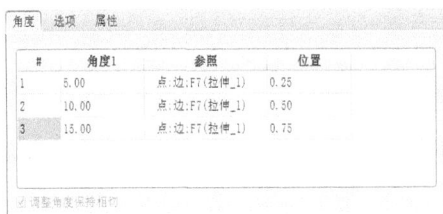

#	角度1	参照	位置
1	5.00	点:边.F7(拉伸_1)	0.25
2	10.00	点:边.F7(拉伸_1)	0.50
3	15.00	点:边.F7(拉伸_1)	0.75

图 6-52　"角度"设置

图 6-53　可变"拔模"特征

4. 根据拔模枢轴分割拔模

（1）建立如图 6-54 所示实体模型。

（2）单击"特征"工具条中的"拔模"按钮 ⦜，执行"拔模"命令，进入其操控面板进行相关设置。

（3）单击"参照"下滑面板，激活"拔模曲面"栏，单击"细节"项，选取圆柱面为单个拔模曲面；单击"添加"项，激活"锚点"栏，选择长方体的上表面，勾选"环曲面"项，选择长方体上表面的任意边作为"环边"，则本例中选择了圆柱面及长方体四个侧面为拔模曲

面。激活"拔模枢轴"栏，选择长方体上表面为拔模枢轴面，系统还使用它来自动确定拉伸
方向，并显示预览几何，如图 6-55 所示。

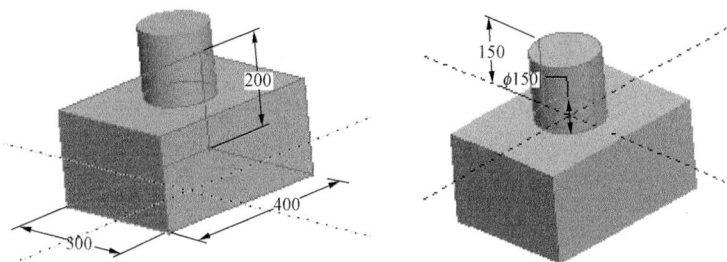

图 6-54　分割拔模前实体模型

（4）单击"分割"下滑面板，在"分割选项"中选择"根据拔模枢轴分割"项，在"侧
选项"中选择"独立拔模侧面"项。

（5）单击"角度"下滑面板，输入圆柱面侧的角度值为 10，长方体侧的角度值为 20，若
需改变角度放可通过操控面板上的相关按钮来完成。

（6）单击操控面板中的"确定"按钮，完成"拔模"特征，如图 6-56 所示。

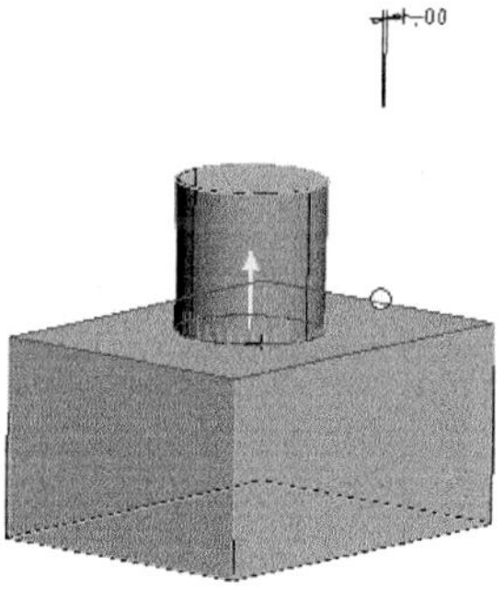

图 6-55　分割"拔模"预览 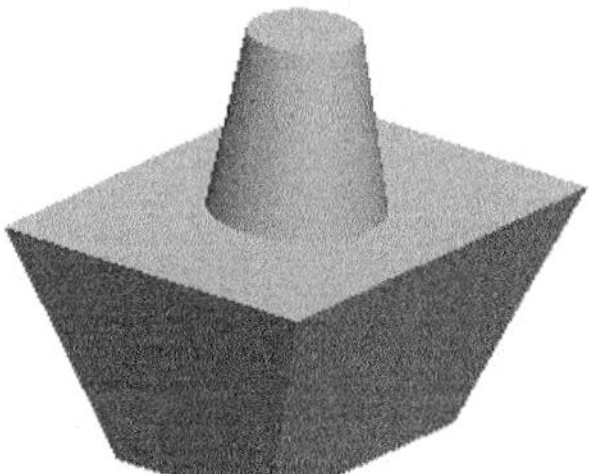　　　　图 6-56　分割"拔模"特征

6.5　创建"圆角"特征

要设计出具有精美外观的产品，产品上形体表面之间的光滑过渡是必不可少的。任何一
件好的产品，其设计中都不可避免地要用到大量的圆角特征，这些圆角特征不仅是产品装饰
的需要，更是产品上不可缺少的重要结构。

Pro/ENGINEER Wildfire 5.0 所提供的倒圆角功能，可以让用户简单而迅速地构建出倒圆
角。除此之外，对于复杂的圆角，亦提供了进一步的设置，如过渡区的变化设置、倒圆角的
截面形状、完全倒圆角、通过曲线倒圆角等，这些都能形成较佳的圆角效果。

6.5.1　倒圆角类型

Pro/ENGINEER Wildfire 5.0 把倒圆角命令分为简单倒圆角和高级倒圆角两种。对于不熟
悉该命令的用户来说，可能不易分辨何时该使用简单倒圆角，何时又该使用高级倒圆角。但

Pro/ENGINEER Wildfire 5.0 已经将两者整合在了一起，使其具有简单、快速构建的特征，又具有高级倒圆角所提供的强大功能，使得圆角更富于变化性。

使用 Pro/ENGINEER 可以创建以下类型的倒圆角，如表 6-2 所示。

表 6-2　　　　　　　　　　　　圆角类型、示例及说明

类　型	示例及说明
"恒定"	⬜：倒圆角段具有恒定半径
"可变"	⬜：倒圆角段具有多个半径
"曲线驱动"	⬜：倒圆角的半径由基准曲线驱动
"完整"	⬜：完全倒圆角会替换选定曲面

6.5.2　操控面板简介

在全新的 Pro/ENGINEER Wildfire 5.0 中不仅仅整合了简单和高级倒圆角，而且不再只是单纯地使用输入数值的方式，而改以拖拉的操作并及时地预览结果，这在如今强调直觉化设计的时代显得特别有价值。

单击"特征"工具条中的"圆角"按钮 🔘，或单击"插入"→"倒圆角"命令，执行倒圆角的命令，系统弹出如图 6-57 所示的操控面板。

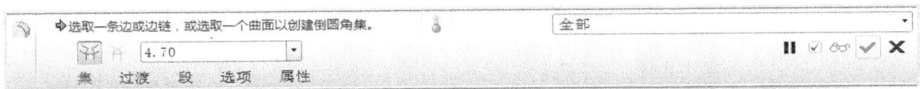

图 6-57　"圆角"操控面板

1．图标按钮

共有两个图标按钮，具体介绍如下。

🔘：激活"集"模式，可用来处理倒圆角集。Pro/ENGINEER 会默认选取此选项。

🔘：激活"过渡"模式，允许用户定义倒圆角特征的所有过渡。

2．下滑面板

在操控面板上还包含有"集"、"过渡"、"段"、"选项"和"属性"五个下滑面板。

（1）"集"下滑面板。如图 6-58 所示的"集"下滑面板主要包含以下内容。

1）"集"列表：包含当前倒圆角特征的所有倒圆角集，可用来添加、移除倒圆角集或选取倒圆角集以进行修改。

2）"截面形状"框：控制活动倒圆角集的截面形状。该框包含以下形状：圆形、圆锥和 D1×D2 圆锥。

3）"圆锥参数"框：控制当前"圆锥"倒圆角的锐度。可键入新值，或从列表中选取最近使用的值，默认值为 0.50。仅当选取了"圆锥"或"D1×D2 圆锥"截面形状时，此框才可用。

4）"创建方法"：控制活动的倒圆角集的创建方法。此框包含以下创建方法：滚球、垂直与骨架，Pro/ENGINEER 系统默认选择"滚球方法"。

5）"完全倒圆角"按钮：仅当选取了有效的"完全"倒圆角参照及"圆形"截面形状和"滚球"创建方法时，"完全倒圆角"按钮才可用。

6)"通过曲线"按钮：允许由选定曲线驱动活动的倒圆角半径，以创建由曲线驱动的倒圆角。这会激活"驱动曲线"收集器。

7)"参照"收集器：包含为倒圆角集所选取的有效参照。可在该收集器中单击左键或使用"参照"快捷菜单命令将其激活。

8)"骨架"收集器：包含用于"垂直于骨架"或"可变"曲面至曲面倒圆角集的骨架参照。可在该收集器中单击左键或使用"骨架"快捷菜单命令将其激活。

9)"细节"按钮：打开"链"对话框以便能修改链属性。

10)"半径"表：控制活动的倒圆角集的半径的距离和位置。对于"完全"倒圆角或由曲线驱动的倒圆角，该表不可用。

(2)"过渡"下滑面板。单击控制面板上的"过渡"模式按钮 ⚒ 切换至过渡模式，再单击"过渡"按钮弹出如图 6-59 所示的"过渡"下滑面板，主要包含以下内容。

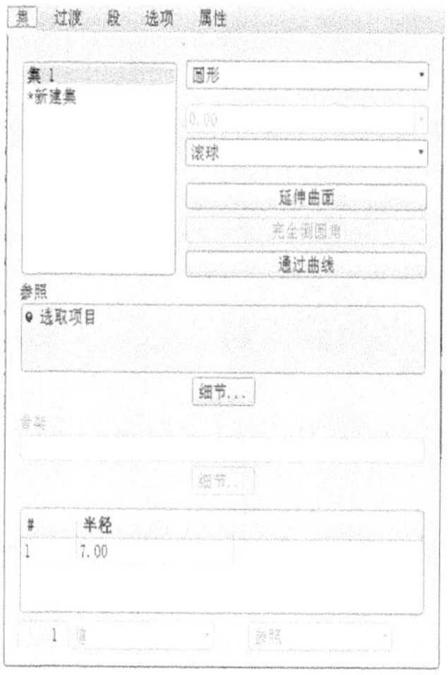

1)"过渡"列表：包含整个倒圆角特征的所有用户定义的过渡，可用来修改过渡。Pro/ENGINEER 并不列出默认过渡。

2)"终止参照"收集器：仅在为活动"终止"过渡指定"终止于参照"过渡类型时，此收集器才可用。

图 6-58 "集"下滑面板

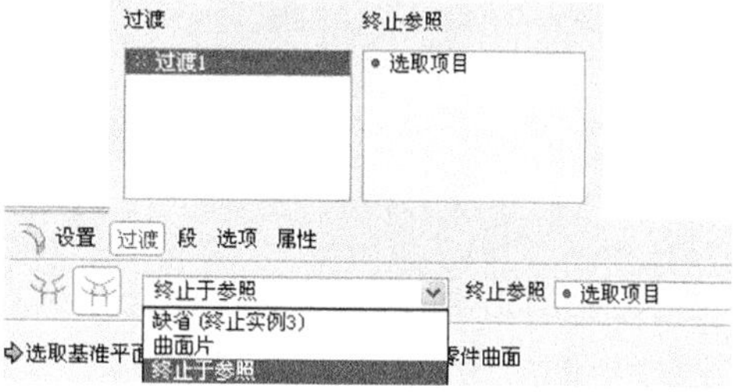

图 6-59 "过渡"下滑面板

3)"可选曲面"收集器：仅当为活动过渡指定"曲面片"过渡类型时，此收集器才可用。

(3)"段"下滑面板。如图 6-60 所示的"段"下滑面板主要执行倒圆角段管理。可查看倒圆角特征的全部倒圆角集，查看当前倒圆角集中的全部倒圆角段，修剪、延伸或排除这些倒圆角段，以及处理放置模糊问题。

(4)"选项"下滑面板。如图 6-61 所示为系统默认倒圆角类型的"选项"下滑面板。"选项"下滑面板根据倒圆角的类型不一样，包含不同的内容，主要有以下几种。

1)"实体"：创建倒圆角特征为与现有几何相交的实体。仅当选取实体作为倒圆角集参照时，此连接类型才可用。

2)"曲面"：创建倒圆角特征为与现有几何不相交的曲面。仅当选取实体作为倒圆角集参照时，此连接类型才可用。

3)"新面组"：以新面组形式创建倒圆角特征。此连接类型仅对于曲面倒圆角集参照可用。

4)"相同面组"：以与参照面组合并的曲面形式创建倒圆角特征。此连接类型仅对于曲面倒圆角集参照可用。

5)"创建结束曲面"：创建结束曲面，以封闭倒圆角特征的所有倒圆角段端点。仅当选取了有效几何及"曲面"或"新面组"连接类型时，此复选框才可用。

图 6-60　"段"下滑面板

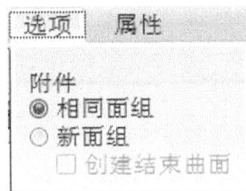

图 6-61　"选项"下滑面板

（5）"属性"下滑面板。包含"名称"文本框，可在其中键入拔模特征的定制名称，以替换自动生成的名称。它还包含图标 🛈，可单击它以显示关于特征的信息。

6.5.3　创建"圆角"实例

1．创建恒定"圆角"

（1）建立如图 6-62 所示的实体模型。

图 6-62　圆角前实体模型

（2）执行"圆角"命令，在操控面板中单击"放置"下滑面板，通过弹出的下滑面板可以选择圆角类型，定义要圆角的对象及圆角直径，并生成预览图，如图 6-63 所示。

图 6-63　"圆角"设置及预览特征

（3）单击操控面板上的"确认"按钮，可最后完成边的圆角。

2. 创建可变"圆角"

仍然以图 6-62 为例，用鼠标右键单击图中的圆点，在弹出的快捷菜单中选择"添加半径"命令，或者在"设置"下滑面板设置半径处单击鼠标右键，在快捷菜单中选择"添加半径"命令，如图 6-64 所示。

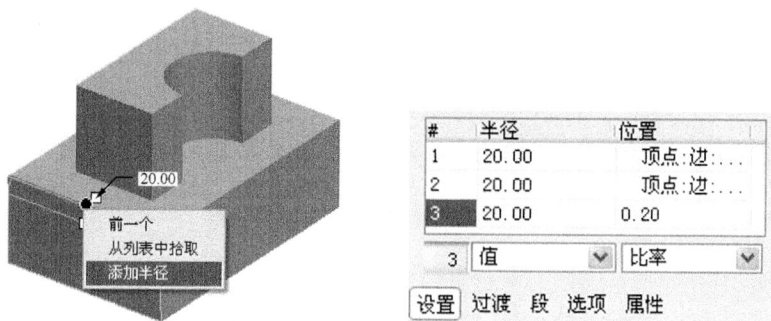

图 6-64 "添加半径"方法

在"设置"下滑面板中可以按照设计要求设置不同点的准确位置及半径值，在设计区域也可以用鼠标拖动点的位置并编辑半径值。这里把三个点的半径值依次改为 10、20、30，最后得到的模型如图 6-65 所示。

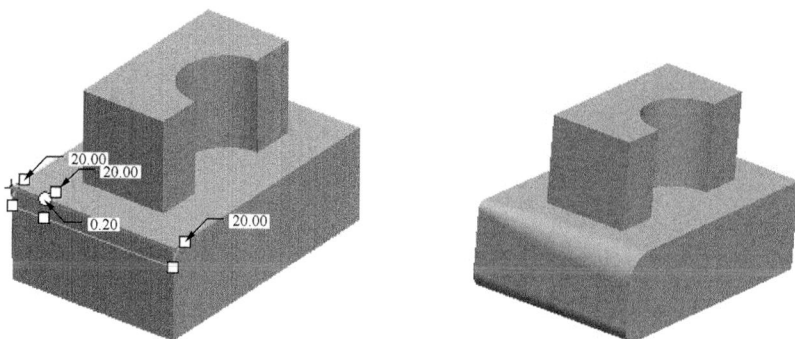

图 6-65 "可变圆角"预览及最终特征

3. 创建"完全倒圆角"

（1）仍然以图 6-62 为例，执行倒圆角命令之后在"设置"下滑面板中定义圆角类型并选择模型底板左侧的上下两对边作为参照对象，这时在"设置"下滑面板中的"完全倒圆角"就激活了，如图 6-66 所示。

（2）单击"完全倒圆角"按钮，可看到完全倒圆角的预览图，单击操控面板上的"确定"按钮，可最后完成边的圆角，如图 6-67 所示。

4. 创建过渡圆角

（1）仍然以图 6-62 中的模型为例，执行倒圆角命令之后在"设置"下滑面板中定义圆角类型并选择模型凸台上表面的边为参照对象，生成的预览图如图 6-68 所示。

（2）若用简单倒圆角，单击操控面板上的"确定"按钮，得到的模型如图 6-69 所示。很明显，倒圆角之后半圆孔的完整性被破坏了，为了避免这种情况，可采用过渡方式来倒圆角。

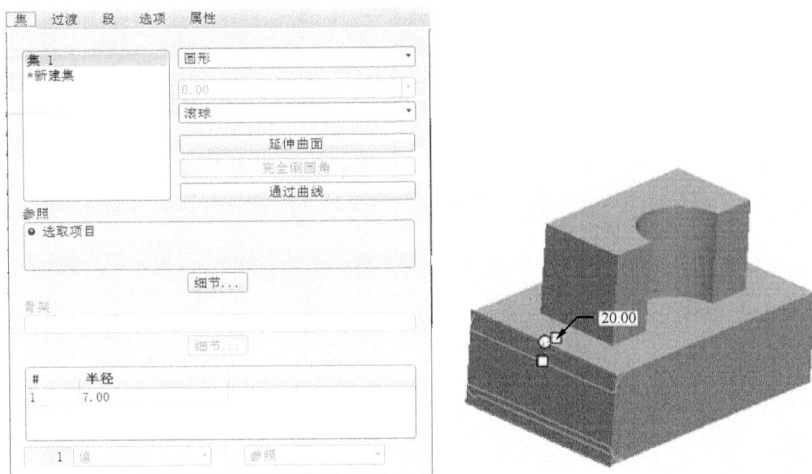

图 6-66 "完全倒圆角"设置

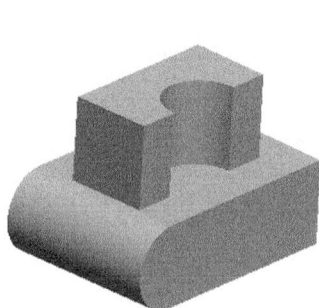

图 6-67 "完全倒圆角"特征　　　图 6-68 "圆角"特征预览　　　图 6-69 "圆角"特征

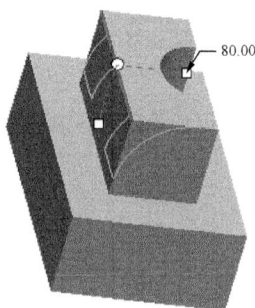

（3）单击操控面板上 ⬚ 按钮，切换至过渡模式，在模型上选择要过渡的曲面，如图 6-70 中箭头所指曲面，在操控面板的下拉列表中选择"混合"的方式。

（4）单击操控面板上的"确定"按钮，可最后完成过渡倒圆角，其模型如图 6-71 所示。

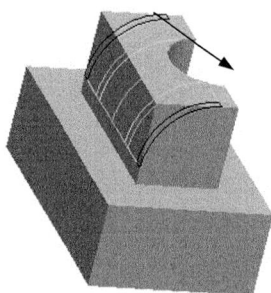

图 6-70 选择"过渡曲面"　　　图 6-71 "过渡圆角"特征

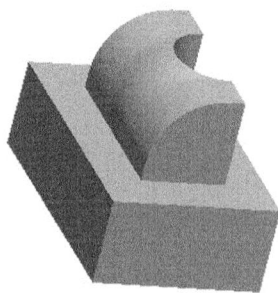

5. 创建由曲线驱动倒圆角

（1）在图 6-62 中的实体模型侧面添加一条曲线，作为倒圆角的驱动曲线，如图 6-72

所示。

（2）执行"倒圆角"命令，在操控面板中单击"放置"下滑面板，通过弹出的下滑面板可以选择圆角类型，定义要圆角的对象及圆角直径。在这里特别注意，需要选择"通过曲线"项并在绘图区拾取先前绘制的曲线，生成的预览图如图 6-73 所示。

（3）单击操控面板上的"确定"按钮，可最后完成倒圆角，其模型如图 6-74 所示。

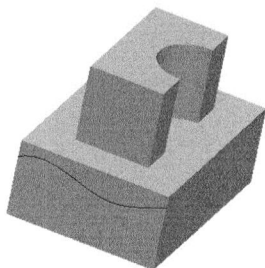

图 6-72　实体模型　　　　图 6-73　"圆角"预览特征　　　　图 6-74　通过曲线"圆角"特征

6.6　创建"倒角"特征

俗称的"倒角"或"去角"，可以处理模型周围的棱角，与倒圆角的功能类似。当产品周围的棱角过于尖锐时，就需要适当地进行修剪。另外，为了方便零件的装配，也经常需要对零件进行倒角处理。

6.6.1　操控面板简介

与倒圆角命令一样，可以通过单击"特征"工具条上的"倒角"按钮 🖋，或者选择"插入"→"倒角"菜单命令来执行"倒角"特征的操作，弹出的操控面板如图 6-75 所示。

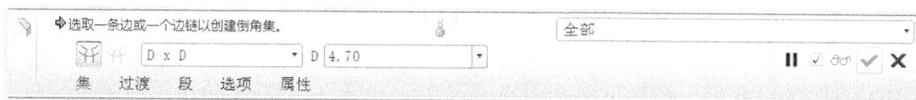

图 6-75　"倒角"操控面板

1．图标按钮

🖋：激活"集"模式，可用来处理倒角集。Pro/ENGINEER 会默认选取此选项。

D x D ▾："标注形式"框：显示倒角集的当前标注形式，并包含基于几何环境的有效标注形式的列表。使用此框可改变活动倒角集的标注形式。下列标注形式可用：

（1）D×D：在各曲面上与边相距 D 处创建倒角。Pro/ENGINEER 会默认选取此选项。

（2）D1×D2：在一个曲面距选定边 D1、在另一个曲面距选定边 D2 处创建倒角。

（3）角度×D：创建一个倒角，它距相邻曲面的选定边距离为 D，与该曲面的夹角为指定角度。

（4）45×D：创建一个倒角，它与两个曲面都成 45°角，且与各曲面上的边的距离为 D。

（5）O×O：在沿各曲面上的边偏移 O 处创建倒角。仅当 D×D 不适用时，Pro/ENGINEER 才会默认选取此选项。注意，仅当使用"偏移曲面"创建方法时，此方案才可用。

（6）O1×O2：在一个曲面距选定边的偏移距离 O1、在另一个曲面距选定边的偏移距离 O2 处创建倒角。注意，仅当使用"偏移曲面"创建方法时，此方案才可用。

: 激活"过渡"模式，允许用户定义倒角特征的所有过渡。在绘图区使用鼠标左键拾取需设置"过渡"的曲面后，操控面板上的"过渡类型"框被激活，主要有以下几种过渡类型（但并非下面列出的所有过渡类型在给定环境下都可用）。

（1）"默认"：Pro/ENGINEER 确定最适合几何环境的过渡类型。

（2）"终止于参照"：在选定基准点或基准平面处终止倒角几何。

（3）"混合"：使用边参照在倒角段间创建圆角曲面。

（4）"连续"：将倒角几何延伸到两个倒角段中。

（5）"相交"：以向彼此延伸的方式延伸两个或更多个重叠倒角段，直至它们会聚形成锐边界。

（6）"曲面片"：在三个或四个倒角段重叠的位置处创建修补曲面。

（7）"拐角平面"：使用平面对由三个重叠倒角段形成的拐角过渡进行倒角。

2．下滑面板

与"圆角"的操控面板一样，"倒角"的操控面板也包含"集"、"过渡"、"段"、"选项"和"属性"五个下滑面板，其功能与"圆角"的下滑面板类似，这里不再赘述。

6.6.2　创建"倒角"实例

以上节的实体模型为应用对象，完成不同类型的"倒角"特征。

1．创建"D×D倒角"

单击"特征"工具条上的"倒角"按钮 　 执行"倒角"特征，选择模型中的一条边作为倒角对象，在绘图区可以得到"倒角"预览特征，如图 6-76 所示。接受系统默认的 D×D 倒角类型，在控制面板上输入倒角的"D"值，当然在绘图区双击尺寸数值可以进行修改。单击操控面板上的"确定"按钮完成"D×D倒角"的创建，如图 6-77 所示。

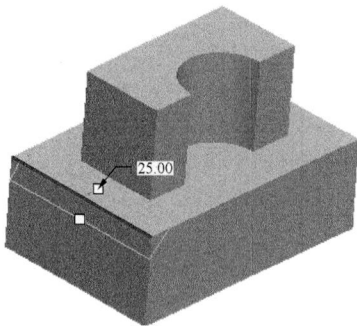

图 6-76　"倒角"预览特征　　　　　　　　图 6-77　"D×D倒角"特征

（1）可以先选择对象，再执行"倒角"命令，系统默认"D×D 倒角"方式，可提高绘图效率。

（2）若要改变倒角类型，可在操控面板的"标注形式"框的下拉列表中选取，也可在绘图区单击鼠标右键，在弹出的快捷菜单中选取。

（3）在"倒角"预览图中可以使用鼠标左键拖拽倒角的控制滑块改变倒角值。

2. 创建"45×D 倒角"

此方案仅适用于使用 90°曲面和"相切距离"创建方法的倒角。它与两个曲面都成 45°角，且与各曲面上的边的距离为 D。某种情况下与"D×D 倒角"有相同的结果。

3. 创建"角度×D 倒角"

将图 6-77 中的"D×D 倒角"特征改为"角度×D 倒角"，在特征预览图 6-78 中可以看到除了有倒角距离"D"值和控制滑块外，还有"角度"值及其控制滑块。用户可以使用鼠标拖拽改变这两个值，也可以在绘图区双击数字进行修改，当然也可以在控制面板中输入。

4. 创建"D1×D2 倒角"

将图 6-76 中的"D×D 倒角"特征改为"D1×D2 倒角"，在如图 6-79 所示的特征预览图中可以看到有两个倒角距离"D"的值和控制滑块。用户可以使用鼠标拖拽改变这两个值，也

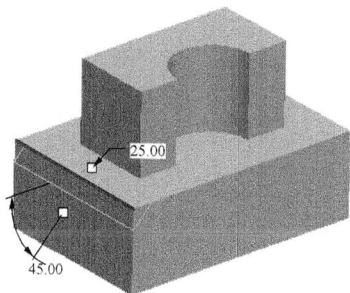

图 6-78 "角度×D 倒角"特征

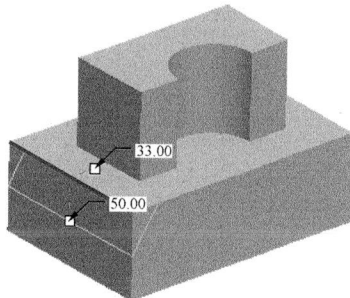

图 6-79 "D1×D2 倒角"特征

可以在绘图区双击数字进行修改，当然也可以在控制面板中输入。

5. 创建"拐角倒角"

拐角倒角特征仅适用于三个平面交叉处的交点，执行"插入"→"倒角"→"拐角倒角"命令后，可以点选拐角的任意一个边，此边会变成红色。利用"选出点"或"输入"方式定义欲倒角的长度，完成后下一个将进行定义的边会变绿色。用与定义第一条边相同的方法定义其他两条边倒角的长度，完成后可得到如图 6-80 所示的"拐角倒角"特征。

图 6-80 "拐角倒角"特征

第7章　特征的常用操作

在 Pro/ENGINEER 系统中，各类由基本图元组成的有实际工程意义的特征是最基本的设计和操作单位。本章讲解在设计过程中如何操作各类特征以达到最终满意的效果。

本章着重讲解特征的复制、阵列、镜像及特征的修改、重定义等内容，这都是 Pro/ENGINEER Wildfire5.0 设计中非常重要的部分。

7.1　"复制"特征

"特征"菜单中的"复制"命令可以复制相同或不同模型的现有特征，并将其放置在活动零件的一个新位置上。

一次可以复制任意个特征。当复制特征时，可以改变参照、尺寸值和放置位置。

7.1.1　特征"复制"菜单简介

（1）选择"编辑"→"特征操作"命令，弹出"特征"菜单管理器，其中包含"复制"、"重新排序"和"插入模式"等功能，如图 7-1 所示。

（2）选择"特征"菜单管理器的"复制"选项即可使用复制功能，其菜单管理器如图 7-2 所示。

"复制"选项的菜单管理器可以分成三大部分：类型、来源和关系，其具体说明如表 7-1～表 7-3 所示。

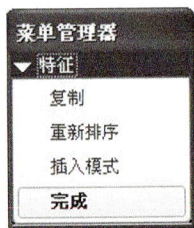

图 7-1　"特征"菜单管理器　　　　图 7-2　"复制"菜单

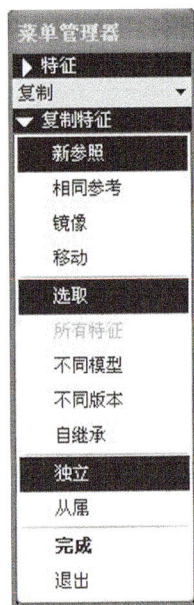

表 7-1　类　型

类　型	说　明
新参考	重新定义特征的草绘面、参照面、尺寸标注参照等相关项目
相同参考	类似"新参考"，唯一不同的是：无法重新定义草绘面、参照面与尺寸标注参照等参照物
镜像	镜像特征，其镜像平面可以分为基准面、实体平面、平面型曲面等
移动	移动复制，包括平面与旋转两种

表 7-2 来　　源

来　源	说　　明
选取	从目前的模型上选择单个或数个特征进行复制
所有特征	模型上的全部特征皆选取进行复制
不同模型	从其他的模型上挑选特征进行复制
不同版本	从同一个模型但不同文件的保存版本上挑选特征进行复制

表 7-3 关　　系

关　系	说　　明
独立	复制产生的特征其尺寸独立于原来的特征，任一方改变时并不影响另一方
从属	复制产生的特征其尺寸从属于原来的特征（仅截面和尺寸）。当修改某一方的截面时，会同时更新另一方的特征

7.1.2 特征"复制"实例

1. 使用"新参考"进行特征复制

（1）建立如图 7-3 所示的新参考复制前实体模型。

（2）复制"孔"特征。选择菜单"编辑"→"特征操作"命令，在弹出的"特征"菜单管理器上选择"复制"选项，弹出"复制特征"菜单。在"复制特征"菜单上依次选取"新参考"→"选取"→"独立"→"完成"选项。

图 7-3　新参考复制前实体模型

（3）按照系统提示选取孔特征为要复制的特征，可以在模型树中单击孔特征，也可以在绘图区中直接单击特征孔。

（4）在选择好要复制的对象之后，选择菜单中的"完成"选项，弹出如图 7-4 所示的菜单管理器，该菜单管理器用于选取在复制后的新特征上希望重新设定其数值的尺寸参数。如果这里不改变孔的大小，则只需要选择其位置尺寸即可。本例中更改孔的大小，如图 7-4 所示勾选尺寸，单击"完成"选项。

（5）按照系统提示修改尺寸数值，Dim 1、Dim3、Dim4 分别更改为 60、120、100。

（6）修改完尺寸之后，按照系统提示改变参照面。特征主参照面点选模型的上表面，两尺寸参照平面不变。

（7）单击"特征"菜单管理器中的"完成"选项，结束特征的复制，其结果如图 7-5 所示。

2. 使用"相同参考"复制特征

（1）建立如图 7-6 所示的相同参考复制前实体模型。

注意，"孔"特征采用"径向"的方式确定。

（2）执行特征"复制"命令，在"复制特征"菜单中依次选取"相同参考"→"选取"→"独立"→"完成"选项。

（3）按照系统提示选取"孔"特征为要复制的对象，完成之后系统弹出"组可变尺寸"菜单管理器，用户可以在此勾选需要改变的尺寸（当鼠标移动到菜单某尺寸名称上时，其对

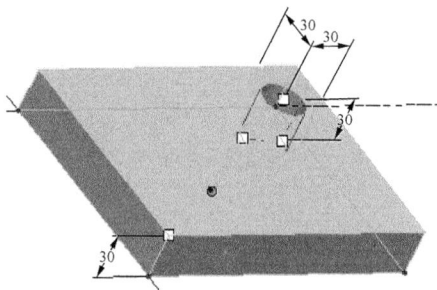

应的尺寸会在绘图区亮显）。本例中全选以做改变。

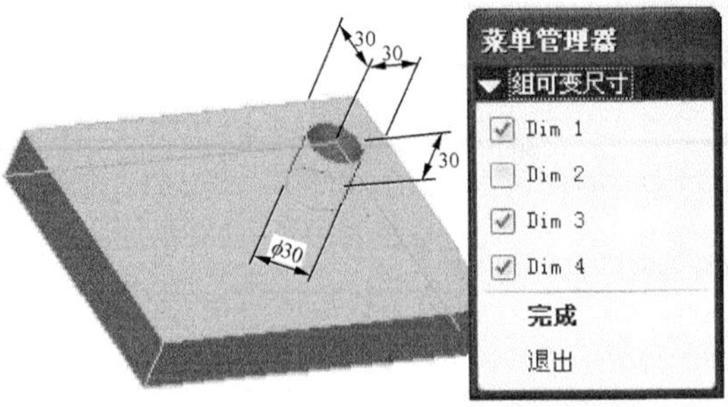

图 7-4　"复制"孔可变尺寸

图 7-5　"新参考"复制孔特征

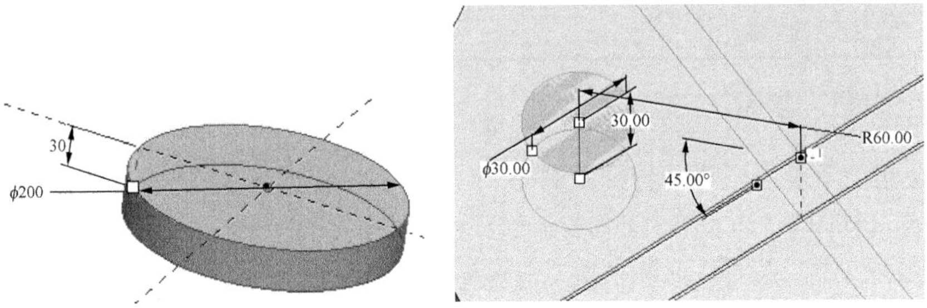

图 7-6　相同参考复制前实体模型

（4）按照系统提示，修改孔径 30 为 40，孔的深度 30 不变，孔中心线径向尺寸 60 改为 40，与基准面夹角改为 90°。

（5）单击"特征"菜单管理器中的"完成"选项，结束特征的复制，其结果如图 7-7 所示。

3．使用"镜像"复制特征

（1）以图 7-8 中的镜像前实体模型为例。

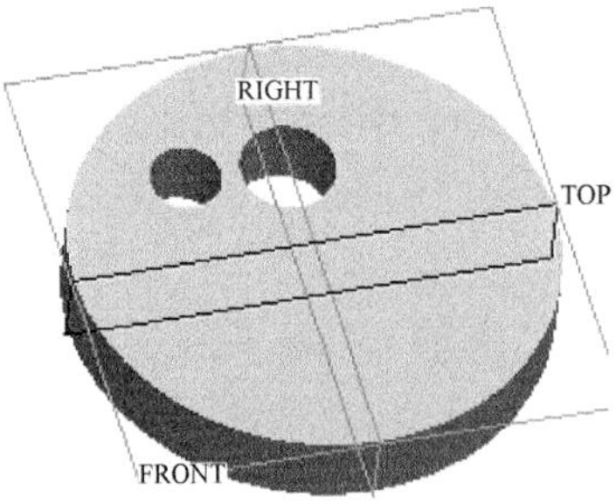

图 7-7　"相同参考"复制特征

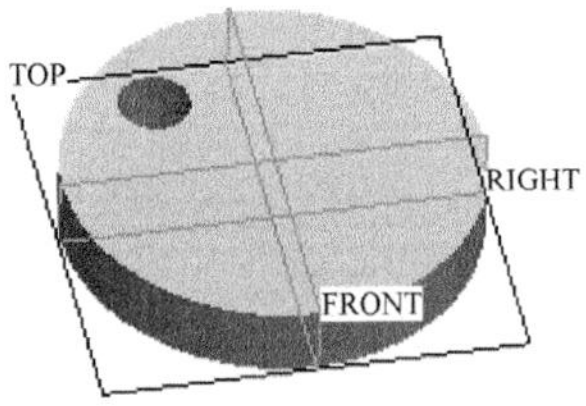

图 7-8　镜像前实体模型

（2）执行复制命令，在弹出的"复制特征"菜单中依次选择"镜像"→"选取"→"从属"→"完成"选项。

（3）按照系统提示选取"孔"特征为要镜像的特征，单击"完成"选项。

（4）按照系统提示选取 RIGHT 面为镜像面，单击菜单管理器中的"完成"选项，结束孔的复制，如图 7-9 所示。

（5）由于复制特征属性选择了"从属"命令，若改变原始特征，则复制产生的特征也跟着改变。例如，修改原始孔的直径 30 为 50，则复制后的特征孔也变大了，如图 7-10 所示。

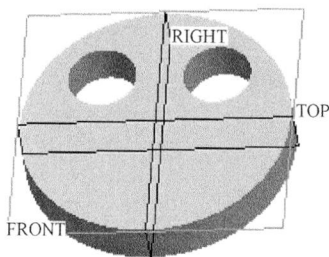

图 7-9　"镜像"复制特征　　　　　　　图 7-10　"从属"孔特征

4. 使用"平移"复制特征

（1）建立如图 7-11 所示的平移前实体模型。

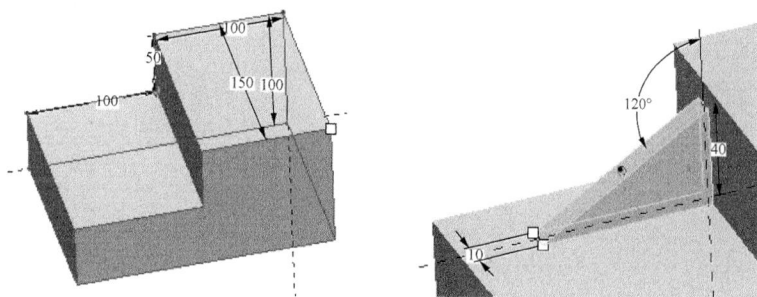

图 7-11　平移前实体模型

（2）执行复制命令，在弹出的"复制特征"菜单中依次选择"移动"→"选取"→"从属"→"完成"选项。按照系统提示选择实体模型中的"筋"特征为要复制的对象，单击"选取特征"菜单中的"完成"选项后系统弹出"移动特征"菜单，如图 7-12 所示，可以看出"移动特征"包含"平移"和"旋转"选项。

（3）本例中选择"平移"→"平面"选项，按照系统提示选取与平移方向垂直的平面，如图 7-13 中箭头所指（平面）。此时系统弹出"方向"菜单管理器且在预览区用红色箭头表明移动方向，若要改变方向可以通过单击菜单"反向"或者直接用鼠标双击绘图区的方向箭头。

> **注　意**
>
> 　"选取方向"菜单中也可以选择"曲线/边/轴"和"坐标系"选项，操作方法与选择"平面"项类似。

（4）本例中选择"正向"，按照系统提示输入偏移距离 150，单击鼠标中键或者单击提示区的按钮✔完成数值输入。

（5）在"移动特征"菜单管理器中单击"完成移动"选项，系统弹出"组可变尺寸"菜单，本例中不做尺寸的修改，直接单击"完成"选项，最后单击"组元素"对话框的"确定"按钮完成"筋"特征的平移复制，如图 7-14 所示。

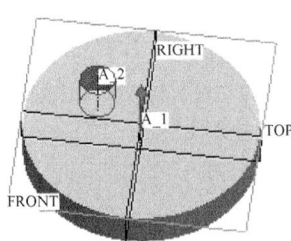

图 7-12 "移动特征"菜单   图 7-13 "平移"复制的移动方向   图 7-14 "平移"复制筋特征

5. 使用"旋转"复制特征

（1）以如图 7-15 所示的旋转前实体模型为例。

（2）执行复制命令，在弹出的"复制特征"菜单中依次选择"移动"→"选取"→"从属"→"完成"选项。按照系统提示选取"孔"特征为要旋转复制的特征，单击"完成"选项。菜单管理器中弹出"移动特征"菜单，本例中选择"旋转"→"曲线/边/轴"选项。按照系统提示选取圆盘的中心线为参照，菜单管理器中弹出"方向"菜单，系统会生成旋转方向（右手定则）预览，如图 7-16 所示，选择菜单中的"确定"选项，按照系统提示输入旋转角度为 90°，单击鼠标中键或者单击提示区的按钮✔完成数值输入。

（3）在"移动特征"菜单管理器中单击"完成移动"选项，系统弹出"组可变尺寸"菜单，本例中不做尺寸的修改，直接单击"完成"选项，最后单击"组元素"对话框的"确定"按钮完成"孔"特征的旋转复制，如图 7-17 所示。

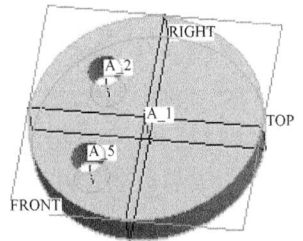

图 7-15 实体模型   图 7-16 "旋转"复制预览图   图 7-17 "旋转"复制孔特征

7.2 "镜像几何"特征

镜像几何可以镜像模型的全部特征，包括基准面与坐标系，它与执行"复制"→"镜像"→"所有特征"操作在操作结果上有相同的地方，但也存在本质的区别。前者所产生的特征，可以个别修改或删除，但后者所复制出的特征为一个不可分割的单一特征，故无法对复制后的个别特征进行编辑或修改，尺寸完全与原模型相同，做任何的改变皆会直接影响到镜像后的特征。

7.2.1 功能简介

操作方法较简单，在选择好需要镜像的特征之后，单击"编辑特征"工具条中的"镜像"按钮 或者选择"编辑"→"镜像"菜单命令，执行镜像几的命令，弹出的操控面板如图 7-18 所示。

图 7-18 "镜像"操控面板

（1）"镜像平面收集器"：可随时单击该收集器以选取或替换镜像平面参照。

> **注 意**
>
> 依据选定对象的类型及对象选取的方法，"镜像"操控面板中可用的下滑面板会有所不同。

（2）如果镜像一个特征或一组特征，操控板中将包含下列各项：

1）"参照"：使用此面板更改"镜像平面"参照。

2）"选项"：使用此面板可通过清除"复制为从属项"选项的选中标记来使镜像特征的尺寸与原始项目无关。

3）"属性"：在"属性"下滑面板中可在 Pro/ENGINEER 浏览器中查看关于"镜像"特征的信息及重命名特征。

（3）如果镜像几何，操控板中将包含以下各项：

1）"参照"：在"参照"下滑面板中可改变"镜像项目参照"和"镜像平面参照"。

2）"选项"：使用此面板选中"隐藏原始几何"项，则在完成镜像特征后，系统只显示新镜像几何而隐藏原始几何。

3）"属性"：在"属性"下滑面板中可在 Pro/ENGINEER 浏览器中查看关于"镜像"特征的信息及重命名特征。

（4）如果镜像零件中所有的几何，"选项"下滑面板对于此操作不可用。

7.2.2 "镜像几何"实例

（1）以如图 7-19 所示镜像前实体模型为例。

（2）在模型树中选择零件父节点，单击"编辑特征"工具条中的"镜像"按钮 或者选择 "编辑"→"镜像"菜单命令，在弹出的操控面板中单击"参照"按钮，弹出如图 7-20 所示的"参照"下滑面板。激活"镜像项目"收集器，选择整个零件为要镜像的对象，激活"镜像平面"收集器选择图中的 TOP 面。

（3）单击操控面板中的"确定"按钮，完成几何对象的镜像，如图 7-21 所示。

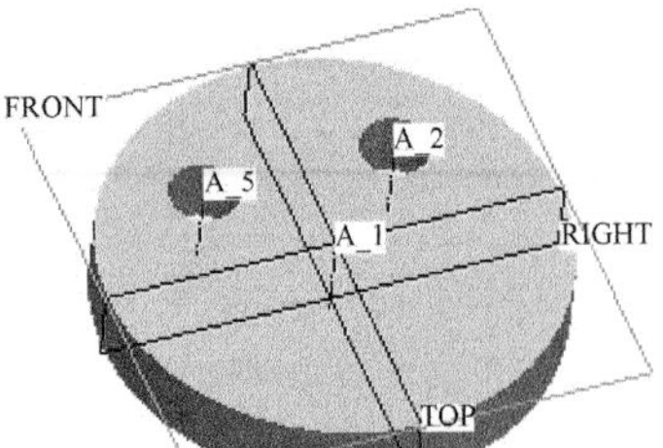

图 7-19　镜像前实体模型 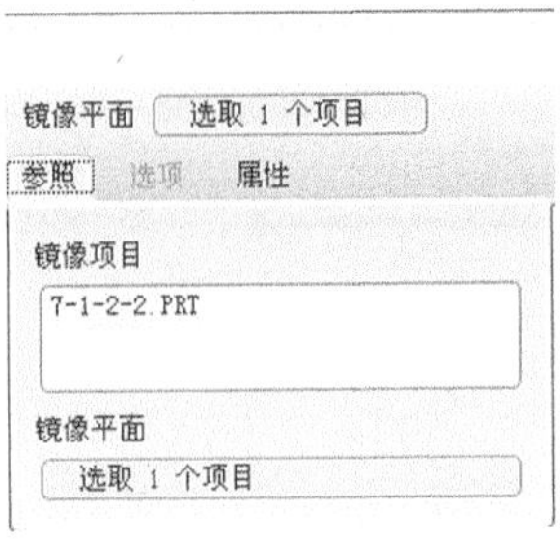　　　　图 7-20　"参照"下滑面板 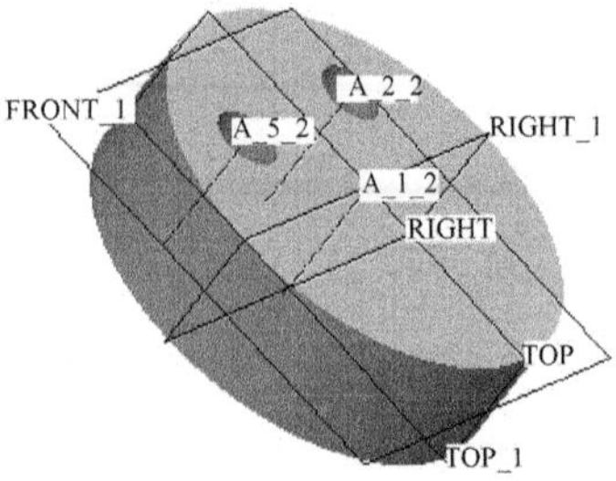　　　　图 7-21　"镜像几何"特征

7.3　"阵　列"　特　征

特征阵列非常适合于有规律地重复创建数量众多的特征。在 Pro/ENGINEER Wildfire 的阵列复制功能中，除了可以使用操控面板进行方便又多元性的操作外，还增加了填充阵列的功能。这样用户对于特定区域内阵列复制的建立会更加容易。

7.3.1　操控面板功能简介

选择好要阵列的特征之后（若不先选择特征，则按钮和菜单都不可用），单击"编辑特征"工具条上的"阵列"按钮▦或者选择"编辑"→"阵列"菜单命令，系统弹出如图 7-22 所示的操控面板。

图 7-22　"阵列"操控面板

1．操控面板选项

尺寸 ▾：阵列类型的下拉列表框，主要包含以下内容。

1）"尺寸"：通过使用驱动尺寸并指定阵列的增量变化来创建阵列。尺寸阵列可以为单向或双向。

2）"方向"：通过指定方向并使用拖动控制滑块设置阵列增长的方向和增量来创建阵列。方向阵列可以为单向或双向。

3）"轴"：通过使用拖动控制滑块设置阵列的角增量和径向增量来创建径向阵列，也可将阵列拖动成为螺旋形。

4）"表"：通过使用阵列表并为每一阵列实例指定尺寸值来创建阵列。

5）"参照"：通过参照另一阵列来创建阵列。

6）"填充"：通过用实例填充草绘区域来创建阵列。

7）"曲线"：通过指定阵列成员的数目或阵列成员间的距离来沿着草绘曲线创建阵列。

操控面板的其他内容取决于所选的阵列类型。

（1）对于"尺寸"阵列，操控面板包含以下选项，如图 7-23 所示。

图 7-23　"尺寸"阵列操控面板选项

　　1）阵列第一方向的用户界面，用号码 1 标识。包含阵列第一方向成员数量的文本框，默认为 2，可键入任意数值。为此方向中的阵列选取至少一个尺寸后，此文本框即可用。阵列第一方向的尺寸收集器，单击收集器将其激活，然后选取尺寸。

　　2）阵列第二方向的用户界面（可选）用号码 2 标识。包含阵列第二方向成员数量的文本框，阵列第二方向的尺寸收集器。

　　（2）对于"方向"阵列，操控面板包含以下选项，如图 7-24 所示。

图 7-24　"方向"阵列操控面板选项

　　1）阵列第一方向的用户界面，用号码 1 标识，包含：

　　第一方向参照收集器，单击收集器将其激活，然后选取参照，可选取平面（这种情况下，方向是与平面垂直的）、直边、基准轴或坐标系的轴。

　　图标用于反向第一方向的阵列增量的方向。

　　阵列第一方向成员数量的文本框，包括阵列导引。默认为 2。可键入任意数值。指定方向后此文本框变为可用。

　　用于指定第一方向增量值的组合框。指定方向后此框也变为可用。

　　2）阵列第二方向的用户界面（可选）用号码 2 标识，包含：

　　第二方向参照收集器。单击收集器将其激活，然后选取参照。

　　图标用于反向第二方向的阵列增量的方向。

　　阵列第二方向成员数量的文本框。

　　用于指定第二方向增量值的组合框。

　　（3）对于"轴"阵列，操控面板包含以下选项，如图 7-25 所示。

图 7-25　"轴"阵列操控面板选项

　　1）阵列第一方向的用户界面，用号码 1 标识：

　　第一方向参照收集器。单击收集器以激活它，然后选取一个轴作为阵列的中心。

　　图标用于反向第一方向的阵列增量的方向。

　　阵列第一方向成员数量的文本框，包括阵列导引。默认为 4。可键入任意数值。指定轴后此文本框变为可用。

　　用于指定第一方向增量值的组合框。指定方向后此框也变为可用。

　　图标，可用于切换指定角度方向放置的两种方法。

　　2）阵列第二方向的用户界面（可选）用号码 2 标识：

　　第二方向参照收集器。单击收集器将其激活，然后选取参照。

　　图标用于反向第二方向的阵列增量的方向。

阵列第二方向成员数量的文本框。

用于指定第二方向增量值的组合框。

（4）对于"表"阵列，操控面板包含以下选项，如图 7-26 所示。

图 7-26　"表"阵列操控面板选项

1）要在阵列表中包含的尺寸的收集器。单击收集器将其激活，然后选取尺寸。

2）"活动表"列表：可用来选取活动表。活动表即为驱动阵列的表。此列表初始仅包含一个表。使用"表"下滑面板可创建其他表。

3）"编辑"按钮：可用来编辑活动表。

（5）对于"参照"阵列，阵列操控面板包含"参照类型"列表。列表中的选项允许参照特征阵列、组阵列或同时参照两者。此列表仅在下列情况下才可用。

1）阵列是也已被阵列的组的一部分。

2）参照阵列具有对阵列或组的参照。

但是，如果参照阵列对多个阵列或组具有参照，则此列表不可用。

（6）对于"填充"阵列，操控面板包含以下选项，如图 7-27 所示。

图 7-27　"填充"阵列操控面板选项

1）：草绘截面收集器将完成由阵列填充的区域，只能包含一个草绘。

2）：可用来为阵列选取栅格模板，主要有以下类型。

"方形"：以正方形阵列分隔成员。

"菱形"：以菱形阵列分隔成员。

"六边形"：以三角形阵列分隔成员。

"同心圆"：以圆形阵列分隔成员。

"螺旋"：以螺旋形阵列分隔成员。

"草绘曲线"：沿草绘区域边界分隔成员。

3）：设置阵列成员中心间的间距。

4）：设置阵列成员中心和草绘边界之间的最小距离。负值允许阵列成员中心位于草绘之外。

5）：设置栅格绕原点的旋转。

6）设置圆形或螺旋栅格的径向间距。

（7）对于"曲线"阵列，操控面板包含以下选项，如图 7-28 所示。

图 7-28　"曲线"阵列操控面板选项

⬚：指示将沿其创建阵列的曲线的草绘收集器。该草绘收集器中只能包含一个草绘。

⬚：用于指定沿曲线的阵列成员中心之间的距离。

⬚：用于指定沿曲线的阵列成员的数目。

2. 下滑面板

（1）"尺寸"下滑面板。如图 7-29 所示的"尺寸"下滑面板，主要包含以下内容。

1）"方向 1"收集器：包含在第一方向上阵列时所用的尺寸和增量。要创建阵列，必须至少包括一个尺寸并指定增量。

2）"按关系定义增量"复选框：通过使用关系（而非常数值）来定义尺寸增量。

3）"编辑"按钮：可用来编辑驱动所选尺寸增量的关系。此按钮仅当选中"按关系定义增量"复选框时可用。

4）"方向 2"收集器：包含在第二方向上阵列时所用的尺寸和增量。如果要创建双向阵列，请使用此收集器。此收集器还通过使用关系与指定尺寸增量的控制建立关联。

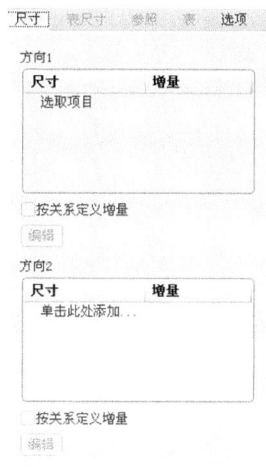

（2）"表尺寸"下滑面板。如图 7-30 所示的"表尺寸"下滑面板只有在使用"表"阵列时才可用，用来管理"表"阵列的尺寸。

（3）"参照"下滑面板。如图 7-31 所示为用于定义阵列"填充"区域的草绘收集器，其中还包含"定义"按钮，可草绘要用阵列进行填充的区域。

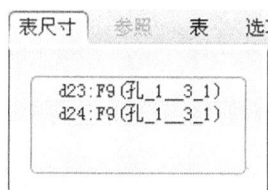

图 7-29 "尺寸"下滑面板　　图 7-30 "表尺寸"下滑面板　　　图 7-31 "参照"下滑面板

（4）"表"下滑面板。如图 7-32 所示的"表"下滑面板用于阵列的表收集器。每行包含一个表索引项（从 1 开始）及相关的表名称。可通过键入新名称更改表名。如果在收集器中的表索引项上单击右键，在出现的快捷菜单中可对表进行添加、移除、应用、编辑、读取、写入等操作。

（5）"选项"下滑面板。如图 7-33 所示的"选项"下滑面板包含以下阵列再生选项。

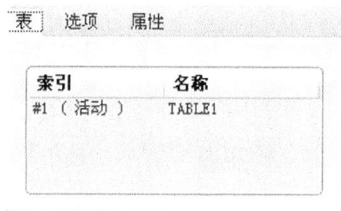

图 7-32 "表"下滑面板　　　　　　　图 7-33 "选项"下滑面板

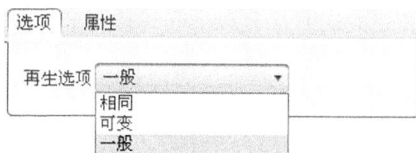

1）"相同"：Pro/ENGINEER 假定所有的阵列成员尺寸相同，放置在相同的曲面上，且

彼此之间或与零件边界不相交。

2）"可变"：Pro/ENGINEER 假定阵列成员的尺寸可以不同或者可放置在不同的曲面上，但彼此之间或与零件边界不能相交。

3）"一般"：此为默认设置。Pro/ENGINEER 对阵列成员不做任何假定。要注意的是，"曲线"阵列的"选项"下滑面板、"轴"阵列的"选项"下滑面板和"填充"阵列的"选项"下滑面板各自有附加的内容，这里不一一介绍。

（6）"属性"下滑面板。包含"名称"文本框，可在其中为阵列特征键入定制名称，以替换自动生成的名称。它还包含"信息"图标 🛈，可单击它以显示关于特征的信息。

7.3.2　"阵列"特征操作实例

1．创建"尺寸"阵列

（1）建立如图 7-34 所示的阵列前实体模型。

图 7-34　阵列前实体模型

（2）"线性"阵列圆柱体。在模型树中选择圆柱体的特征 ID 或者直接在模型上用鼠标拾取圆柱体，单击"编辑特征"工具条上的"阵列"按钮 ▦，执行"阵列"命令。

在弹出的操控面板中单击"尺寸"下滑面板，激活"方向 1"栏选择确定圆柱体位置的尺寸 15，并输入增量为 15，激活"方向 2"栏，选择确定圆柱体位置的另一尺寸 15，并输入增量为 15。

在操控面板中分别定义"方向 1"和"方向 2"上要阵列的特征数目为 9 和 5。

其参数设置及生成的预览图如图 7-35 所示。

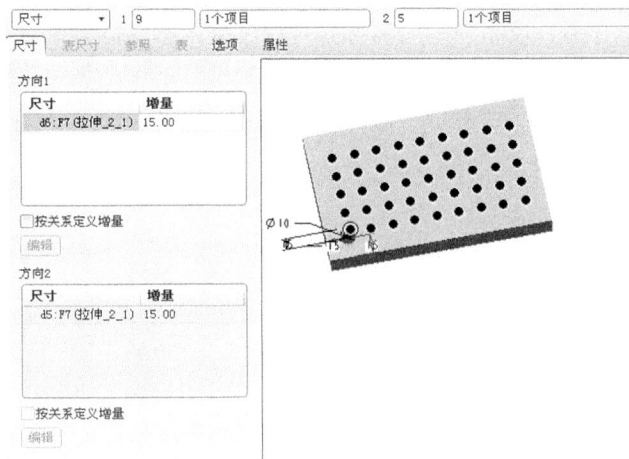

图 7-35　"阵列"参数设置及特征预览

（3）单击操控面板上的"确定"按钮，完成圆柱体的阵列，如图 7-36 所示。

2. 创建"方向"阵列

（1）以如图 7-37 所示方向阵列前实体模型为例。

图 7-36 "阵列"特征

图 7-37 方向阵列前实体模型

（2）"方向"阵列圆柱体。在模型树中选择圆柱体的特征 ID 或者直接在模型上用鼠标拾取圆柱体，单击"编辑特征"工具条上的"阵列"按钮，执行"阵列"命令。

在弹出的操控面板中依次激活"边"收集器，分别选取长方体底板的图 7-37 中箭头所指的两条边，并在操控面板中设置好该方向上的阵列数目和尺寸增量，其参数设置如图 7-38 所示。生成的预览图如图 7-39 所示。

图 7-38 "方向"阵列参数设置

（3）单击操控面板上的按钮，可以得到与图 7-36 所示同样的阵列结果。

3. 创建"轴"阵列

（1）建立如图 7-40 所示的轴阵列前实体模型。

（2）选择孔特征，执行"阵列"命令，在弹出的操控面板中选择"轴"做阵列，按照系统提示选取圆盘中心线作为参照，角度增量为 60，数目 6 个。其参数设置如图 7-41 所示，在设置完参数后，可在绘图区得到如图 7-42 所示的"阵列"特征预览。

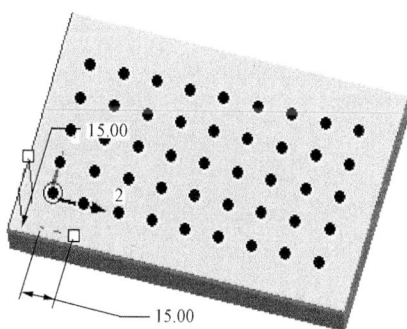

图 7-39 "阵列"特征预览

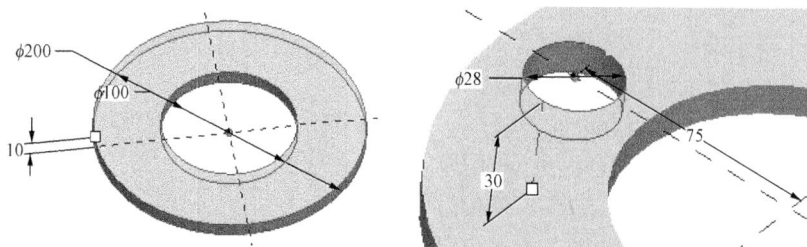

图 7-40 轴阵列前实体模型

图 7-41　"轴"阵列参数设置

（3）单击操控面板上的按钮✔，完成圆孔的阵列，如图 7-43 所示。

图 7-42　"轴"阵列特征预览

图 7-43　"轴"阵列特征

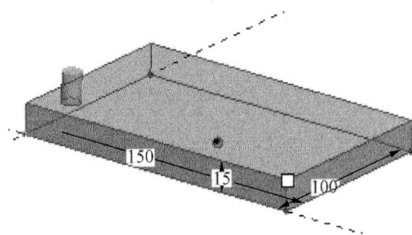

4. 创建"表"阵列

（1）以如图 7-44 所示的表阵列前实体模型为例。

（2）选择圆柱体作为要阵列的对象，并执行阵列命令。

（3）在弹出的操控面板的"阵列类型"下拉列表框中，选取"表"阵列类型。单击"表尺寸"下滑面板，按住 Ctrl 键连续选择圆柱体的定形尺寸和定位尺寸共四个尺寸，如图 7-45 所示。

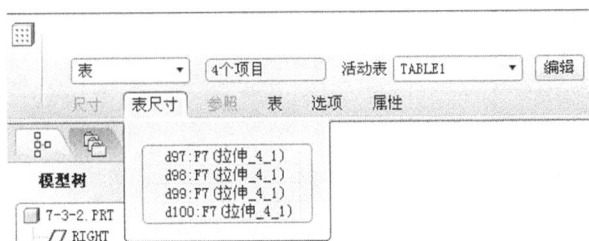

图 7-44　表阵列前实体模型

图 7-45　"表尺寸"下滑面板设置

（4）单击操控面板中的"编辑"按钮，弹出如图 7-46 所示的"表"定义对话框，设计者可以通过该对话框准确地设置阵列特征尺寸。

如图 7-46 所示增加了两个阵列特征，输入数据之后可以保存文件并退出"编辑"表，绘图区可以得到"表"阵列特征预览，如图 7-47 所示。

（5）单击操控面板上的按钮✔，完成圆柱体的"表"阵列特征，如图 7-48 所示。

可以看出，通过"表"阵列可以得到形式多样的阵列特征。

5. 创建"参照"阵列

（1）建立如图 7-49 所示的参照阵列前实体模型（"孔"特征由"阵列"得到）。

图 7-46 "表"定义对话框

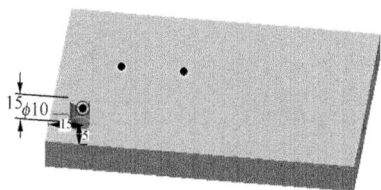

图 7-47 "表"阵列特征预览

图 7-48 "表"阵列特征

图 7-49 参照阵列前实体模型

（2）在初始孔的位置建立"倒角"特征，如图 7-50 所示，若在阵列后的特征上建立辅助特征，则不能完成参照阵列。

（3）选择"倒角"特征，执行阵列命令，系统将根据"孔"阵列创建"倒角"特征的参照阵列，如图 7-51 所示。

6. 创建"填充"阵列

"填充"阵列为 Pro/ENGINEER Wildfire 的新增功能，通过此方法的阵列可以将特征复制填满一个区域，而此区域可以草绘制作或选取草绘的基准。

（1）建立如图 7-52 所示的实体模型。

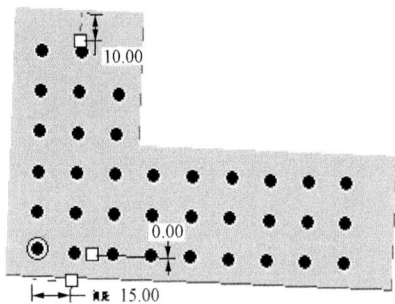

图 7-50　"倒角"特征　　　　图 7-51　"参照"阵列特征　　　图 7-52　"填充"阵列实体模型

（2）选择"孔"特征，执行阵列命令，在弹出的操控面板中的"阵列类型"下拉列表框中，选取"填充"阵列类型。

（3）单击"参照"下滑面板中的"定义"选项来草绘填充区域。选取零件的顶部曲面作为草绘平面，本例中提取零件的环边创建草绘。设计者可在如图 7-53 所示的操控面板中设置分隔对象的方式，完成其设置便可得到"填充"阵列预览，如图 7-54 所示。

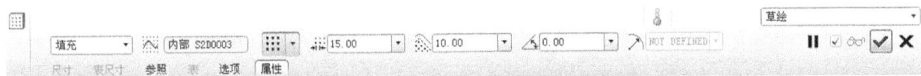

图 7-53　"填充"阵列参数设置

图 7-54　"填充"阵列特征预览　　　　　　图 7-55　"菱形"填充阵列特征预览

> **注 意**
>
> 　　若在"栅格模板"的下拉列表中选择"菱形"方式来填充，则可得到不一样的特征预览，如图 7-55 所示，当然还可以得到其他排列方式。另外，若在某些预览位置需要取消阵列，则可用鼠标直接单击该位置的预览黑点，取消后再单击黑点位置则加入阵列。

（4）单击操控面板上的按钮☑，完成"孔"特征的"填充"阵列，如图 7-56 所示。

7．创建"变化的"阵列

在"表"阵列中，可以创建变化多端的阵列特征。实际上，"线性"阵列和"轴"阵列也能实现变化的阵列方式，前提是要选择好需要变化的尺寸及其增量，并且要注意在"选项"下滑面板中不要勾选"相同"项。

（1）仍然以如图 7-57 所示的变化的阵列前实体模型为例。

图 7-56 "填充"阵列特征　　　图 7-57 变化的阵列前实体模型

（2）在模型树中选择圆柱体的特征 ID 或者直接在模型上用鼠标拾取圆柱体，单击"编辑特征"工具条上的"阵列"按钮 ▦，执行阵列命令。

（3）在弹出的操控面板中单击"尺寸"下滑面板，激活"方向 1"栏选择确定圆柱体位置的尺寸 15，并输入增量为 30，按 Ctrl 键选择圆柱体高度尺寸，增量设为 5，激活"方向 2"栏选择确定圆柱体位置的另一尺寸 15，并输入增量为 30；按 Ctrl 键选择圆柱体直径尺寸，增量设置为 5。

（4）在操控面板中分别定义方向 1 和方向 2 上要阵列的特征数目为 5 和 3；其参数设置及生成的预览图如图 7-58 所示。

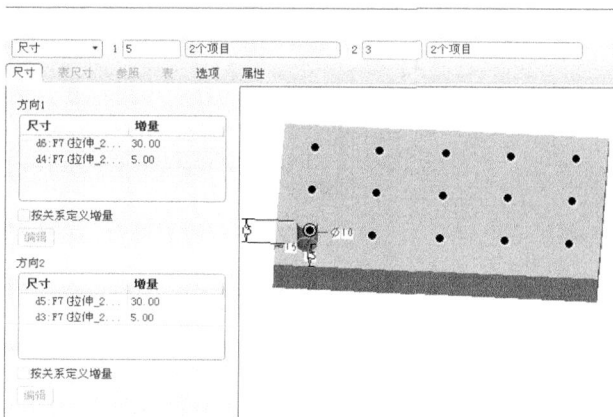

图 7-58 参数设置及"阵列"特征预览

（5）单击操控面板上的按钮 ✔，完成圆柱体的阵列，如图 7-59 所示。

轴阵列也可参照类似方法完成对象形状和位置变化的阵列特征。

8. 创建"曲线"阵列

（1）以如图 7-60 所示的曲线阵列前实体模型为例。

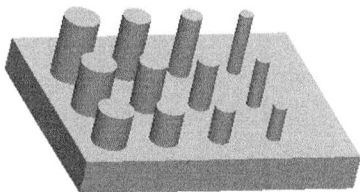

图 7-59 "变化的"阵列特征　　　图 7-60 曲线阵列前实体模型

（2）选择圆柱特征，执行阵列命令，在弹出的操控面板中的"阵列类型"下拉列表框中，选取"曲线"项。单击"参照"下滑面板中的"定义"按钮草绘阵列的参照曲线，并在操控面板中输入阵列成员间的间距为 20。绘制好曲线之后会生成如图 7-61 所示的预览，若不需要在某点创建阵列特征，可用鼠标单击"黑圆点"所在位置。

（3）单击操控面板上的按钮✓，完成圆柱体的"曲线"阵列，如图 7-62 所示。

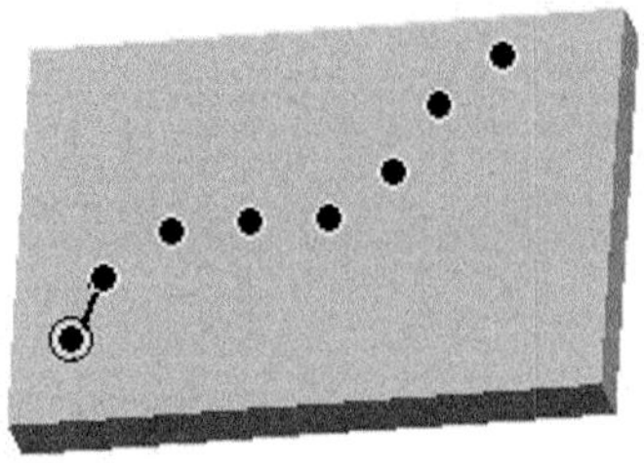

图 7-61 "曲线"阵列特征预览

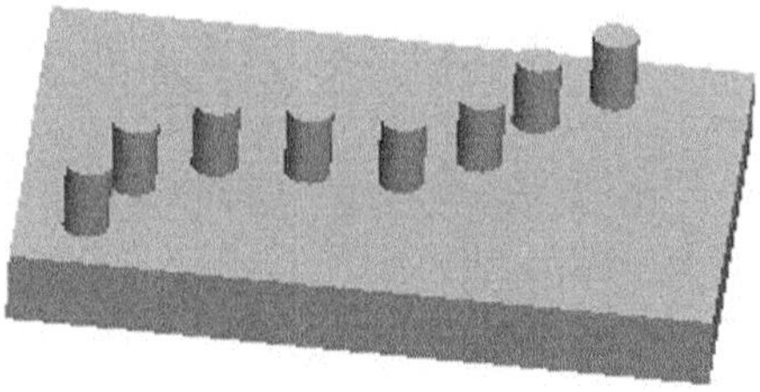

图 7-62 "曲线"阵列特征

当然，用户若希望沿曲线的阵列特征能保持在底板的上表面之内，可以通过"选项"下滑面板中的"跟随曲面形状"项来确定。

7.4 "修改"与"编辑"特征

在使用 Pro/ENGINEER Wildfire 进行三维造型设计时，一方面难免出现错误的操作以致需要对特征进行修改，另一方面在设计过程中，由于设计者不断修改设计意图，也常常需要调整设计参数，以获得最优结果。因此，很好地利用系统提供的设计修改工具可以为设计者提供更多操作上的便利。

7.4.1 父子关系

零件设计和建模过程是一个不断修改的过程，经常要对特征进行删除、重新定义、特征排序等操作，而进行这些操作时，必须注意特征之间的相互依赖关系。

通常，创建一个新特征时，不可避免地要参考已有的特征，如选取已有的特征表面作为绘图平面和参考平面，选取已有的特征边线作为尺寸标注参照等，此时特征之间便形成了父子关系，新生成的特征称为子特征，被参考的已有特征被称为父特征。

如图 7-63 所示，"圆柱体"是选择"长方体"的上表面为草绘平面进行"拉伸"得到，则"圆柱体"与"长方体"就存在父子关系。

要查看特征之间的父子关系，可以在模型树或绘图区点选某一特征，单击鼠标右键，调出如图 7-64 所示的快捷菜单，选择"信息"→

图 7-63 特征父子关系实例

"参照查看器"命令，或者单击主菜单"信息"→"参照查看器"命令，按照系统提示选取某特征，系统弹出如图 7-65 所示的"参照查看器"对话框显示该特征的父特征与子特征。

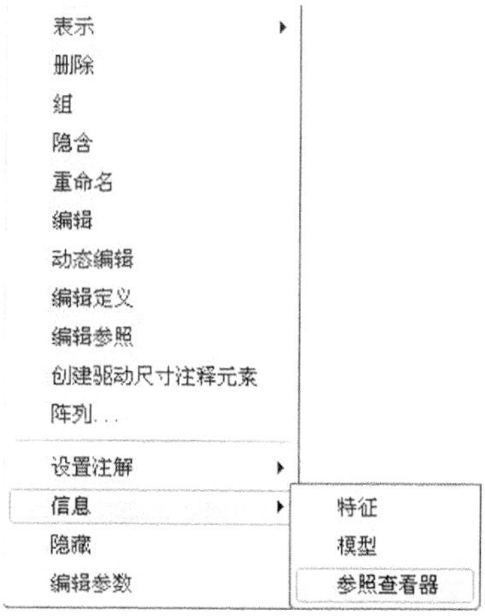

图 7-64 "特征"右键快捷菜单 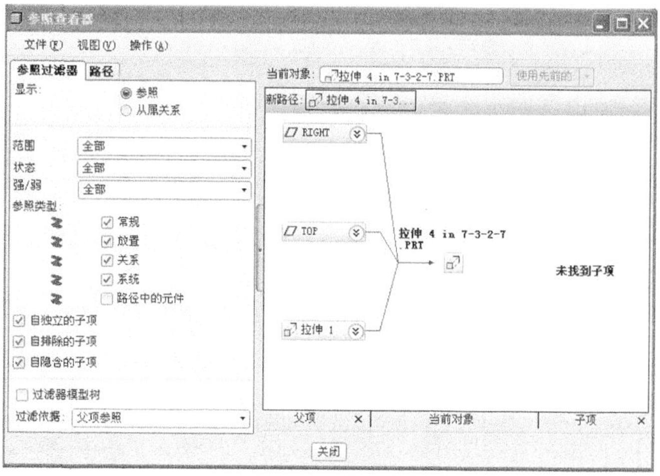   图 7-65 "参照信息窗口"对话框

7.4.2 修改特征

修改特征指的是修改特征的尺寸，是比较常见的操作方式之一，有以下方法可以实现：

（1）在绘图区双击需要修改的特征，系统显示该特征的相关尺寸，双击尺寸可以进行修改。

（2）在模型树中选择某特征，单击鼠标右键，在弹出的快捷菜单中选择"编辑"命令，该特征在绘图区显示相关尺寸，双击尺寸可以进行修改。

> **注 意**
>
> 在修改完特征的尺寸之后，特征并不能自动更新，需要单击"再生"按钮以重新生成模型。

7.4.3 重定义特征

重定义特征用来对特征的定义进行修改，基本上相当于对特征进行重新构建，不但可以改变特征的尺寸，还可以修改特征的参数及属性。

在模型树或绘图区点选某一特征，单击鼠标右键，在弹出的快捷菜单中选择"编辑定义"命令，系统显示相应界面，即可对该特征进行重新定义。

重定义特征操作过程与创建特征的操作过程类似。

7.4.4 插入特征

一般在建立新的特征时，Pro/ENGINEER 会将该特征建立在所有已建立的特征之后。但在建模过程中，如果发现一个特征应创建在某些已有特征之前，则可以使用"插入模式"任意插入特征，改变特征创建的顺序。其操作方法主要要有以下两种：

（1）单击主菜单"编辑"→"特征操作"选项，在弹出的"特征"菜单管理器中单击"插入模式"→"激活"选项，根据系统提示，在模型树或绘图区中选择要在其后插入新特征的特征。

（2）在模型树中单击"在此插入"按钮，按住鼠标左键将其拖放至相应位置即可。

7.4.5   隐含特征

可以使用"隐含"命令将特征暂时隐藏,"隐含"命令主要用于以下场合:

(1)在"零件"模式下:隐藏零件中某些较复杂的特征,如复杂圆角、阵列的特征等,以节省再生或清除残影的时间。

(2)在"装配"模式下:进行复杂特征的装配时,使用"隐含"命令隐藏各组合件中较不重要的特征,以减少再生的时间。

(3)隐藏某个特征以尝试不同的设计效果。

特征的隐含有两种操作方法,可以选择某特征后调用其快捷菜单,也可以单击主菜单"编辑"→"隐含"命令来实现对特征进行"隐含"操作,如图 7-66 所示。

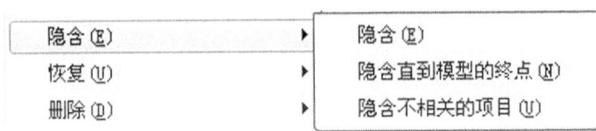

图 7-66 "隐含"菜单

其中"隐含"是指隐含所选特征;"隐含直到模型的终点"是指隐含所选的特征及其以后的特征;"隐含不相关的项目"是指隐含除了所选特征及其父特征以外的所有特征。

另外,要注意的是在"隐含"有子特征的父特征时,系统会弹出如图 7-67 所示的"隐含"对话框,提示其子特征也将被隐含。单击"确定"按钮隐含子特征,若单击"选项"按钮,系统弹出如图 7-68 所示的"子项处理"对话框,用户可在"状态"栏选择对子项的处理方式。

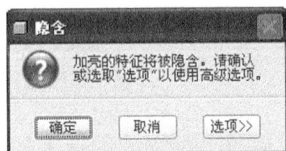

图 7-67 "隐含"对话框

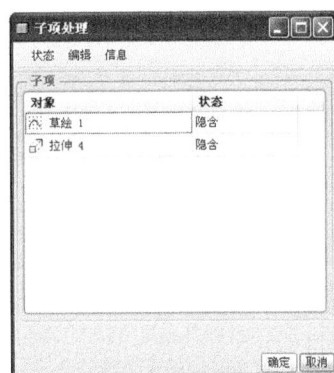

图 7-68 "子项处理"对话框

图 7-69 导航区"设置"菜单

"隐含"的特征在模型树中可以隐藏也可以显示,用户通过单击导航区"设置"按钮,在如图 7-69 所示的菜单中选择"树过滤器"命令,系统弹出如图 7-70 所示的"模型树项目"对话框。勾选其中"隐含的对象"复选框则模型树中仍然显示被隐含的特征,否则不显示。

通过"隐含"命令暂时隐藏的特征可以恢复,可在模型树中选中隐含特征,单击鼠标右键使用快捷菜单中的"恢复"命令,也可单击主菜单"编辑"→"恢复"命令。主菜单的菜单包含三个选项,如图 7-71 所示。①"恢复":恢复选定的隐含特征;②"恢复上一个集":恢复最近一次隐藏的特征;③"恢复全部": 恢复所有被隐藏的特征。

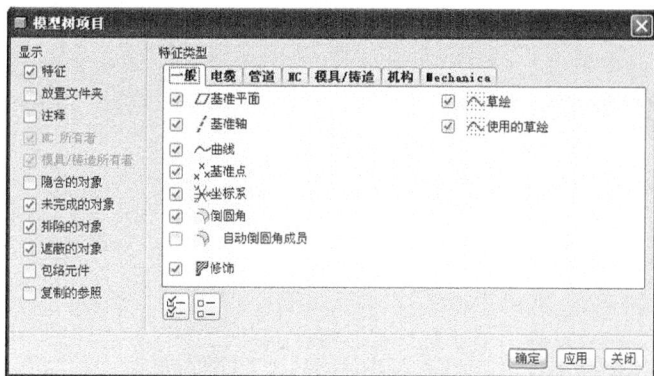

图 7-70 "模型树"对话框

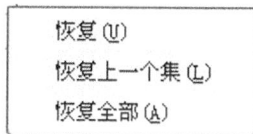

图 7-71 "恢复"菜单选项

7.4.6 删除特征

在 Pro/ENGINEER Wildfire 中，系统提供了方便的删除特征的方法，可以在选择某特征后，直接按键盘上的 Delete 键进行删除，也可以使用特征的快捷菜单进行删除，还可以使用主菜单"编辑"→"删除"命令进行删除。"删除"主菜单包含如图 7-72 所示的三个选项。

（1）"删除": 删除所选特征。

（2）"删除直到模型的终点": 删除所选特征及以后的特征。

（3）"删除不相关的项目": 隐含除了所选特征及其父特征以外的所有特征。对指定特征进行删除时需要注意以下几个问题：

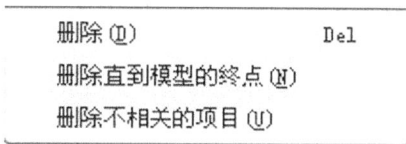

图 7-72 "删除"菜单选项

1）特征删除操作的基本单位是特征，如使用各种方法创建的基础实体特征、曲面特征等，不能直接删除实体上的图元，如实体的顶点、边线及实体面等。

2）具有父子关系的特征，在删除父特征时，必须给其子特征选取一种适当的处理方法。如图 7-73 所示，要删除图中圆柱体的父特征长方体，执行删除命令之后，系统弹出"删除"对话框，提示将一并删除子特征。

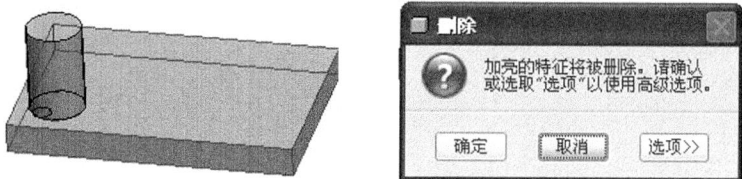

图 7-73 "删除"对话框

单击"确定"按钮，父子特征一并删除，单击"选项"按钮，系统弹出如图 7-74 所示的"子项处理"对话框。用户可以通过该对话框中的"编辑"→"替换参照"项或者"编辑"→"重定义"项来重新定义与要删除的特征无关的图元为草绘平面和尺寸参照。

　　3）删除使用特征阵列的方法生成的特征时，如果仅仅希望删除阵列子特征，则应该使用如图 7-75 所示快捷菜单中的"删除阵列"选项，如果使用"删除"选项则会全部删除阵列父特征和阵列子特征。

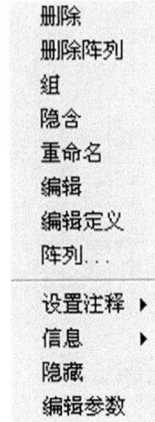

图 7-74　"子项处理"对话框　　　　　　　　　　　　图 7-75　"特征"快捷菜单

　　4）在删除使用特征复制方法生成的特征时，如果各复制的特征为"独立"属性，则在删除父特征时，子特征可以单独存在；如果各子特征为"从属"属性，可以单独删除子特征，但是若删除父特征，则也应该为子特征选取一种适当处理方法。

　　5）特征删除后，只要单击工具条上的"撤销"按钮 ↶ 即可恢复。

第8章 曲面特征的创建

曲面设计是 CAD 软件的重要组成部分，也可以说是高端软件的重要标志。这不仅是因为绝大多数实际产品的设计都离不开自由曲面特征，也是由于软件实现曲面创建的难度远远大于实体造型。在曲面的构建过程中，一般都是遵循着"点—线—面"的构造步骤。其中点是最原始的形状记录体，它们可以由用户直接指定坐标来创建，也可以使用坐标扫描工具进行采集；而线的构建是在点的基础进行的，它们的形状直接影响后期曲面设计。所以曲线是曲面的框架和基础，可以说没有好的曲线就难以设计出令人满意的曲面模型。因此在构造曲线时应该尽可能仔细、精确，避免缺陷，如曲线重叠、交叉、断点等，否则会造成后续造型的一系列问题。

本章将介绍 Pro/ENGINEER Wildfire 5.0 曲线构建的各种方法和技巧、基本曲面特征的创建方法和高级曲面的创建方法。

8.1 基础曲线设计

8.1.1 创建草绘曲线

草绘曲线就是利用草绘工具绘制所需要的曲线的方法。与前面所学草绘其他特征截面或轨迹线的方法相同，它可以是由一个或多个草绘线组成的开放环或是闭合环。通过它，可以得到二维草绘环境中所能够得到的所有类型曲线。下面简要介绍这种创建曲线的方法。

单击主菜单"插入"→"模型基准"→"草绘"命令，或者直接单击"基准"工具栏上的"草绘"按钮 ，系统弹出"草绘"对话框。在绘图区域中选择草绘平面（它既可以是基准平面，也可以是某实体平面），按照提示还要设置参照和方向，这里设置的参照将决定草绘平面的放置方向。单击"草绘"对话框中的"草绘"按钮，即可以进入草绘界面，这是用户已经非常熟悉的环境了，按照前面学到的知识绘制用户所需要的二维曲线，单击"完成"按钮 ，曲线创建成功，如图 8-1 所示。

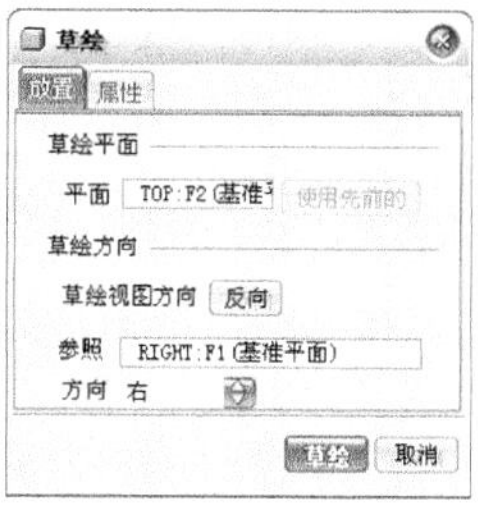

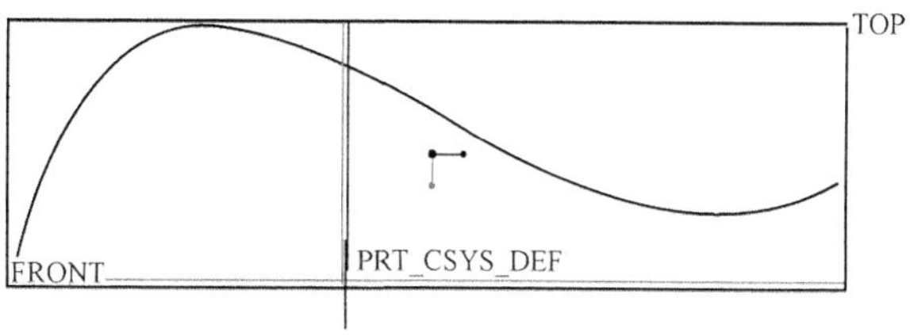

图 8-1 通过草绘界面草绘曲线

8.1.2　创建基准曲线

这里所提到的基准曲线就是使用基准工具创建的曲线。单击"插入"→"模型基准"→"曲线"命令，或者直接单击"基准"工具栏上的"基准曲线"按钮，创建基准曲线。在使用基准工具创建曲线时有 4 种方法可用："通过点"、"自文件"、"使用剖截面"、"从方程"。有关基准曲线工具在 4.6 节已经做了详细介绍。

图 8-2　已有曲线

经存在的或新创建的，如图 8-2 所示。

8.1.3　创建偏移曲线

创建给予曲线的偏置基准曲线就是利用在曲面上的曲线，通过偏置的方法创建基准曲线。创建的方法有两种类型：垂直于曲面创建偏移基准曲线和沿曲面创建偏移基准曲线。

1. 沿曲面创建偏移曲线

沿曲面创建偏移基准曲线的步骤如下。

（1）首先需要一条用于偏移的曲线，可以是已

（2）选取目标曲线，单击主菜单"编辑"→"偏移"命令，打开"偏移"操控面板，如图 8-3 所示。

图 8-3　沿曲面创建偏移曲线时"偏移"操控面板

（3）单击"参照"按钮，打开"参照"下滑面板，如图 8-4 所示。其中"偏移曲线"是选取目标曲线，而在"参照面组"中选择"曲面：F5（拉伸_1）"项。

单击"量度"按钮，打开"量度"下滑面板，如图 8-5 所示。

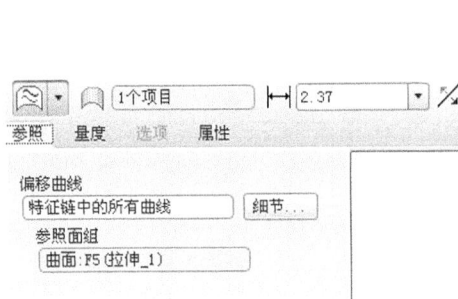

图 8-4　偏移曲线"参照"下滑面板

图 8-5　偏移曲线"量度"下滑面板

在"量度"界面上，"位置"表示曲线上参照点的位置参数，即以曲线上某一位置为参照点进行偏移，取值范围为 0～1，如图 8-6 所示。

设置偏移方向分为"在垂直于曲线方向上测量偏距值"和"在与选定基准平面平行方向上测量偏距值"两种。

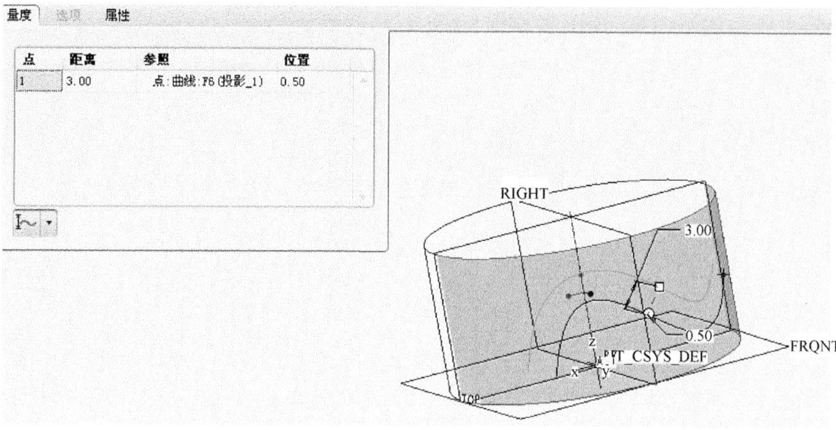

图 8-6　以"垂直于曲线方向上测量偏距"创建基准曲线

（4）所有的设置完成后，单击"完成"按钮☑，
创建偏移曲线，如图 8-7 所示。

2. 垂直于曲面创建偏移基准曲线

垂直于曲面创建偏移基准曲线的步骤如下。

（1）在"偏移"操控面板上选择"垂直于曲面
创建偏移基准曲线"选项，如图 8-8 所示。和上一
种方式不同的是"量度"下滑面板不可用，而"选
项"下滑面板可用，在其中可以选择"图形控制"
的偏移方式。

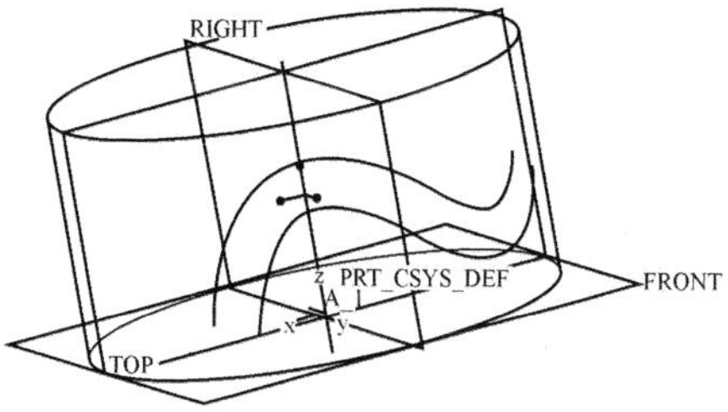

图 8-7　创建偏移曲线

图 8-8　垂直于曲面创建偏移基准曲线时"偏移"操控面板

（2）单击"选项"按钮，打开"选项"下滑面板，如图 8-9 所示。其中"缩放"文本框
中的数值与"图形"中的图形端点的高度值相乘即为偏距曲线端点的偏距值。如果没有选取
"图形"项，则偏移量就是文本框里的数值。

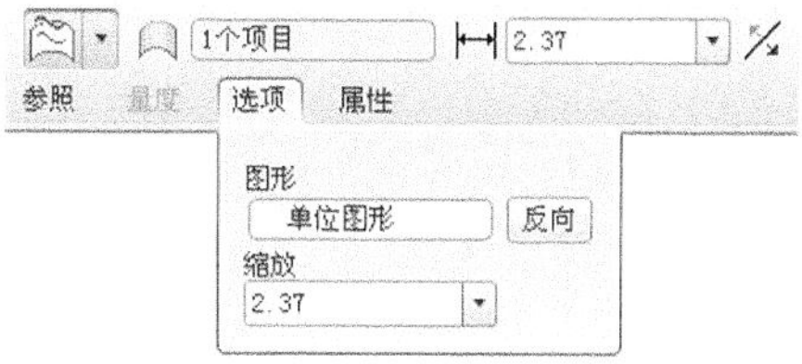

图 8-9　偏移曲线"选项"下滑面板

（3）单击主菜单中的"插入"→"模型基准"→
"图形"命令，系统给出提示，输入图形的名称，如图
8-10 所示。

图 8-10　"图形"名称输入框

（4）单击右侧的"完成"按钮☑，系统进入草绘器操控面板，绘制如图 8-11 所示的图形。
在绘制图形的时候必须添加坐标系，图 8-11 中所示的图形表示偏移曲线起始点的偏移量为 0，
而曲线末端的偏移量为 0.6×缩放。

（5）选取参照曲面：单击"偏移"操控面板中的"参照"下滑面板，然后单击"参照面

组"项以激活该项。在此选取曲线所在圆柱面为参照面。

（6）输入偏移量：可以在操控面板中输入，也可以在"选项"下滑面板的"缩放"文本框中输入，如图 8-12 所示。

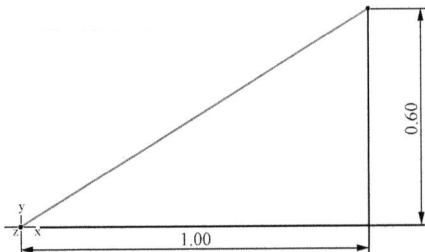

图 8-11　绘制图形

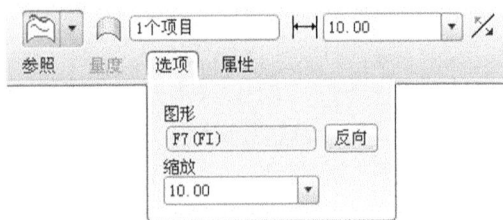

图 8-12　输入偏移数值

（7）所有选项设置完成，单击"完成"按钮☑，创建的基准曲线如图 8-13 所示。

8.1.4　创建相交曲线

创建相交曲线有两种方法：曲面相交创建和曲线二次投影相交。

1. 创建曲面相交曲线

创建曲面相交曲线是指在任意两个曲面相交处创建基准曲线。两个曲面可以是模型表面、曲面特征或基准平面。要成功地创建由曲面相交产

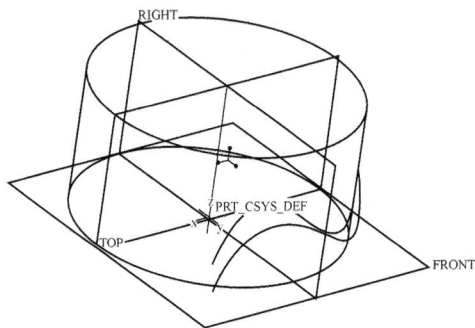

图 8-13　创建的基准曲线

生的基准曲线，首先要保证两个曲面相交，其步骤如下。

（1）选择两个相交的曲面，如图 8-14 所示。

（2）单击主菜单"编辑"→"相交"命令，之后系统自动生成曲线，该曲线为两个曲面的相交曲线，如图 8-15 所示。

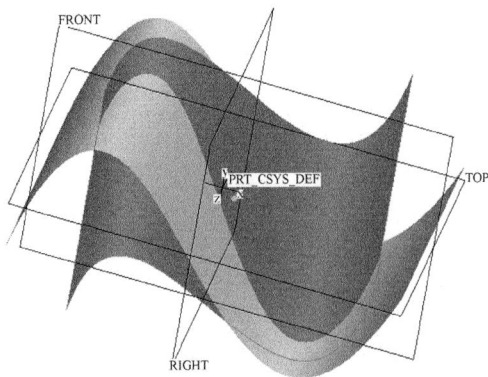

图 8-14　两个相交的曲面

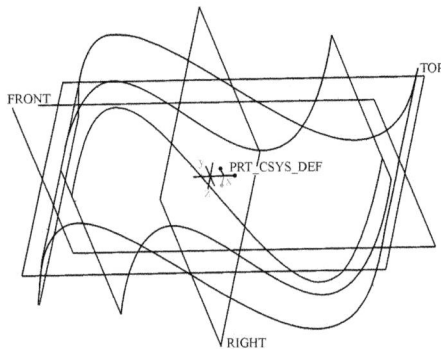

图 8-15　创建相交曲线

2. 创建二次投影曲线

创建二次投影曲线是指利用两个不平行草绘平面上的两条草绘曲线来创建曲线。

其实质就是把两条草绘曲线分别拉伸曲面，两曲面的交线就是二次投影曲线，其步骤如下。

（1）在 TOP 平面和 FRONT 平面上创建两条样条曲线，如图 8-16 所示。

（2）按 Ctrl 键选择两条曲线，然后单击主菜单"编辑"→"相交"命令之后系统自动生成曲线，如图 8-16 所示。

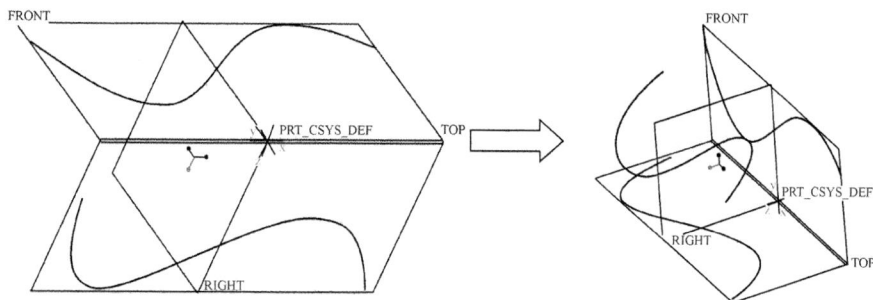

图 8-16　创建二次投影曲线

8.1.5　创建修剪曲线

通过对基准曲线进行修剪，将曲线的一部分截去，可产生一条新的曲线。一般情况下，裁剪的曲线和修剪对象具备相交。少数情况下，对于没有相交的状态，只要在允许的公差范围之内系统会自动进行裁剪工具曲线的延伸，以进行求交计算。为了设计的可靠性，应该尽量避免这种情况的发生。

（1）创建如图 8-17 所示的模型。

（2）选择"曲线 2"，然后单击主菜单"编辑"→"修剪"命令，系统弹出如图 8-18 所示的"修剪"操控面板。

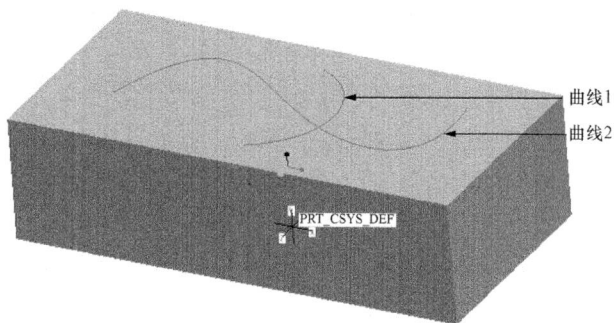

图 8-17　创建二次投影曲线

图 8-18　"修剪"操控面板

（3）在"修剪对象"下选择"曲线 1"，此时在两条曲线的交点处出现一个箭头，如图 8-19 所示，用于确定修剪后的保留侧。

（4）在"修剪"操控面板上单击"完成"按钮☑，结果如图 8-19 所示。

图 8-19　修剪曲线

8.1.6　创建边界偏移曲线

利用边界偏移创建基准曲线，可以帮助用户把曲面边界进行偏移生成新的曲线。具体步骤如下。

（1）创建如图 8-20 所示的曲面，然后选择曲面的一条边界线，单击主菜单"编辑"→"偏移"命令，打开"偏移"操控面板，如图 8-20 所示。

（2）单击操控面板上的"参照"选项，打开"参照"下滑面板，如图 8-21 所示。其中"边界边"是用来选择偏移的曲面边，"细节"按钮可以详细地选择各种边。

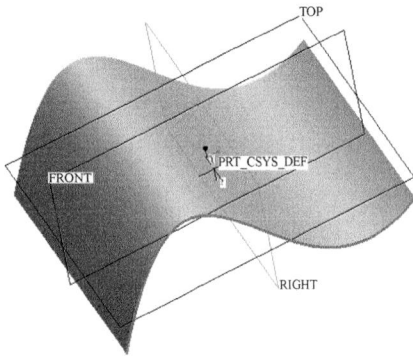

图 8-20　偏移边界曲线

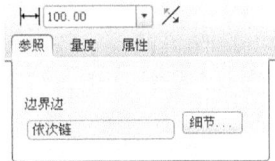

图 8-21　边界偏移曲线时"参照"下滑面板

（3）单击操控面板上的"量度"选项，打开"量度"下滑面板，如图 8-22 所示。其中"距离类型"是用来设置偏移距离的测量方式，有三种类型：垂直于边（表示测量偏移距离是从

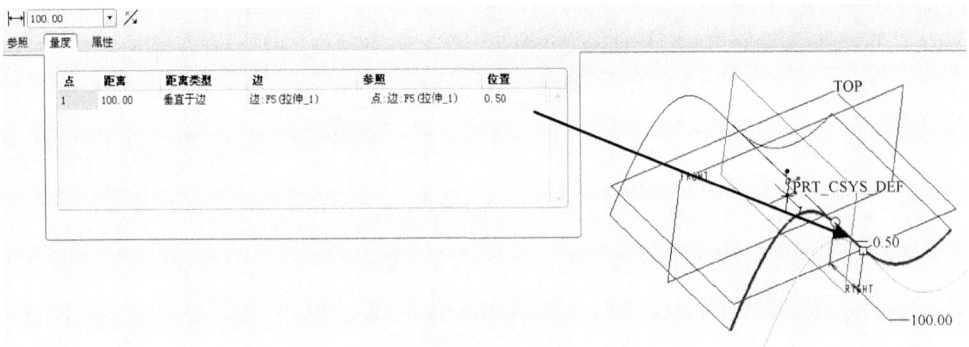

图 8-22　边界偏移曲线时"量度"下滑面板

"参照点"沿垂直于边界线的方向进行计算)、沿边(表示测量偏移距离是从"参照点"沿边的方向进行计算)、至顶点(表示平行于边界创建至顶点的偏移)。"位置"是在曲线上用来确定计算距离的位置,值从 0~1,其中 0.5 表示计算距离的参考位置在曲线的中点。

(4)单击操控面板的"完成"按钮☑,结果如图 8-23 所示。

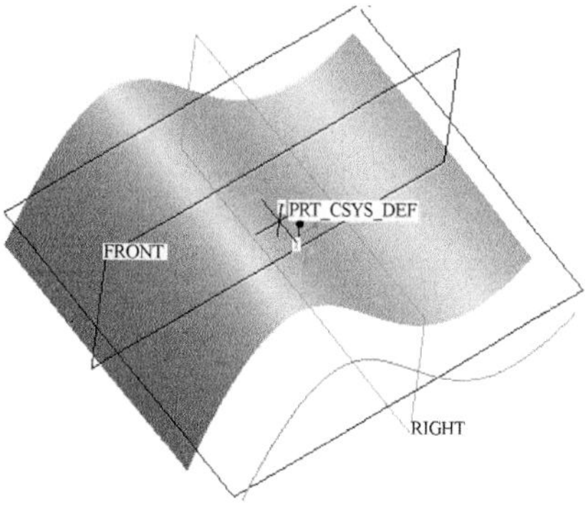

图 8-23 偏移边界曲线

8.1.7 创建投影曲线

通过将曲线投影到一个或多个曲面,可创建投影基准曲线。可把基准曲线投影到实体表面、曲面或基准平面上。投影基准曲线将"扭曲"原始曲线,其步骤如下。

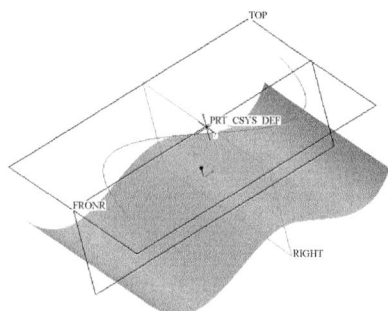

图 8-24 通过投影创建曲线

(1)创建如图 8-24 所示的模型,然后在 TOP 平面上绘制草图。

(2)选择刚才草绘的曲线,然后单击主菜单"编辑"→"投影"命令,此时出现"投影"操控面板,如图 8-25 所示。

(3)"方向"下拉列表框中有两个选项:"沿方向"(表示在指定的方向对选定的链或是草绘曲线进行投影)和"垂直于曲面"(表示垂直于指定目的曲面对选定的链或草绘进行投影,也就是常说的沿曲面的法向投影)。

(4)单击"参照"选项,弹出 "参照"下滑面板,如图 8-26 所示。其中"曲面"收集器和"方向参照"与操控面板上的设置选项相同。

图 8-25 "投影"操控面板

在投影曲线类型上,还有一个选项 "投影草绘",表示利用绘制的草图作为投影曲线。

(5)在操控面板上单击"完成"按钮☑,结果如图 8-27 所示。

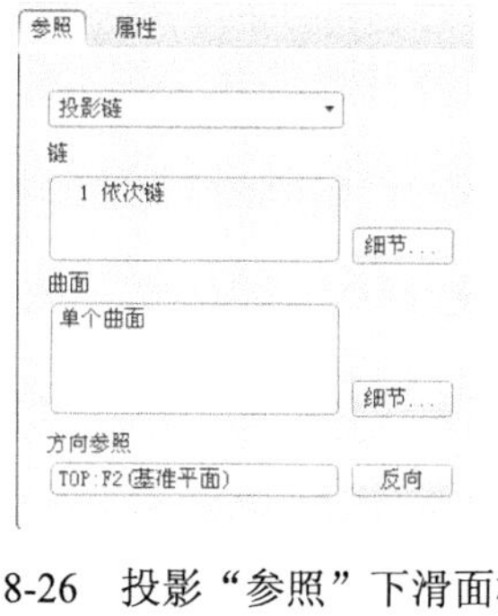

图 8-26 投影"参照"下滑面板

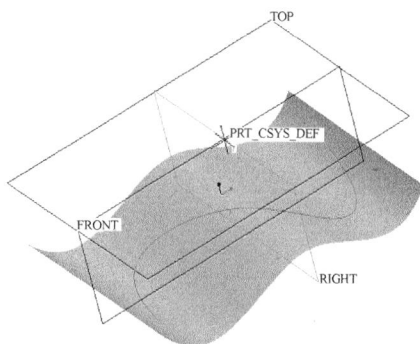

图 8-27 投影曲线

8.1.8　创建包络曲线

可以通过 "包络"工具在曲面上创建印贴的基准曲线，包络曲线保留原曲线的长度。基准曲线只能在可展开的曲面（如圆锥面、平面和圆柱面）上印贴，其步骤如下。

（1）创建如图 8-28 所示的模型，然后选择草绘曲线。

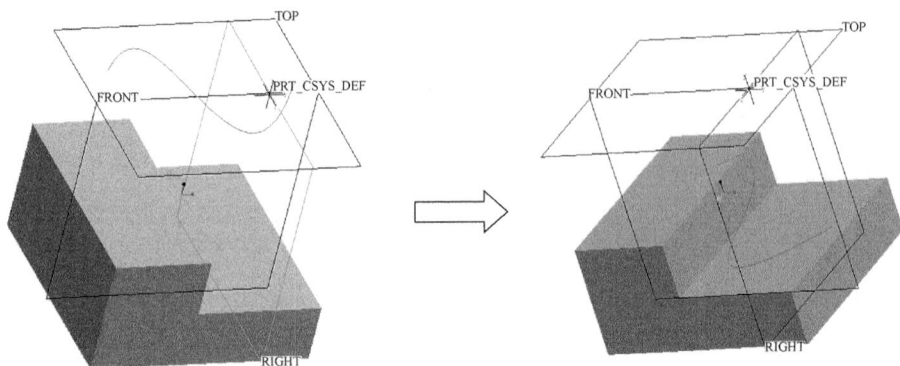

图 8-28　创建包络曲线

（2）单击主菜单"编辑"→"包络"命令，出现"包络"操控面板，如图 8-29 所示。

图 8-29　"包络"操控面板

（3）在操控面板上单击"完成"按钮☑，结果如图 8-28 所示。

8.2　基 础 曲 面 设 计

8.2.1　创建拉伸、旋转、扫描、混合曲面

在创建基础实体特征的时候，可以使用的基本方法主要有拉伸、旋转、扫描和混合等 4 种及一些高级操作方法。实际上，这些方法同时也是创建曲面特征的基本方法，而且创建曲面特征还可以使用其他更为丰富的方法。

下面首先介绍拉伸、旋转、扫描和混合 4 种方法在曲面特征创建中的应用。

1. 使用拉伸方法生成曲面特征

使用拉伸方法生成曲面特征的原理和使用拉伸方法生成实体特征时基本相同，只是前者是没有厚度、没有质量的非实体特征，后者是有质量和

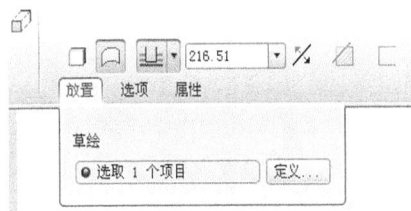

图 8-30　曲面"拉伸"操控面板

厚度的实体特征。其操控面板如图 8-30 所示，进行曲面拉伸，一定要选取"曲面"按

钮□。

和实体拉伸一样，曲面拉伸的创建有以下主要步骤。

（1）建立草绘截面，如图 8-31 所示，或是选取已经创建的截面。在曲面拉伸时，截面可以不封闭。

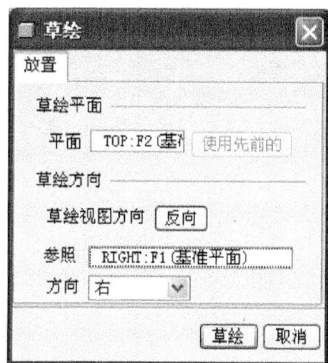

图 8-31　拉伸曲面时草绘截面

（2）指定曲面的属性及尺寸参数，如拉伸的方向、深度等。曲面拉伸时，在"选项"下滑面板中有一个"封闭端"的复选框，当拉伸截面开放的时候，它不可选；但是当拉伸截面封闭的时候，它就可选了，选择后拉伸的曲面将自动封口，如图 8-32 所示。

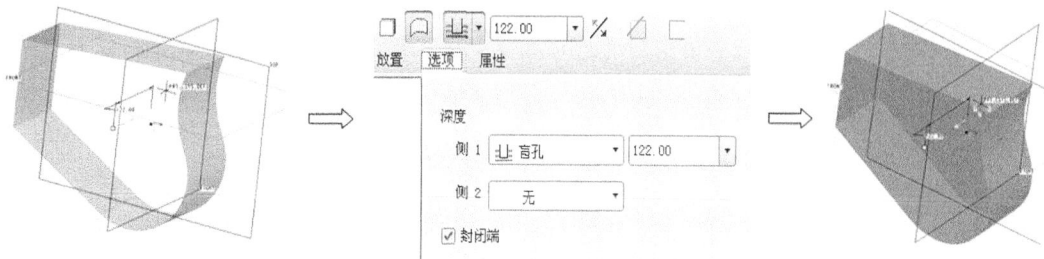

图 8-32　封口曲面

（3）单击操控面板上的"完成"按钮☑，完成特征的创建。

2. 创建旋转曲面

使用旋转方法生成曲面特征的原理和使用旋转方法生成实体特征时基本相同，同旋转生成实体一样绘制截面的时候也必须绘制旋转中心线。其操控面板如图 8-33 所示，进行曲面旋转，一定要选取 "曲面"按钮 □。

图 8-33　曲面"旋转"操控面板

（1）建立草绘截面，如图 8-34 所示，或是选取已经创建的截面。在曲面旋转时，截面可以不封闭，但是必须在中心线的一侧。

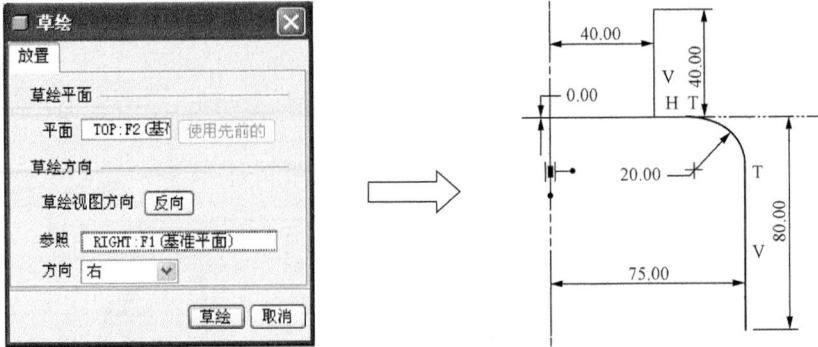

图 8-34　旋转曲面时草绘截面

图 8-35　旋转曲面

（2）指定曲面的属性及尺寸参数，如拉伸的方向、深度等，旋转结果如图 8-35 所示。

3. 创建扫描曲面

创建扫描曲面特征时，最重要的就是创建轨迹线。与扫描实体一样，创建轨迹线有两种方式：草绘轨迹线和选取轨迹线，前者主要用于生成二维的平面轨迹线，而后者可以生成三维的轨迹线。

（1）单击主菜单"插入"→"扫描"命令，选择下拉菜单中的"曲面"选项，如图 8-36 所示。系统将自动打开"曲面：扫描"对话框，如图 8-37 所示，同时开始进行参数的设置。

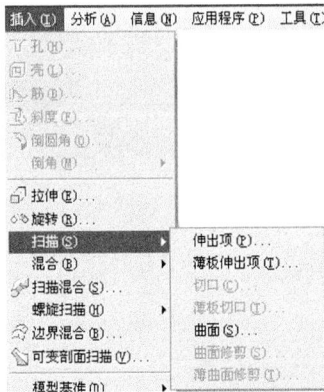

图 8-36　曲面"扫描"菜单

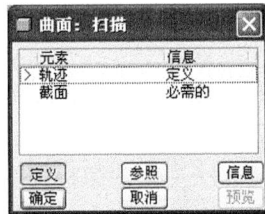

图 8-37　"曲面：扫描"对话框

（2）在"菜单管理器"中选择"草绘轨迹"，然后进入草绘环境，绘制如图 8-38 所示的轨迹线。

（3）单击工具栏上的"完成"按钮✓，退出轨迹线的绘制，系统将弹出"属性"下拉菜单，有"开放终点"和"封闭端"两个选项，它们的区别在于后者将自动封闭曲面。在此选择"封闭端"项，如图 8-39 所示。单击"完成"项后系统将自动旋转到轨迹线起点处的垂直平面（在起点处与轨迹线垂直的平面）上，十字交叉中心线的中心就是轨迹线的起始点，在这里绘制如图 8-40 所示的截面。

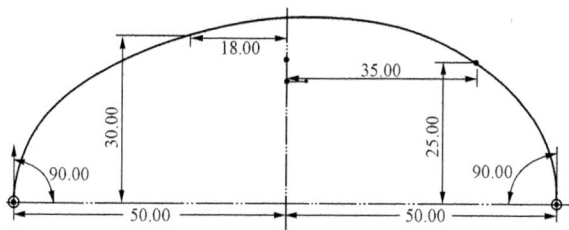

图 8-38 草绘轨迹线

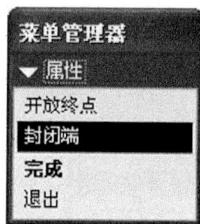

图 8-39 扫描曲面"属性"下拉菜单

（4）单击"曲面：扫描"对话框中的"完成"按钮，完成特征的创建，结果如图 8-41 所示。

图 8-40 扫描曲面时扫描截面

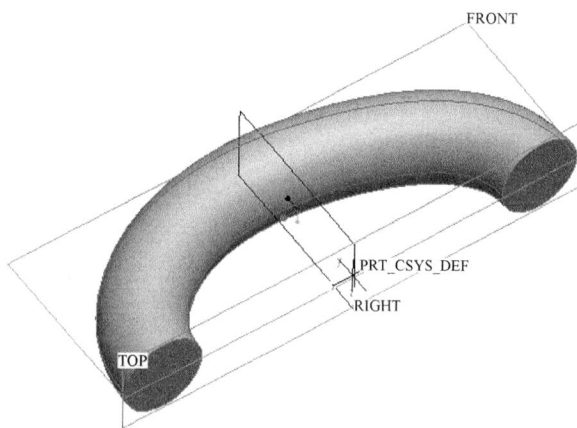

图 8-41 扫描曲面特征

4. 创建混合曲面

与创建混合实体特征相比，创建混合曲面特征只是增加了设置属性的步骤，其他都是一样的。"属性"下拉菜单中有"开放终点"和"封闭端"两个选项，它们的区别在于后者将自动封闭曲面。混合曲面特征也有平行混合曲面特征、旋转混合曲面特征和一般混合曲面特征等三种基本类型。下面创建一个一般混合曲面特征。

（1）单击主菜单"插入"→"混合"命令，选择下拉菜单中的"曲面"选项，如图 8-42 所示。系统将自动打开"混合选项"菜单，如图 8-43 所示，选择"一般"→"规则截面"→"草绘截面"项，然后单击"完成"选项，系统将自动进入属性的设置，如图 8-44 所示，选择"光滑"→"开放端"项。

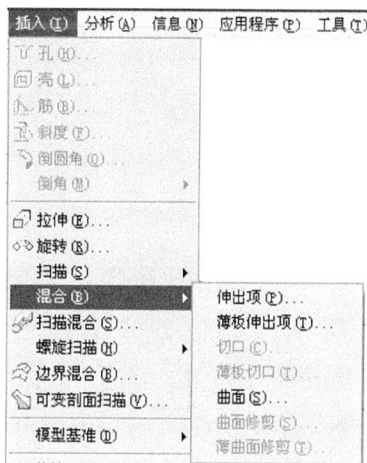

图 8-42 曲面"混合"菜单

（2）单击"完成"选项，系统将自动进入截面的绘制，绘制如图 8-45 所示的第一个截面，注意一定要建立坐标系。单击"完成"按钮 ✔，退出截面的绘制，系统将弹出输入框，分别

设置 X、Y、Z 轴的旋转角度，如图 8-46 所示。

图 8-43　混合曲面"混
合选项"菜单

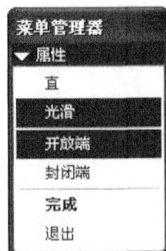

图 8-44　混合曲面
"属性"菜单

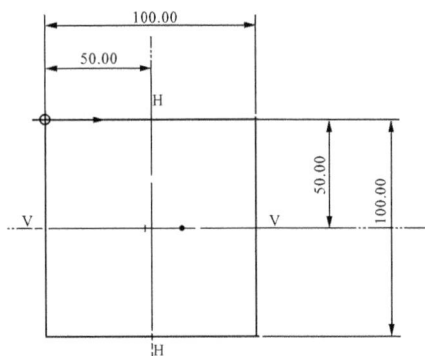

图 8-45　第一个截面

（3）设定角度后系统将自动旋转至设定的平面上，再绘制如图 8-47 所示的截面，坐标系也是不能少的。单击"完成"按钮 ✔，退出截面的绘制，系统将弹出输入框，分别设置是否绘制下一个截面。单击"否"按钮，然后在"输入截面 2 的深度"文本框中输入"200"，如图 8-48 所示。

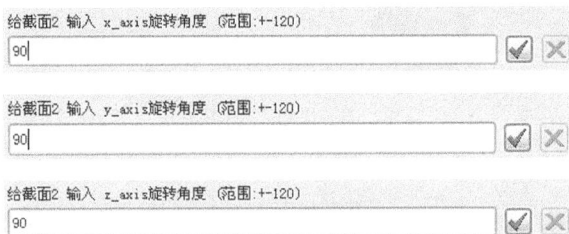

图 8-46　设置下一个截面的旋转角度

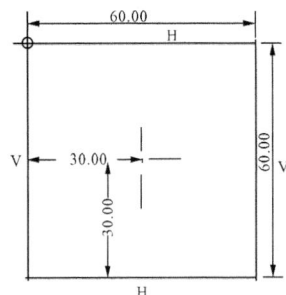

图 8-47　第二个截面

（4）单击"曲面：混合，一般"对话框中的"完成"按钮，完成特征的创建，结果如图 8-49 所示。

图 8-48　参数设置

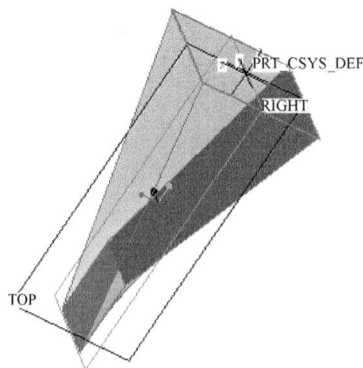

图 8-49　一般混合曲面特征

8.2.2 创建填充曲面

这里的填充曲面就是平面型的曲面，在 Pro/ENGINEER 2001 中它被称为"平整曲面"。实际上就是通过草绘器在草绘平面上绘制任意的封闭边界曲线，然后进行"填充"而得到的曲面。

（1）单击主菜单"编辑"→"填充"命令，打开"填充"操控面板，如图 8-50 所示。

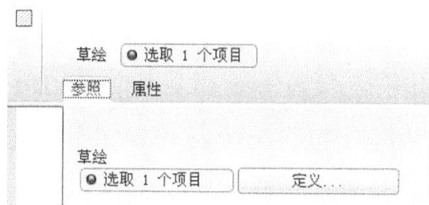

图 8-50 "填充"操控面板

（2）在"填充"操控面板上的 "参照"下滑面板中设置草绘项目，绘制如图 8-51 所示的截面。

（3）单击操控面板上的"完成"按钮☑，完成特征创建，结果如图 8-52 所示。

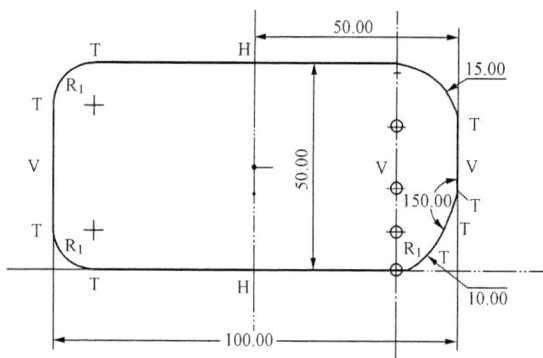

图 8-51 填充曲面时草绘截面

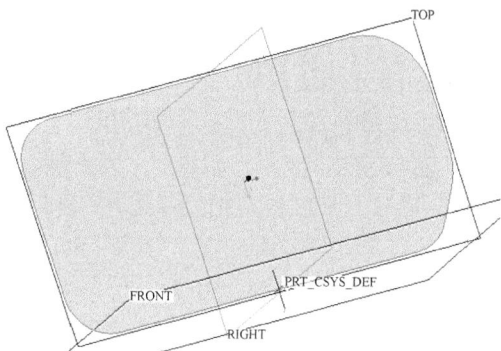

图 8-52 填充曲面

8.2.3 创建边界混合曲面

创建曲线边界混合曲面是一种曲面造型中常常用到的方法。创建这种曲面的时候，首先选择曲面的边界曲线，然后按照一定的方式进行曲面的混合，以得到曲面特征。一般来说选择的边界曲线越多，创建的曲面越接近完整曲面。

1．选取参照图元应遵循的规则

（1）曲线、零件边、基准点、曲线或是边的端点可作为参照图元使用。

（2）在每个方向上都必须连续地选择参照图元，不可对它们重新排序。

（3）对于在两个方向上定义的混合曲面来说，其外部边界必须形成一个封闭的环，也就是说边界必须相交，如果边界不终止于交点，软件将自动进行裁剪，并使用相关部分。

2．创建边界混合曲面

（1）创建如图 8-53 所示的五条曲线，然后单击主菜单"插入"→"边界混合"命令，或者直接单击工具栏上的"边界混合"按钮，打开"边界混合"操控面板，如图 8-54 所示。

（2）在"边界混合"操控面板上的"曲线"下滑面板中，在"第一方向"收集器中选择"曲线 1"和"曲线 4"，在"第二方向"收集器中选择"曲线 2"和"曲线 3"，在绘图区可以看到实时的效果，如图 8-55 所示。

图 8-53　曲线边界

图 8-54　"边界混合"操控面板

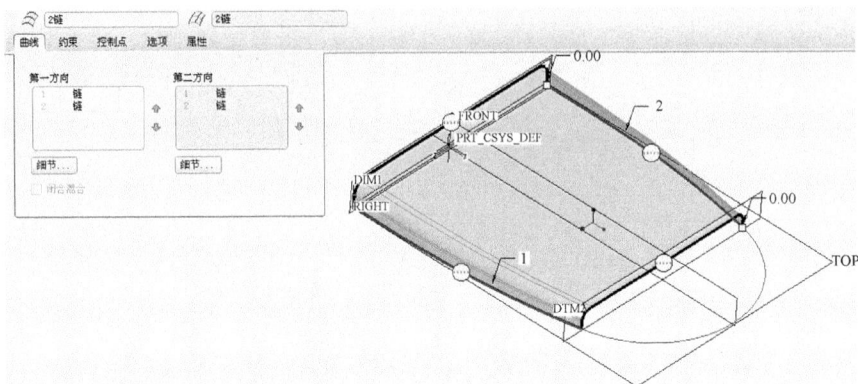

图 8-55　设置曲面两方向边界

（3）单击"边界混合"操控面板上的"完成"按钮☑完成特征的创建。

（4）直接单击工具栏上的"边界混合"按钮，打开"边界混合"操控面板。然后在操控面板上的"曲线"下滑面板中，在"第一方向"收集器中选择"曲线 4"和"曲线 5"项，"第二方向"收集器不设置，如图 8-56 所示。

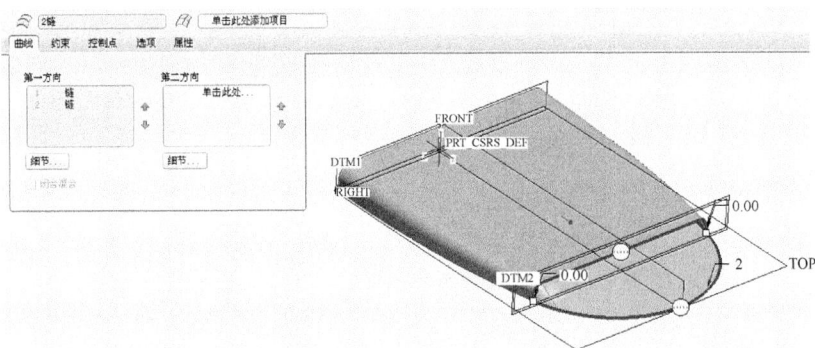

图 8-56　设置曲面一个方向边界

（5）从图 8-56 中可以发现创建的曲面与上一个曲面过渡并不圆滑，现在就需要对边界进行约束。单击"边界混合"操控面板上的"约束"下滑面板。在"方向 1——第一条链"的"条件"中设置为"垂直"，"方向 1——最后一条链"的"条件"中也设置为"垂直"，这时发现曲面的过渡好了很多，如图 8-57 所示。

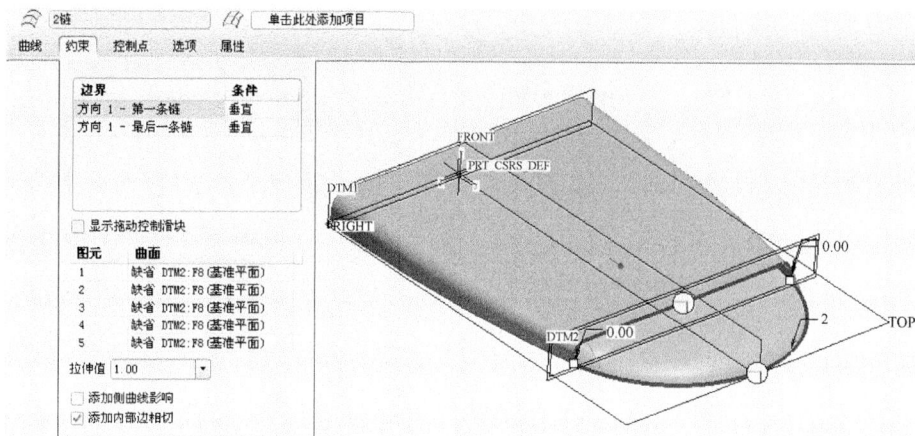

图 8-57　设置曲面一个方向边界的约束条件

（6）单击"边界混合"操控面板上的"完成"按钮☑完成特征的创建，如图 8-58 所示。

图 8-58　边界混合曲面

8.3　高级曲面设计

8.3.1　创建可变剖面扫描曲面

可变剖面扫描的基本原理是在同一个剖面上使用不同的轨迹线来控制剖面上不同点的扫描轨迹，这样生成的曲面的截面就不是一样的单一形状，而是可变的截面。可以在沿着 1 个或多个选定轨迹扫描截面时，通过控制截面方向、旋转来创建可变剖面以创建扫描曲面特征，也可以使用恒定截面或可变截面创建扫描。

（1）创建如图 8-59 所示的 6 条曲线。在此模型中有 6 条基准曲线，都是一般的草绘曲线。

（2）打开文件，单击主菜单"插入"→"可变剖面扫描"命令，或者直接单击工具栏上的"可变剖面扫描"按钮，打开"可变剖面扫描"操控面板，如图 8-60 所示。

（3）选取轨迹曲线，第一条选择的曲线将自动设置为原始轨迹，按 Ctrl 键并连续选择曲线 1 至曲线 6，并在打开的 "参照"下滑面板中指定曲线 6 为 X 轨迹（选中链 5 后面的 "X" 复选框），如图 8-61 所示。

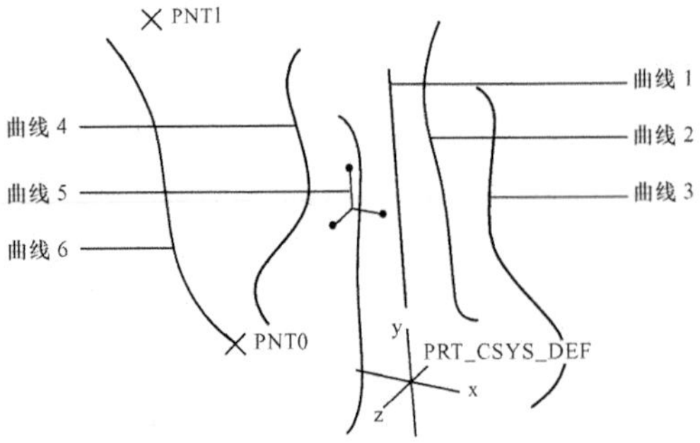

图 8-59　创建可变剖面扫描曲面时基准曲线

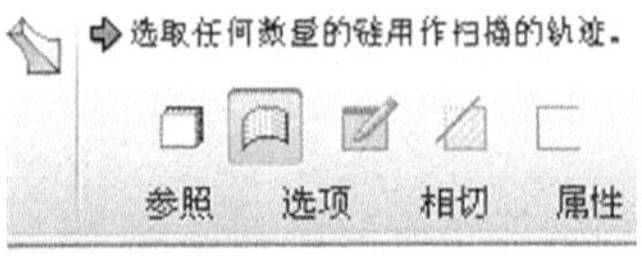

图 8-60　"可变剖面扫描"操控面板

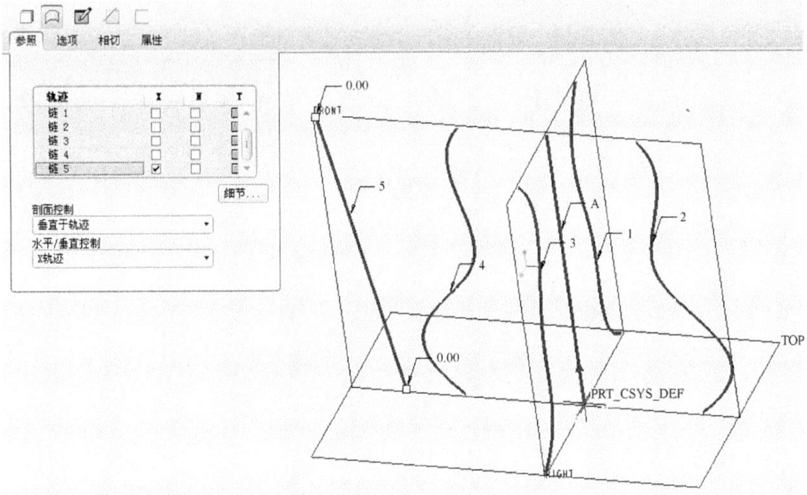

图 8-61　创建可变剖面扫描曲面时"参照"下滑面板

（4）单击"可变剖面扫描"操控面板中的"剖面绘制"按钮 ，进入草绘环境后，创建如图 8-62 所示的截面草图，矩形的四条边分别通过四条基准曲线 2～5 的端点，完成后单击"完成"按钮 ，退出截面的绘制。

（5）单击操控面板上的"完成"按钮 ，完成特征的创建，如图 8-63 所示。

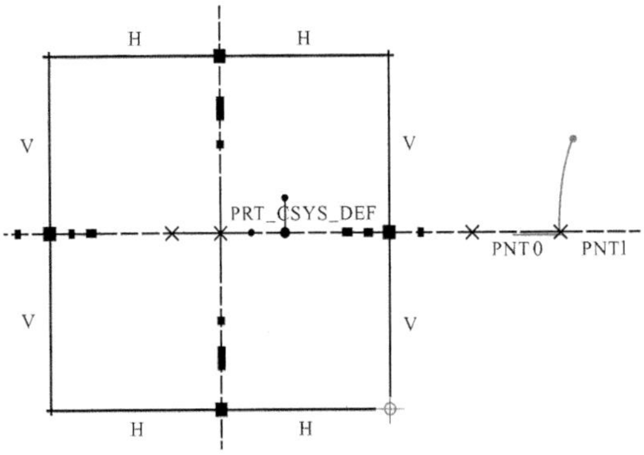

图 8-62　创建可变剖面扫描曲面时草绘剖面

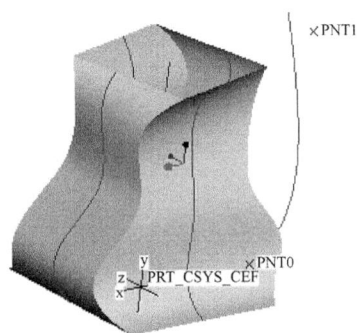

图 8-63　可变剖面扫描曲面

8.3.2 创建扫描混合曲面

创建扫描混合曲面的基本原理就是将一组截面使用过渡曲面沿某一条轨迹进行连接，形成一个连续特征。从原理可以看出，它既具有扫描特征的特点，又具有混合特征的特点。同时要做扫描混合曲面必须具有一条轨迹和至少两个截面。

（1）创建如图 8-64 所示的模型，模型中有一条通过 3 个基准点的样条曲线。

（2）单击主菜单"插入"→"扫描混合"命令，打开"扫描混合"操控面板，如图 8-65 所示。

图 8-64　创建扫描混合曲面时基准曲线

图 8-65　"扫描混合"操控面板

（3）选取轨迹曲线，第一条选择的曲线将自动设置为原始轨迹，在选取时最多能选择两条轨迹，如图 8-66 所示。

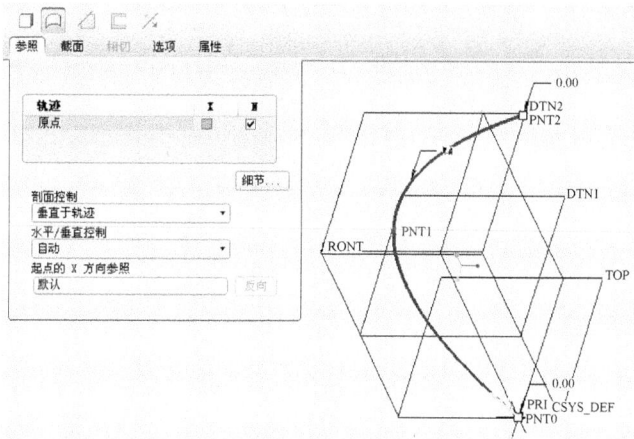

图 8-66　创建扫描混合曲面时"参照"下滑面板

（4）单击"可变剖面扫描"操控面板中"截面"按钮，打开"截面"下滑面板，如图 8-67 所示。在"截面位置"文本框中选择曲线的起始点 PNT0，"旋转"下拉列表框设置为 0，"截面 X 轴方向"文本框中选择 TOP 平面。

（5）单击"截面"下滑面板上的"草绘"按钮，进入草绘环境绘制如图 8-68 所示的第一个截面，然后单击"完成"按钮 ✔，退出截面的绘制。

（6）在"截面"下滑面板中单击"插入"按钮，插入第二个截面。在"截面位置"文本框中选择曲线的中间点 PNT1，"旋转"下拉列表框设置为 0，"截面 X 轴方向"文本框中选择 RIGHT 平面，如图 8-69 所示。

图 8-67　第一个截面"截面"下滑面板设置

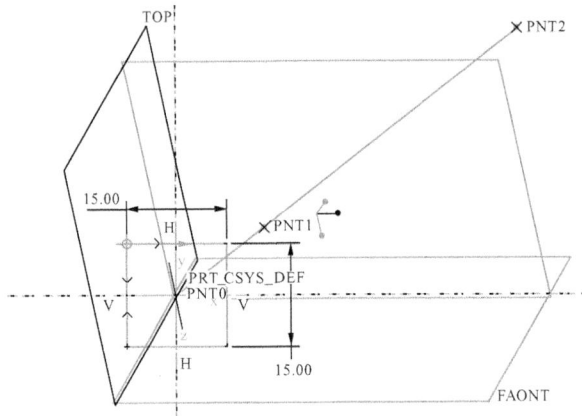

图 8-68　第一个草绘截面

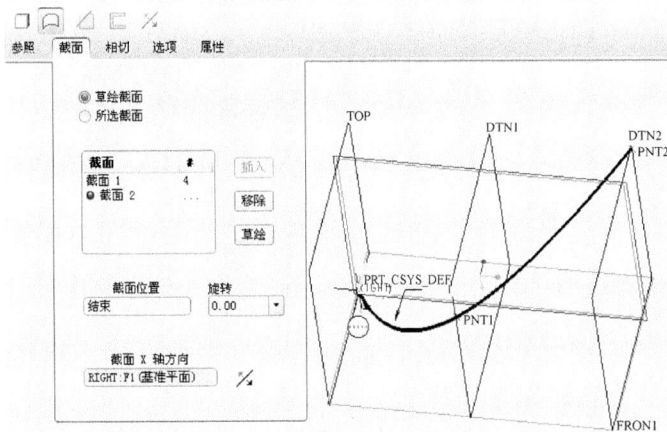

图 8-69　第二个截面 "截面"下滑面板设置

（7）单击"截面"下滑面板上的"草绘"按钮，进入草绘环境绘制如图 8-70 所示的第二个截面，然后单击"完成"按钮✔，退出截面的绘制。

图 8-70　第二个截面草绘

（8）同上，在 PNT2 上绘制如图 8-71 所示的截面，其中 "旋转" 下拉列表框设置为 0，"截面 X 轴方向" 文本框中选择 RIGHT 平面。

（9）单击操控面板上的 "完成" 按钮☑完成特征的创建，如图 8-72 所示。

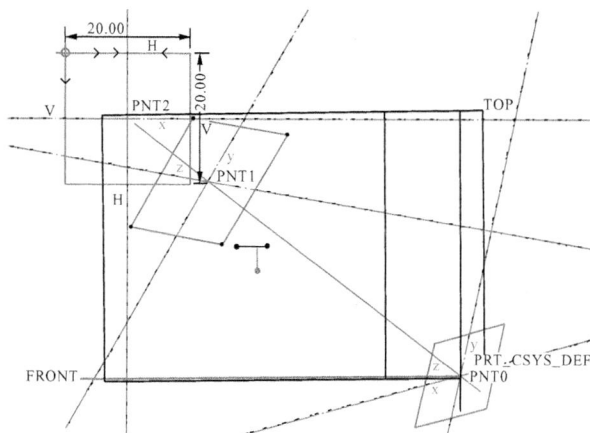

图 8-71　第三个截面草绘

图 8-72　扫描混合曲面

8.3.3　创建螺旋扫描曲面

螺旋扫描主要是用于弹簧、螺纹等螺旋曲面特征。创建的过程和创建螺旋扫描实体特征基本一致。

（1）单击主菜单 "插入" → "螺旋扫描" → "曲面" 命令，系统弹出 "曲面：螺旋扫描" 对话框，如图 8-73 所示。同时出现 "属性" 菜单，在里面选择 "常数"、"穿过轴"、"右手定则" 项，如图 8-74 所示，然后单击 "完成" 选项。

（2）选择 FRONT 平面为草绘平面，绘制如图 8-75 所示的螺旋上升轨迹线。在绘制此轨迹线的时候要注意两个问题：一是要绘制中心线；二是轨迹线不能存在法向垂直于中心线的点。

图 8-73　"曲面：螺旋
扫描"对话框

图 8-74　螺旋扫描
"属性"菜单

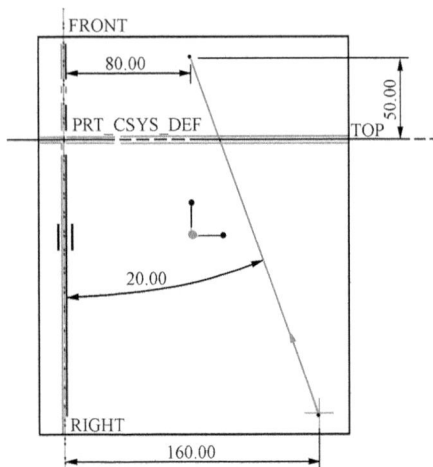

图 8-75　螺旋上升轨迹线

（3）单击"完成"按钮✔，退出轨迹线的绘制。系统弹出节距输入文本框，输入"80"，如图 8-76 所示。

图 8-76　节距输入文本框

（4）在输入节距值后，系统自动切换到草绘环境，将进行螺旋扫描的截面绘制状态。绘制如图 8-77 所示的截面。

（5）单击"曲面：螺旋扫描"对话框中的"完成"按钮，完成特征的创建，如图 8-78 所示。

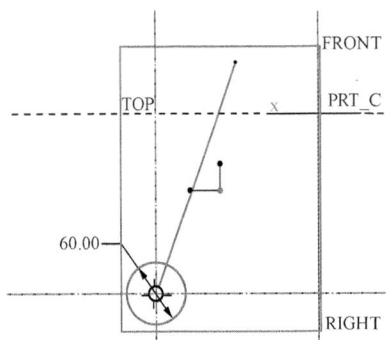

图 8-77　螺旋扫描截面

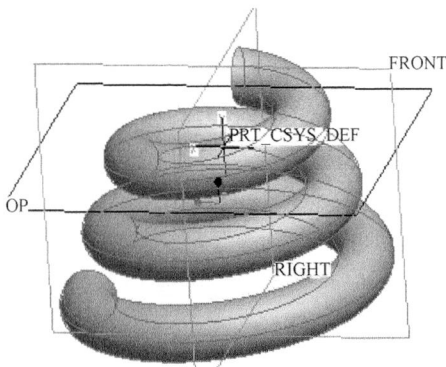

图 8-78　螺旋扫描曲面

8.3.4　创建相切曲面

创建相切曲面就是通过参考曲线沿指定参考方向创建一个与另一个曲面相切的曲面特

征。在 Pro/ENGINEER Wildfire 5.0 中有两种创建相切曲面的方法:"将切面混合到曲面"和"将截面混合到曲面"。

1. 将切面混合到曲面

"将切面混合到曲面"允许用户从边或曲线创建与曲面相切的混合曲面。在创建"将切面混合到曲面"的曲面前,首先要有参照曲线和参照曲面,而且参照曲线必须位于参照零件曲面之外。

(1)创建如图 8-79 所示的模型。

(2)单击主菜单"插入"→"高级"→"将切面混合到曲面"命令,打开"曲面:相切曲面"对话框,如图 8-80 所示。

(3)在"结果"选项卡中的"基本选项"中选择第一项,即"曲线驱动相切拔模曲面",这是系统默认的选项。在"方向"设置中选择"双侧"单选框,表示在参照曲线的两侧创建相切曲面。在"方向"设置上选择 RIGHT 平面,如图 8-80 所示。

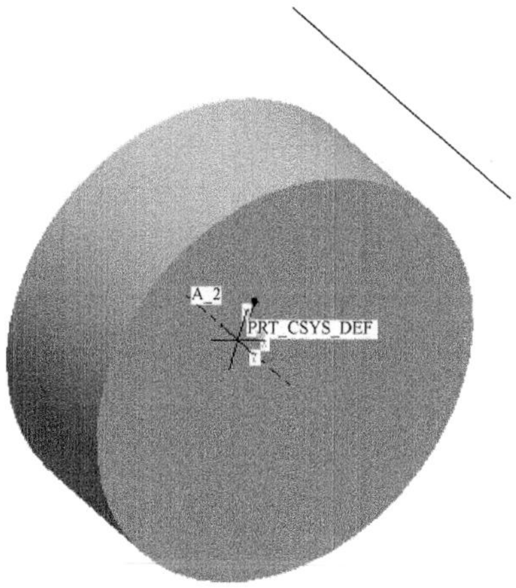

图 8-79 创建将切面混合到曲面时原始模型

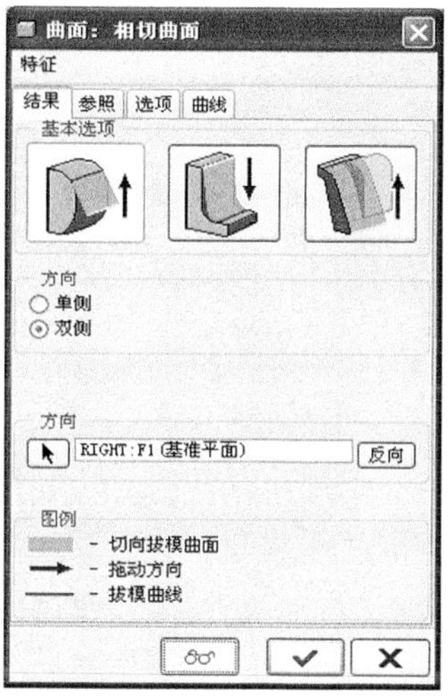

图 8-80 "曲面:相切曲面"对话框

(4)在"参照"选项卡中的"拔模线选取"项中选择圆柱外的曲线,在"链"菜单中单击"完成"项,结束选取,如图 8-81 所示。

(5)单击"曲面:相切曲面"对话框中的"完成"按钮 ,结果如图 8-82 所示。

2. 将截面混合到曲面

"将截面混合到曲面"是在草绘轮廓与选定的曲面之间建立过渡曲面。过渡曲面一端为草绘截面(封闭的闭合曲线),另一端则与选定的曲面相切。同时定义的截面必须闭合。

(1)创建如图 8-83 所示的模型。

(2)单击主菜单"插入"→"高级"→"将截面混合到曲面"→"曲面"命令,打开"曲面:截面到曲面混合"对话框,在曲面定义中选择模型中的曲面,如图 8-84 所示。

(3)单击"选取"对话框中的"完成"按钮,系统弹出"设置草绘平面"菜单,进行截面的定义,选取 DTM1 平面为草绘平面,绘制如图 8-85 所示的截面。

(4)单击"曲面:截面到曲面混合"对话框中的"完成"按钮,完成特征的创建,如图 8-86 所示。

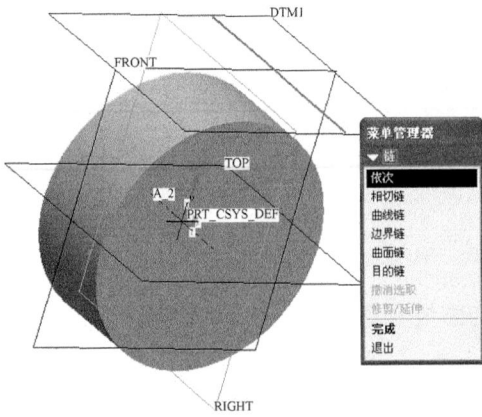

图 8-81　选择拔模线

图 8-82　使用将切面混合到曲面时创建的相切曲面

图 8-83　创建将截面混合到曲面时原始曲面

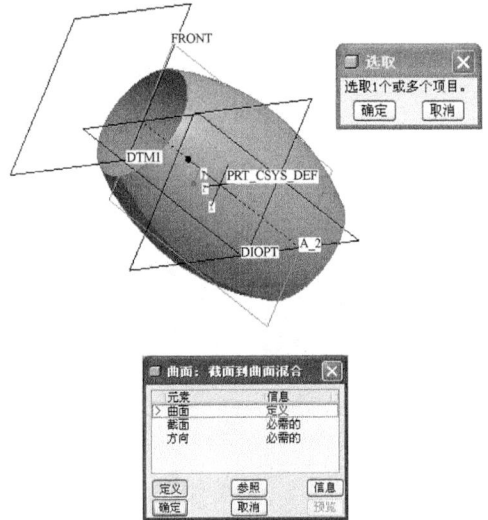

图 8-84　选取曲面

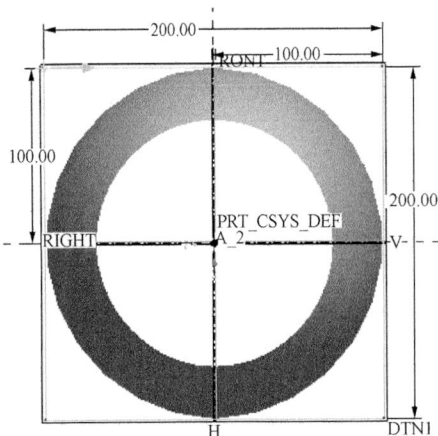

图 8-85　创建将截面混合到曲面时草绘截面

图 8-86　使用将截面混合到曲面时创建的相切曲面

8.3.5 创建圆锥曲面与 N 侧曲面片

圆锥曲面与 N 侧曲面片是同一个命令进入的,在下拉菜单管理器中选择不同的选项进入不同的操作,如图 8-87 所示。其中,圆锥曲线是指在两条边界线(仅限单段线)和控制曲线间形成的曲面,控制曲线用于控制曲面隆起程度,控制曲线有两种形式:一种是肩曲线;一种是相切曲线。而 N 侧曲面片是指用 5 条以上的边界线围成的曲面,其中选取的边界线必须连成一个封闭区域,建立曲面时,曲线的选择没有先后顺序。N 边域曲面的形状由边界曲线决定。

下面分别介绍两种曲面的创建。

1. 创建圆锥曲面

(1)创建如图 8-88 所示的曲线。

(2)单击主菜单"插入"→"高级"→"圆锥曲面与 N 侧曲面片"命令,系统弹出"圆锥曲面与 N 侧曲面片"层级菜单,如图 8-87 所示。

图 8-87 "圆锥曲面与 N 侧曲面片"层级菜单   图 8-88 创建圆锥曲面时原始曲线模型

(3)单击"圆锥曲面"→"肩曲线"→"完成"项,弹出"曲面:圆锥,肩曲线"对话框,如图 8-89 所示。同时弹出"曲线选项"菜单,以进行边界曲线和肩曲线的选择,如图 8-90 所示选择相应的边界曲线和肩曲线。

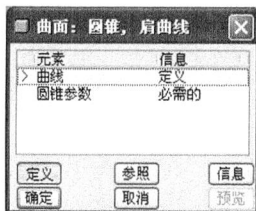

图 8-89 "曲面:圆锥,肩曲线"对话框   图 8-90 选取边界曲线和肩曲线

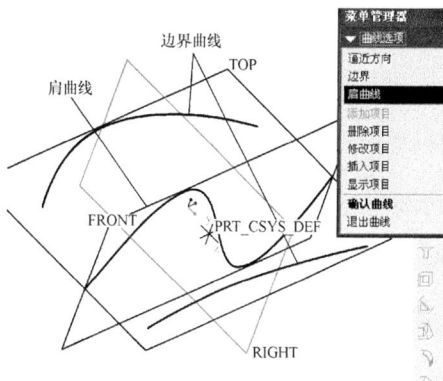

（4）单击"曲线选项"菜单中的"确认曲线"选项，系统将要求输入圆锥参数，如图 8-91 所示，输入"0.5000"，表示抛物线形式。

图 8-91 输入圆锥参数

（5）单击"完成"按钮，再单击"曲面：圆锥，肩曲线"对话框中的"完成"按钮，完成特征的创建，如图 8-92 所示。

（6）如果在步骤（3）时选择"相切曲线"选项，并把步骤（3）中选择的肩曲线选择为相切曲线的话，结果将发生变化，如图 8-93 所示。曲面将不再经过相切曲线，相切曲线定义了穿过圆锥截面与渐进曲线交点的直线。

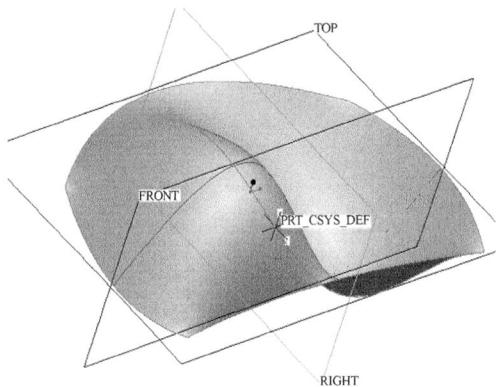

图 8-92 肩曲线形式的圆锥曲面

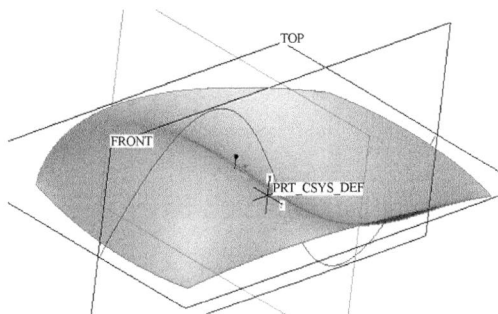

图 8-93 相切曲面形式的圆锥曲面

2. 创建 N 侧曲面片

（1）创建如图 8-94 所示的曲线。

（2）单击主菜单"插入"→"高级"→"圆锥曲面与 N 侧曲面片"命令，系统弹出"圆锥曲面与 N 侧曲面"层级菜单，如图 8-87 所示。单击"N 侧曲面片"→"完成"项，系统弹出"曲面：N 侧"对话框，如图 8-95 所示。

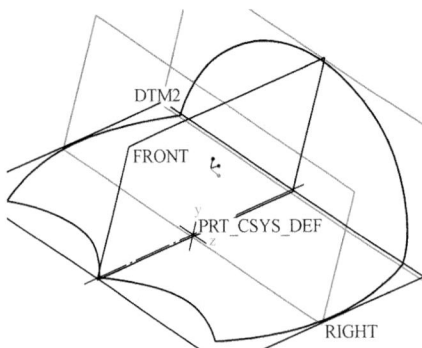

图 8-94 创建 N 侧曲面片时原始边界曲线

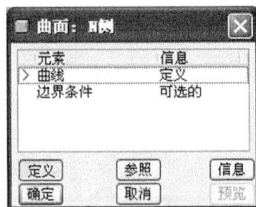

图 8-95 "曲面：N 侧"对话框

（3）选择 5 条边界曲线，然后单击"链"菜单中的"完成"选项，如图 8-96 所示。

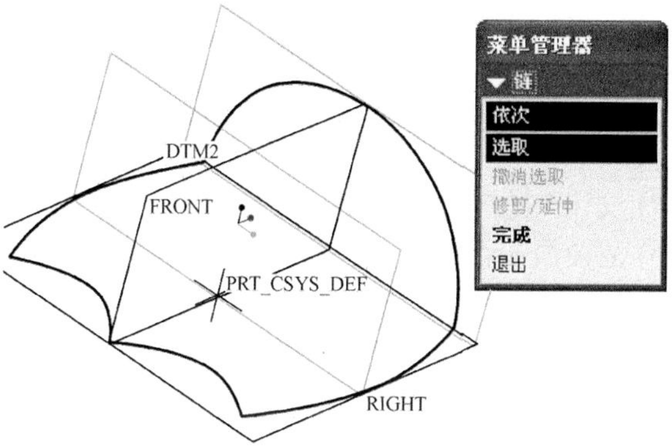

图 8-96　选择边界曲线

（4）单击"曲面：N 侧"对话框中的"完成"按钮，完成特征的创建，如图 8-97 所示。

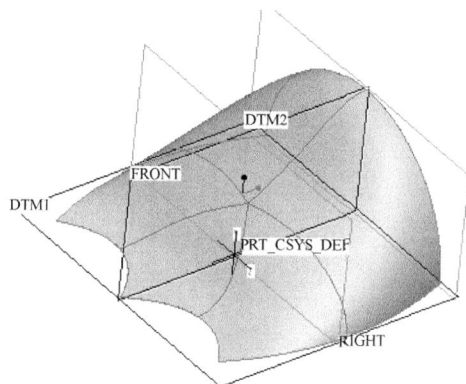

图 8-97　N 侧曲面

第9章　曲面特征的编辑

曲面创建后，在工程设计中还要对它们进行一些编辑和修改，修改后的曲面才能达到实际的要求。本章将重点介绍曲面的合并、曲面的修剪、曲面的偏移、曲面的延伸、曲面的复制、曲面的镜像、曲面的加厚和曲面的实体化等内容。

9.1　合　并　曲　面

使用合并操作可以将两个曲面组合成一个曲面。在使用"合并"前，首先要同时选取两个面组（选取的时候按 Ctrl 键）。

（1）创建如图 9-1 所示的两个曲面。

（2）按 Ctrl 键选择两个曲面，单击主菜单"编辑"→"合并"命令，或单击工具栏"合并"按钮，打开"合并"操控面板，如图 9-2 所示。在"参照"下滑面板中面组收集器已经有了刚才选择的两个曲面组，单击"交换"按钮就可以将面组收集器中面组的主次顺序交换。

（3）在"合并"操控面板上可以调节"方向"按钮，进行曲面保留侧的选择。而"选项"下滑面板中包括有"求交"和"连接"两项，前者表示在两个面组的相交处合并曲面，后者表示连接两个曲面，其中一个曲面的单侧边界切线必须位于另一个曲面上。

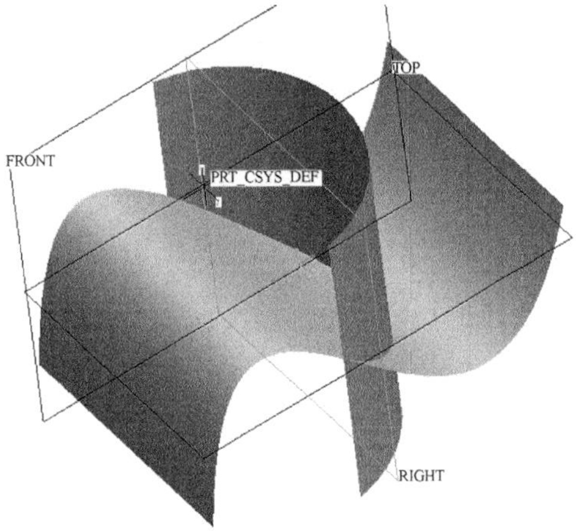

图 9-1　合并曲面时创建的相交曲面

（4）单击"合并"操控面板上的"完成"按钮，完成特征的创建，如图 9-3 所示。

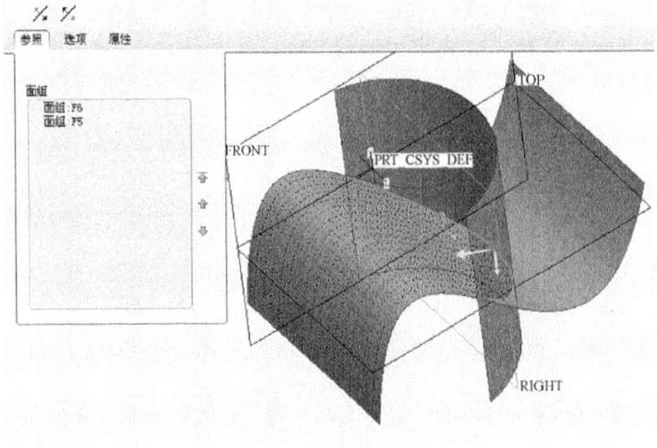

图 9-2　"合并"操作面板

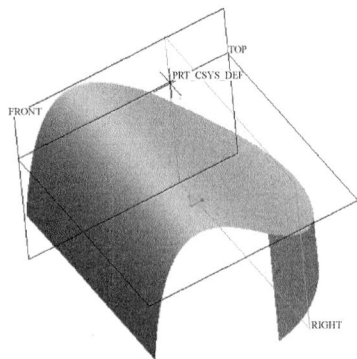

图 9-3　合并曲面

9.2　修　剪　曲　面

创建曲面特征之后，还可以使用系统提供的各种方法来进一步修剪曲面。这些方法分为两大类：一是使用基本成形方法（包括拉伸、旋转、扫描、混合等）进行修剪；一是利用"修剪"工具进行修剪。

9.2.1　使用基本成形方法修剪曲面

从原理来讲，使用基本成形的方法进行修剪基本相同，也就是先创建拉伸、旋转、扫描、混合曲面特征，然后使用该特征去修剪曲面，再选取曲面上需要保留的部分即可。注意：用来修剪的曲面必须与被修剪的曲面相交。下面通过实例简要说明使用拉伸的方法修剪曲面特征的基本过程。

（1）创建如图 9-4 所示的曲面。

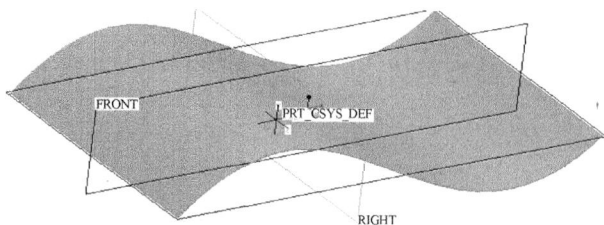

图 9-4　修剪曲面时原始曲面

（2）单击主菜单的"插入"→"拉伸"命令，或单击工具栏的"拉伸"按钮 ⬚ ，打开"拉伸"操控面板，如图 9-5 所示。单击"拉伸"操控面板上的"修剪"按钮 ⬚ ，然后在后面的"面组"文本框中选择被修剪的曲面，选择原始曲面。

图 9-5　曲面修剪时"拉伸"操控面板

（3）单击"放置"下滑面板进行草绘截面的绘制，截面如图 9-6 所示。

（4）"拉伸"操控面板上的"方向"按钮 ⬚ （操控面板中的第二个）可以调整修剪后保留的部分。选择修剪方向如图 9-7 所示。

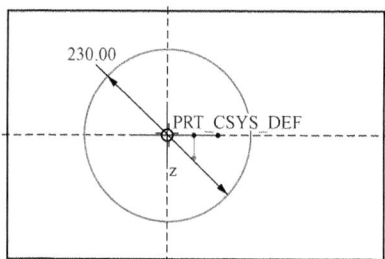

图 9-6　曲面修剪时草绘截面

图 9-7　选择修剪方向

（5）单击"拉伸"操控面板上的"完成"按钮 ☑ ，完成特征的创建，如图 9-8 所示。"加厚"按钮 ⊏ 可以把生成的曲面加厚，切出特殊的效果，如图 9-9 所示的结果为加厚 30mm。

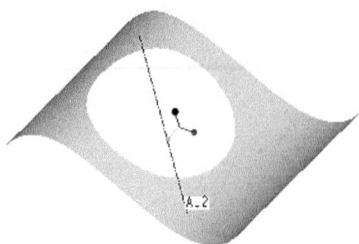

图 9-8　曲面修剪结果

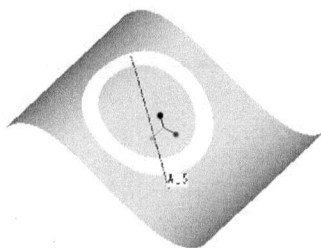

图 9-9　加厚曲面修剪结果

9.2.2　使用"修剪"工具修剪曲面

使用"修剪"工具从面组中删除部分曲面，以创建特定形状的曲面。

（1）创建如图 9-10 所示的两个曲面。

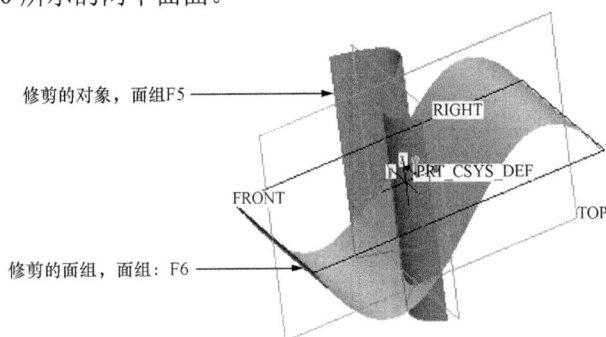

图 9-10　修剪曲面时使用的相交曲面

（2）单击选择修剪的面组 F5（即被修剪的面组），单击主菜单"编辑"→"修剪"命令，弹出"修剪"操控面板，如图 9-11 所示。在"修剪"操控面板上的"参照"下滑面板中，选择修剪对象面组 F6（即修剪中的"剪刀"）。"选项"下滑面板中的"保留修剪曲面"复选框当被选中时，表示保留所选择的"修剪对象"；当没有被选中时，表示剪切曲面完成后，系统会删除"修剪对象"曲面。"薄修剪"复选框如果选中，表示指定修剪厚度尺寸，修剪时只将此厚度范围内的曲面剪切掉，而保留被修剪曲面的其他两部分曲面，如图 9-12 所示。

图 9-11　曲面"修剪"操控面板

图 9-12　曲面修剪"选项"下滑面板

（3）单击"修剪"操控面板上的"完成"按钮 ☑，特征创建完成，如图 9-13 所示。

（4）注意："修剪"操控面板上的"方向"按钮 ✗ 可以选定修剪的部分，而"侧面影像修剪"按钮 ▣ 可以激活侧面影像修剪，其中侧面影像就是曲面轮廓线，侧面影像修剪可以裁剪其轮廓线在特定视图下的可见面组。例如步骤（2）中，选择 RIGHT 平面作为修剪对象，然后激活侧面影像修剪，结果如图 9-14 所示，从 RIGHT 平面视图方向看过去曲面只留下两端。

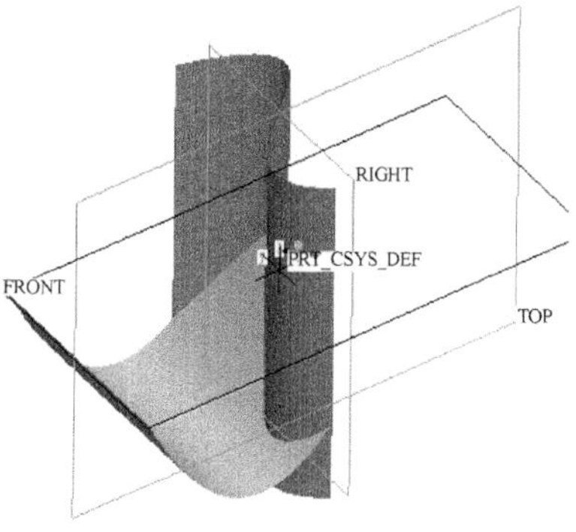

图 9-13 相交曲面修剪结果   图 9-14 侧面影像曲面修剪结果

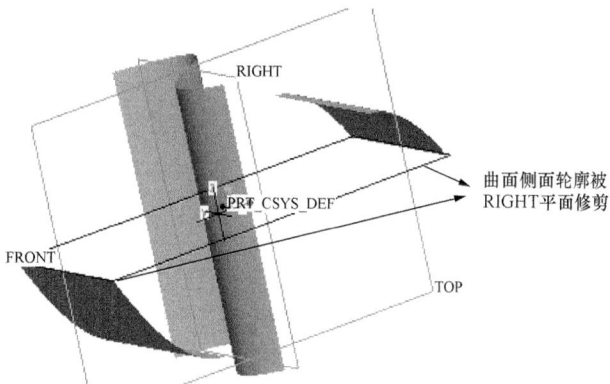

9.3 偏 移 曲 面

曲面偏移，通常又称曲面偏距，就是生成与参照曲面有一定法向距离或切向距离的曲面，可以是等距，也可以是非等距的偏距曲面。其偏移类型如图 9-15 所示，依次有"标准"偏移曲面、"具有斜度"偏移曲面、"展开"偏移曲面和 "替换"偏移曲面。

图 9-15 偏移曲面"偏移"操控面板

9.3.1 标准偏移曲面

（1）创建如图 9-16 所示的曲面。

（2）选择曲面，单击主菜单"编辑"→"偏移"命令，弹出"偏移"操控面板，如图 9-15 所示，在"修剪"操控面板上选择"标准"修剪模式 ▣。此时在"参照"下滑面板中，已经有了刚才选择的曲面，如图 9-17 所示。在"选项"下滑面板中的下拉列表框中列出了三种偏移方式：垂

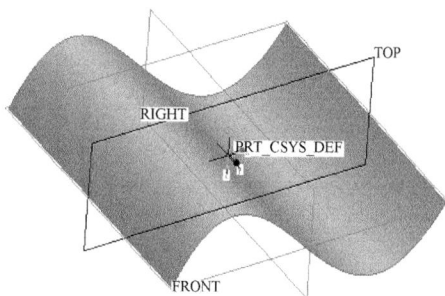

图 9-16 对象曲面

直于曲面、自动拟合和控制拟合，如图 9-18 所示。其中，"垂直于曲面"表示垂直于参照曲线或面组偏移曲面，也就是偏移方向为曲面的法向；"自动拟合"表示自动确定坐标系并沿着其轴偏移，并对曲面进行缩放和调整；"控制拟合"表示沿指定坐标系的轴缩放偏移曲面，此时用户可以选择 X、Y、Z 轴的偏移约束；"创建侧曲面"表示在偏移的过程中，原曲面和偏移后的曲面之间形成一个封闭曲面，如图 9-19 所示。

图 9-17   "标准"偏移曲面的"参照"下滑面板　　图 9-18   "标准"偏移曲面的"选项"下滑面板

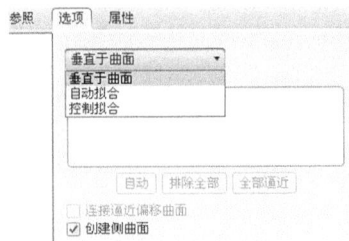

（3）单击"偏移"操控面板上的"完成"按钮☑，完成特征的创建，如图 9-20 所示。

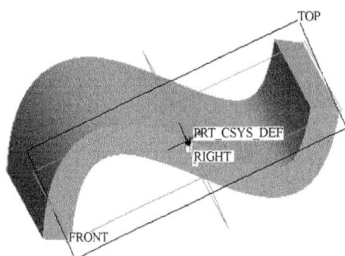

图 9-19   增加了侧曲面　　　　　　　　　图 9-20   "标准"偏移曲面

9.3.2   具有斜度偏移曲面

（1）创建如图 9-16 所示的曲面。

（2）选择曲面，单击主菜单"编辑"→"偏移"命令，弹出"偏移"操控面板。在"修剪"操控面板上选择"具有斜度"修剪模式🔲。此时在"参照"下滑面板中的"偏移曲面组"中已经有了刚才选择的曲面，如图 9-21 所示。

图 9-21   "具有斜度"偏移曲面的"参照"下滑面板

（3）在"草绘"收集框中定义一个新的草绘截面，如图 9-22 所示。

（4）在"选项"下滑面板中的"侧曲面垂直于"项中有两个单选按钮——"曲面"和"草绘"，前者表示偏移侧曲面垂直于曲面，后者表示偏移侧曲面垂直于草绘曲面。"侧面轮廓"

项中有两个单选按钮——"直的"和"相切",前者表示创建的侧曲面是直的,后者表示侧曲面与相邻曲面相切,如图 9-23 所示。

图 9-22 偏移曲面时草绘截面

图 9-23 "具有斜度"偏移曲面的"选项"下滑面板

(5)单击"偏移"操控面板可以输入偏移距离 "10mm"和拔模的角度"20°",最后再单击"偏移"操控面板上的"完成"按钮 ☑,完成特征的创建,如图 9-24 所示。

图 9-24 "具有斜度"偏移曲面

9.3.3 展开偏移曲面

(1)创建如图 9-16 所示的曲面。

(2)选择曲面,单击主菜单"编辑"→"偏移"命令,弹出"偏移"操控面板,在"偏移"操控面板上选择"展开"修剪模式 ⃞。此时,在"参照"下滑面板中的 "偏移曲面组"中已经有了刚才选择的曲面。

(3)在"偏移"操控面板上单击"选项"项,打开"选项"下滑面板,如图 9-25 所示。其中"展开区域"项包括"草绘区域"和"整个曲面"(此选项只适用于封闭曲面和实体曲面的偏移)两个单选按钮。其中,单击"草绘区域"单选按钮表示只偏移草绘边界内部区域的曲面,也就是草绘一个封闭边界曲线,将需要偏移的部分曲面包括在内,则这部分曲面就会被偏移。单击"定义"按钮,将进行草绘截面的定义,绘制如图 9-26 所示的截面。

图 9-25 "展开"偏移曲面的"选项"下滑面板

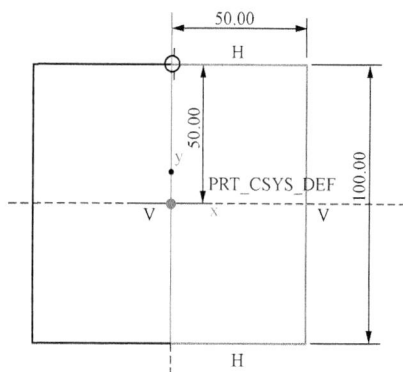

图 9-26 展开偏移曲面时草绘截面

（4）单击"偏移"操控面板上的"完成"按钮☑，完成特征的创建，如图 9-27 所示。

图 9-27　"展开"偏移曲面

9.3.4　"替换"偏移曲面

（1）创建如图 9-28 所示的模型。

（2）选择实体的上表面，单击主菜单"编辑"→"偏移"命令，弹出"偏移"操控面板。在"偏移"操控面板上选择"替换"修剪模式🔲。此时，在"参照"下滑面板中的"偏移曲面"中已经有了刚才选择的上表面，然后在"替换面组"中选取实体中间的曲面，如图 9-29 所示。在"选项"下滑面板中取消选择"保持替换面组"复选框，如图 9-30 所示。

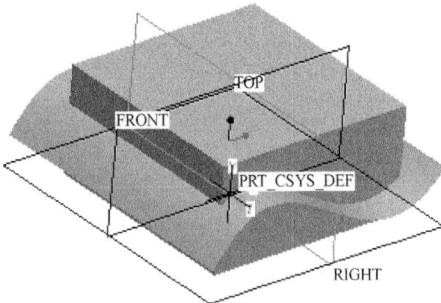

图 9-28　原始曲面与实体

图 9-29　"替换"偏移曲面的"参照"下滑面板

（3）单击"偏移"操控面板上的"完成"按钮☑，完成特征的创建，如图 9-31 所示。

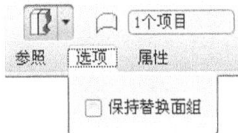

图 9-30　"替换"偏移曲面的"选项"下滑面板

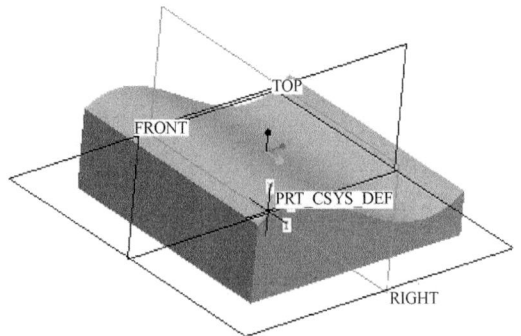

图 9-31　"替换"偏移曲面

9.4　延　伸　曲　面

使用"延伸"工具延伸曲面的方法有两种：一种是沿原曲面延伸（沿原始曲面延伸曲面边界边链）；另一种是将曲面延伸至参照平面，操控面板如图 9-32 所示。

图 9-32　"延伸"操控面板

9.4.1　沿原曲面延伸曲面

（1）创建如图 9-33 所示的曲面。

（2）选择曲面的一条边界（曲面将沿此边界延伸）。单击主菜单"编辑"→"延伸"命令，弹出"延伸"操控面板，此时在"参照"下滑面板中的"边界边"项中已经有了刚才选择的曲面边界了，如图 9-34 所示。

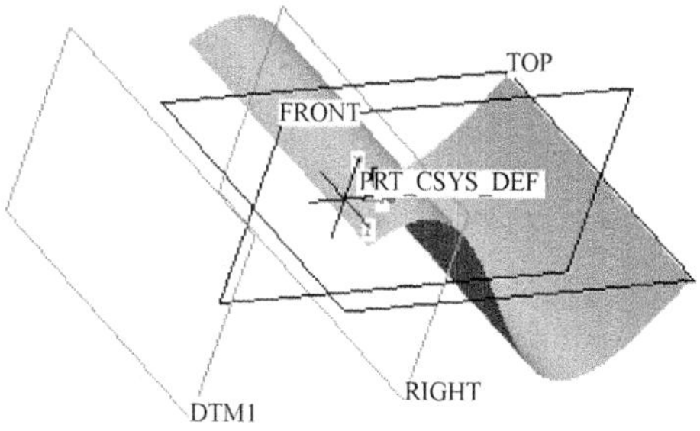

图 9-33　沿原曲面延伸曲面时的原始曲面

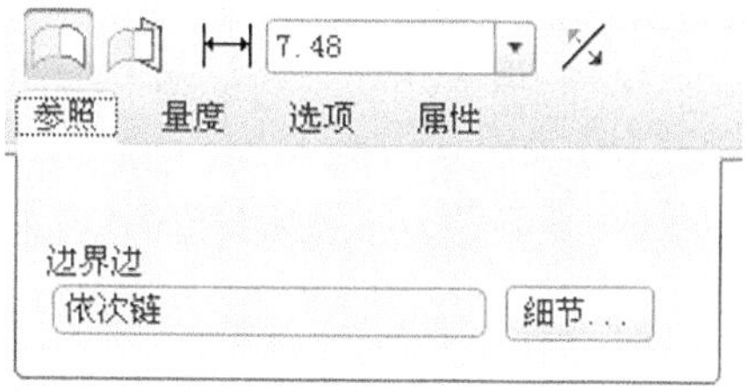

图 9-34　"延伸"偏移曲面的"参照"下滑面板

（3）在"量度"下滑面板中显示了测量延伸距离量度基准点，量度的距离类型有四种："垂直于边"（垂直于边界边链测量延伸距离）、"沿边"（表示沿边界边度量延伸距离）、"至顶点平行"（表示延伸至顶点处且平行于边界边）、"至顶点相切"（表示延伸至顶点处并以与下一单侧边相切的方式延伸曲面）。"量度"下滑面板中的"参照"表示在选取的边界边链上选取一个参照点，而延伸距离则以该参照点为参照进行度量，如图 9-35 所示。

（4）在"选项"下滑面板中可以设置曲面延伸的方式，包括"相同"（为默认设置，表示通过选定的边界边链延伸原始曲面，也就是延伸部分的曲面与原始曲面合成一个曲面）、"切线"（创建的延伸曲面与原始曲面相切，而且延伸曲面和原始曲面属于两个曲面，不同于"相同"方式）和"逼近"（表示在原始曲面的边界边链与延伸曲面的边之间创建边界混合曲面。当将曲面延伸至不在一条直边上的顶点时，此方法很有用）。此时选择默认的设置，如图 9-36 所示。也可以通过在"拉伸第一侧"和"拉伸第二侧"下拉列表中选择不同设置来定义每个延伸侧，包括"沿着"（此选项表示沿选定侧边创建延伸侧）和"垂直于"（此选项表示垂直于原始曲面的边界边链来延伸曲面）。

（5）单击 "延伸"操控面板上的"完成"按钮☑，完成特征的创建，如图 9-37 所示。

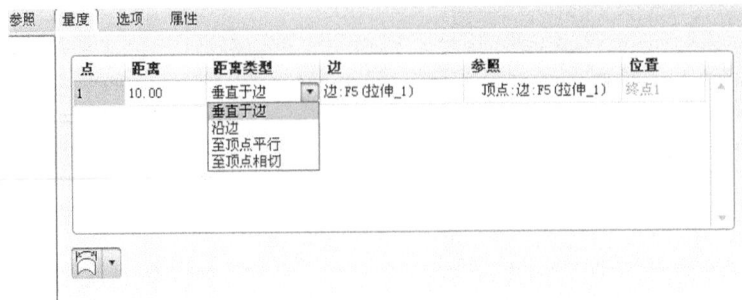

图 9-35   "延伸"曲面的"量度"下滑面板

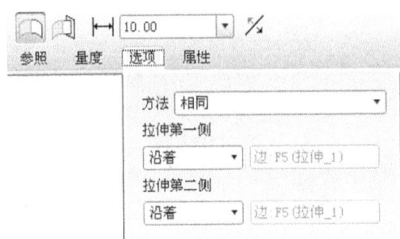

图 9-36   "延伸"曲面的"选项"下滑面板

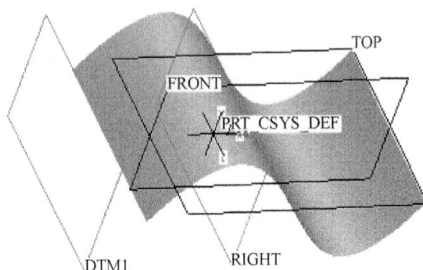

图 9-37   使用"沿原曲面延伸"延伸曲面

9.4.2   将曲面延伸至参照平面

（1）创建如图 9-33 所示的曲面。

（2）选择曲面的一条边界（曲面将沿此边界延伸）。单击主菜单"编辑"→"延伸"命令，弹出"延伸"操控面板，单击"将曲面延伸至参照平面"按钮 。

（3）单击"参照"下滑面板，在"参照平面"上选取 DTM1 平面，如图 9-38 所示。

（4）单击在"延伸"操控面板上的"完成"按钮 ，完成特征的创建，如图 9-39 所示。

图 9-38   "延伸"偏移曲面的
"参照"下滑面板

图 9-39   使用"将曲面延伸至参照
平面"延伸曲面

9.5 复 制 曲 面

通过"复制"工具可以使曲面进行沿参照指定的方向平移，也可沿某条线性边或曲线、轴线、曲面的法向进行平移，还可以绕某个轴、线性边、曲线旋转。

（1）创建如图 9-40 所示的曲面。

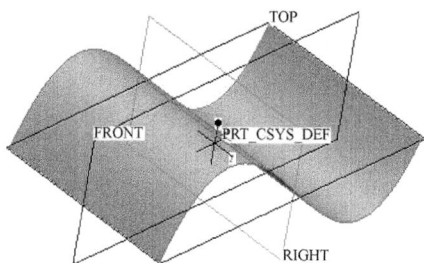

（2）选取图 9-40 中的曲面，然后单击主菜单中的"编辑"→"复制"命令，将曲面复制到剪贴板上，然后在"编辑"菜单中选择"选择性粘贴"命令，系统弹出"复制"操控面板，如图 9-41 所示。

图 9-40 复制曲面时原始曲面

图 9-41 "复制"操控面板

（3）单击"变换"按钮，打开"变换"下滑面板，如图 9-42 所示。在"变换"下滑面板中可设置两种操作："移动"和"旋转"。同时，在"变换"下滑面板中右上部的文本框中输入"移动"或"旋转"的数值。"方向参照"输入框中可以设置移动或旋转的方向参照。

（4）在"变换"下滑面板中部的下拉列表框中选择"移动"选项，在其右侧的文本框中输入数值为"100"，"方向参照"输入框中选取 FRONT 平面作为移动的方向参照，如图 9-42 所示。打开"选项"下滑面板，如图 9-43 所示，勾选掉"隐藏原始几何"项。再单击在"复制"操控面板上的"完成"按钮☑，完成特征的创建，如图 9-44 所示。

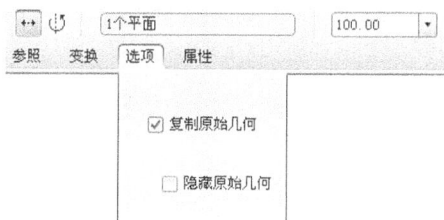

图 9-42 复制曲面"变换"下滑面板

图 9-43 复制曲面"选项"下滑面板

图 9-44 复制曲面

9.6 曲 面 镜 像

镜像功能可以相对于一个平面对称复制特征，通过镜像实现用简单特征完成复杂模型的设计，这样可以节省大量的制作时间。

（1）创建如图 9-45 所示的曲面。

（2）选取图 9-45 中的曲面，然后单击主菜单中的"编辑"→"镜像"命令，打开"镜像"操控面板，如图 9-46 所示。其中镜像对象可以是曲面、基准面或面组。

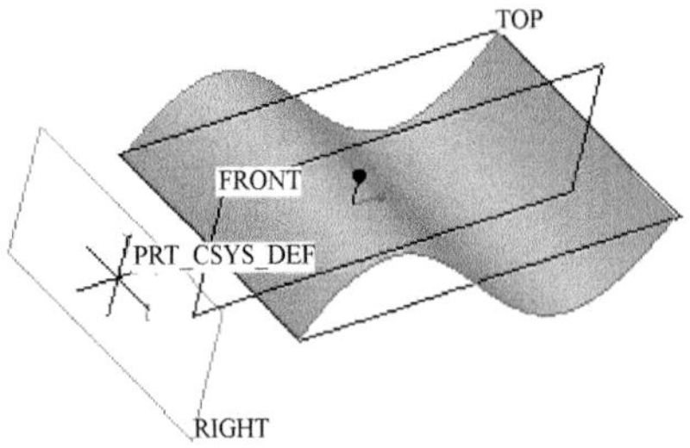

图 9-45   用于镜像的曲面

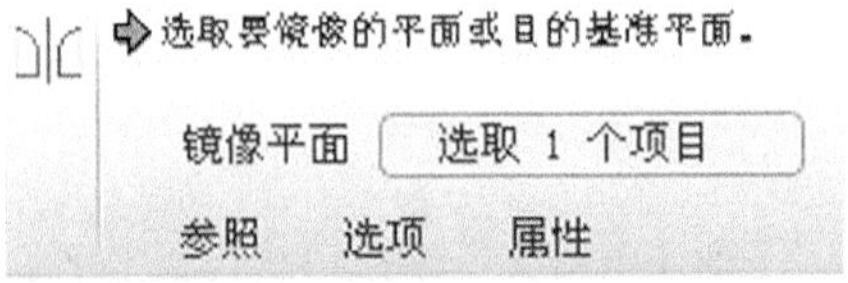

图 9-46   "镜像"操控面板

（3）单击"参照"按钮，打开"参照"下滑面板，如图 9-47 所示，选取 RIGHT 平面作为镜像平面。在"选项"下滑面板中有"复制为从属项"复选框，默认为选中状态。如果不选中，表示复制后得到的曲面副本的尺寸将与原曲面无关，也就是当原曲面有尺寸方面的变化时，曲面副本将不随之发生变化。

（4）单击"复制"操控面板上的"完成"按钮☑，完成特征的创建，如图 9-48 所示。

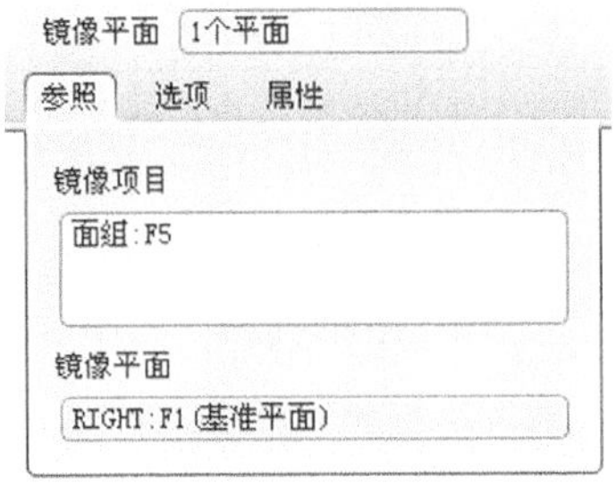

图 9-47   镜像曲面"参照"下滑面板

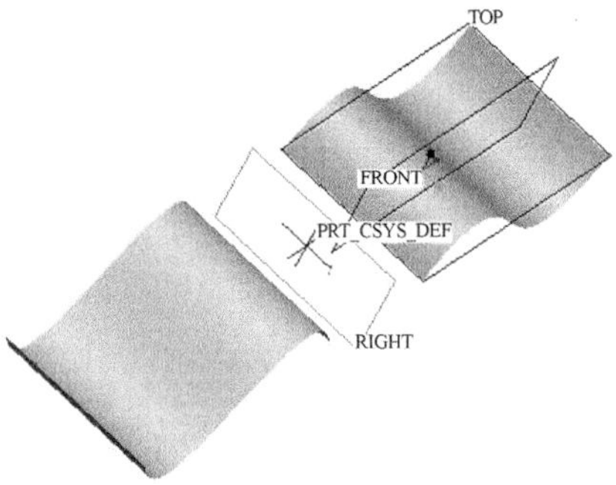

图 9-48   镜像曲面

9.7   曲　面　加　厚

"加厚"工具可以将开放的曲面或是面组转化为薄板实体特征，这样就可以用来创建复杂的薄几何实体。

（1）创建如图 9-49 所示的模型。

（2）选取曲面模型，单击主菜单中的"编辑"→"加厚"命令，系统弹出"加厚"操控面板，如图 9-50 所示。在"参照"下滑面板的"面组"项中已经有了刚才选中的曲面面组。

（3）在"选项"下滑面板（见图 9-51）中有和"偏移"曲面一样的加厚方式："垂直于曲面"、"自动拟合"和"控制拟合"，含义和它一样。同时，可以在"排除曲面"项下

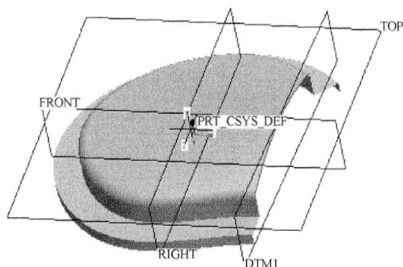

图 9-49 曲面加厚时复杂曲面

选取不加厚的曲面。

（4）选择加材料的侧，然后输入厚度值"1.5mm"，单击"加厚"操控面板上的"完成"按钮☑，完成特征的创建，如图 9-52 所示。

图 9-50 "加厚"操控面板

图 9-51 加厚"选项"下滑面板

图 9-52 加厚曲面

9.8 实 体 化 曲 面

利用"实体化"工具可以将已创建的封闭曲面特征转化为实体几何，也可以用曲面创建实体表面。

9.8.1 用封闭的曲面组创建实体

（1）创建如图 9-53 所示的模型。

（2）选取封闭的曲面组，单击主菜单中的"编辑"→"实体化"命令，系统弹出"实体化"操控面板，如图 9-54 所示。在"参照"下滑面板的"面组"项中已经有了刚才选中的封闭曲面组。

（3）单击"实体化"操控面板上的"完成"按钮☑，完成特征的创建，如图 9-55 所示。

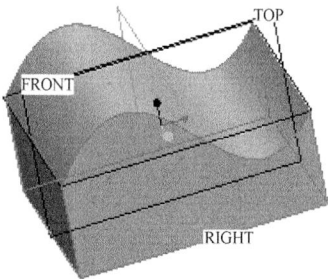

图 9-53 封闭的曲面组

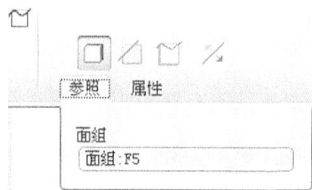

图 9-54 "实体化"操控面板

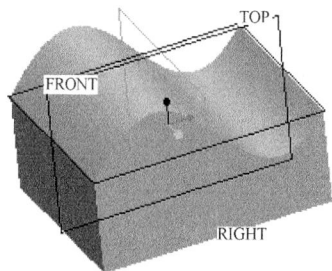

图 9-55 曲面组实体化后的效果

9.8.2　用曲面创建实体表面

（1）创建如图 9-56 所示的模型。

（2）选取曲面，单击主菜单中的"编辑"→"实体化"命令，系统弹出"实体化"操控面板，如图 9-57 所示。在"参照"下滑面板的"面组"项中已经有了刚才选中的封闭曲面组。

（3）单击"实体化"操控面板上的"去除材料"按钮 ⌀，确定使用面组来去除实体材料，然后单击"方向"按钮 ⤢，确定保留部分，最后单击"实体化"操控面板上的"完成"按钮 ☑，完成特征的创建，如图 9-58 所示。

图 9-56　实体与曲面
相交模型

图 9-57　使用曲面"实体化"
操控面板

图 9-58　用曲面创
建实体表面

9.9　曲　面　设　计　实　例

本节通过介绍肥皂盒外形的设计，使读者熟悉曲面造型及实体造型的一些主要方法。

（1）单击主菜单中的"文件"→"新建"命令，弹出"新建"对话框，如图 9-59 所示。在"类型"选项组中选择"零件"项，并在"名称"文本框中输入文件名"soapbox"，取消选择"使用默认模板"复选框。单击"确定"按钮，进入模板的设置界面，如图 9-60 所示，选择 mmns_part_solid 模板，再单击"确定"按钮，进入实体设计环境。

图 9-59　实例"新建"对话框

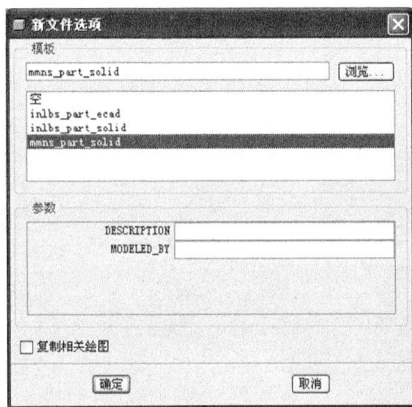

图 9-60　实例"新文件选项"对话框

（2）单击主菜单中的"插入"→"拉伸"命令，系统下部出现"拉伸"操控面板，如图 9-61 所示，单击"曲面"按钮 ，开始创建曲面。

（3）单击"放置"下滑面板中的"定义"项，进行截面的绘制，选择 TOP 平面为草绘平面，绘制如图 9-62 所示的截面，然后单击工具栏上的"完成"按钮 ，退出截面的绘制。

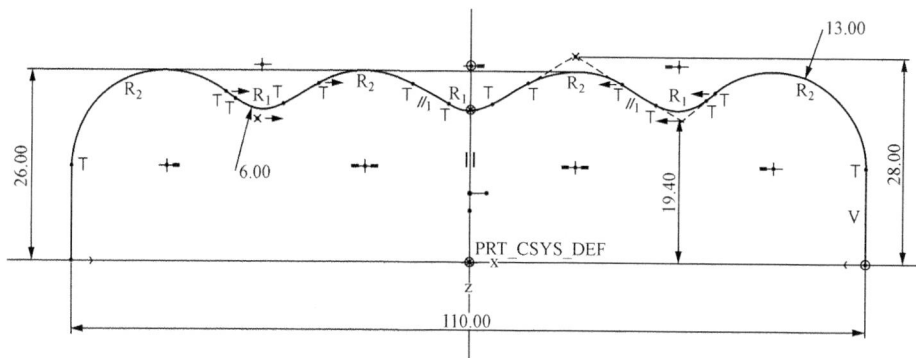

图 9-61　实例"拉伸"操控面板

（4）在"拉伸"操控面板上设定拉伸深度为"200"，然后单击"拉伸"操控面板上的"完成"按钮 ，完成特征的创建，如图 9-63 所示。

图 9-62　实例草绘截面

（5）单击主菜单中的"插入"→"拉伸"命令，系统出现"拉伸"操控面板，单击"曲面"按钮 ，开始创建曲面。选择 FRONT 平面为草绘平面，绘制如图 9-64 所示的截面，单击工具栏上的"完成"按钮 ，退出截面的绘制。在"拉伸"操控面板上设定拉伸深度为"200"，在"选项"下滑面板中勾选"封闭端"项，如图 9-65 所示。单击"拉伸"操控面板上的"完成"按钮 ，完成特征的创建，如图 9-66 所示。

（6）使用鼠标选取步骤（5）创建的曲面，再单击工具栏中的"合并"按钮 ，系统出现"合并"操控面板，开始创建曲面。在"参照"下滑面板中添加步骤（4）创建的曲面，如图 9-67 所示。注意黄色箭头的方向，黄色箭头指向保留的曲面。

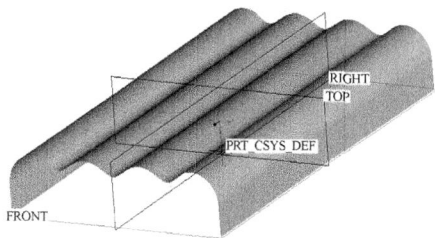

图 9-63　实例拉伸曲面

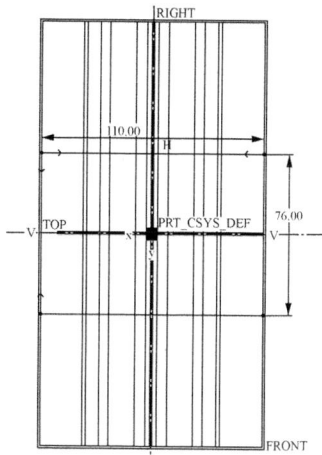

图 9-64　实例草绘拉伸截面

图 9-65 实例拉伸曲面"选项"下滑面板

图 9-66 实例拉伸封闭曲面

图 9-67 实例合并曲面"参照"下滑面板

（7）单击"合并"操控面板上的"完成"按钮☑，完成合并曲面，如图 9-68 所示。

（8）使用鼠标选取合并曲面，再单击主菜单"编辑"→"实体化"命令，系统出现"实体化"操控面板，如图 9-69 所示。

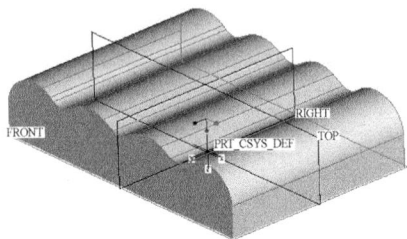

图 9-68 实例合并曲面

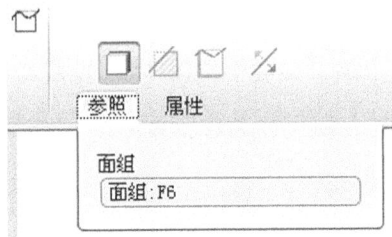

图 9-69 实例实体化"参照"下滑面板

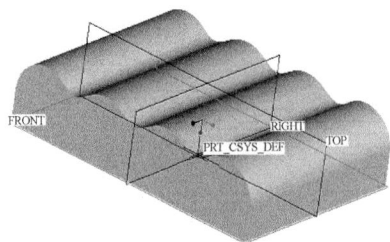

（9）单击"实体化"操控面板上的"完成"按钮☑，完成合并曲面的实体化，如图 9-70 所示。

（10）单击主菜单"插入"→"倒圆角"命令，或者直接单击工具栏上的"倒圆角"图标，系统出现"倒圆角"操控面板。在"集"下滑面板的"参照"选项中选取实体的对角边 1 和 2 作为倒圆角的边，并在"半径"中输入"13"，如图 9-71 所示。单击工具栏上的"完成"按钮☑，完成倒圆角，结果如图 9-72 所示。

图 9-70 实例曲面实体化

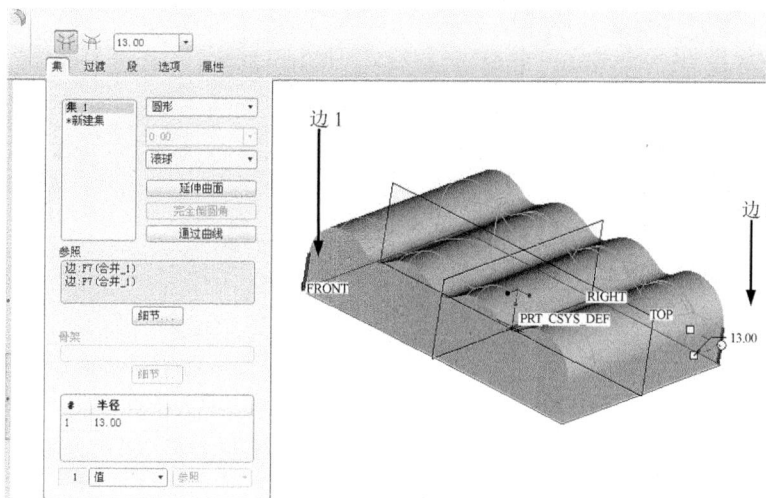

图 9-71 实例"倒圆角"操控面板设置

（11）单击主菜单"插入"→"壳"命令，或者直接单击工具栏上的"壳"图标◻，系统出现"壳"操控面板。在"参照"下滑面板的"移除的曲面"选项中选取实体下表面，即与 FRONT 面贴合的面，作为移除的曲面，并在"厚度"中输入"1"，如图 9-73 所示。单击工具栏上的"完成"按钮☑，完成倒圆角，结果如图 9-74 所示。

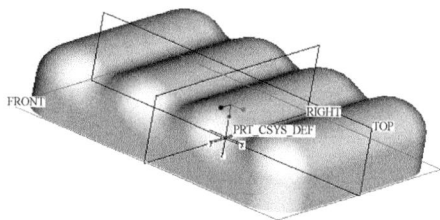

图 9-72 实例倒圆角后结果

图 9-73 实例"壳"操控面板设置

图 9-74 实例抽壳后的实体

（12）单击主菜单"插入"→"模型基准"→"平面"命令，或者直接单击工具栏"基准曲面"按钮◻ 创建基准曲面，系统弹出"基准平面"对话框，如图 9-75 所示。选取 FRONT 平面为参照平面，在"平移"选项中输入"7"。

（13）单击"基准平面"对话框中的"确定"按钮，完成特征的创建。

图 9-75　实例基准平面的创建

（14）单击主菜单中的"插入"→"拉伸"命令，系统出现"拉伸"操控面板，单"实体"按钮 ⬚ 。选择步骤（13）创建的基准平面为草绘平面，绘制如图 9-76 所示的截面，单击工具栏上的"完成"按钮 ✔，退出截面的绘制。在"拉伸"操控面板上设定拉伸深度为"1"。单击"拉伸"操控面板上的"完成"按钮 ☑，完成特征的创建，如图 9-77 所示。

图 9-76　实例创建凸缘时草绘截面

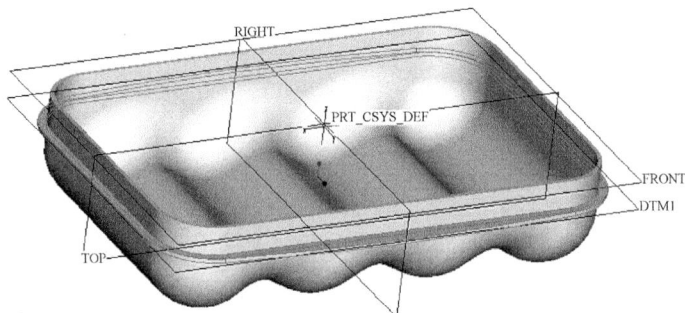

图 9-77　拉伸凸缘

（15）单击主菜单中的"插入"→"拉伸"命令，系统出现"拉伸"操控面板。选择 FRONT 平面为草绘平面，绘制如图 9-78 所示的截面，单击工具栏上的"完成"按钮 ✔，退出截面的绘制。在"拉伸"操控面板上选定"裁剪"按钮 ⬚，深度类型选取"贯通" ⬚⬚⬚，如图 9-79

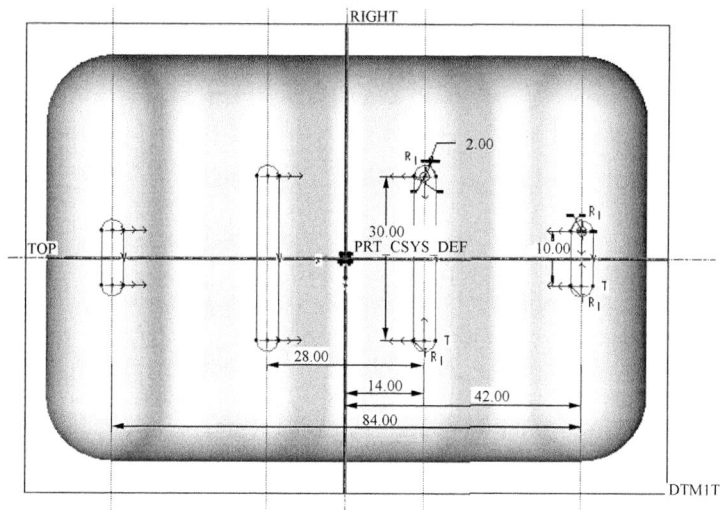

图 9-78 修剪底部特征时草绘截面

所示。

（16）单击"拉伸"操控面板上的"完成"按钮☑，
完成特征的创建，如图 9-80 所示。

图 9-79 修剪底部时"拉伸"操控面板设定

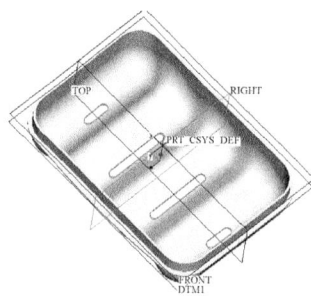

图 9-80 裁剪结果

（17）单击主菜单"插入"→"模型基准"→"平面"命令，或者直接单击工具栏"基准
曲面"按钮⬜，创建基准曲面，系统弹出"基准平面"对话框，如图 9-81 所示。选取 TOP
平面为参照平面，在"平移"选项中输入"21"。

（18）单击"基准平面"对话框中的"确定"按钮，完成特征的创建。

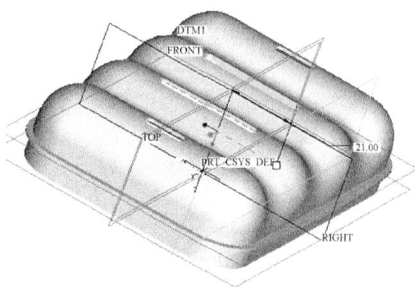

图 9-81 实例基准平面的创建

（19）单击主菜单中的"插入"→"旋转"命令，系统出现"旋转"操控面板。选择步骤
（18）创建的平面为草绘平面，绘制如图 9-82 所示的截面，然后单击工具栏上的"完成"按

钮✔，退出截面的绘制。在"旋转"操控面板上深度输入"360"。单击"旋转"操控面板上的"完成"按钮☑，完成特征的创建，如图 9-83 所示。

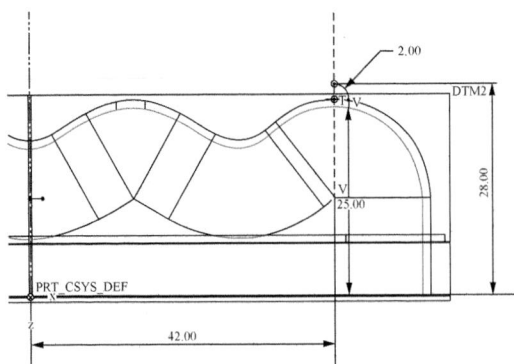

图 9-82　创建底部特征时草绘截面　　　　　　图 9-83　旋转拉伸结果

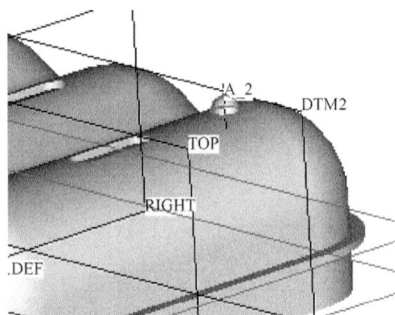

（20）使用鼠标选取步骤（19）创建的实体特征，单击主菜单"编辑"→"镜像"命令，系统出现"镜像"操控面板，在"参照"下滑面板中的"镜像平面"项中选取 RIGHT 平面为镜像平面，如图 9-84 所示。

（21）单击"镜像"操控面板上的"完成"按钮☑，完成实体的镜像，如图 9-85 所示。

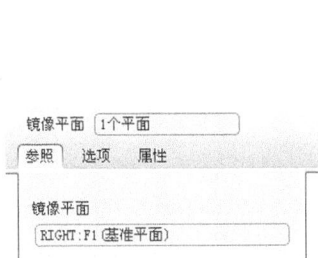

图 9-84　实例"镜像"操控面板设定　　　　　　图 9-85　实例镜像结果

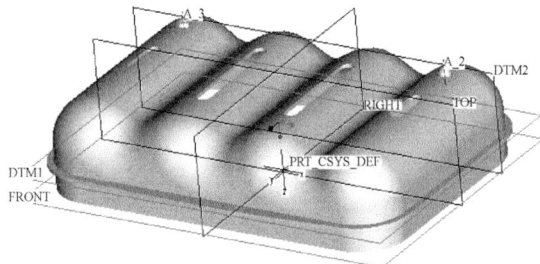

（22）同步骤（20）和步骤（21）的操作，选取步骤（19）和步骤（21）创建的实体，再以 TOP 平面为镜像平面进行镜像操作，结果如图 9-86 所示。

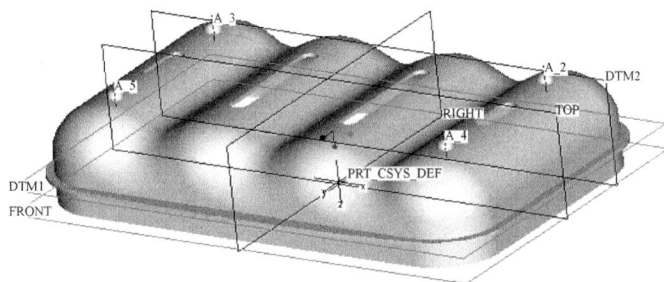

图 9-86　实例再次镜像结果

（23）单击主菜单中的"插入"→"拉伸"命令，系统出现"拉伸"操控面板。选择 TOP 平面为草绘平面，绘制如图 9-87 所示的截面，单击工具栏上的"完成"按钮✔，退出截面

图 9-87 草绘截面

的绘制。在"拉伸"操控面板上选定"裁剪"按钮，深度类型选取"双向"，并输入深度为"100"，如图 9-88 所示。

图 9-88 修剪侧面时"拉伸"操控面板设定

（24）单击"拉伸"操控面板上的"完成"按钮，完成特征的创建，如图 9-89 所示。

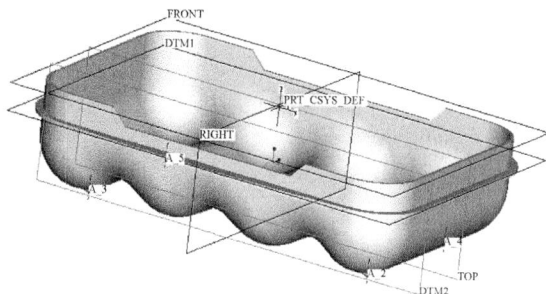

图 9-89 最后的裁剪结果

第10章　虚　拟　装　配

　　Pro/ENGINEER Wildfire 5.0 中的元件装配是一种虚拟化的装配过程，是通过先进的计算机辅助设计（CAD）技术通过预先创建三维实体模型，以及预先拟定装配方案和装配顺序，模拟实际装配操作的过程。在这个虚拟装配过程中一旦发现产品设计中由于在元件结构上、特征尺寸上的错误导致产品没有办法装配或装配之后出现干涉、间隙等情况，可以在组件环境中对元件或者装配方案进行实时修改。

　　对于一个装配元件，可以在装配过程中一次性定义充足的约束，使装配元件达到完全约束状态。也可以先将装配元件设置为部分约束状态，在插入了其他的装配元件约束参照之后，再通过编辑定义的菜单命令方式对该部分约束的装配元件进行修改，使其最终达到完全约束状态。

10.1　组件模式的启动与环境

　　进入 Pro/ENGINEER Wildfire 5.0 程序界面后，直接单击工具栏中的"新建"按钮 ，或者选择"文件"→"新建"命令，系统会弹出"新建"对话框，如图 10-1 所示。在对话框中选择类型为"组件"选项，输入组件的名称，去掉"使用默认模板"的勾选符号 ，选用 mmns_asm_design（公制），如图 10-2 所示。单击"确定"按钮即可进入组件模式，如图 10-3 所示。

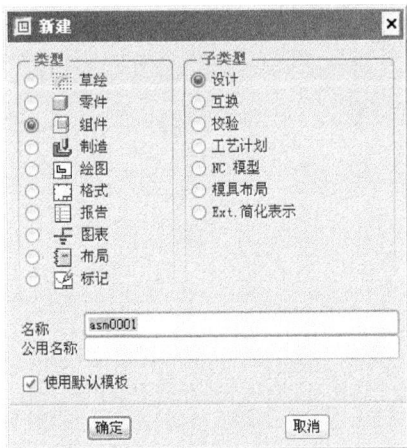

图 10-1　"新建"对话框　　　　　　　图 10-2　"新文件选项"对话框

　　系统会自动地创建三个基准面 ASM_TOP、ASM_RIGHT 和 ASM_FRONT，一个坐标系 ASM_DEF_CSYS，视图和基准的显示控制方式与零件模式下的控制方式相同。

　　在组件模式下，添加新元件有两种方式：装配元件和创建元件。

　　（1）装配元件：要将已创建完成的元件插入组件，方法为选择"插入"→"元件"→"装

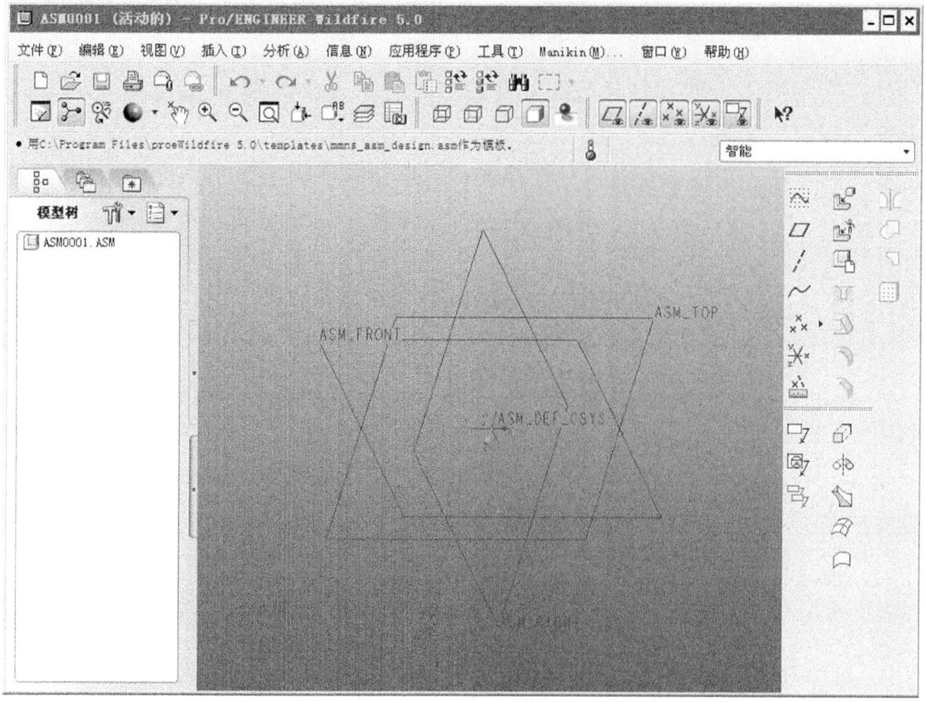

图 10-3　组件环境

配"命令，或者单击工具栏中的"装配"按钮 。

（2）创建元件：除了插入完成元件进行组合外，也可在组件模式中创建元件。选择"插入"→"元件"→"创建"命令，或者单击工具栏中的"创建"按钮 ，即可创建元件文件（.prt 文件）。

一个组件文件不仅适用于元件的装配，还可以结合数个"子组件"进行装配，即除了插入元件文件外也可插入组件文件（.asm）进行装配。

由于 Pro/ENGINEER Wildfire 5.0 为单一数据库设计，因此当元件的几何造型或尺寸修改后，组件中的元件也会自动地随之修改。

10.2　装 配 操 作 界 面

10.2.1　操控面板

单击工具栏中的"装配"按钮 并指定装配元件后，系统会弹出如图 10-4 所示的操控面板，从中可以设置元件的位置和约束方式。

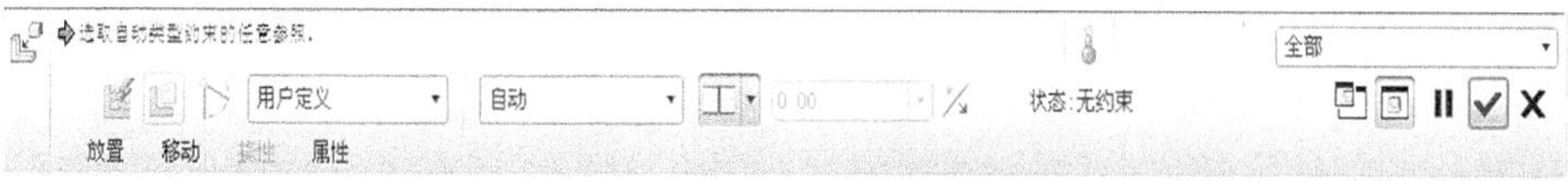

图 10-4　"装配"操控面板

该操控面板有四个下滑面板,"挠性"主要用于弹簧等弹性元件的装配,而"属性"则用来定义特征名称,这里主要介绍"放置"和"移动"下滑面板。

"放置":主要用于设置元件与装配元件的相对关系(及约束),如配对、对齐、插入等。通过约束来"放置"元件。

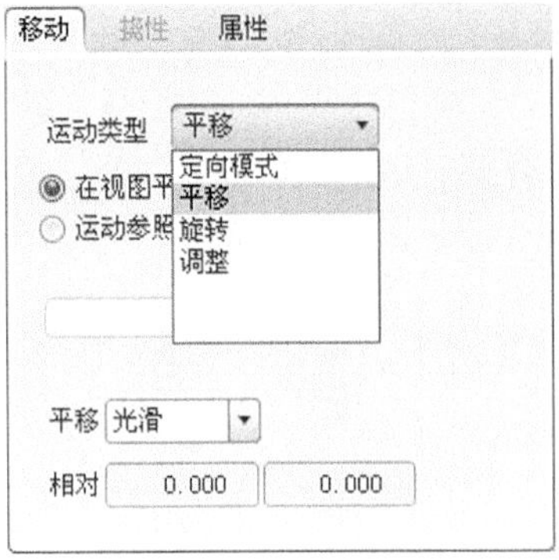

图 10-5 "移动"下滑面板

"移动":可以平移、旋转元件到适当的组合位置或者调整元件到合适的装配角度,甚至移动元件到合适的位置后直接放置元件。本节主要针对"移动"下滑面板进行介绍。

进入操作面板后选择"移动"下滑面板,如图 10-5 所示。

"移动"下滑面板有"运动类型"项,包括"定向模式"、"平移"、"旋转"和"调整"项。其中"平移"、"旋转"项较为常用。

"平移"的操作方法:先选择"运动类型"的"平移"项,然后利用鼠标左键在绘图区中点选元件,元件将移动到合适位置。

"旋转"的操作方法:先选择"运动类型"的"旋转"项,然后利用鼠标左键在绘图区中点选元件合适的旋转点,元件将围绕该点做旋转运动。

"定向模式"的操作方法:先选择"运动类型"的"定向模式"项,然后利用鼠标中键使元件围绕旋转中心做旋转运动。

"调整"的操作方法:与"定向模式"的操作方法大致相同,只是可以通过"调整参照"的方式改变围绕旋转中心运动的参照。

另外,也可直接使用鼠标配合 Ctrl 和 Alt 键移动旋转元件。

按 Ctrl+Alt+鼠标右键:移动鼠标可以平行于屏幕上、下、左、右移动元件。

按 Ctrl+Alt+鼠标中键:移动鼠标可以旋转中心为中心点的旋转元件。

10.2.2 装配元件显示

装配时,新加入的元件或子组件有两种显示情况。第一种是在独立窗口中显示元件(分离的窗口,按按钮），第二种是在组件窗口中显示元件(在组件窗口中按按钮），也允许两种情况并存。

1. 在独立窗口中显示元件

元件或子组件会显示在另一个较小的窗口中,位置可以自行拖拽调整,直到装配完毕小窗口就会消失,如图 10-6 所示。

2. 在组件窗口中显示元件

元件或子组件仍显示在主窗口中,随着约束的指定,元件的放置会随约束立即变更,如图 10-7 所示。

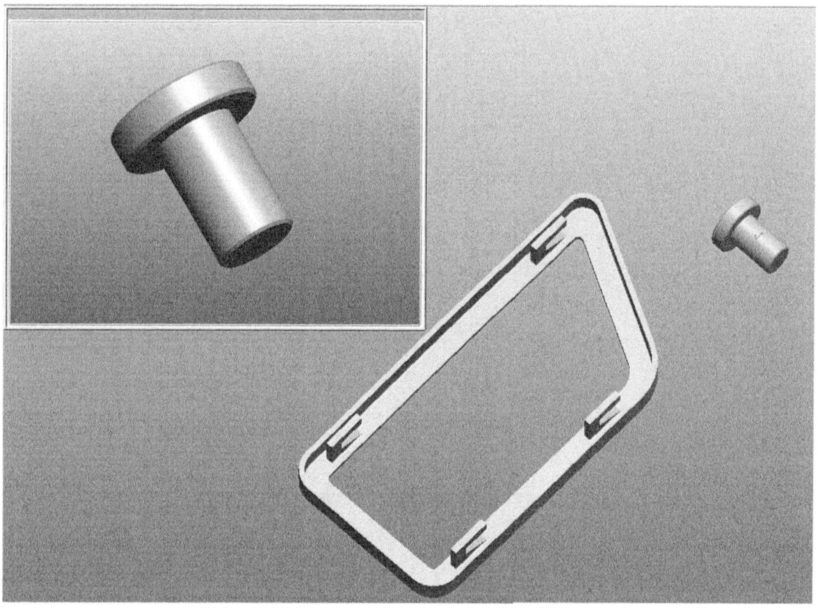

图 10-6　在独立窗口中显示元件

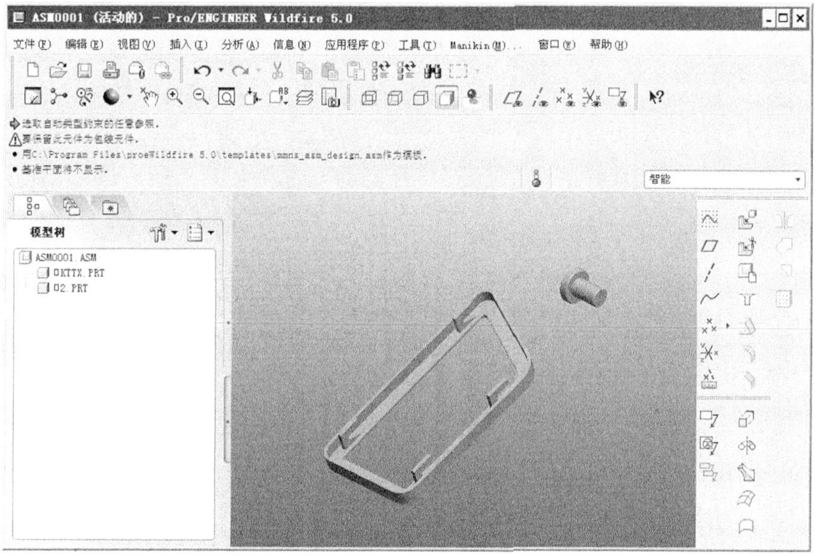

图 10-7　在组件窗口中显示元件

10.3　组件装配的约束类型

进入装配操控面板后选择"放置"下滑面板，如图 10-8 所示。

该下滑面板的"约束类型"下拉列表提供有 11 种"约束"条件，其中的"自动"、"配对"、"对齐"、"插入"、"坐标系"、"相切"、"线上点"、"曲面上的点"、"曲面上的边"。9 种约束，必须两个或三个同时配合使用（坐标系 Coord Sys 除外），而且必须点选元件及组件的几何图元作为参照。

另外两种为"固定"项 ![icon]（将元件固定到当前位置）和"默认"项 ![icon]（默认位置装配元件）。它们的功能更强，可以直接固定元件，使用一个按钮就可以立即完成装配。

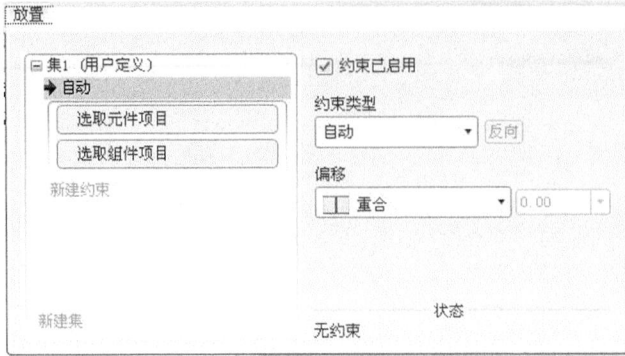

图 10-8　"放置"下滑面板

10.3.1　装配的约束类型

"约束"类型共有 11 种："自动"、"配对"、"对齐"、"插入"、"坐标系"、"相切"、"线上点"、"曲面上的点"、"曲面上的边"、"固定"和"默认"选项，可以根据情况通过"约束类型"下拉列表选择，如图 10-9 所示。

图 10-9　约束类型

1．"自动"约束

"自动"选项为系统默认选项。使用"自动"组合方式时，用户仅需点选元件及元件参照即可，系统会自动地给出适当的约束。

2．"配对"约束

使用"配对"约束定位两个选定参照，使其彼此相对，如图 10-10 所示。一个配对约束可以将两个选定的参照配对为重合、定向或者偏移。

（a）　　　　　　　　　　　　　　　　（b）

图 10-10　"配对"约束

（a）配对前；（b）配对后

如果基准平面或者曲面进行配对，则其黑色的法向箭头彼此相对。如果基准平面或曲面以一个偏移值相配对，则在组件参照中会出现一个偏移值输入框。如果元件配对时重合或偏移值为 0，说明它们重合，其法线正方向彼此相对。法线方向在创建基准或曲面时已进行了相应定义。

用"配对"约束可使两个平面平行或重合。偏移值决定两个平面之间的距离。使用偏移拖动控制滑块或者输入偏移值来更改偏移距离，如图 10-11 所示。

图 10-11 "偏距"匹配

3. "对齐"约束

使用"对齐"约束前，两个元件的相对位置可以任意摆放，如图 10-12（a）所示。对齐后，对齐约束可以将两个选定的参照放置为重合、定向或者偏移，如图 10-12（b）所示。

"对齐"约束可使两个平面共面（重合并朝向相同），两条轴线同轴，或两个点重合。偏移值决定两个参照之间的距离。

（a）

（b）

图 10-12 "对齐"约束

（a）对齐前；（b）对齐后

用"对齐"约束可使两个平面以某个偏距对齐：平行并朝向相同。使用偏移拖动控制滑块或者输入偏移值来更改偏移距离，如图 10-13 所示。

4. "插入"约束

用"插入"约束可将一个旋转曲面插入另一旋转曲面中，"插入"约束前，两个元件的相对位置可以任意摆放，如图 10-14（a）所示。两个旋转曲面的直径不要求相等。"插入"约束后，使它们同轴，如图 10-14（b）所示。

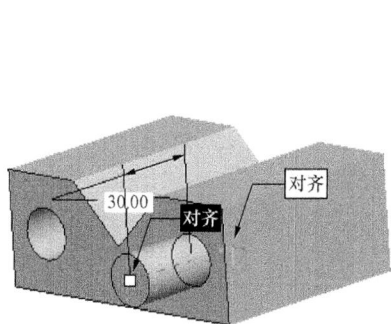

图 10-13 "偏移"对齐

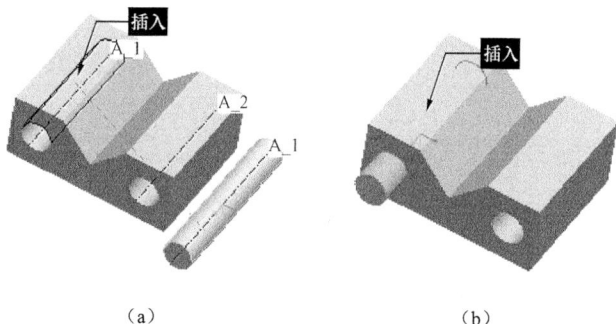

（a）

（b）

图 10-14 "插入"约束

（a）插入前；（b）插入后

5. "坐标系"约束

用"坐标系"约束，可通过将两个元件的坐标系对齐（既可以使用组件坐标系又可以使用元件坐标系）。"坐标系"约束前，两个元件的相对位置可以任意摆放，如图 10-15（a）所示。"插入"约束后，如图 10-15（b）所示。使坐标系 X 轴、Y 轴和 Z 轴与另一个坐标系中的 X 轴、Y 轴和 Z 轴对齐。

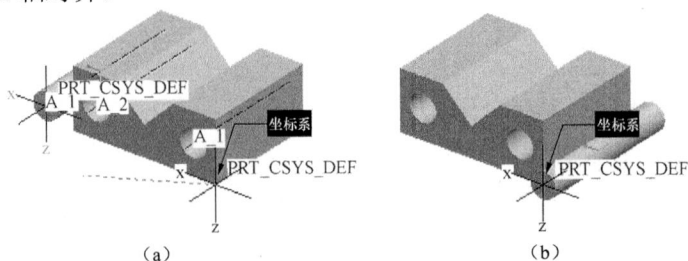

（a）　　　　　　　　　　　　　　　（b）

图 10-15　"坐标系"对齐

（a）坐标约束前；（b）坐标约束后

6. "相切"约束

"相切"约束前，两个元件的相对位置可以任意摆放，如图 10-16（a）所示。用"相切"约束控制两个曲面在切点的接触。该约束的功能可以使两个曲面相切。选择该约束后，依次选取两个曲面即可。"相切"约束后，如图 10-16（b）所示。

（a）　　　　　　　　　　　　　　（b）

图 10-16　"相切"约束

（a）相切前；（b）相切后

7. "线上点"约束

"线上点"约束前，两个元件的相对位置可以任意摆放，如图 10-17（a）所示。用"线上点"约束控制边、轴或基准曲线与点之间的接触。"线上点"约束后，如图 10-17（b）所示。直线上的点与边对齐。

（a）　　　　　　　　　　　　　　（b）

图 10-17　"线上点"约束

（a）约束前；（b）约束后

8. "曲面上的点"约束

用"曲面上的点"约束控制曲面与点之间的接触。在图 10-18 的示例中，系统将体积块的曲面约束到另一个体积块上的一个基准点。可以用元件或组件的基准点、曲面特征、基准平面或元件的实体曲面作为参照。

9. "曲面上的边"约束

使用"曲面上的边"约束可控制曲面与平面边界之间的接触。在图 10-19 的示例中，系统将一条线性边约束至一个元件的平面。

图 10-18 "曲面上的点"约束   图 10-19 "曲面上的边"约束

10. "固定"约束

用"固定"约束也是一种装配的约束形式，用 表示，用来固定被移动或装配元件的当前位置。

11. "默认"约束

用"默认"约束将系统创建的元件的默认坐标系与系统创建的组件的默认坐标系对齐。"默认"约束前，如图 10-20 （a）所示。"默认"约束后，如图 10-20 （b）所示。当向"组件"模式中装配第一个元件时，可对该元件实施这种约束形式。

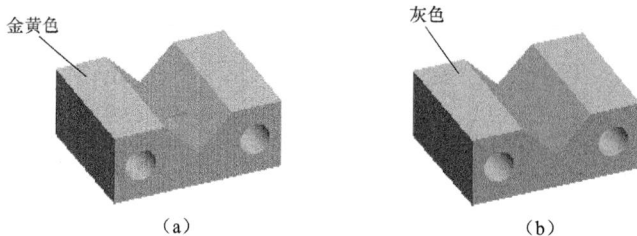

金黄色   灰色

（a）   （b）

图 10-20 "默认"约束

（a）约束前；（b）约束后

10.3.2　装配的重复操作

在装配过程中需要重复一个相同的元件装配时，可以利用其规律性进行一些快捷操作，方式主要有装配阵列、重复和复制。Pro/ENGINEER Wildfire 5.0 对组件中元件的处理方式和它对元件中特征的处理方式一样。因此，在"组件"模式下使用元件操作命令的方式可与在"零件"模式下使用特征操作命令的方式相同。一些元件操作可通过"编辑"→"元件操作"命令完成，而另一些元件操作则通过鼠标右键单击"模型树"中的元件，然后在弹出的快捷菜单中选取相应的命令来完成。

1. 阵列装配

阵列装配功能是针对重复出现的元件或子组件且其装配位置具有规律性情况的，如螺栓与孔的组合。其操作方法与"零件"模式下的阵列特征的原则相同，需先单击元件后才可以执行"阵列"命令。

根据装配时的约束可以进行不同形式的阵列装配。若装配时使用"匹配"、"对齐"约束并有偏移量，则可利用参照尺寸进行尺寸、表格、填充等阵列。若无任何装配尺寸参照，则只能使用填充式阵列。要注意的是进行参照阵列时需将元件装配到具有阵列特征的元件中。

（1）尺寸型元件阵列。如图 10-21 所示，小方块组合到平板时使用了此重复操作方式，并以 1 次"配对"和 2 次"偏距"方式装配，增量分别为 50、10。以此两偏移量作为阵列的两个方向的驱动尺寸产生 6×4 共 24 个元件，如图 10-22 所示。

图 10-21　偏距尺寸　　　　　　　　　　　　图 10-22　　阵列元件

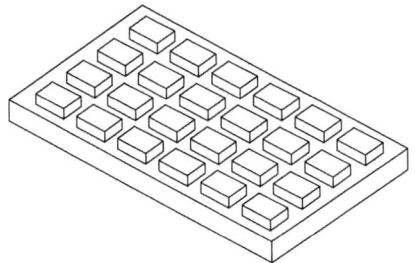

（2）参照型元件阵列。如图 10-23 所示，圆盘上共有 10 个螺纹孔需要安装螺钉，且 10个孔是阵列得到，则可在原始孔上按照一般约束方式完成第一个螺钉的装配。然后选取螺钉元件执行阵列，操控面板自动地设为"参照"形式，直接单击操控面板中的按钮✔即可完成余下的 9 个螺钉元件的阵列，如图 10-24 所示。

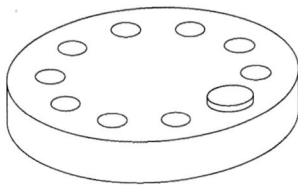

图 10-23　实例模型　　　　　　　　　　图 10-24　阵列元件

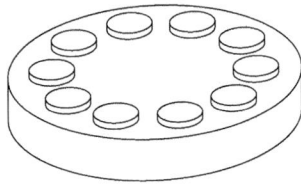

若修改圆盘上的孔数为 4 个，经再生模型后，组件中的螺钉元件的数目也会随之变更为4 个。

2. 重复

（1）以图 10-23 中的装配件为例，先在某孔中装好一个元件。

（2）在模型树中选择刚装配好的元件，单击菜单"编辑"→"重复"命令弹出"重复元件"对话框，如图 10-25 所示。

（3）选取"可变组件参照"要改变的约束类型，这里只要选择轴线对齐就行。

（4）单击"添加"按钮，依次选取新的参照，从而快速重复插入元件，如图 10-26 所示。

图 10-25　"重复元件"对话框

3. 复制

选择"编辑"→"元件操作"菜单命令打开"元件"菜单项，使用"复制"命令可以一次产生数个元件。"复制"有"平移"和"旋转"两种类型。

与"零件"模式下最大的不同在于组件模式是以坐标系的三轴向为参考方向的，因此最多只有三种复制方向（X/Y/Z），并可

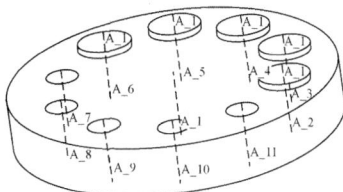

图 10-26　重复元件

同时选取单一或多个元件进行复制，且产生的元件都独立，故可删除任一元件。执行"复制"命令后，需根据提示先选定坐标系，然后进行其他的操作。

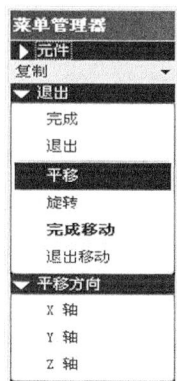

图 10-27　元件复制菜单

（1）平移复制——针对直线装配。在"元件操作"菜单管理器中执行"复制"→"选用 ASM_DEF_CSYS 坐标系"→选取复制元件→"确定"→"平移"（见图 10-27）→"X 轴"→"40"→"完成移动"→"5"（个）→"完成"操作，如图 10-28 所示。操作过程中根据信息提示区的提示输入以上相关参数。

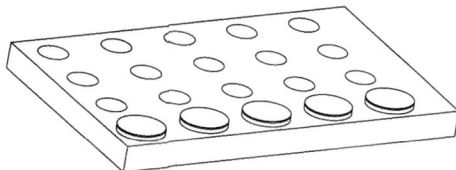

图 10-28　X 方向复制 5 个元件

（2）旋转复制——针对圆弧形装配。在"元件操作"菜单管理器中执行"复制"→"选用 ASM_DEF_CSYS 坐标系"→选取复制元件→"确定"→"旋转"（见图 10-29）→"Y 轴"→"36"（度）→"完成移动"→"6"（个）→"完成"操作，如图 10-30 所示。操作过程中根据信息提示区的提示输入以上相关参数。

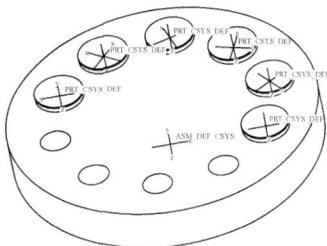

图 10-29　Y 方向旋转 36°

图 10-30　复制后的元件

10.3.3　爆炸图

爆炸图也叫装配分解图，就是将装配的各零部件沿直线或坐标轴偏移或旋转。分解状态对于表达各元件的相对位置十分有帮助，从而经常用来表达装配体的构成及装配过程。

1. 分解视图

为了能明确组件中各元件的相对位置，可以利用"分解"命令来分解元件，如图 10-31 所示。

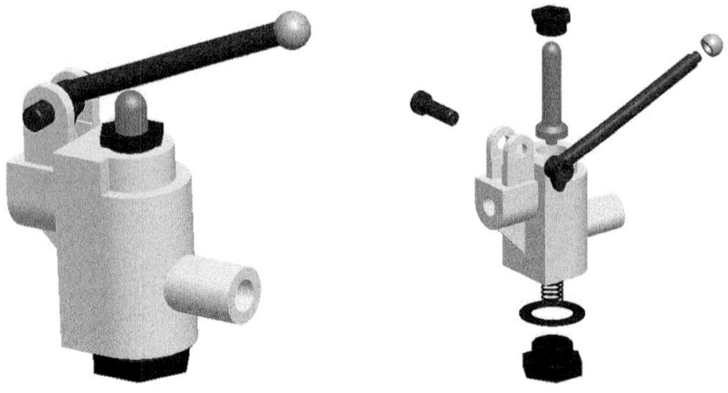

(a)　　　　　　　　　　　　　　(b)

图 10-31　"分解视图"实例

(a) 分解前；(b) 分解后

图 10-32　"视图管理器"

组件的分解视图将模型中每个元件与其他元件分开表示。单击"视图管理器"对话框中的"分解"选项卡，创建分解视图，如图 10-32 所示。具体来说，可执行下列操作。

（1）打开和关闭元件的分解视图。

（2）更改元件的位置。

（3）创建分解线。

可以为每个组件定义多个分解视图，并可随时使用其中任意一个已保存的分解视图，还可以为组件的每个绘图视图设置一个分解状态。

2. 分解规则

使用分解视图时，需注意下列规则。

（1）如果在组件范围内分解组件的话，则组件的子组件中的元件不会自动分解。

（2）所有组件均具有一个默认分解视图，该视图是在"放置"条件下规范创建的。

（3）与分解相关的功能都在"视图"→"分解"菜单中，如图 10-33（a）所示。"视图"菜单"分解"命令下的"分解视图"命令可切换模型的显示，"分解视图"命令执行"炸"开元件的操作。当执行完"分解视图"命令后，再次打开"视图"→"分解"菜单命令，则出现"取消分解视图"命令，如图 10-33（b）所示。

对于每个组件，系统会根据使用的约束产生默认的"分解视图"，但是默认的"分解视图"通常无法贴切地表现出各个元件的相对方位，故必须自选使用"编辑位置"修改分解的位置。

（a）　　　　　　　　　　　　　　　（b）

图 10-33　"分解视图"与"取消分解视图"

（a）分解前；（b）分解后

3. 分解位置

执行如图 10-33 所示菜单中的"视图"→"分解"→"编辑位置"命令，系统弹出"编辑位置"操控面板，如图 10-34 所示。其中按钮 □→ 为"平移"按钮，可以直接用鼠标拖拉元件到适当的位置。按钮 ↺ 为"旋转"按钮，按钮 □ 为"视图平面"按钮。

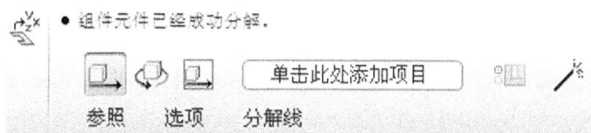

图 10-34　"编辑位置"操控面板

"平移"的两种基本方法如下。

（1）手动平移。在使用"平移"按钮移动元件时，需要定义"要移动的元件"和"移动参照"项，如图 10-35（a）所示。在绘图区直接点选模型为要移动的元件，该元件坐标系会亮显，选择 X 轴为移动参照，如图 10-35（b）所示，则可在此方向上自由移动元件。

（a）　　　　　　　　　　　　　　（b）

图 10-35　手动平移

（a）"参照"下滑面板；（b）移动轴向选择

（2）复制位置。要使得两个元件的分解位置完全相同，可以先处理好其中一个元件的分解，如图 10-36 所示，然后使用"复制位置"功能将其他元件的分解位置与其保持一致，如图 10-37 所示。

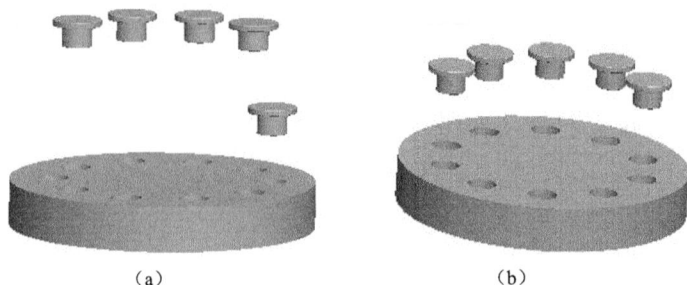

(a)　　　　　　　　　　　　　　　　　　　(b)

图 10-36　复制分解位置
（a）复制前的位置；（b）复制后的位置

具体操作过程为：打开"编辑位置"操控面板中的"选项"下滑面板，单击按钮 ▭复制位置▭，系统弹出"复制位置"对话框。在"要移动的元件"下的选项中选择要移动的元件，在"复制位置自"的选项中选择目标元件，然后单击"应用"按钮，如图 10-37 所示。

4. 分解线

通过分解线可以了解分解视图中每个元件装配的相对位置，增加图面的易读性。同样可在"编辑位置"操控面板打开"分解线"下滑面板。它主要包含三项功能：创建分解线、编辑分解线、删除分解线，如图 10-38 所示。

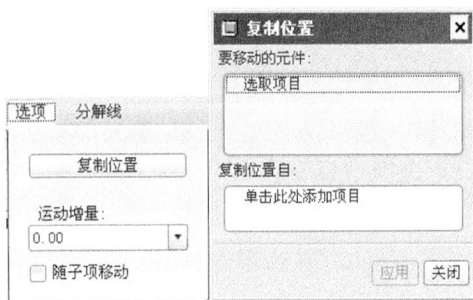

图 10-37　"复制位置"对话框　　　　　　　　图 10-38　"分解线"下滑面板

（1）创建分解线。单击按钮 ✎ 后系统会弹出如图 10-39 所示的对话框，通过选取边/曲线/轴的方式先在"参照 1（1）"项中选择一个元件的轴线，再在"参照 2（2）"项中选择另一个元件的轴线。最后单击"应用"按钮，创建连接参照 1、2 的分解线，如图 10-40 所示。

（2）编辑分解线。分解线的样式可以进行修改，单击如图 10-38 所示的按钮 ✎ 或"编辑线造型"按钮，按照提示在分解图中选择要变更的分解线，可单独修改分解线的样式。若要设置默认的分解线样式则单击图 10-38 中的"默认线造型"命令，系统弹出如图 10-41 所示的对话框，提供有多种线体可选择，并可设置"线型"和"颜色"。

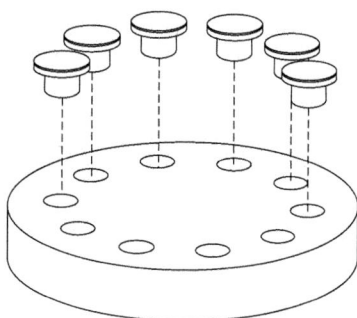

图 10-39　"修饰偏移线"对话框　　　　　　　图 10-40　创建的分解线

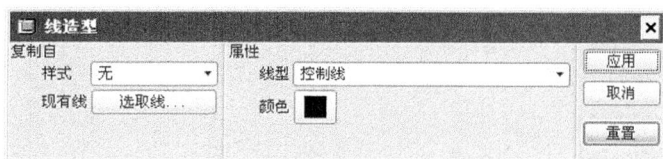

图 10-41　"线造型"对话框

5. 保存分解视图与多个分解视图

若希望下次打开文件时看到同样的分解视图，则需要使用"视图管理器"保存已分解好的视图。如果有多个分解视图，则需使用"视图管理器"来创建、保存并管理多个分解视图。

保存分解视图和多个分解视图的步骤如下。

（1）单击"视图管理器"按钮 🔲，弹出"视图管理器"对话框，选中"分解"选项卡，如图 10-42（a）所示。

（2）单击"新建"按钮，创建新的分解视图，输入视图的"名称"。

（3）单击"属性"按钮，进入如图 10-42（b）所示的状态，创建分解视图。

（4）单击如图 10-42（b）所示窗口中的"编辑分解位置"按钮 ⚙，弹出如图 10-34 所示的"编辑位置"操控面板，此时可以设定各元件的分解位置。

（a）　　　　　　　　　　　　　　（b）

图 10-42　"视图管理器"对话框

（a）"分解"选项卡；（b）切换按钮未激活状态

（5）选择单个元件时，按钮 被激活，它可以切换单个元件分解前、后的状态。选择按钮 时，它可以切换整个装配体的分解前、后的状态。如图 10-43 所示。

（6）单击按钮 进入如图 10-44 所示的窗口。然后单击"新建"按钮，按照步骤（2）～（6）的操作步骤创建第二个分解视图，依次类推可创建多个分解视图。

（7）完成后可以使用如图 10-45 所示窗口中的"编辑"下拉菜单，在不同的分解视图中切换显示不同的分解状态。也可使用"编辑"下拉列表对分解视图进行移除、重定义、复制和重命名等修改。

图 10-43　切换按钮激活状态　　　图 10-44　新建"分解"视图　　　图 10-45　"编辑"分解视图

10.3.4　其他操作

1. 重命名

组件、子组件、元件的文件名变更，需按照一定的步骤操作才不会出现问题，而最常见的问题是打开组件后无法检索其中的元件。

由于组件文件（*.asm）只记录子组件、元件所使用的约束等信息，并不保存元件文件，所以如果错误地变更文件的文件名，在打开组件时就会发生找不到元件的情况。

选择"文件"→"重命名"命令，弹出"重命名"对话框，如图 10-46 所示，确认"模型"中显示的文件名，输入新名称，然后单击"确定"按钮即可。

图 10-46　"重命名"对话框

若要更改其他元件或子组件名称，则可单击按钮 ，再单击"选取"命令，在绘图区或模型树中单击重命名的元件，然后输入名称，最后单击"确定"按钮即可。选中"在磁盘上和会话中重命名"单选按钮，这样在磁盘中与操作阶段中都会重命名。这样操作的优点是新、旧版本的文件名都会自动变更。

2. 保存副本

保存副本的方法为选择"文件"→"保存副本"命令，打开"保存副本"对话框，输入文件名，然后单击"确定"按钮进入"组件保存为一个副本"对话框，如图 10-47 所示。

若要在保存副本的同时对元件的文件名也一起重命名保存，则可选择要重命名的元件文件右侧的"重新使用"选项，打开其下拉菜单后选择"新名称"选项，接着单击右侧的文件名，然后输入新文件名即可，如图 10-48 所示。完成名称的修改后单击"保存副本"按钮即可保存零组件。若选择"重新使用"选项，则回到初始状态。

图 10-47 "组件保存为一个副本"对话框

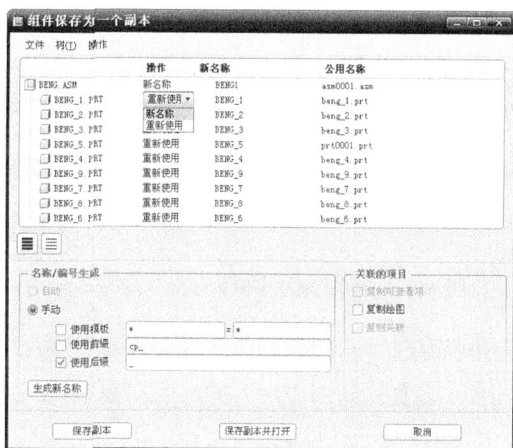

图 10-48 "新名称"设置对话框

3. 元件显示设置

若元件的数目过多，或者某个元件会遮挡要进行操作的元件时，可以对妨碍视线的元件实行"隐藏"以方便组件装配时的观察。在"装配"环境中有两种最基本的隐藏元件的方式——"隐含"和"隐藏"。方法为单击元件后按鼠标右键，弹出如图 10-49 所示快捷菜单，在其中进行操作。

两者的区别如下：

"隐含"是将元件暂时从组件中去掉，执行编辑模型时系统不会计算此元件（进行干涉分析）。要恢复时需要单击"编辑"菜单中的"恢复"命令使元件再显示。优点为可以减少系统的负担。

"隐藏"为不显示元件，但编辑模型时仍会计算元件（进行干扰分析，有干涉，将会显示）。要恢复时直接在模型树中的灰色元件上按鼠标右键，打开快捷菜单后选择"取消隐藏"命令，即可再度显示元件。

另一种更方便的方法是利用"视图管理器"对话框中的"样式"选

图 10-49 快捷菜单

项卡。单击"属性"按钮，会新增一排显示按钮，如图 10-50 所示。单击显示按钮，即可对单独的一个元件设置显示状态。

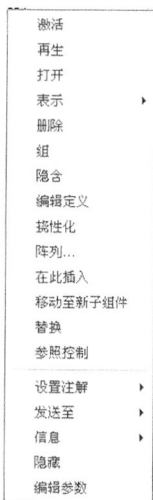

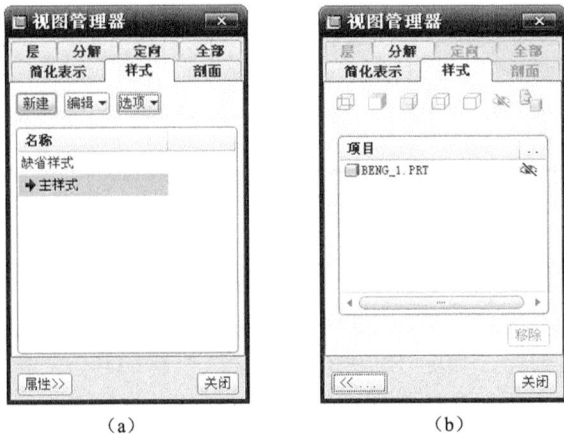

（a）　　　　　　　　（b）

图 10-50　"视图管理器"显示设置

（a）显示状态设置前；（b）显示状态设置后

10.4　元 件 装 配 实 例

10.4.1　装配图的制作

下面通过一个实例来讲述虚拟装配的过程。本实例是机械工程设计中常用的泵体组件，完成后的效果如图 10-51 所示，油泵装配的具体操作步骤如下。

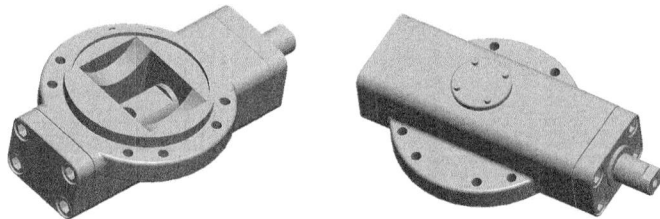

图 10-51　完成后的泵体组件

单击"文件"→"设置工作目录"菜单命令，将下载文件 PROEZP1 设置到工作目录中。

（1）单击"文件"→"新建"菜单命令，或者单击"文件"工具栏上的"新建"按钮，打开"新建"对话框。

（2）选中"新建"对话框中的"组件"单选按钮，保持"设计"子类型单选按钮的默认选中状态，在"名称"文本框中输入组件的名称，取消对"使用默认模板"复选框的默认选中状态，单击"确定"按钮，打开"新文件选项"对话框。

（3）在列表框中选中 mmns_asm_design 选项，单击"确定"按钮进入组件模式。

（4）单击"特征"工具条上的"装配"按钮，系统弹出"打开"对话框，选择 ybzp1.prt 元件，单击打开窗口中的"预览"按钮，打开预览功能，如图 10-52 所示。可以使用预览功能来插入想要插入的元件，当一个组件包含的元件个数较多时，往往记不清元件的具体名称，此时可以使用该预览功能来帮助寻找想要插入组件中的元件。

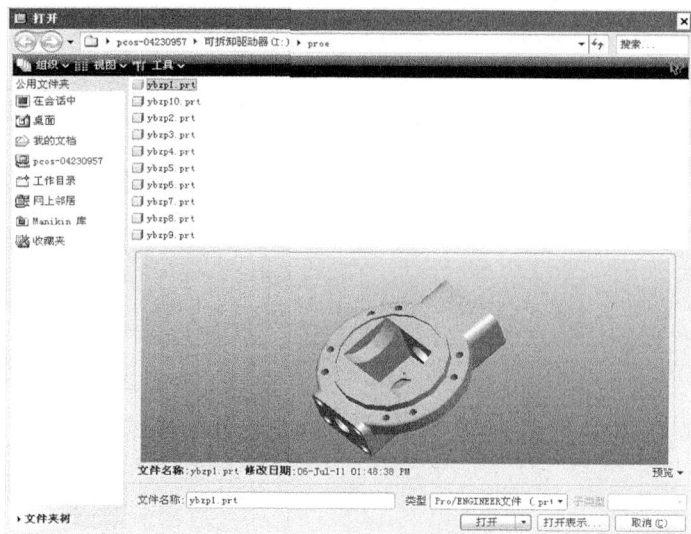

图 10-52 打开预览功能

（5）单击"打开"窗口中的"打开"按钮，将该元件插入到装配设计环境中，如图 10-53 所示。

（6）单击操控面板中的"放置"按钮，打开"放置"下滑面板。单击"放置"下滑面板中的"约束类型"下拉列表框，选择"默认"选项，将该元件设置为装配基础。此时，"放置"下滑面板中的状态项中将显示完全约束，如图 10-54 所示，此时该元件已经处于完全约束状态。单击按钮 ✔，装配结束。

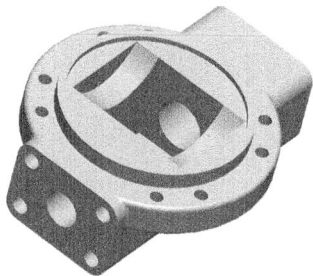

图 10-53 插入的元件

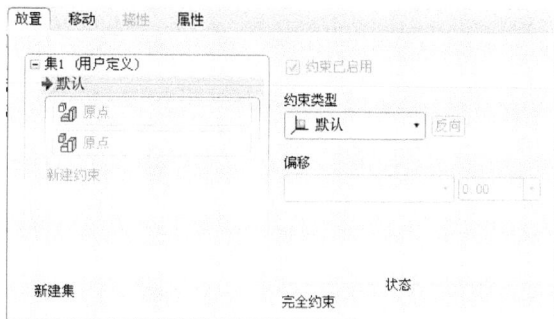

图 10-54 "放置"下滑面板

（7）单击"特征"工具栏上的"装配"按钮 ，打开"打开"对话框，选择 ybzp5.prt 元件，单击"打开"按钮，将选中元件插入到"组件"环境中，如图 10-55 所示。

（8）首先在"自动"状态下单击 ybzp5.prt 元件的 TOP 面和 ybzp1.prt 元件的 ASM-FRONT 面。然后单击操控面板中的"放置"按钮，打开"放置"下滑面板。单击"新建约束"选项，再单击下滑面板中的"约束类型"下拉列表框，在下拉列表中选择"对齐"选项。依次选中 ybzp5.prt 元件的轴 A-1 和 ybzp1.prt 中心轴 A-22，此时将出现选中标识，如图 10-56 所示。

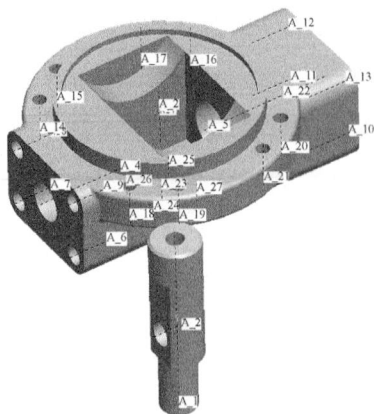

图 10-55　插入元件　　　　　　　　图 10-56　约束参照标识

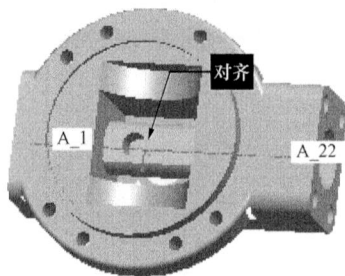

单击"放置"下滑面板中的"新建约束"选项，并单击"约束类型"下拉列表框，在下拉列表中选择"配对"选项。依次选中元件轴的台肩和 ybzp1.prt 的槽的端面，如图 10-57 所示。选中结束后如图 10-58 所示。

图 10-57　定义配对　　　　　　　　图 10-58　对齐的约束

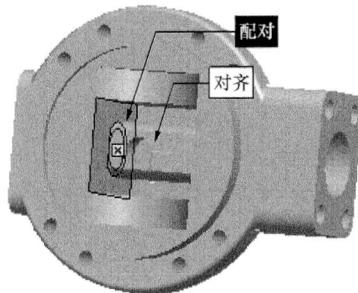

此时"放置"下滑面板中已经提示此元件处于完全约束状态，如图 10-59 所示。单击按钮✔，将元件插入，完成后的效果如图 10-60 所示。

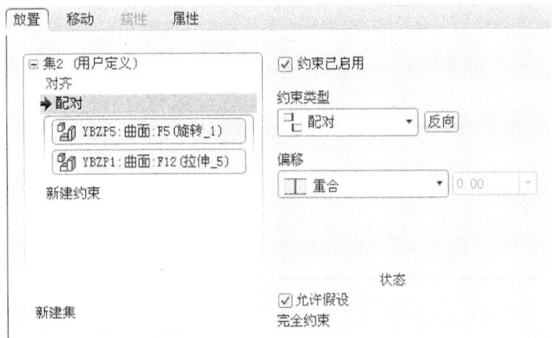

图 10-59　完成约束后的放置下滑面板　　　　　　图 10-60　装配元件

（9）单击"特征"工具栏上的"装配"按钮 🖼，单击"打开"对话框，选择 ybzp6.prt 元件，单击"打开"按钮，将选中元件插入到"组件"环境中。单击操控面板中的"放置"

按钮，打开"放置"下滑面板。在"约束类型"下拉列表框中选择"对齐"选项，依次选择 ybzp6.prt 元件的轴 A-1 和 ybzp1.prt 中心轴 A-22，此时两轴线上将出现选中标识，如图 10-61 所示。若放置位置不适合进行面的选择，选择如图 10-62 所示。"移动"下滑面板进行轴向移动以调整元件位置。

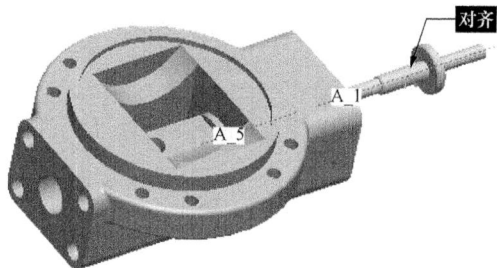

图 10-61   对齐的约束

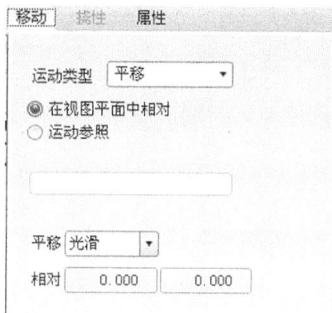

图 10-62   "移动"下滑面板

单击"放置"下滑面板中的"新建约束"选项，单击"约束类型"下拉列表框，在下拉列表中选择"配对"选项。依次选中 ybzp6.prt 轴肩端面和 ybzp5.prt 轴肩端面，此时在图上将显示出约束参照标识，如图 10-63 所示。"放置"下滑面板中将显示所选择面，如图 10-64 所示。此时"放置"下滑面板中已经提示此元件处于完全约束状态，单击按钮✔，将元件插入，完成后的效果如图 10-65 所示。

图 10-63   定义端面配对约束

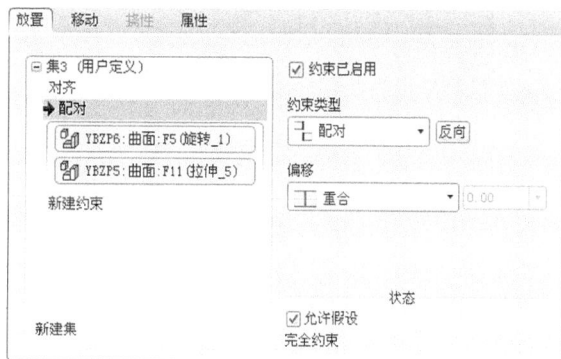

图 10-64   定义端面匹配约束

（10）单击"特征"工具条上的"装配"按钮，单击"打开"对话框，选择 ybzp7.prt 元件，单击"打开"按钮，将选中元件插入到"组件"环境中。在"放置"下滑面板中单击"新建约束"项，使用"对齐"的约束类型完成弹簧的轴向定位。因为弹簧没有轴显示，因此使用面与面对齐的方式使其轴对齐。选择弹簧的 FRONT 与 ybzp1.prt 元件的 FRONT "对齐"项。选择弹簧的 RIGHT 与 ybzp1.prt 元件的 RIGHT "对齐"项，如图 10-66 和图 10-67 所示。

图 10-65   装配后的效果

图 10-66　面与面对齐

图 10-67　定义面与面对齐约束

单击操控面板中的"放置"按钮，单击"放置"下滑面板中的"新建约束"选项，单击下滑面板中的"约束类型"下拉列表框，在下拉列表中选择"配对"选项。依次选中套件的轴肩的端面和弹簧元件的平面，此时两平面上将出现选中标识，如图 10-68 所示。此时"放置"下滑面板中已经提示此元件处于完全约束状态，单击按钮 ✔，将元件插入，完成后的效果如图 10-69 所示。

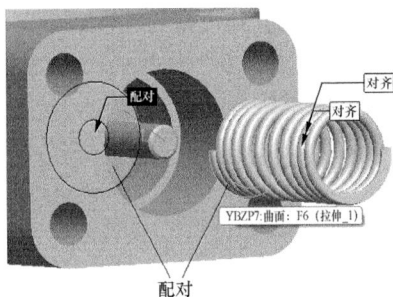

图 10-68　弹簧平面与轴肩配对

图 10-69　装配后的效果

（11）单击"特征"工具栏上的"装配"按钮 ，单击"打开"对话框，选择 ybzp8.prt 元件，单击"打开"按钮，将选中元件插入到"组件"环境中，如图 10-70 所示。单击操控面板中的"放置"按钮，打开"放置"下滑面板。单击放置下滑面板中的"约束类型"下拉列表框，在下拉列表中选择"配对"选项。依次选中弹簧的平面和 ybzp8 元件的大孔端面，此时两平面上将出现选中标识，如图 10-70 所示。

单击放置下滑面板中的"新建约束"选项，并单击"约束类型"下拉列表框，在下拉列表中选择"对齐"选项。依次选择 ybzp1 元件的 A-22 轴和 ybzp8 元件的 A-1 轴，图上将显示出约束参照标识，如图 10-70 所示。

此时"放置"下滑面板中已经提示此元件处于完全约束状态，单击按钮 ✔，将元件插入，完成后的效果如图 10-71 所示。

（12）单击"特征"工具栏上的"装配"按钮 ，单击"打开"对话框，选择 ybzp4.prt 元件，单击"打开"按钮，将选中元件插入到"组件"环境中，如图 10-72 所示。

单击操控面板中的"放置"按钮，打开"放置"下滑面板。单击"放置"下滑面板中的"约束类型"下拉列表框，在下拉列表中选择"配对"选项。依次选中 ybzp4.prt 元件的内面（沉头孔的小孔面）和 ybzp1.prt 元件的外端面，此时两平面上将出现选中标识，如图 10-72 所示。

图 10-70　定义面与面配对约束

图 10-71　装配后的效果

单击"放置"下滑面板中的"新建约束"选项，并单击"约束类型"下拉列表框，在其中选择"对齐"选项。依次选中 ybzp4.prt 孔轴线和 ybzp1.prt 元件的孔轴线（ybzp4.prt 的 A-6 轴和 ybzp1.prt 元件的 A-10 轴，以及 ybzp4.prt 的 A-8 轴和 ybzp1.prt 元件的 A-12 轴）两次，图上将显示出约束参照标识，如图 10-72 所示。

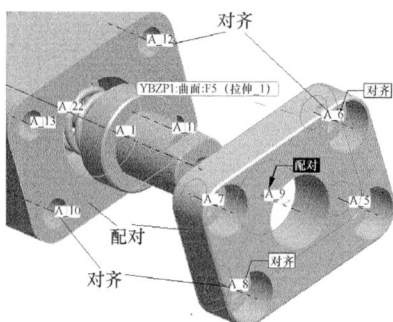

图 10-72　定义配对与对齐约束

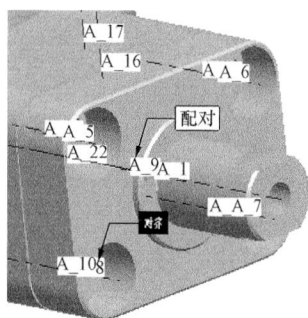

图 10-73　约束后的效果

此时"放置"下滑面板中已经提示此元件处于完全约束状态，单击按钮 ✔，完成后的效果如图 10-73 所示。

（13）单击"特征"工具栏上的"装配"按钮 ，单击"打开"对话框，选择 ybzp2.prt 元件，单击"打开"按钮，将选中元件插入到"组件"环境中。利用 ybzp2.prt 的 A-1 轴和 ybzp4.prt 的 A-7 轴"对齐"装配、再用 ybzp2.prt 的肩端面与 ybzp4.prt 孔的沉头肩端面"配对"装配，如图 10-74 所示。完成后的效果如图 10-75 所示。

图 10-74　"对齐"、"配对"选项进行装配

图 10-75　装配后的效果

（14）利用"阵列"命令完成 4 个螺钉的装配。选中螺钉，单击"编辑"→"阵列"命令，打开阵列操控面板，选择"方向"项，如图 10-76 所示。其他选择如图 10-77 所示。单击按钮 ✔，完成后的效果如图 10-78 所示。

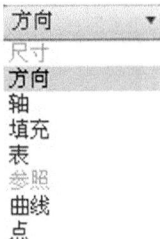

图 10-76   阵列方式   图 10-78   阵列后的效果

图 10-77   方向的参数值

（15）利用步骤（12）的装配方法完成 ybzp3.prt 元件的装配。依次选中 ybzp3.prt 元件的内面(沉头孔的小孔面)和 ybzp1.prt 元件的外端面进行"配对"装配，再依次选中 ybzp3.prt 孔轴线和 ybzp1.prt 元件的孔轴线(ybzp3.prt 的 A-8 轴和 ybzp1.prt 元件的 A-9 轴，以及 ybzp3.prt 的 A-6 轴和 ybzp1.prt 元件的 A-7 轴）两次进行"对齐"装配，如图 10-79 所示。

（16）利用步骤（13）的装配方法完成 ybzp2.prt 元件的装配。利用 ybzp2.prt 的 A-1 轴和 ybzp3.prt 的 A-7 轴"对齐"装配、再用 ybzp2.prt 的肩端面与 ybzp3.prt 孔的沉头肩端面"配对"装配，如图 10-80 所示。

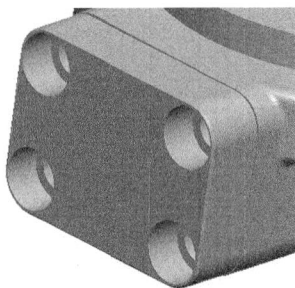

图 10-79   装配后的效果   图 10-80   螺钉装配后的效果

（17）利用"重复"装配完成 4 个螺钉的装配。选中螺钉，选择"编辑"→"重复"命令，打开"重复元件"对话框，在"可变组建参照"项下面选择"对齐"→"添加"选项，如图 10-81 所示。选择 ybzp3.prt 元件另外的孔的轴。单击"确定"按钮，完成后的效果如图 10-82 所示。

（18）利用步骤（12）的装配方法完成 ybzp9.prt 元件的装配。选中 ybzp9.prt 元件的端面和 ybzp1.prt 元件的外表面进行"配对"装配，再依次选中 ybzp9.prt 孔轴线和 ybzp1.prt 元件的孔轴线(ybzp9.prt 的 A-3 轴和 ybzp1.prt 元件的 A-27 轴，以及 ybzp9.prt 的 A-4 轴和 ybzp1.prt 元件的 A-26 轴）两次进行"对齐"装配。效果如图 10-83 所示。

图 10-81 "重复元件"对话框

图 10-82 重复装配后的效果

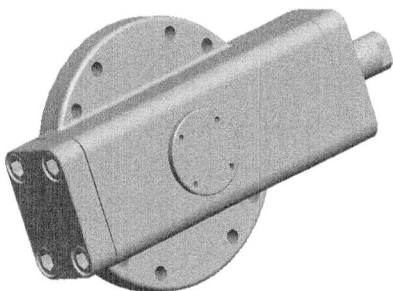

（19）利用步骤（13）的装配方法完成 ybzp10.prt 元件的装配。利用 ybzp10.prt 的 A-1 轴和 ybzp9.prt 的 A-2 轴"对齐"装配、再用 ybzp10.prt 的肩端面与 ybzp9.prt 外端面"配对"装配，如图 10-84 所示。

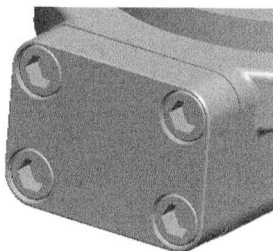

图 10-83 装配后的效果

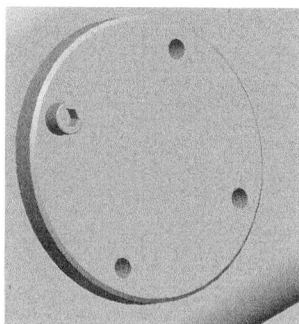

图 10-84 装配后的效果

（20）利用"复制"装配完成 4 个螺钉的装配。选择"编辑"→"元件操作"命令，打开"元件"菜单管理器，选择"复制"选项，如图 10-85 所示。依次执行"复制"→"选用 PRT_CSYS_DEF 坐标系"（见图 10-86）→选取复制元件→"确定"→"旋转"（见图 10-87）→"Y轴"→"90"（度）→"完成移动"（见图 10-88）→"4（个）"→"完成"操作，如图 10-89 所示。操作过程中根据信息提示区的提示输入以上相关参数。

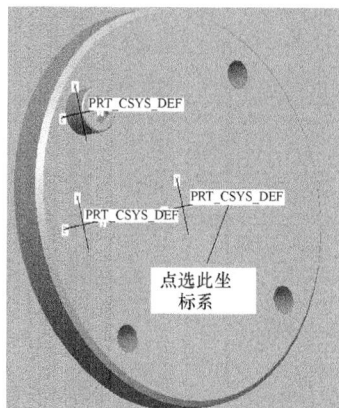

图 10-85 "元件"菜单管理器（一）

图 10-86 装配后的效果

图 10-87 "元件"菜单管理器（二）

（21）完整的装配图。如图 10-90 所示为元件总装配图。

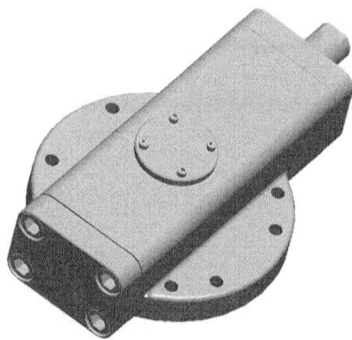

图 10-88　"元件"菜单管理器"（三）　图 10-89　复制装配后的效果　　图 10-90　元件总装配图

10.4.2　爆炸图的制作

首先打开装配文件 asm0001.asm。如图 10-91 所示，依次单击主菜单的"视图"→"分解"→"分解视图"命令，得到如图 10-92 所示的默认爆炸图，但此时的爆炸图显得有些凌乱。

如图 10-93 所示，再次依次选择主菜单的"视图"→"分解"→"编辑位置"命令，弹出"编辑位置"操控面板，如图 10-94 所示。

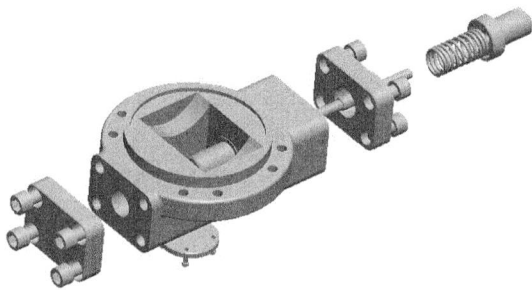

图 10-91　"视图"菜单

图 10-92　装配默认爆炸图

选择按钮 分解线 ，再单击按钮 默认线造型 。弹出如图 10-95 所示的"线造型"对话框。设置好合适的线型及颜色，单击"应用"按钮后退出。

通过"编辑位置"操控面板可以手动方式调整分解的状态。主要用"平移"选项，图标为 。可以直接用鼠标拖拉元件到适当的位置。当选中某个元件时，会出现该元件的坐标系，只要沿着该坐标系的粗红色轴拖动，该元件就会沿红色轴移动。根据实际情况，在智能选取栏中选择"轴"选项，如图 10-96 所示。由于 12 个螺钉要等距偏移，因此也要用到按钮 复制位置 。

当各元件分解位置确定好以后，单击"分解视图"项中的按钮 ，弹出"修饰分解线"对话框，如图 10-97 所示分别选取需要表达的元件装配位置以创建分解线。

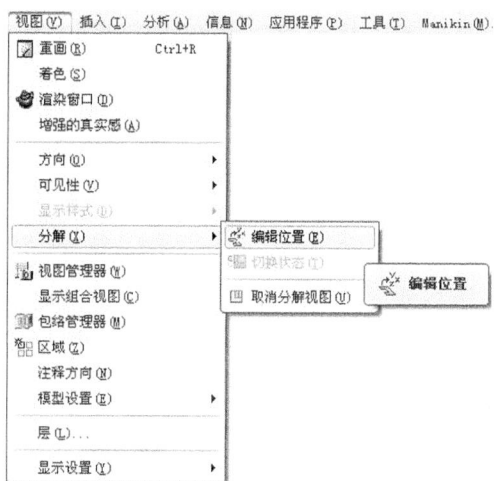

图 10-93　"视图"功能菜单

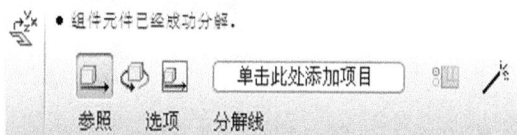

图 10-94　"编辑位置"功能菜单

图 10-95　"线造型"对话框

图 10-96　智能选取栏

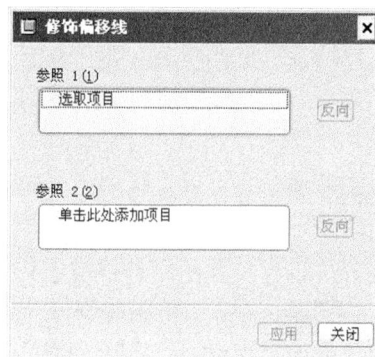

图 10-97　"修饰分解线"对话框

最后的分解状态图如图 10-98 所示。

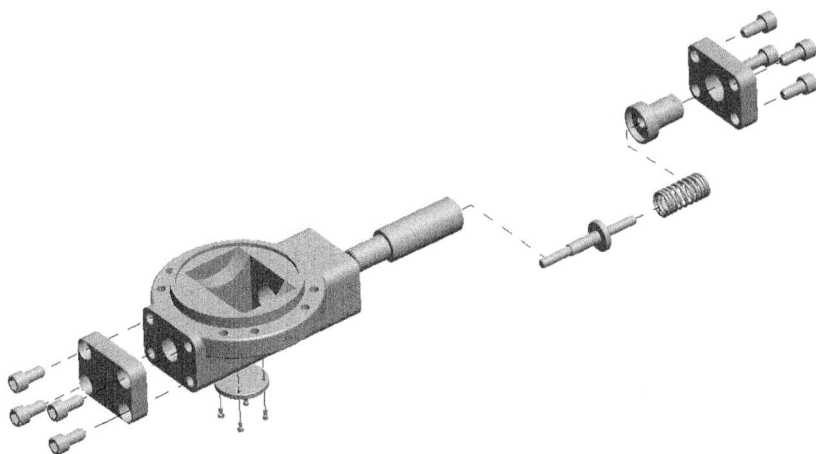

图 10-98　最后分解状态图

第11章 工程图的制作

使用 Pro/ENGINEER Wildfire 5.0 工程图模块（即绘图模块），可以创建所有 Pro/ENGINEER Wildfire 5.0 三维模型的工程图，或导入其他图形系统建立的工程图文件。Pro/ENGINEER Wildfire 5.0 的工程图模块具有丰富的功能，不但可以完成基本的图形绘制工作，而且由于采用了单一数据库的参数化设计理念，具有很好的图形相关性，即如果改变某一个视图的尺寸，则系统相应的更新该工程图中相关的其他视图。另外，Pro/ENGINEER Wildfire 5.0 工程图还与其父模型相关，更改工程图后父模型会自动反映对工程图所做的任何尺寸更改。这样就大大避免了由于误操作或疏忽造成的图形线条缺失或者重新完成三维模型而造成可能错误。与其他优秀的绘图软件一样，Pro/ENGINEER Wildfire 5.0 的工程图模块也可以对绘图进行注释，编辑绘图中的尺寸、标题栏及组件图的零件报表，也可以使用层对绘图中的不同项目进行管理。

11.1 工程图基础知识

制作工程图时，可以直接调用 Pro/ENGINEER 软件提供的多种格式的标题栏和图框。在工程图模块中，可以为零件或装配体模型建立多个表达视图，如剖视图、局部视图及辅助视图等，并且可以自动显示零件模型所包含的尺寸参数。

在工程图模块中，工程图的制作环境是通过工程图配置文件来控制，主要包括文本高度、箭头大小、箭头类型、公差显示及单位等。在 Pro/ENGINEER Wildfire 5.0 软件中，工程图的配置文件有两种，一种是图纸的配置文件，指定了图纸的通用特性，如文本高度、文本方向、几何公差标准、制图标准及箭头长度等；另一种是图纸格式的配置文件，对工程图的图纸并不发生作用，而主要用于定义标题栏、边框等。

Pro/ENGINEER Wildfire 5.0 软件中，对于工程图的常用配置选项一般都设置了默认值，并以文件形式将其保存在 Pro/ENGINEER Wildfire 5.0 软件安装目录的 text 目录中，分别为 din.dtl、iso.dtl 和 jis.dtl 三种标准形式（中国多采用 iso.dtl）。当然，Pro/ENGINEER Wildfire 5.0 软件允许用户自行定义多个工程图配置文件，以根据不同的需要调用不同的配置文件。定义工程图配置文件后，可利用软件配置文件 config.pro 来指定工程图配置文件的路径及名称。如果没有自行指定，软件将采用默认的配置文件。通常情况下，应在启动 Pro/ENGINEER Wildfire 5.0 之前进行配置文件设置。用户可定制现有的绘图设置文件，或者根据细节处理要求创建新绘图设置文件。

Pro/ENGINEER Wildfire 5.0 软件提供了符合我国制图标准第一角投影法的配置选项，其配置文件允许用户修改。

例如，要制作符合第一角投影画法的 cns_cn.dtl 文件，方法有如下两种。

1. 方法一

（1）创建或打开绘图后，选择"文件"→"绘图选项"菜单命令，打开"选项"对话框，如图 11-1 所示。

（2）选中 projection_type 选项，在"值"的下拉列表框中选择 first_angle，代表第一角投影。使用"添加/更改"按钮更改选项，如图 11-2 所示。

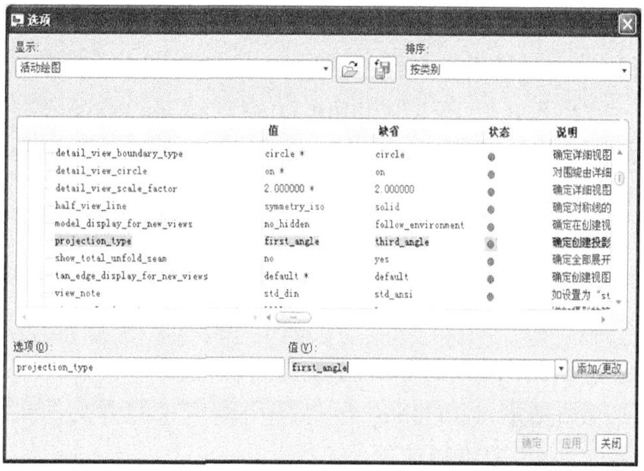

图 11-1　"文件"→"绘图选项"

图 11-2　"选项"对话框

（3）单击按钮 对配置文件进行保存。

2．方法二

（1）使用 Windows 的记事本程序打开安装路径 \ text 目录下的 cns_cn.dtl 文件。

（2）查找到 projection_type 选项，将 third_angle 改为 first_angle。

（3）保存，退出。

如果要定制现有的绘图设置文件，单击按钮 并浏览到安装路径 \ text 目录下相应的 dtl 文件，根据需要编辑修改相应的选项后，单击"应用"按钮，软件将用新的设置文件选项值更新绘图。单击按钮 并输入文件名后可保存该配置文件。

注意，如果新设置选项未在绘图中立即更新，可执行以下操作之一：

（1）选择菜单命令"视图"，单击"重画"按钮。

（2）单击图标按钮区的"重画"按钮。

（3）选择 "视图"→"更新"→"当前页面"菜单命令。

绘图模式的配置文件可通过"工具"→"选项"菜单命令的设置来定制适合自己的工程图工作环境，其中的设置包括工程图的视角、尺寸单位、各种元素的样式和大小等。

几个关键性的配置选项如下。

Projection_type first angle / third angle．我国国标规定工程图为第一视角投影关系。

Drawing _units．设置绘图单位，如 mm 和 inch 等，我国国标规定工程图默认单位为 mm。

Dual_dimensioning．是否同时显示两个单位的尺寸。

Dual_secondary _units．第二尺寸单位。

11.2　config.pro 文件中的常见配置内容

config. pro 文件可以保存到两个位置，即 Pro/ENGINEER Wildfire 5.0 软件安装路径中的 text 目录或 Pro/ENGINEER Wildfire 5.0 的默认工作目录中。还可以将 config.pro 文件的扩展名.pro 更名为.sup，config.sup 文件用于创建特定项目的定制配置文件，此举强制 Pro/ENGINEER 使用此项设置数据，即使再读取 config. pro 的文件中有不同的参数也无法改写。

Pro/ENGINEER Wildfire 5.0 启动搜索的顺序依次是 Pro/ENGINEER Wildfire 5.0 启动目录（启动 Pro/ENGINEER Wildfire 5.0 的当前或工作目录）、安装目录和注册目录（注册 ID 的主目录）。

config.pro 文件中的常见配置内容如下。

（1）配置文件路径。

drawing_setup_file：　指定绘图配置文件（*.dtl），最好是绝对路径。

system_colors_file：系统配置颜色文件（*.col）。

pro_colormap_path：　　模型外观颜色配置文件路径（*.map，*.dmt）。

（2）相关路径选项。

pro_font_dir：指定字符路径，比如 C:\winnt\font 就可以使用 Windows 字体。

pro_group_dir：指定 udf 库的路径。

pro_library_dir：指定标准件库的路径。

pro_symbol_dir：指定自定义符号库路径。

pro_catalog_dir：指定分类库目录。

trail_dir trail：文件的存放路径（即启动程序生成的*.txt 文件）。

pro_texture_library：指定纹理库路径。

pro_material_di：指定材料库路径。

（3）模板文件。

template_drawing：指定用作默认绘图模板的模型。

template_solidpart：指定用作默认的零件模板的模型。

template_designasm：指定用作默认的组件模板的模型。

（4）单位。

pro_unit_length：指定长度单位系统

pro_unit_mass：指定质量单位系统。

（5）语言界面设置。

menu_translation：设定菜单语言，yes 为中文，n 为英文，both 为中英混合。

help_translation：设定帮助文件语言，yes 为中文，n 为英文，both 为中英混合。

msg_translation：设定提示信息语言，yes 为中文，n 为英文，both 为中英混合。

dialog_translation：设定对话框语言，yes 为中文，n 为英文，both 为中英混合。

（6）几何显示。

tangent_edge_display：设置相切边的显示，建议用 dimmed（灰色线）。

（7）绘图视图。

allow_ move _view _with_ move：允许直接拖动绘图视图。

（8）特征。

allow anatomic feature：一些不常用特征。

autobuildz _enabled：允许使用 autobuildz（自动 2d 转 3d 功能）。

如将 Pro/ENGINEER 软件的默认英制转换成公制设置，可按以下步骤操作。

（1）选择 "工具"→"选项"菜单命令。

（2）在系统弹出的"选项"对话框中选择排序方式为"按类别"。

（3）在选项列表中选择"绘图"类的 drawing_setup_file 选项，将其值改为 cns cn.dtlo。

（4）选择"环境"类中的 pro_unit_length 选项，其值改为 unit_mm，pro_unit_mass 的值改为 unit_gram。

（5）同样方法修改"文件存储和检索"类中下列选项值。

template_designasm 的值改为 mmns_asm_design. asm

template_mold_layout 的值改为 mmns_mold_lay. asm

template_mfgcast 的值改为 mmns_mfg_cast. mfg

template_mfgmold 的值改为 mmns_mfg_mold. mfgtemplate_shee

tmetalpart 的值改为 mmns_part_sheetmetal. prt

template_mfgnc 的值改为 mmns_mfg_nc. mfg

template_mfgemo 的值该为 mmns_mfg_emo. mfg

template_mfgcmm 的值该为 mmns_mfg_cmm. mfg

template_solidpart 的值该为 mmns_part_solid. Prt

（6）另存名为 config.pro 的配置文件。

（7）将此 config.pro 文件复制到 Pro/ENGINEER Wildfire 5.0 软件安装路径中的 text 文件下，再重启 Pro/ENGINEER Wildfire 5.0 软件，以上设置可自动加载。

11.3　创 建 绘 图 视 图

Pro/ENGINEER Wildfire 5.0 软件的工程图环境提供了大量的视图处理工具与绘图工具，利用这些工具可以轻松完成所需的绝大多数任务。在此需要注意的一点就是，Pro/ENGINEER Wildfire 5.0 的工程图环境与草绘环境极其相似，但是，草绘环境主要用来绘制模型的轮廓，而工程图则主要用来完成六个基本投影视图和其他一些详细视图。

进入工程图模块的操作非常简便，其基本操作方式与建立模型时一致，只是所选择的类型不同而已。

11.3.1　创建一般视图

在 Pro/ENGINEER 软件的工程图环境下，向绘图中增加的第一个视图只能是一般视图（General View）。只有生成了第一个投影视图后，"视图类型"中的其余选项才可以使用，而这个一般视图也就成为所谓的父视图。在此基础上可进一步生成投影视图、辅助视图、详图视图或旋转视图等。

创建工程图，可以通过使用模板创建三个基本视图；也可以不使用模板而根据表达需要逐一创建视图。在这里，将采用后者的思路介绍如何创建工程图，以引导读者掌握绘图的创建过程。下面首先创建一个一般视图，步骤如下。

（1）启动 Pro/ENGINEER Wildfire 5.0 软件。

（2）设置工作目录，选取变速箱箱体 GEARBOX_ FRONT.prt 为默认的三维模型，如图 11-3 所示。

单击"文件"→"设置工作目录"菜单命令，设置好工作目录，并将变速箱箱体文件 GEARBOX_ FRONT.prt 复制到工作目录中。然后，选择"文件"→"打开"菜单命令，或者单击工具栏按钮，将 GEARBOX_FRONT.PRT 文件打开。

（3）新建一个名为 GEARBOX_FRONT.drw 的绘图文件。

单击"文件"→"新建"菜单命令，或者单击工具栏按钮，在弹出的"新建"对话框中选择"绘图"类型，在"名称"文本框中输入名称 GEARBOX_FRONT，取消选中"使用默认模板"复选框，如图 11-4 所示。单击"确定"按钮，系统弹出"新建绘图"对话框，如图 11-5 所示。

图 11-3 变速箱零件图　　　图 11-4 "新建"对话框　　　图 11-5 "新建绘图"对话框

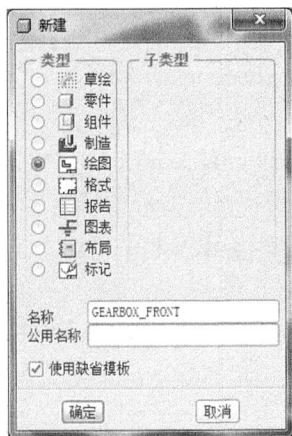

（4）选择工程图模型，并设置图纸。因在步骤（2）中已经打开零件模型，故在"默认模型"文本框中的文件自动为 GEARBOX_FRONT.PRT，如图 11-5 所示。若不是该文件，则单击"浏览"按钮选取其他文件为默认模型。在如图 11-5 所示的"新建绘图"对话框中的"指定模板"选项中单击"空"按钮，在"方向"栏中单击"横向"按钮，在"标准大小"下拉列表框中选中"A4"图纸，最后单击"确定"按钮，系统进入工程图工作环境。

（5）创建一般视图，作为变速箱的俯视图。单击工程图菜单"布局"中的"一般"按钮，如图 11-6 所示，状态栏中将提示"选取绘制视图的中心点"。

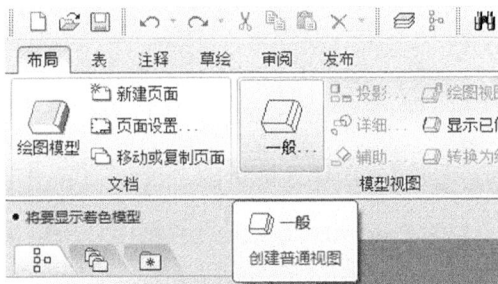

图 11-6 创建一般视图

（6）在绘图区中任意点单击鼠标左键选取放置视图的中心位置，系统弹出"绘图视图"对话框，如图 11-7 所示。

（7）设置"绘图视图"对话框的选项。选取"绘图视图"对话框中的"视图类型"选项，在"视图名"文本框中输入"俯视图"；在"模型视图名"列表框中选择 TOP 视图；其他设置保持不变，单击"确定"按钮，单击工具栏模型显示的"隐藏线"按钮。此时，在绘图中放置了三维模型已保存的 TOP 视图作为变速箱的俯视图，如图 11-8 所示，它将成为其他视图的基础。

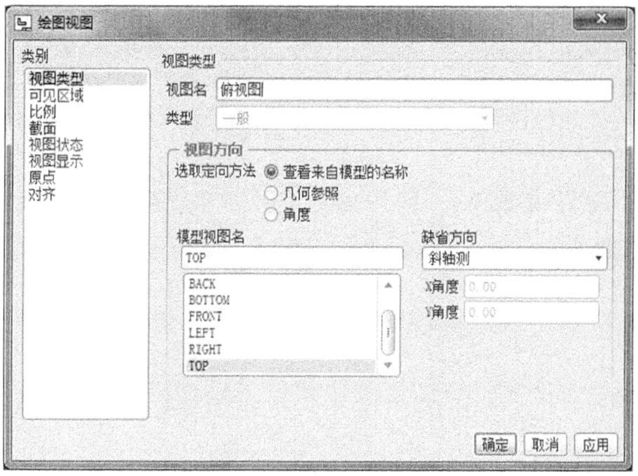

图 11-7 "绘图视图"对话框 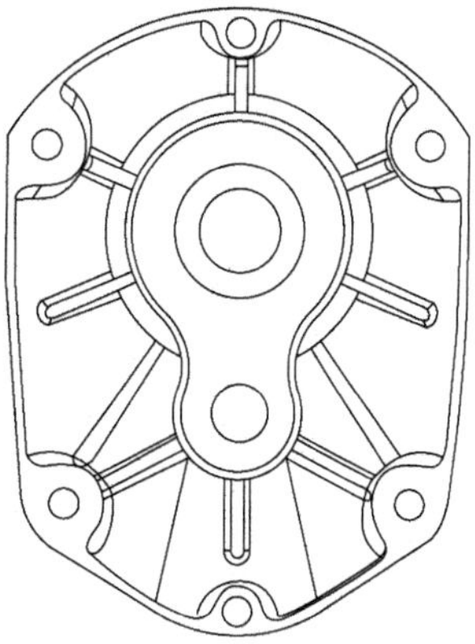　　　　　　图 11-8 放置变速箱箱体的俯视图

11.3.2 添加投影视图

在变速箱箱体的俯视图放置好之后，将通过添加投影视图，放置其主视图和左视图，步骤如下。

1. 创建第一个投影视图，作为变速箱的主视图

创建投影视图的常用方法有两种：

（1）选择工程图菜单中的"布局"命令，单击"插入投影视图"按钮。

（2）在绘图区中选中已有视图并单击鼠标右键，在弹出的快捷菜单中选择"插入投影视图"选项。

以第一种方法为例，选择工程图菜单"布局"命令，单击"插入投影视图"按钮，然后移动鼠标在俯视图上方单击，放置一个投影视图作为变速箱的主视图，此时该视图处于被选取状态，周围有一个线框，如图 11-9 所示。

2. 创建第二个投影视图，作为变速箱的左视图

将鼠标移到被选中的主视图上方，呈现十字图标状态时单击鼠标右键，弹出如图 11-10 所示的快捷菜单。选择快捷菜单中的"插入投影视图"选项，然后移动鼠标在主视图左方单击右键，放置第二个投影视图，作为变速箱的左视图。移动鼠标到空白位置并单击左键，取消视图选取后，视图如图 11-11 所示。

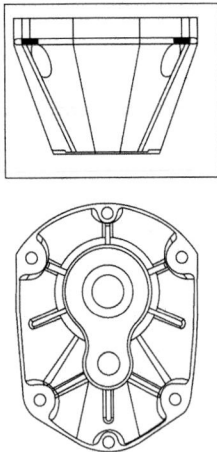

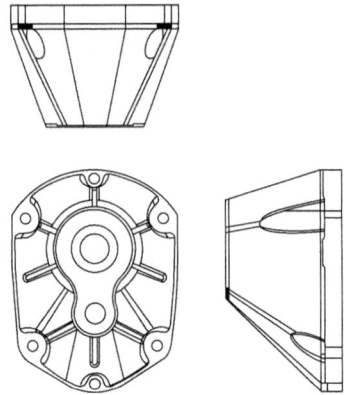

图 11-9　放置变速箱的主视图　　　图 11-10　"插入投影视图"　　　图 11-11　放置变速箱的左视图
快捷菜单

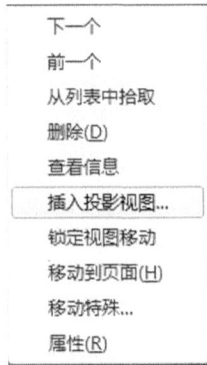

11.3.3　移动视图

变速箱箱体零件的三个视图虽然已经绘制好了，但是其位置不符合机械制图的要求，下面将通过移动视图，将三个视图放在合适的位置。

（1）取消锁定视图移动。在俯视图区域单击鼠标右键，弹出如图 11-12 所示的快捷菜单，单击"锁定视图移动"项，取消其选中状态。

（2）移动俯视图。在俯视图区域单击鼠标左键以选中俯视图，如图 11-13 所示。然后将鼠标移到图上，出现如图 11-13 所示状态时，单击鼠标左键并拖动视图到合适位置，释放鼠标即可。

（3）重复步骤（2）的操作，分别移动主视图和左视图到合适位置。

注意，在移动父视图时，子视图为保持与父视图对齐，会随父视图位置变化而产生相应的移动。移动视图结果如图 11-14 所示。

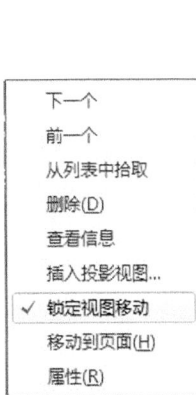

图 11-12　锁定视图移动快捷菜单　　　图 11-13　移动俯视图　　　图 11-14　移动位置后的变速箱视图

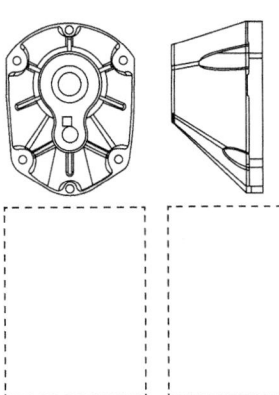

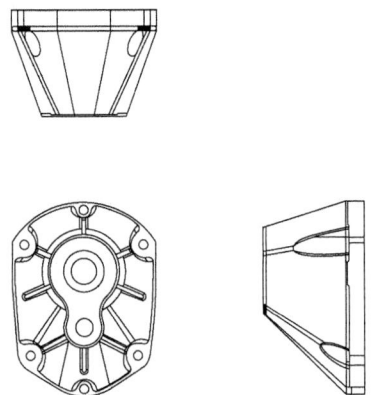

补充说明如下两点：

1）如果无意中移动了视图，在移动过程中可按 Esc 键使视图快速恢复到原始位置。若视图已经被移动到新位置，则单击按钮 ↶，或者按 Ctrl+Z 组合键，或者选择"编辑"菜单命令，单击"撤消"按钮恢复到原始位置。

2）使用精确的 X 和 Y 坐标移动视图。选取需精确移动的视图，该视图轮廓加亮。单击"编辑"→"移动特殊"菜单命令，或者将鼠标移动到被选中的视图上方并单击右键，在弹出的快捷菜单中选择"移动特殊"命令，系统弹出如图 11-15 所示的"移动特殊"对话框。

图 11-15 "移动特殊"对话框

单击"输入 X 和 Y 坐标"按钮 ⬚，在右侧的"X"和"Y"文本框中输入需移动到的位置坐标，按"回车"键显示视图移动后的新位置。

单击"将对象移动到由相对于 X 和 Y 偏移所定义的位置"按钮 ⬚，在右侧的"X"和"Y"文本框中输入需偏移的坐标值，按"回车"键显示视图移动后的新位置。

单击"将对象捕捉到图元指定的参照点上"按钮 ⬚，单击可定位到的图元位置处，即可显示视图移动后的新位置。

单击"将对象捕捉到指定顶点"按钮 ⬚，单击可定位到的顶点位置，该顶点以十字光标显示，即可显示视图移动后的新位置。

当视图位置定位好后，单击"确定"按钮，关闭"移动特殊"对话框。

11.3.4 更改视图的显示

由视图移动视图以后，视图的显示仍然不符合机械制图要求。在机械制图中隐藏线和光滑的过渡线通常不画，因此需要更改视图的显示状态，操作步骤如下。

（1）同时选中三个视图。按住 Ctrl 键，分别用鼠标左键单击三个视图，或者用鼠标左键同时框选三个视图，当视图周围出现如图 11-16 所示虚线线框时，表示它们已被选中。

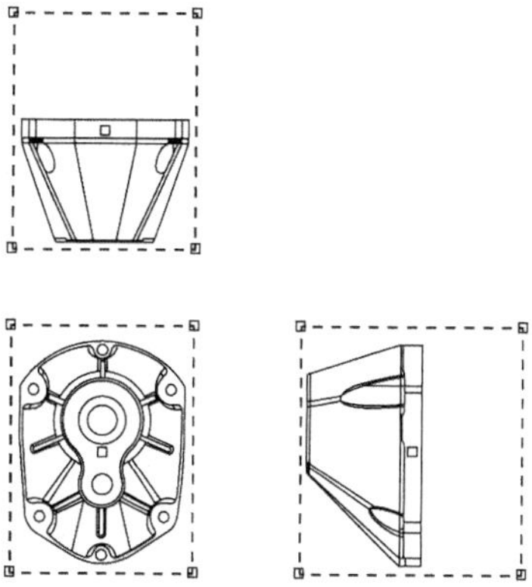

（2）打开"绘图视图"对话框。单击鼠标右键并选择"属性"菜单命令，系统弹出"绘图视图"对话框，如图 11-17 所示。

图 11-16 同时框选三个视图

（3）设置视图显示选项。在"绘图视图"对话框中的"显示样式"选项下拉列表框中，选择 ⬚ 消隐 项，以取消隐藏线；在"相切边显示样式"下拉列表框中，选择 ⬚ 无 项，不显示相切边。单击"确定"按钮，完成设置。

（4）刷新显示。在空白处单击鼠标左键，使视图处于未选中状态；并选择"刷新"按钮 ↻，刷新后的视图如图 11-18 所示。

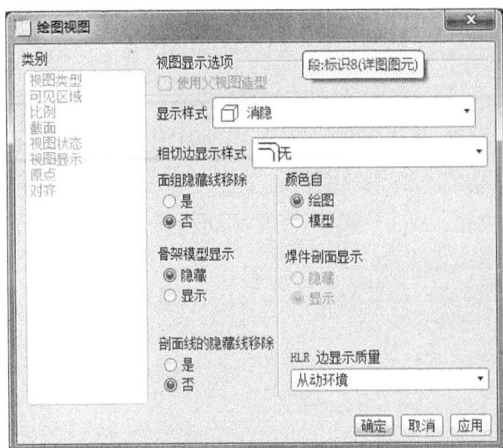

图 11-17　更改视图显示"绘图视图"对话框

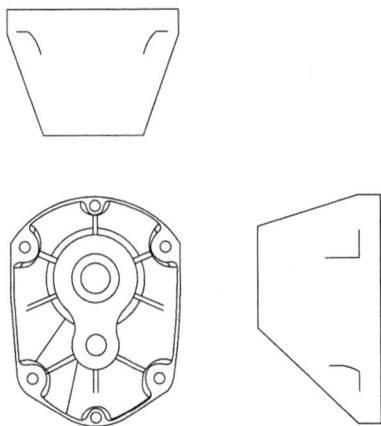

图 11-18　更改视图显示后的变速箱视图

11.3.5　创建剖面视图

为了将变速箱箱体零件的内部结构表达清楚，可以通过将合适地投影视图更改为剖面视图来实现，其操作步骤如下。

（1）单击该投影视图（见图 11-18 中的左视图），在左视图区域单击鼠标左键选中该视图。

（2）打开"绘图视图"对话框。打开"绘图视图"对话框（见图 11-19）的方法有两种：

1）鼠标双击选中的投影视图。

2）在投影视图区域单击鼠标右键，并在弹出的快捷菜单中选择"属性"命令。

（3）在"类别"选项卡中选择"截面"选项，出现如图 11-20 所示的"剖面选项"选项卡，选中"2D 剖面"单选按钮，在"模型边可见性"栏中选中"全部"单选按钮。

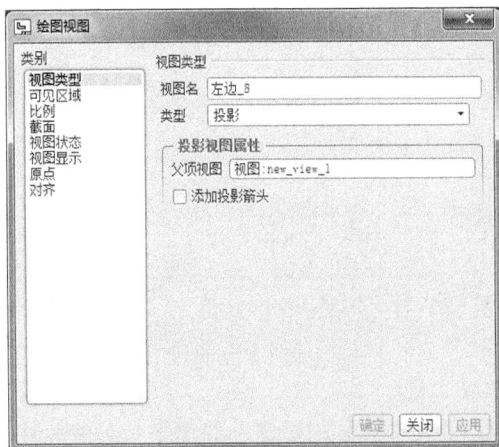

图 11-19　创建剖面视图"绘图视图"对话框

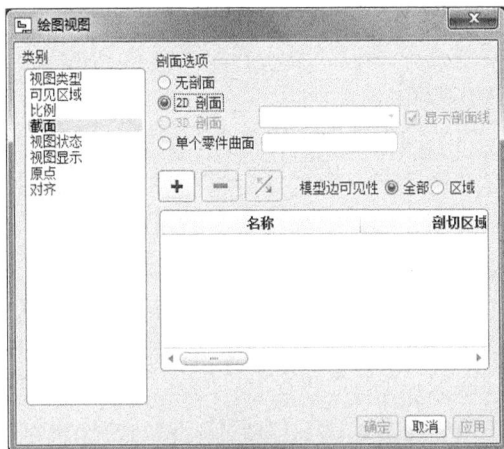

图 11-20　"剖面选项"选项卡

（4）单击"将横截面添加到视图"按钮 ⊞，在"名称"列表框中出现"创建新…"项，如图 11-21 所示，并弹出"剖截面创建"菜单管理器，如图 11-22 所示。

（5）在"剖截面创建"菜单管理器中依次选择"平面"→"单一"→"完成"项，系统在消息输入窗口提示"输入剖面名[退出]:"，如图 11-23 所示。在文本框中输入"A"并单击按钮▣。

图 11-21 "剖截面创建"对话框

图 11-22 "剖截面创建"菜单管理器

（6）系统弹出"设置平面"菜单管理器，选择"平面"命令，如图 11-24 所示，系统提示"选取 1 个项目"作为剖截面。此时，若有必要可以单击"基准平面开 / 关"按钮▣，或单击"重画当前图标"按钮▣，以显

图 11-23 "输入剖面名"输入框

示基准平面。在绘图区点选"RIGHT"基准面，或者在"模型树"中点选▢ RIGHT，如图 11-25 所示。在"剖面选项"对话框的"名称"栏中出现"✓ A"，表示剖截面 A 可用，单击"绘图视图"对话框中的"确定"按钮，完成设置。变速箱箱体零件剖视图如图 11-26 所示。如果有需要，可以鼠标左键双击剖面线修改剖面线的角度、间距等。

图 11-24 "设置平面"菜单管理器

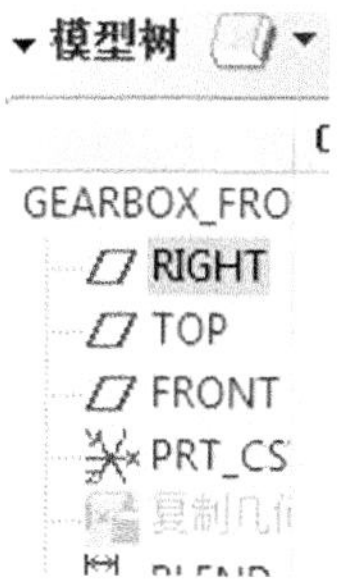

图 11-25 模型树

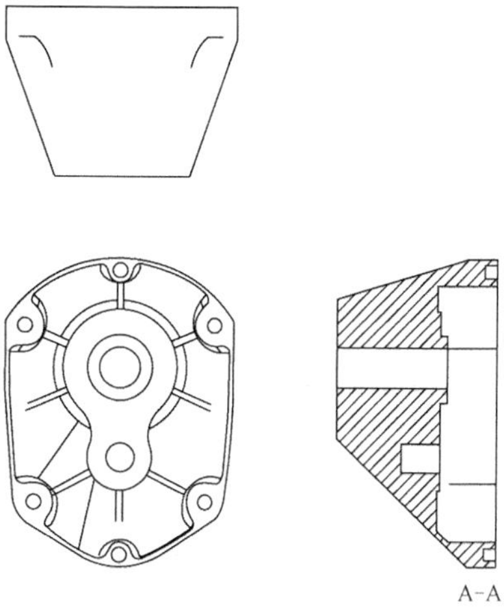

图 11-26 改为剖面图后的变速箱视图

11.3.6 添加局部剖面图

为了清楚地表达零件的局部特征，需在基本视图上以局部剖面图的形式来表达。创建局部剖面视图步骤与 11.3.5 中的剖面视图相同。

（1）在工程图模块创建基本视图，并选中该视图。

（2）在投影视图区域双击鼠标左键（或者单击鼠标右键，并在弹出的快捷菜单中选取"属性"命令）。

（3）在"类别"选项卡中选择"剖面"选项。

（4）在"剖面选项"中选择"2D 剖面"单选按钮

（5）单击"将横截面添加到视图"按钮 ⊞ 。

（6）在系统弹出的"剖截面创建"菜单管理器中，依次单击"平面"→"单一"→"完成"项。

（7）在"输入剖面名［退出］："文本框中输入 B，如图 11-27 所示，并单击按钮 ☑ 。

（8）按 11.3.5 中的方法创建剖截面。

（9）在"剖切区域"选项卡的下拉列表框中选择"局部"选项，如图 11-28 所示。

（10）单击参照中的选取点，如图 11-29 所示，系统提示"选取截面间断的中心点"，在如图 11-30 所示的位置处单击鼠标左键。

图 11-27　输入新创建的剖面名称　　　　图 11-28　选择剖切区域　　　　图 11-29　选取参照点

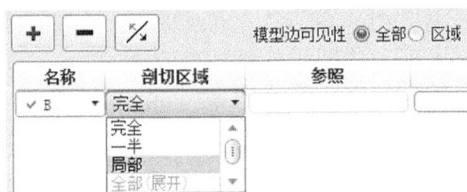

（11）系统提示"草绘样条，不相交其他样条，来定义一轮廓线"，连续单击鼠标左键绘制样条曲线，如图 11-31 所示。

（12）单击"确定"按钮，添加局部剖面图后的基本视图如图 11-32 所示。

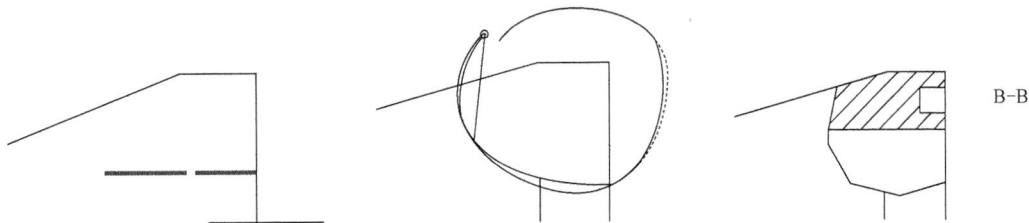

图 11-30　选取截面间断的中心点　　　图 11-31　绘制剖切区域轮廓线　　　图 11-32　添加局部剖面的视图

（13）拭除文字"剖面 B-B"。单击工程图菜单"注释"命令，选中文字"剖面 B-B"，单击鼠标右键，并在弹出的快捷菜单中选择"拭除"命令，然后在绘图区空白位置处单击鼠标左键。

11.3.7　添加横截面视图

为了清楚地表达轴零件中间孔位置处的形体，需要创建一个横截面视图，创建过程如下。

（1）新建本书自带轴零件的工程图 zhou.drw，单击工程图菜单"布局"命令，单击"一般视图"按钮 🔛 ，状态栏中将提示"选取绘制视图的中心点"。在绘图区空白位置处单击鼠标左键并选取放置视图的中心位置，单击鼠标中键完成插入轴的一般视图。

（2）鼠标双击已经插入的轴的一般视图，系统弹出"绘图视图"对话框。

（3）在"绘图视图"对话框中，将"视图类型"选项卡中的视图名改为"横截面图"，选择"模型视图名"为"LEFT"。单击"应用"按钮，如图 11-33 所示。

（4）在"类别"选项卡中选择"截面"选项。

（5）在"剖面选项"中选择"2D 剖面"单选按钮。

（6）单击"将横截面添加到视图"按钮 +。

（7）在名称列表框中选择"创建新…"选项。

（8）在系统弹出的"剖截面创建"菜单管理器中，依次单击"平面"→"单一"→"完成"项。

（9）在"输入剖面名[退出]："文本框中输入 C，单击按钮✓。

（10）在模型树中选择合适地基准面作为剖截面，本例中为 DTM2。

（11）在"剖切区域"下拉列表框中选择"完全"选项。

（12）单击"确定"按钮，此时，轴视图如图 11-34 所示。

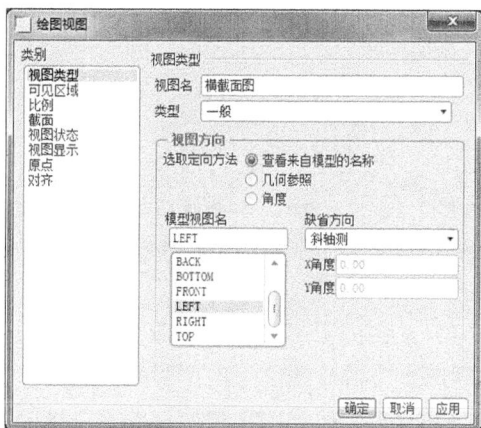

图 11-33　修改视图名并选择模型视图

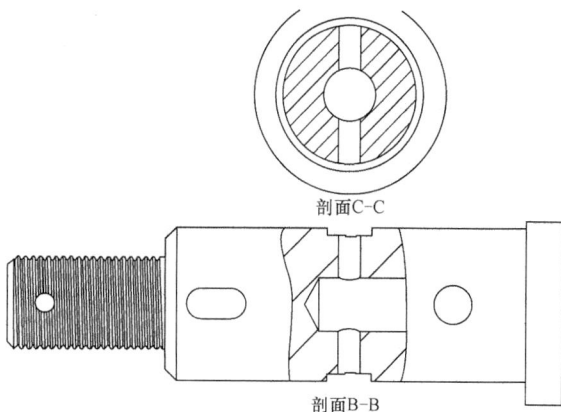

图 11-34　添加横截面图后的轴视图

（13）选中注释"剖面 C-C"，然后单击鼠标右键，在弹出的快捷菜单中选择"添加箭头"命令，系统提示"给箭头选出一个截面上方垂直的视图"，单击轴基本视图，显示箭头。

11.3.8　添加旋转视图

为了正确表达零件细节位置处的断面，需创建一个旋转视图，操作步骤如下。

（1）选择工程图菜单命令"布局"命令，单击按钮 ⊞ 旋转…。

（2）系统提示"选取旋转界面的父视图"，单击轴基本视图。

（3）系统提示"选取绘制视图的中心点"，在绘图区轴键槽上面空白位置处点选。

（4）显示"绘图视图"对话框，在"截面"下拉列表框中选择"创建"选项。

（5）在弹出的"剖截面创建"菜单管理器中，单击"平面"→"单一"→"完成"项。

（6）在"输入剖面名[退出]："文本框中输入 D，单击按钮✓。

（7）在弹出的"设置平面"菜单管理器中，选择"平面"项。并在模型树中选择该处的辅助基准面作为剖截面，本例中的基准面为"DTM5"

（8）单击"确定"按钮，工程图如图 11-35 所示。

（9）单击"创建两点线"按钮＼，在剖切位置处画两条短直线以在剖切位置处添加剖切符号，如图 11-36 所示。

图 11-35　添加键槽截面后的轴视图　　　　　图 11-36　添加剖切符号后的轴视图

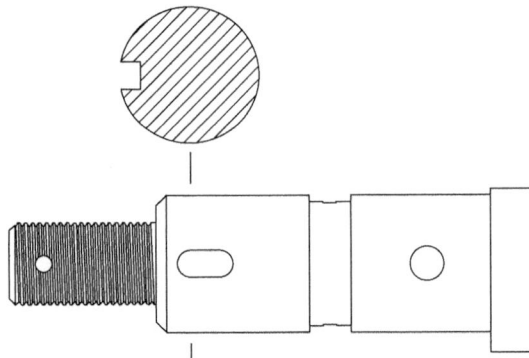

11.3.9　添加辅助剖面视图

为将局部位置处的截面形体表达清楚，可添加一个辅助视图，步骤如下。

（1）单击绘图区空白处以确保未选取任何视图。

（2）在工程图菜单"布局"中单击添加"辅助视图"按钮 ◇辅助...，系统提示"在主视图上选取穿过前侧曲面的轴或作为基准曲面的前侧曲面的基准平面"，在模型树中选择合适的基准面，本例中选择辅助基准面"DTM6"。

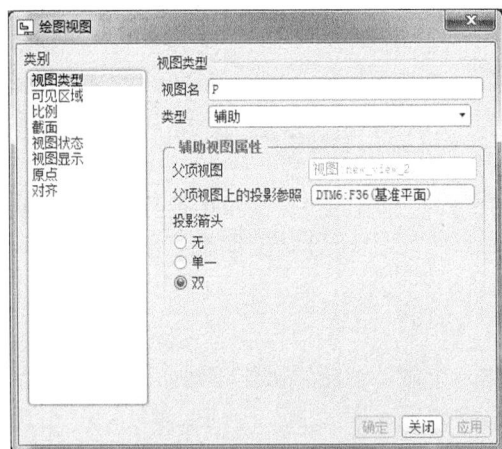

（3）系统提示"选取绘制视图的中心点"，在主视图上方的绘图区空白位置处点选。

（4）双击新放置的轴辅助视图，系统弹出"绘图视图"对话框。

（5）在"绘图视图"对话框中，将"类别"选项卡中"视图类型"选项中的"视图名"改为 P，并选中"投影箭头"中的"双"，单击"应用"按钮，如图 11-37 所示。

（6）单击"类别"选项卡栏中的"可见区域"选项。

（7）在"视图可见性"下拉列表框中选择"局部视图"项。

（8）系统提示"选取新的参照点"，在如图

图 11-37　"绘图视图"对话框

11-38（a）所示位置处单击鼠标左键。进一步根据系统提示"在当前视图上草绘样条来定义外部边界"在视图上连续单击鼠标左键绘制草绘样条，如图 11-38（b）所示。

（9）选择"截面"类别，在"剖面选项"中选取"2D 剖面"项，如图 11-39 所示。

（10）单击"将横截面添加到视图"按钮 ＋。

（a）　　　　　　　　　　　　（b）

图 11-38　绘制局部视图边界

（a）选取新的参照点；（b）绘制草绘样条定义边界

（11）参照 11.3.5 选择合适的基准面创建剖面 P，本例中选择 DTM7，在"剖切区域"下拉列表框中选择"完全"项，如图 11-40 所示。

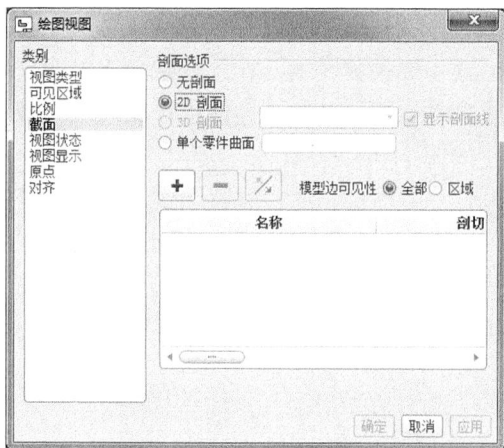

图 11-39　设置可见区域选项

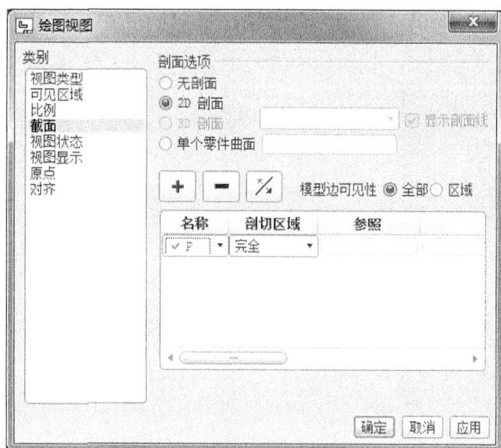

图 11-40　选择剖截面名称及剖切区域

（12）单击"确定"按钮，"绘图视图"对话框自动关闭，移动剖面 P-P 和视图箭头自动标注到合适位置，如图 11-41 所示。

11.3.10　添加详细视图

为了将零件局部的细节表达清楚，需绘制局部放大图，可以通过创建详细视图的办法来实现，创建步骤如下。

（1）在"布局"菜单中单击"添加详细视图"按钮 详细。

（2）系统提示"在一现有视图上选取要查看细节的中心点"，在如图 11-42 所示的位置处单击点选中心点。

（3）系统提示"草绘样条，不相交其他样条，来

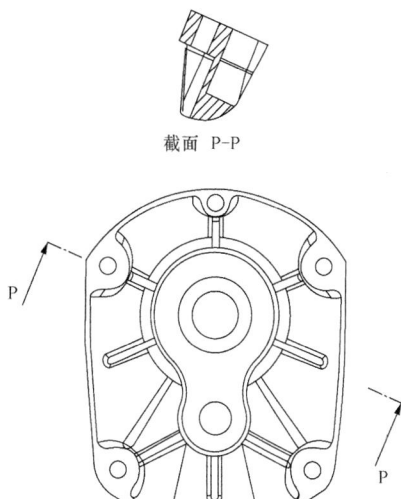

截面 P-P

图 11-41　添加辅助视图后的轴视图

定义一轮廓线"，围绕中心点连续单击鼠标左键，创建如图 11-43 所示的样条曲线以包围细节中心点。然后，单击鼠标中键结束绘制样条曲线。

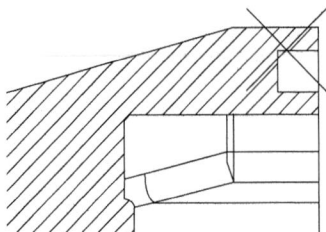

图 11-42　选取查看细节的中心点

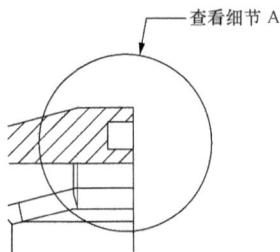

图 11-43　草绘样条以定义轮廓线

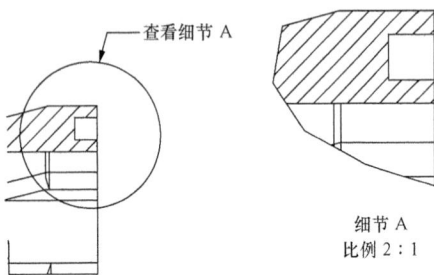

图 11-44　放置详细视图 A

（4）系统提示"选取绘制视图的中心点"，在绘图区域合适位置处单击鼠标左键，放置详细视图 A，如图 11-44 所示。

（5）双击详细视图 A，在"绘图视图"对话框选择"比例"选项，可更改比例进行调整局部视图的缩放，如图 11-45 所示。

（6）选中各注释符号，并移动到合适位置处。

（7）单击工程图菜单"注释"，双击注释符号"查看细节 A"；或者用鼠标右键单击该注释符号，在弹出的快捷菜单中选择"属性"命令，系统弹出如图 11-46 所示的"注解属性"对话框，可对注解进行编辑。

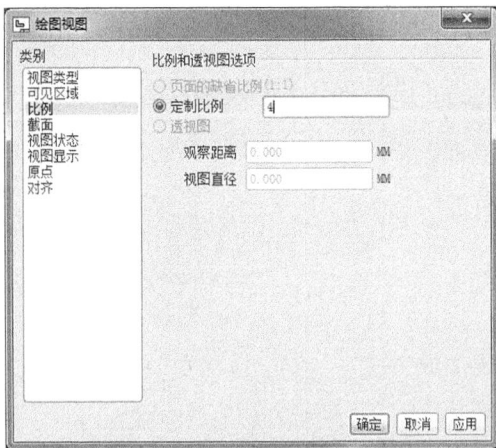

图 11-45　详细视图 A 属性对话框

图 11-46　"注解属性"对话框

11.4　将尺寸添加至绘图

工程图绘制时必须正确、完整、清晰地标注尺寸，以便将设计师的意图传达给最终用户。

标注的尺寸应能满足设计和加工工艺的要求，也就是既要使零件能在组件中很好地工作，又能使零件便于制造、测量和检验。因此，正确标注绘图将有助于确保在制造阶段所生产的零件符合工程需求。

在本实例中，可以学习到如何在绘图中添加尺寸细节。这通常是在创建绘图、放置所需视图之后要执行的步骤。添加尺寸可通过自动和手动两种方法，尺寸必须附加到视图上明显的位置处，与几何细节放在一起。

11.4.1 在绘图中添加轴线

为了将零件的绘图项目表达清楚，可以从模型中显示和拭除其他绘图项目。例如，显示或拭除轴线，轴线可以按特征、零件或视图来显示。

（1）启动 Pro/ENGINEER Wildfire 5.0 软件。

（2）按照前面章节中相同方法设置工作目录。

（3）打开本书自带文件中的离合器蹄片零件的绘图文件 CLUTCH_SHOE_LEFT.DRW，制作如图 11-47 所示视图。

（4）在菜单命令"注释"中单击"显示模型注释"按钮，系统弹出"显示模型注释"对话框。

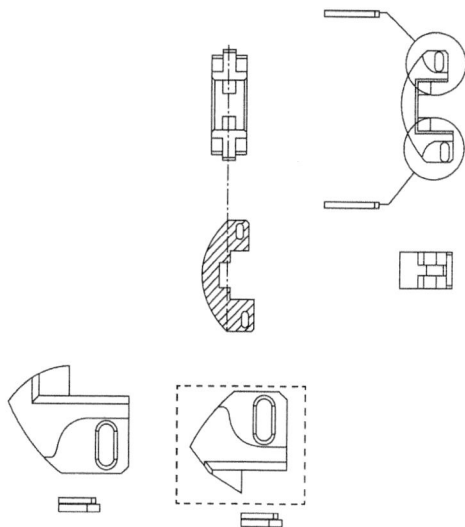

图 11-47　离合器蹄片的绘图文件

（5）在"显示模型注释"对话框中，单击"基准显示"按钮，在"显示模型注释"对话框中勾选需要显示的轴，如图 11-48 所示。

（6）在绘图区域空白位置处单击鼠标左键，添加轴线后的离合器蹄片零件俯视图如图 11-49 所示。

图 11-48　"显示模型注释"对话框显示轴

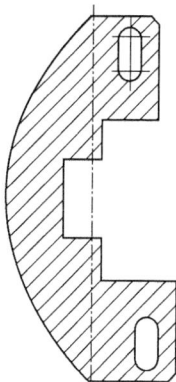

图 11-49　添加轴线后的绘图视图

11.4.2 按特征显示尺寸

在操作尺寸标注之前，需要对标注文、数字有关的字体进行设置。不论是标注文字还是注释的字体和大小，在国家制图标准 GB/T14691—1993 字体标准中都有规定。可根据国标规定在 11.1.1 中的 dtl 配置文件进行设置，有用的配置选项包括 default_front（设置文字字体）、text_thickness（设置文字厚度）及 text_width_factor（设置文字宽度）。有关这些参数选项的详细信息，可以通过帮助文件进行详细了解。

还是以工程图文件 CLUTCH_SHOE_LEFT．DRW 为例，按特征显示尺寸，步骤如下。

（1）新建工程图，插入一般视图和投影视图，如有必要，在"导航器"中，单击"显示"→"模型树"命令，如图 11-50 所示。

（2）从模型树中选取特征 MAIN_PROTRUSION，可注意到特征几何会自动加亮。

（3）单击鼠标右键，在弹出的快捷菜单中选取"显示模型注释"命令，如图 11-51 所示。

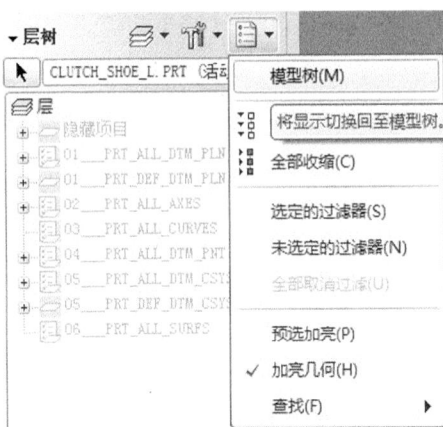

图 11-50　显示模型树   图 11-51　显示模型注释

（4）系统自动弹出"显示模型注释"对话框，勾选需要显示的尺寸，如图 11-52 所示。

（5）依次单击"应用"→"确定"命令，调整尺寸位置后可以注意到，相关尺寸显示在主视图和投影视图上，如图 11-53 所示。

（6）单击绘图区空白处以取消所有加亮尺寸。

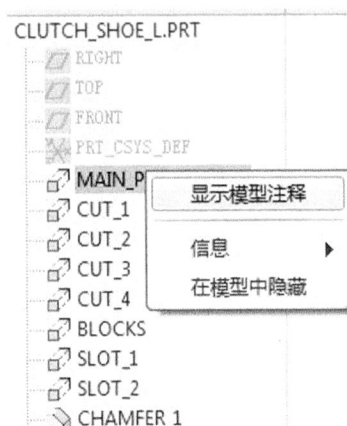

图 11-52　"显示模型注释"对话框——显示尺寸   图 11-53　自动显示尺寸

11.4.3 将尺寸移到另一个视图

为了符合行业绘图标准及便于读图，必须能够灵活地调整视图尺寸的位置，步骤如下。

（1）在主视图上选取尺寸 36.5。

（2）单击鼠标右键，在弹出的快捷菜单中选择"将项目移动到视图"命令，如图 11-54 所示。

（3）选取投影视图，尺寸 36.5 的位置已经调整至投影视图上，如图 11-55 所示。

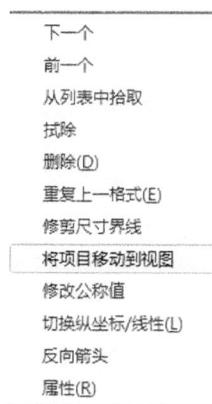

图 11-54 "将项目移动到视图"选项

图 11-55 尺寸移动到投影视图

11.4.4 操控绘图上的尺寸

（1）在菜单"注释"中单击"尺寸标注"按钮，标注半径尺寸 R1.5，如图 11-56 所示。

（2）选中刚标注的尺寸 R1.5，单击鼠标右键，出现图 11-57 所示的尺寸编辑菜单，可进行"反向箭头"，"删除尺寸"，"编辑链接"等操作。

图 11-56 标注半径尺寸

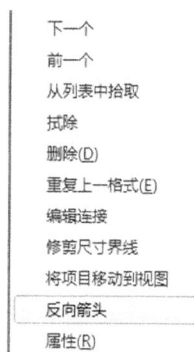

图 11-57 尺寸编辑菜单

（3）单击"属性"命令，系统自动弹出"尺寸属性"对话框，如图 11-58 所示。

（4）在"属性"选项卡中调整尺寸值和显示、格式、公差及双重尺寸。也可进入"显示"选项卡或"文本样式"选项卡编辑相应内容。

图 11-58 "尺寸属性"选项

11.5　在绘图中创建注解

为使读者更好地掌握如何向绘图视图添加和编辑注释，下面将以油箱零件为例，将注释和其他模型信息添加到绘图视图中，以便绘图视图可以随着设计模型的更改而更新。

11.5.1　显示模型注释

为了向绘图视图添加包含文本信息的注释，可在绘图中显示之前从模型中创建的注释。这些注释可以是 3D 模型的注释或修饰螺纹的注释，步骤如下。

（1）打开本书自带的油箱零件模型 FUEL_TANK.DRW 文件，在菜单命令"注释"中单击"显示模型注释"按钮　，系统弹出"显示模型注释"对话框。单击"注释"按钮　，如图 11-59 所示。

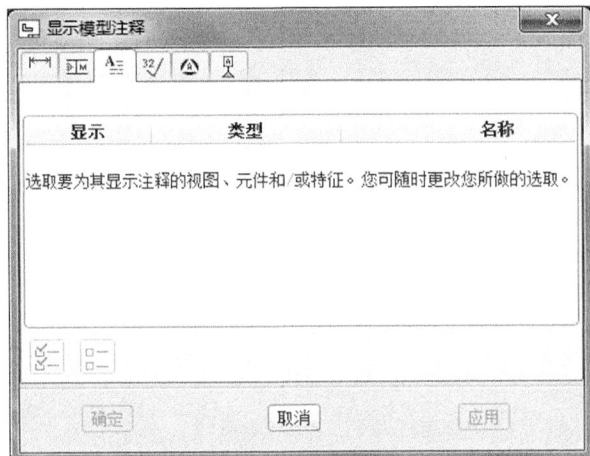

图 11-59 "显示模型注释"对话框

（2）选择需要自动显示注释的视图，单击"应用"→"确定"按钮。

（3）单击绘图空白处以取消选取所选项目。

11.5.2 在绘图中添加注解

在绘图中添加注解，可创建仅在绘图中显示和存储的新注释。通过键入文本来创建注释，具体步骤如下。

（1）在菜单命令"注释"中单击"添加注释"按钮，系统弹出"注解类型"菜单管理器，如图 11-60 所示。也可以在空白处单击鼠标右键，在弹出的快捷菜单中选择"注解"命令，如图 11-61 所示，系统弹出"注解类型"菜单管理器。

（2）单击鼠标中键或者单击"注解类型"菜单管理器中"进行注解"项，系统弹出"获得点"菜单管理器，如图 11-62 所示。

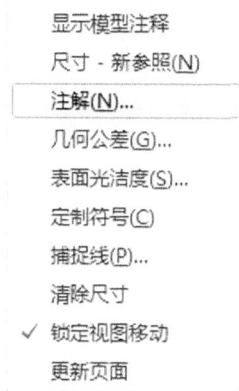

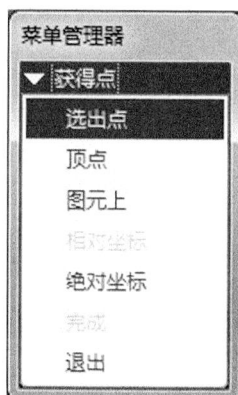

图 11-60 "注释类型"菜单管理器　　　图 11-61 "注解"选项　　　图 11-62 "获得点"菜单管理器

（3）在需要插入注释的空白处单击鼠标左键，系统弹出"输入注解"对话框，如图 11-63 所示，输入相应的注解。单击鼠标中键或者单击"完成"按钮换行。无注解输入时，单击鼠标中键或者单击"完成"按钮退出。

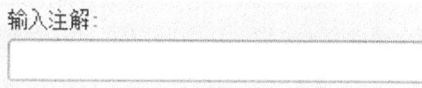

图 11-63 "输入注解"选项

（4）单击空白处以取消选取所选项目。

11.5.3 编辑绘图中的注解

绘图中已经添加的注解，可通过更改属性、移动注释、更改注释属性、调整文本框和归组注释等方式对其进行编辑。下面针对编辑注解属性举例。

（1）双击注释 11.5.2 中插入的注释（或者选取注释，鼠标右键单击注释并在系统弹出的快捷菜单中选取"属性"命令），系统弹出"注解属性"对话框，如图 11-64 所示。可分别选取"文本"选项卡和"文本样式"选项卡对其进行相应的编辑。

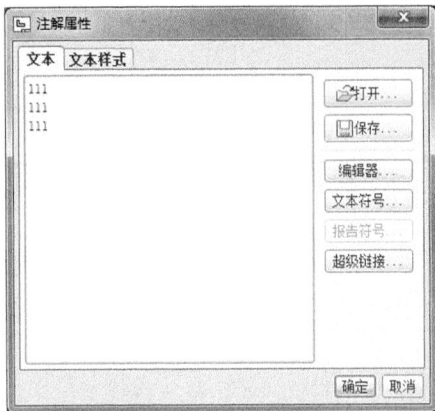

图 11-64　"注解属性"对话框

（2）单击"确定"按钮并在绘图空白处单击鼠标左键以取消选取所选项目。

11.5.4　通过文本文件添加注解

向绘图视图中添加注释，除直接插入文本注释外，还可以通过检索之前保存的文本文件来创建，具体步骤如下。

（1）在"注释"菜单中单击"添加注释"按钮 ，系统弹出"注解类型"菜单管理器，依次单击"无引线"→"文件"→"水平"→"标准"→"默认"命令。单击鼠标中键或者单击"制作注释"命令，系统弹出"打开注释文本"对话框，如图 11-65 所示。

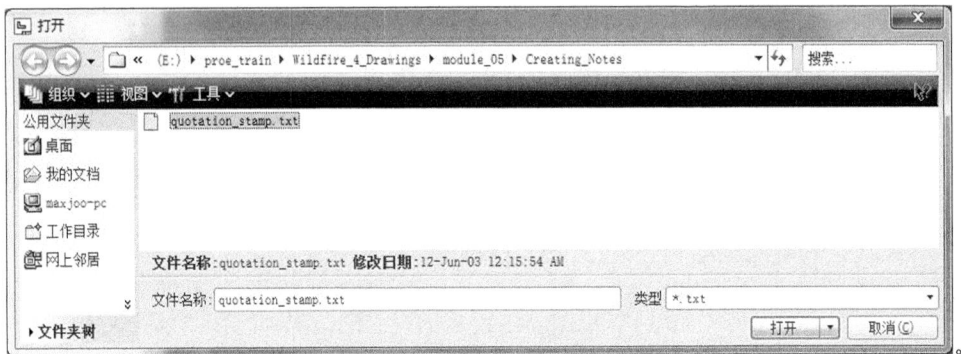

图 11-65　"打开注释文本"对话框

（2）单击需要的文本文件并打开，该 txt 文件中的文本即插入到绘图视图中。

（3）选中注释，单击鼠标右键，在弹出的快捷菜单中选择"属性"命令或直接双击注释，系统弹出"注解属性"对话框，可对注解进行编辑，也可对文本样式进行调节。

（4）单击绘图空白处以取消选取所选项目。

11.5.5　将注解与视图或对象相关

由于插入的注释与视图或对象本身没有关系，在移动视图时，无法同时移动文本，可通过将注解与视图或对象进行相关操作，具体步骤如下。

（1）选取上述任务中创建的一个注释，单击菜单"编辑"→"相关"→"与视图相关"命令，如图 11-66 所示，根据系统提示选择需要相关的视图。此时，注释和视图组合在一起，可以同时移动。

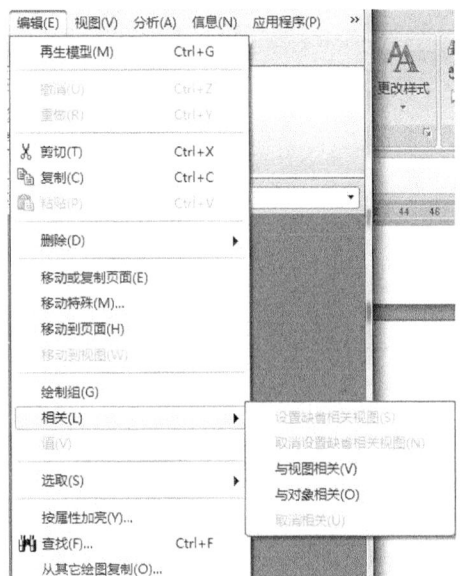

图 11-66　注释与视图相关菜单

（2）相同的方法，可选择"与对象相关"命令，使注释与尺寸、注释与注释进行相关。

11.6　创建绘图的公差信息

在零件的制造过程中，由于机床精度、刀具磨损、测量误差等因素的影响，不可能将零件做得绝对准确。为了保证零件的互换性，就必须将零件尺寸的加工误差限制在一定的范围内，规定出零件尺寸的允许变化范围，这就是公差。公差通常有两种：一种是尺寸（线性）公差，它影响零件的质量属性；另一种是几何（形位）公差，此公差用来表示所允许的几何形状变动量，以及所允许相对于基准的位置变动量，它的作用是控制零件形状及位置的几何特性，如直线度、垂直度等。

通过本实例可以学习如何在绘图中配置绘图中的标注尺寸公差和几何公差，以及如何控制尺寸公差的显示等。

11.6.1　在绘图中显示尺寸公差

启动 Pro/ENGINEER Wildfire 5.0 软件，打开本书自带文件 PISTON.DRW，请注意，此时公差未显示在绘图中。为了将尺寸公差显示在绘图中，可进行如下操作。

（1）鼠标双击图 11-67 中未显示公差的尺寸，系统弹出"尺寸属性"对话框，如图 11-68 所示。可以看出，"属性"选项卡中的"公差"下的"公差模式"项不可选，无法显示公差。

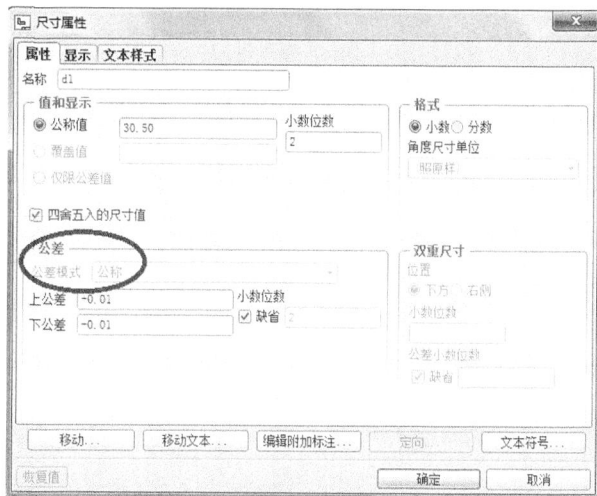

图 11-67　未显示公差尺寸图　　　　　图 11-68　显示公差"尺寸属性"对话框

（2）单击"文件"→"绘图选项"命令，系统弹出如图 11-69 所示的"选项"对话框。

（3）如图 11-70 所示，在选项空白处输入 tol_display，选取 yes 作为值，单击"添加/更改"按钮，最后单击"应用"→"确定"按钮。

（4）双击上述未显示公差的尺寸，系统弹出"尺寸属性"对话框，如图 11-71 所示。可以看出，"属性"选项卡中"公差"选项下的"公差模式"项可选。选择"公差模式"中的"加-减"项，单击"确定"按钮。添加公差后的尺寸如图 11-72 所示。

图 11-69　"选项"对话框

图 11-70　更改绘图选项参数和值

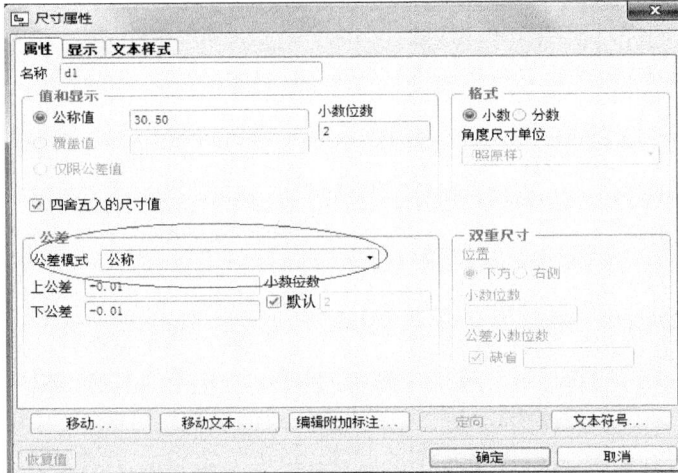

图 11-71　可更改公差模式的"尺寸属性"选项

（5）双击已经显示公差的尺寸，系统弹出"尺寸属性"对话框，将"属性"选项卡中"公差"选项的"公差模式"中的"加-减"项改选取为"对称"项，单击"确定"按钮。尺寸显示如图 11-73 所示。

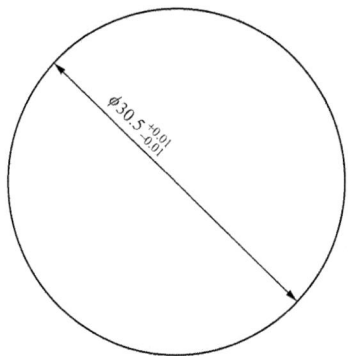

图 11-72 添加尺寸公差后的绘图   图 11-73 修改尺寸公差显示后的绘图

11.6.2 将公差标准改为 ISO

ISO 公差标准由一组标准公差表控制。当公差表标准指定为 ISO 时，这些公差表会加载到模型中。如果公差标准更改为 ANSI，则这些表会从模型中移除。更改公差标准为 ISO 的步骤如下。

（1）打开本书自带零件模型 PISTON.PRT，单击菜单"文件"→"属性"命令，系统弹出"模型属性"对话框，如图 11-74 所示。

（2）单击公差选项右边的"ANSI"项，系统弹出"公差设置"菜单管理器，如图 11-75 所示。

图 11-74 "模型属性"选项   图 11-75 "公差设置"菜单管理器

（3）选取"标准"→ISO/DIN 项，系统提示是否再生，如图 11-76 所示，单击"是"按钮。

（4）系统自动切换到 PISTON.DRW 工程图，尺寸公差已自动更新，如图 11-77 所示。

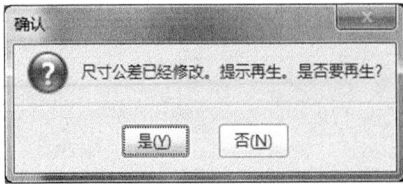

图 11-76   公差更改再生

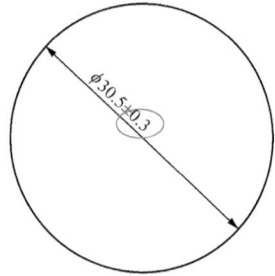

图 11-77   公差标准更改后的绘图尺寸

11.6.3   配置基础尺寸和检查尺寸

对于绘图尺寸，可根据尺寸的不同功用进行设置相应的类型，具体步骤如下。

（1）打开本书自带文件 ENG_BLOCK_FRONT.DRW。

（2）放大绘图中的顶视图，单击工程图菜单"注释"，在顶视图中选取尺寸 45，鼠标右键单击并在系统弹出的快捷菜单中选取"属性"命令，如图 11-78 所示。系统弹出"尺寸属性"对话框，选取"显示"选项卡，如图 11-79 所示。

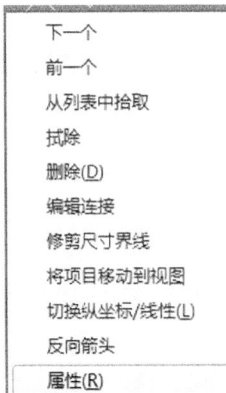

图 11-78   尺寸"属性"选项

图 11-79   设置大尺寸类型"尺寸属性"对话框

（3）选取"基础"项，单击"确定"按钮，尺寸 45 显示在特征控制框中，如图 11-80 所示。同理，选取"检查"项，尺寸 45 显示为检查尺寸，如图 11-81 所示。

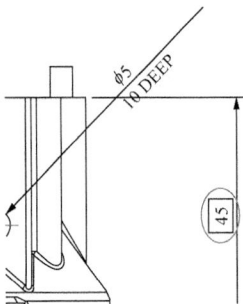

图 11-80   基础尺寸显示

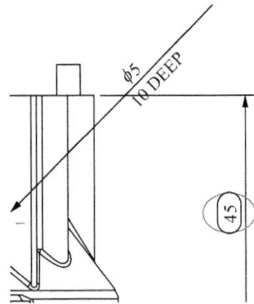

图 11-81   检查尺寸显示

11.6.4 在绘图中创建参照基准

在绘图中添加形位公差，需要设置相应的参照基准。用户可根据绘制好的工程图创建参照基准，步骤如下。

（1）单击工程图菜单"注释"，选取"添加模型基准平面"按钮 ⌀ 模型基准平面 ▾ ，系统弹出创建"基准"对话框，如图 11-82 所示。

（2）在"基准"对话框中的名称文本框中键入 A，在"定义"区域中单击"在曲面上"按钮，系统提示选取曲面，选取主视图中模型的前曲面，如图 11-83 所示。

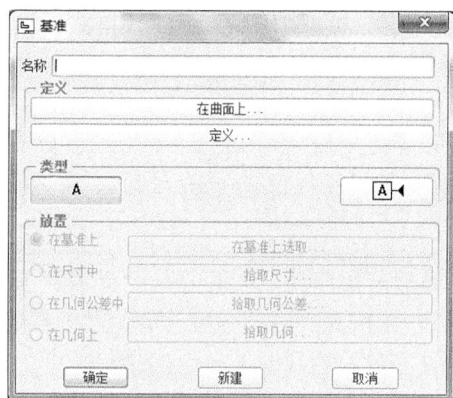

图 11-82 创建"基准"平面对话框

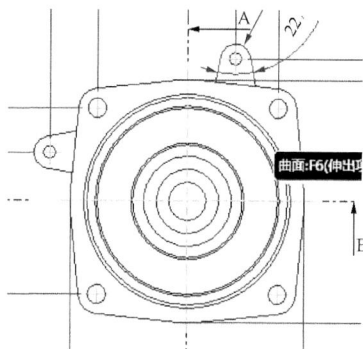

图 11-83 主视图中的前曲面

（3）在顶视图中选取设置的基准平面 A，将其拖动到新位置，如图 11-84 所示。

（4）单击工程图菜单"注释"，选取"添加模型基准轴"按钮 ╱ 模型基准轴 ，系统弹出创建基准"轴"对话框，如图 11-85 所示。

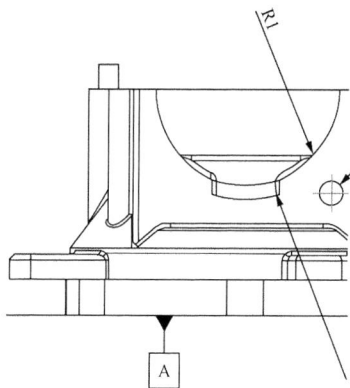

图 11-84 基准平面 A

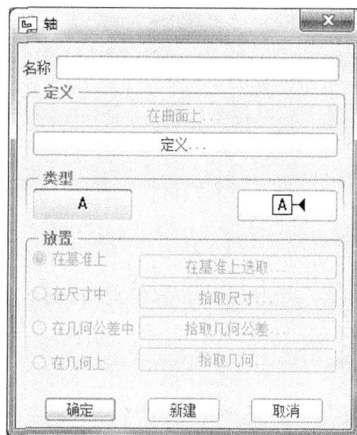

图 11-85 创建基准"轴"对话框

（5）在"名称"文本框中键入 B，单击"定义"区域中的"定义"按钮，系统弹出"基准轴"菜单管理器，如图 11-86 所示。

（6）选取"基准轴"菜单管理器中的"过柱面"项，系统提示选取旋转曲面，选取一般视图中模型的旋转曲面，如图 11-87 所示，单击鼠标中键，完成操作。

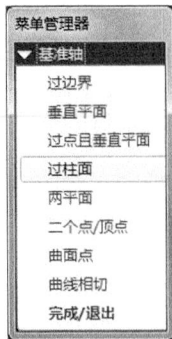

图 11-86　创建基准"轴"对话框　　　　图 11-87　一般视图中的旋转曲面

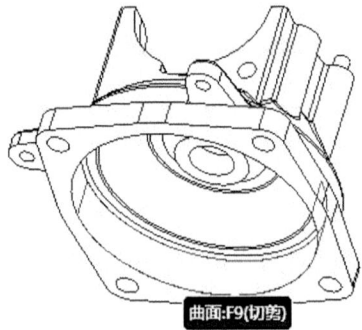

请注意，参照基准轴显示在所有绘图视图中。

11.6.5　添加几何公差

几何公差可用于指定零件模型上的关键曲面，记录关键曲面之间的关系，提供有关检查零件的方式和可接受的偏差的信息，添加步骤如下。

（1）在 11.6.4 工程图文件 ENG_BLOCK_FRONT.DRW 的基础上开始创建平行度的形位公差，在工程图菜单"注释"中单击"添加几何公差"按钮 ⬛ ，系统弹出"几何公差"对话框，如图 11-88 所示。

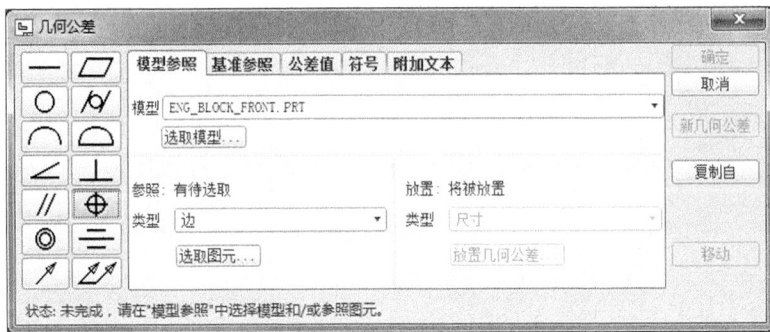

图 11-88　"几何公差"对话框

（2）在"几何公差"对话框的"模型参照"选项卡中的"类型"属性中选择"曲面"项，单击"选取图元"按钮，系统提示选取曲面，在顶视图中选取后模型曲面，如图 11-89 所示。

（3）在"放置：将被放置"选项中的"类型"中选取带引线，系统弹出"依附类型"菜单管理器，如图 11-90 所示。

（4）选取"箭头"项，单击"确定"按钮或单击鼠标中键确定，系统提示"选取多边，尺寸界线，坐标系，轴心，多个轴线，曲线或定点"，在顶视图中选取边，单击鼠标中键确定。

（5）选取"几何公差"中的"公差值"选项卡、"符号"选项卡、"附加文本"选项卡，可对其进行编辑，如图 11-91 所示。

图 11-89 选取参照曲面

图 11-90 "依附类型"菜单管理器

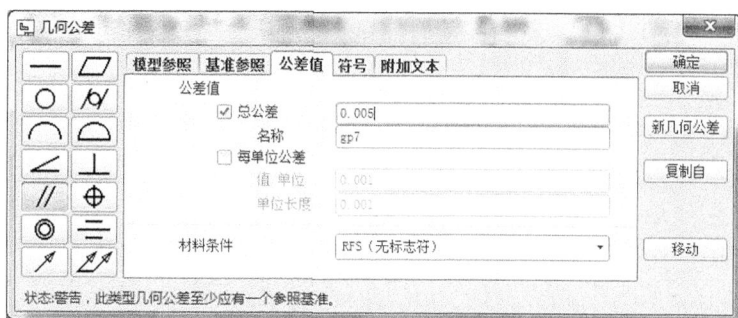

图 11-91 编辑"几何公差"的基本信息

为了方便认识形位公差的标注，现对同轴度进行形位公差的标注。

（1）在"几何公差"对话框中选取"同轴度符号"按钮 ◎ ，在"模型参照"选项卡中"参照：有待选取"选项的"类型"中选取曲面，如图 11-92 所示。

图 11-92 标注同轴度"几何公差"对话框

（2）选取主视图中的切口曲面，如图 11-93 所示。

（3）在"放置：将被放置"选项中选取"带引线"项，系统自动弹出"依附类型"菜单管理器。

（4）依次选择"图元上"→"箭头"项，选取剖面 A-A 视图中的切口边，如图 11-94 所示。

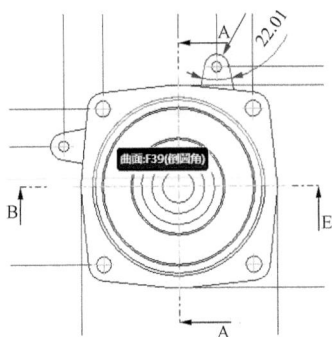

图 11-93　主视图的切口曲面

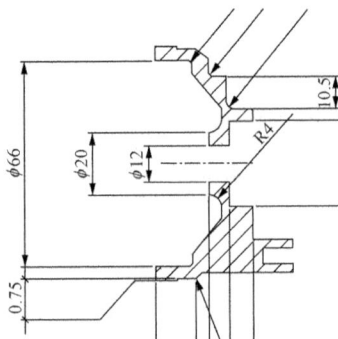

图 11-94　形位公差的放置位置

（5）单击"完成"按钮或单击鼠标中键确定，在剖面 A-A 视图的左上方为该公差选取一个位置，单击鼠标左键，如图 11-95 所示，同轴度已经标注在视图上。

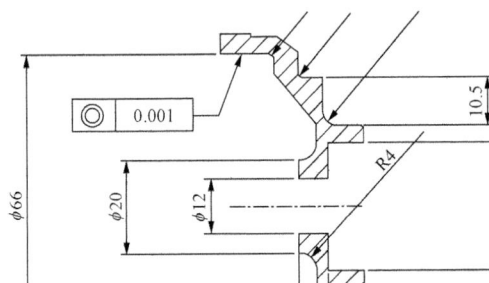

图 11-95　"形位公差"同轴度

11.7　添加绘制几何和符号

文字样式，线型样式和符号等，是工程图中不可缺少的内容。

本实例重点详述样式和符号库的修改和自定义。将使读者能够将 2D 绘图数据导入至工程图，并掌握在绘图中创建和编辑绘制几何，能使用现有的绘制几何创建图元。

11.7.1　导入 2D 绘图数据

对于已经存在的 2D 数据，可通过导入的方法将其导入到已经配置好的绘图中，步骤如下。

（1）打开本书自带工程图文件 TRIGGER_DRAFTED.DRW。

（2）单击工程图菜单"布局"中的"导入绘图/数据"按钮 ，系统弹出"打开"绘图/数据对话框，如图 11-96 所示。

（3）选取文件 trigger_drawing.igs 并打开，系统弹出"导入 IGS"对话框，如图 11-97 所示。选取"无视图"选项，选中"创建相关尺寸"复选框。清除选中的所有其他复选框，单击"确定"按钮，绘图数据已导入到绘图中。

（4）单击工程图菜单"注释"，在图形窗口右上角的"选取过滤器"的下拉列表中选取"尺寸"选项，如图 11-98 所示。

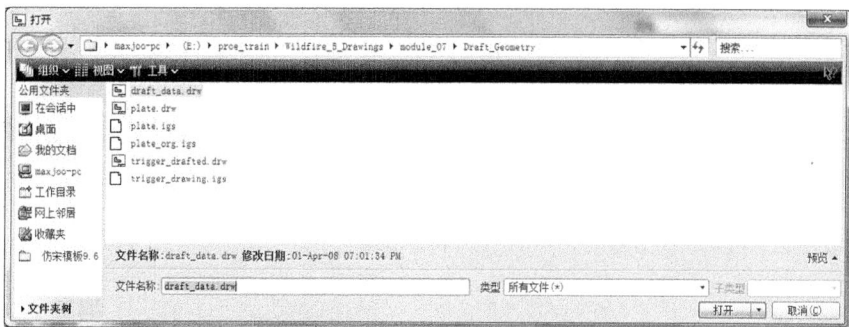

图 11-96 "打开"绘图/数据对话框

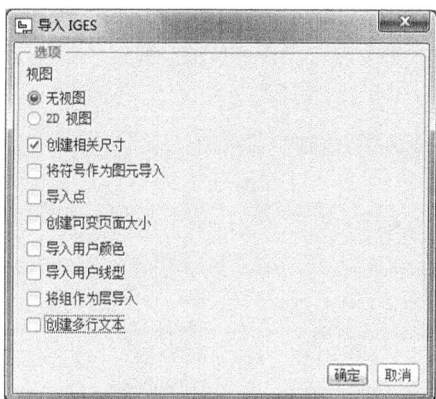

图 11-97 "导入 IGS"对话框

图 11-98 "选取过滤器"下拉列表

（5）框选一个窗口以选取绘图中的全部尺寸。在选取区域内单击鼠标右键并选取"拭除"选项，如图 11-99 所示。完成后所有尺寸都不再显示，如图 11-100 所示。

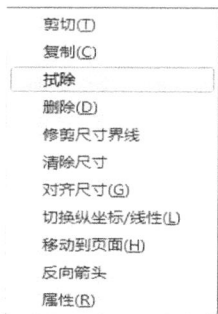

图 11-99 标注尺寸快捷菜单

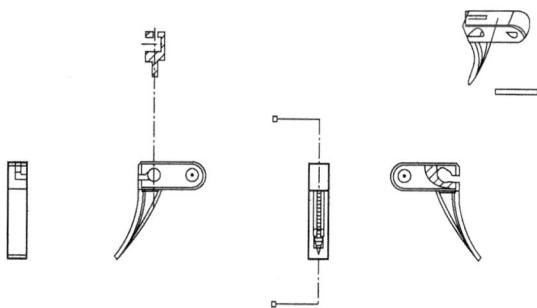

图 11-100 尺寸拭除后不再显示

（6）在图形窗口右上角的"选取过滤器"下拉列表中选取"常规"项。

11.7.2 创建 2D 绘制几何

利用绘制几何，可以在绘图中执行很多任务，包括配置符号形状、注释模型绘图和从其他系统导入的绘图及创建绘图格式，步骤如下。

（1）在 11.7.1 的绘图中，放大该绘图的主视图，如图 11-101 所示。

（2）在主视图中创建绘制线。单击工程图菜单中的"草绘"，单击"绘制直线"按钮 $\diagdown$ ▾，系统弹出"捕捉参照"对话框，如图 11-102 所示。

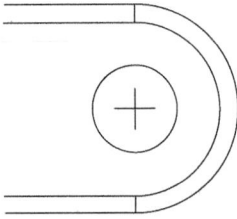

图 11-101　放大的主视图

图 11-102　"捕捉参照"对话框

（3）单击"选取参照"按钮 $\boxed{\ \ }$，选取轴线的端点顶点，如图 11-103 所示。单击鼠标中键确定。

（4）从所选取的顶点开始草绘一直线。将线的终点拖动到一新位置，鼠标右键单击并选取"角度"选项，如图 11-104 所示。

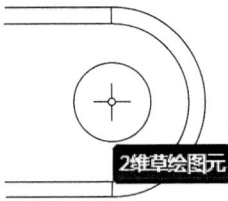

图 11-103　选取轴线端点作为参照

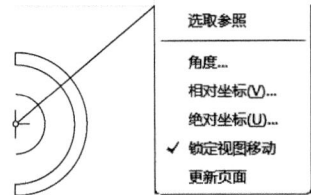

图 11-104　"选取参照"选项

（5）在角度文本框键入 45，单击按钮 $\boxed{\checkmark}$，如图 11-105 所示。

图 11-105　角度值输入对话框

（6）在适当的位置单击鼠标左键以定位线的终点，始于轴线顶点与水平方向成 45°角的直线绘制完成。

（7）与上述方法相同，从参照顶点开始绘制一条直线，拖动线的终点直到与前一条线垂直且等长，如图 11-106 所示。在此位置单击鼠标左键以定位线的终点。

（8）在绘图区空白处单击鼠标左键以取消选取所有加亮的项目。

（9）单击工程图菜单中的"草绘"，单击"偏移边"按钮 $\boxed{\text{｜}}$，系统弹出"偏移操作"菜单管理器，并提示选取图元。如图 11-107 所示，选取圆弧，键入 2 作为偏移值。单击按钮 $\boxed{\checkmark}$或者单击鼠标中键确认。

（10）单击绘图空白处以取消选取所有加亮的项目。

（11）在主视图中使用较大的弧作为边界来修剪直线。单击工程图菜单"草绘"中的"边界修剪"按钮 $\dashv\vdash$ 边界，选取弧作为边界。

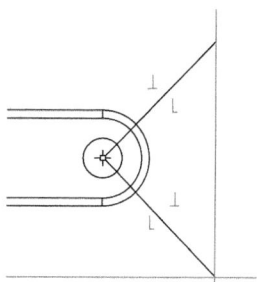

图 11-106　垂直且等长直线图元绘制

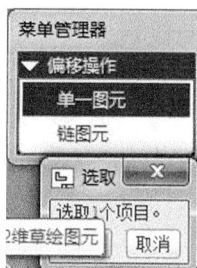

图 11-107　"偏移操作"菜单管理器

（12）在如图 11-108 所示的位置选取第一条绘制的直线。请注意所选取的直线已被修剪。

（13）在图 11-109 所示的位置选取第二条绘制的直线。请注意所选取的直线已被修剪。

（14）单击鼠标中键完成修剪，修剪后如图 11-110 所示。

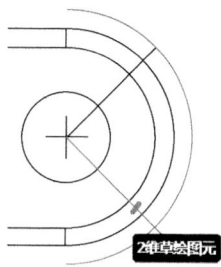

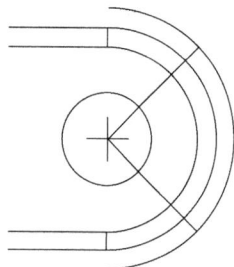

图 11-108　第一条直线修剪位置　　　图 11-109　第二条直线修剪位置　　　图 11-110　直线被修剪后示意图

11.7.3　创建和使用绘制符号

绘制符号包括绘制几何和文本。可以在绘图视图中将绘图符号用作简单的标签，或者用于表示更复杂的对象，如电子元件等。可创建自己的定制符号并将其存储到库中，创建和使用绘制符号的具体步骤如下。

（1）打开本书自带文件 GROUPS.DRW。单击工程图菜单"注释"，单击"符号库"按钮 ，系统弹出"符号库"菜单管理器，如图 11-111 所示。

对于初学者这个按钮不容易找到，需要打开注释菜单的左下角的下拉按钮，如图 11-112 所示。

图 11-111　"符号库"菜单管理器

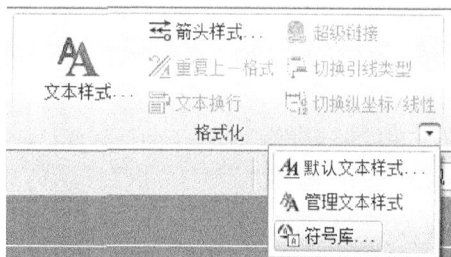

图 11-112　符号库按钮位置

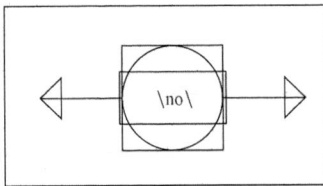

图 11-113　选取绘图复制

（2）单击"定义"项，输入符号名 Gen_Sym，并按"回车"键或者按鼠标中键确认，也可以单击按钮✔。

（3）在弹出的"符号库"菜单管理器中单击"绘图复制"项，框选已经绘图中的所有绘制几何，如图 11-113 所示。

（4）在系统弹出的菜单中单击"完成"按钮或者单击鼠标中键确认。系统弹出"符号定义属性"对话框，如图 11-114 所示。

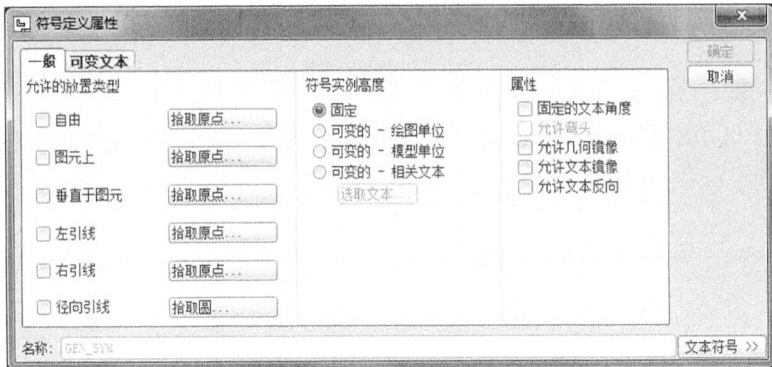

图 11-114　"符号定义属性"对话框

（5）在"一般"选项卡中的"允许的放置类型"选项中勾选"图元上"项，选取左端顶点作为插入点。单击"确定"按钮完成。

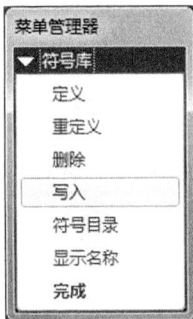

图 11-115 "符号库"菜单管理器"写入"

（6）在"符号库"菜单管理器中单击"写入"项，如图 11-115 所示，系统弹出符号的目录路径，如图 11-116 所示。将需要保存该符号的路径填入，并按"回车"键或者按单击鼠标中键确认，也可以单击按钮✔。

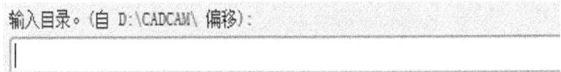

图 11-116　写入目录路径

（7）任意打开一工程图，单击工程图菜单命令"注释"，并单击"插入定制绘图符号"按钮，系统弹出如图 11-117 所示的插入"定制绘图符号"对话框。在其"一般"选项卡中，浏览已保存的自定义绘图符号。

（8）选择相应的放置位置（图元），单击鼠标中键或单击"确定"按钮确认。插入定制的绘图符号，如图 11-118 所示。

（9）双击插入的绘图符号，系统弹出如图 11-119 所示的编辑"定制绘图符号"对话框。

（10）可以在"一般"选项卡中修改角度、颜色等相关属性。单击"可变文本"选项卡，将可变文本 no 更改成正确的参数值。如键入 AB。单击"确定"按钮，如图 11-120 所示。

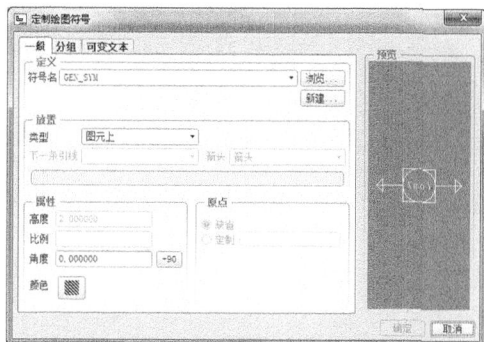

图 11-117 插入"定制绘图符号"对话框

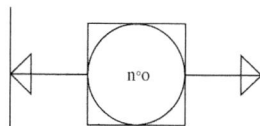

图 11-118 插入的定制绘图符号

图 11-119 编辑插入的定制绘图符号

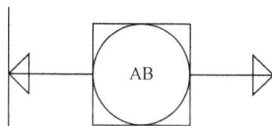

图 11-120 编辑可变文本后的绘图符号

11.8 在绘图中创建和使用表

表是具有行和列的栅格，在其中可输入文本，绘图表中的文本具有全文本功能。可通过双击单元格并在对话框中输入文本进行修改，也可以输入尺寸符号和绘图标签，并且当修改模型或绘图时系统会更新它们。可以将绘图表包含到绘图格式、绘图和布局中，并将其保存在硬盘中，供其他的工程图使用。

11.8.1 表的创建

要在绘图中创建表，必须制定表的方向、在绘图中的位置及行与列的大小，创建表格的步骤如下。

（1）启动 Pro/ENGINEER Wildife 5.0 软件。

（2）打开本书自带文件 PISTON.DRW，如图 11-121 所示。

（3）单击工程图菜单"表"→"插入表"按钮，如图 11-122 所示，系统弹出"创建表"菜单管理器，如图 11-123 所示。

（4）在"创建表"菜单管理器中依次选择"降序"→"左对齐"→"按字符数"项。

（5）选取一个位置作为表的右上角，如图 11-124 所示，表的列宽以字符形式可选。

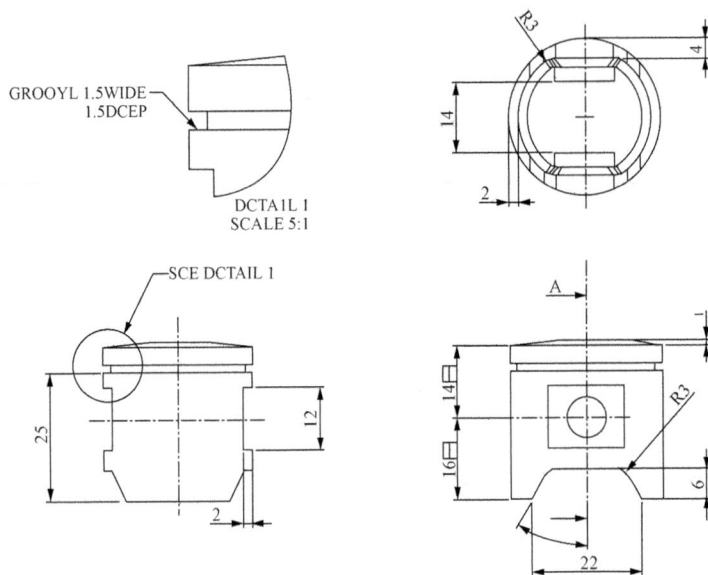

图 11-121　活塞工程图

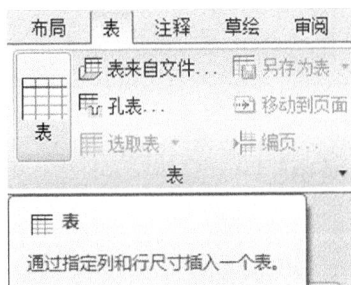

图 11-122　"表"按钮

图 11-123　"创建表"菜单管理器

图 11-124　指定表的列宽

（6）指定第一列的宽度，在显示的位置选取字符 5。

（7）指定第二列、第三列的宽度，在显示的位置选取字符 9。

（8）单击鼠标中键停止创建列，系统弹出如图 11-125 所示，指定表的行高。

（9）指定第一行的高度，在显示的位置选取字符 2。

（10）指定第二行、第三行的高度，在显示的位置选取字符 3。

（11）单击鼠标中键完成表的创建，如图 11-126 所示。

图 11-125　指定表的行高　　　　　　　　图 11-126　创建完成的表

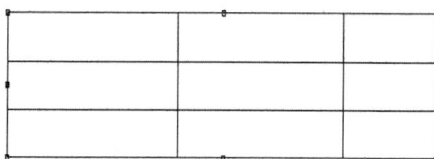

（12）单击绘图空白处以取消选取所有加亮的项目。

11.8.2　表的使用和更改

对于已经创建好的表，可使用该表注释信息，并可对表进行编辑和调整步骤如下。

（1）选取表的任意单元格，双击或者在表格内单击鼠标右键，在弹出的快捷菜单中选取"属性"命令，系统弹出如图 11-127 所示的"注解属性"对话框。

（2）在"文本"选项卡中键入相应的注解文本或者打开已经保存的.txt 文本。选择"注解属性"对话框中的"文本样式"选项卡，如图 11-128 所示，可对注解的字体、颜色等属性进行编辑。

图 11-127　"注解属性"对话框"文本"选项卡　　　图 11-128　"注解属性"对话框"文本样式"选项卡

（3）选取表的任意单元格，单击鼠标右键，系统弹出如图 11-129 所示的快捷菜单。

（4）选取"高度和宽度"命令，系统弹出编辑"高度和宽度"对话框，如图 11-130 所示。

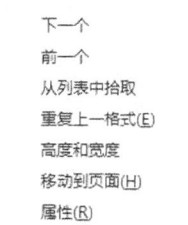

图 11-129　"高度和宽度"快捷菜单　　　　　图 11-130　"高度和宽度"对话框

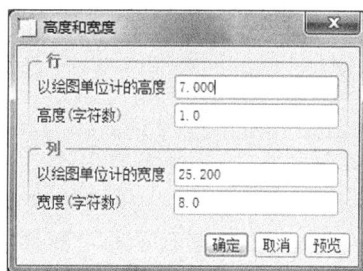

（5）在"高度和宽度"对话框的"行"和"列"选项中更改相应的数值。单击"预览"按钮，直至高度和宽度符合要求，单击"确定"按钮确认。修改后的表格如图 11-131 所示。

（6）单击绘图空白处以取消选取所有加亮的项目。

图 11-131　调整高度和宽度后的表格

11.9　在绘图中使用报告信息

"BOM（Bill Of Materials）材料清单表"是处理组件时非常实用的报表，它可以指出目前组件中所使用的零件名称、种类和数量。通常在创建组件工程图的同时，包含一个材料报表，一般使用重复区域自动创建和维护材料清单。

11.9.1　在绘图中创建 BOM 表

BOM 表称作重复区域的"智能"表单元格的原理。可以创建与组建或者零件模型相关联的定制报告。如果参照的模型发生了更改，则 BOM 表自动更新，创建 BOM 表的具体步骤如下。

（1）打开本书自带文件 ENGINE_ASSEMBLY.DRW，如图 11-132 所示。

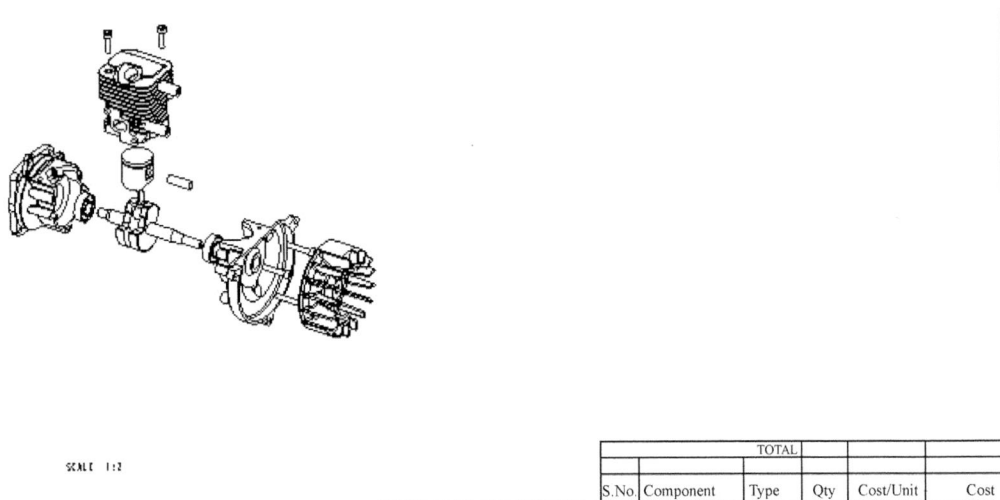

图 11-132　引擎组件工程图

（2）放大位于绘图右下角的 BOM 表。

（3）单击工程图菜单"表"→"重复区域"按钮 ，系统弹出"表域"菜单管理器，如图 11-133 所示。

图 11-133 "表域"菜单管理器

（4）选取"添加"项，系统弹出"区域类型"菜单管理器，选取"简单"项，如图 11-134 所示。

（5）选取表中的左中部单元格作为定位区域的角，如图 11-135 所示。

（6）系统提示选取另一个表单元，选取表中的右中部单元格以创建重复区域，如图 11-136 所示，重复区域创建完成。

图 11-134 "区域类型"菜单管理器

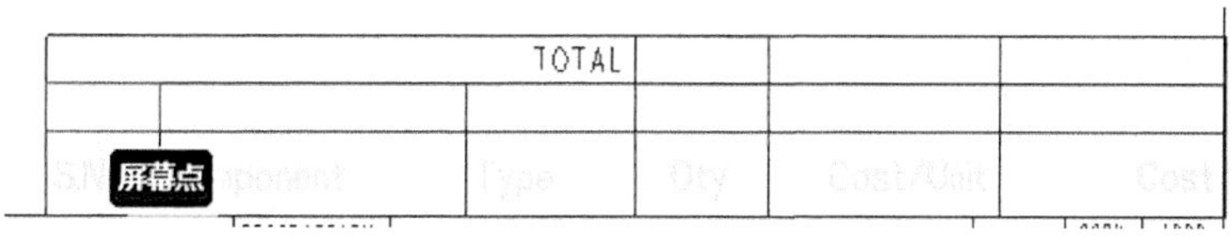

图 11-135 定位区域的角

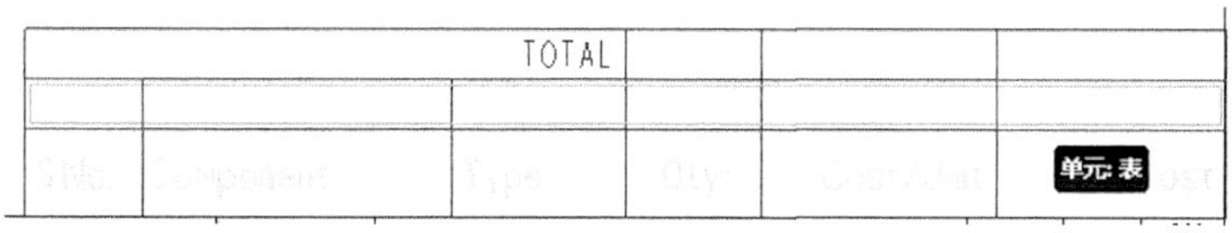

图 11-136 创建的重复区域

11.9.2 在重复区域添加报告符号

重复区域是用户配置的表单元格，可以展开或者收缩以显示相关的模型信息。可以向重复区域的单元格中添加报告符号，可以手动检入报告符号，也可以通过"报告符号"对话框的层叠列表中选取。具体步骤如下。

图 11-137 "报告符号"对话框

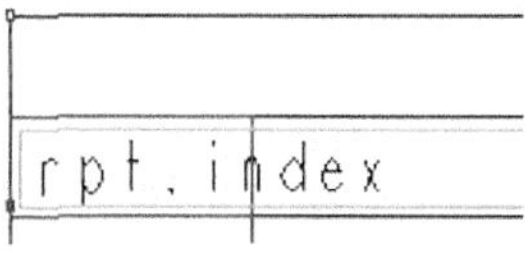

（1）选取重复区域的第一个单元格，向表单元格中添加报告索引参数，双击或者单击鼠标右键选取"报告参数"命令，系统弹出"报告符号"对话框，如图 11-137 所示。

（2）单击 rtp→index 选项，文本被添加到单元格中，如图 11-138 所示。

图 11-138 已添加报告符号文本

（3）相同的方法向第二个单元格中添加元件名称参数。双击单元格，系统弹出"报告符号"对话框后，依次单击 asm→mbr→name 选项。

（4）向第三个单元格中添加元件类型参数。双击单元格，系统弹出"报告符号"对话框后，依次单击 asm→mbr→type 选项。

（5）向第四个单元格中添加数量报告参数。双击第四个单元格，系统弹出"报告符号"对话框后，依次单击 rpt→qty 选项。

（6）向第五个单元格中添加用户自定义的元件参数。双击第五个单元格，系统弹出"报告符号"对话框后，依次单击 asm→mbr→User Defined 选项，键入 cost，单击鼠标中键确认。

（7）向第六个单元格中添加关系参数。双击第六个单元格，系统弹出"报告符号"对话框后，依次单击 rpt→rel→User Defined 选项，键入 total_cost，单击鼠标中键确认。添加完报告符号如图 11-139 所示。

rpt.index.mbr.name	asm.mbr.type	qty	asm.mbr.cost	rpt.rel.total_cost
S.No.	Component	Type	Qty	Cost/Unit	Cost

图 11-139　添加完报告符号

（8）单击工程图菜单"表"→"重复区域"按钮 ，在弹出的"表域"菜单管理器中选取"更新表"项，单击"切换符号"项，如图 11-140 所示。

此时，表已经更新，但表包括重复元件且数量列为空，如图 11-141 所示。

图 11-140　"表域"菜单管理器
中的"更新表"

S.No.	Component	Type	Qty	Cost/Unit	Cost
13	CONNECTING_ROD	PART		18.750	
12	PISTON	ASSEMBLY			
11	CRANK	ASSEMBLY			
10	BOLT_5-28	PART		0.500	
9	BOLT_5-28	PART		0.500	
8	BOLT_5-28	PART		0.500	
7	BOLT_5-18	PART		0.500	
6	BOLT_5-18	PART		0.500	
5	CYLINDER	PART		316.000	
4	ENG_BEARING	PART		0.5000	
3	ENG_BLOCK_FRONT	PART		175.000	
2	ENG_BEARING	PART		5.000	
1	ENG_BLOCK_REAR	PART		153.000	

（TOTAL 位于表格上方）

图 11-141　更新后的重复区域

（9）更改表属性，单击"表域"菜单管理器中的"属性"项，选取表中的重复区域，在系统弹出的菜单中单击"无多重记录"→"递归"项，最后单击"完成/返回"项或单击中键确认。更新后的表仅列出重复元件一次，且数量列已填充。所有元件和子组件现在均在表中列出，如图 11-142 所示。

（10）向重复区域添加关系式。单击"重复区域"按钮 ，在"表域"菜单管理器中单击"关系"项，如图 11-143 所示。系统弹出"关系式"对话框，如图 11-144 所示。

S.No.	Component	Type	Qty	Cost/Unit	Cost
		TOTAL			
15	PISTON_RING	PART	1	3.000	
14	PISTON_PIN	PART	1	3.150	
13	PISTON	PART	1	31.350	
12	FLYWHEEL	PART	1	77.340	
11	ENG_BLOCK_REAR	PART	1	153.000	
10	ENG_BLOCK_FRONT	PART	1	175.000	
9	ENG_BEARING	PART	2	5.000	
8	CYLINDER	PART	1	316.000	
7	CRANKSHAFT	PART	1	31.000	
6	CONNECTING_ROD	PART	1	18.750	
5	BOLT_5-28	PART	3	0.500	
4	BOLT_5-18	PART	2	0.500	
3	PISTON	ASSEMBLY	1		
2	ENGINE	ASSEMBLY	1		
1	CRANK	ASSEMBLY	1		
S.No.	Component	Type	Qty	Cost/Unit	Cost

图 11-142 更改表属性后的重复区域

图 11-143 "表域"菜单管理器的"关系"

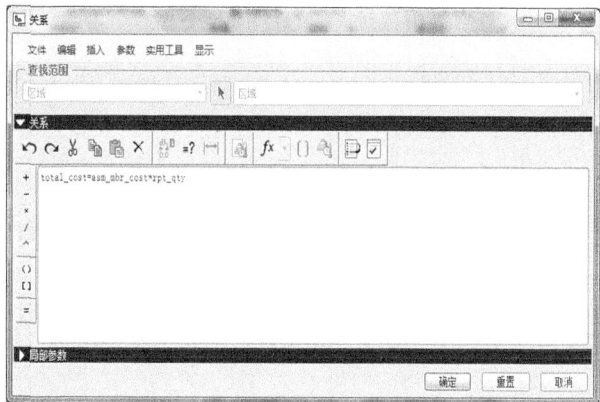

图 11-144 "关系"对话框

（11）在"关系"对话框中，键入 total_cost=asm_mbr_cost*rpt_qty，然后单击"确定"按钮，并注意单击"表域"菜单管理器中的"更新表"项。现在为各元件计算总成本，并且在成本列中显示，如图 11-145 所示。

S.No.	Component	Type	Qty	Cost/Unit	Cost
		TOTAL			
15	PISTON_RING	PART	1	3.000	3.000
14	PISTON_PIN	PART	1	3.150	3.150
13	PISTON	PART	1	31.350	31.350
12	FLYWHEEL	PART	1	77.340	77.340
11	EBG_BLOCK_REAR	PART	1	153.000	153.000
10	ENG_BLOCK_FRONT	PART	1	175.000	175.000
9	ENG_BEARING	PART	2	5.000	10.000
8	CYLINDER	PART	1	316.000	316.000
7	CRANKSHAFT	PART	1	31.000	31.000
6	CONNECTING_ROD	PART	1	18.750	18.750
5	BOLT_5-28	PART	3	0.500	1.500
4	BOLT_5-18	PART	2	0.500	1.000
3	PISTON	ASSEMBLY	1		
2	ENGINE	ASSEMBLY	1		
1	CRANK	ASSEMBLY	1		
S.No.	Component	Type	Qty	Cost/Unit	Cost

图 11-145 添加关系后的重复区域

（12）对零件和组件重新排序，单击"表域"菜单管理器中的"属性"项，选取表中的重复区域，单击"无多重记录/级"项，如图 11-146 所示。

（13）单击"完成/返回"项，各子组件现在和其自己的元件归组到一起，如图 11-147 所示。

菜单管理器

▶ 表域
属性　　　　▼
▼ 区域属性
多重记录
无多重记录
无多重/级
递归
平整
最小重复
起始索引
无起始索引
按零件混合
按元件混合
绝信息
非绝信息
完成/返回

S.No.	Component	Type	Qty	Cost/Unit	Cost
		TOTAL			
15	CONNECTING_ROD	PART	1	18.750	18.750
14	PISTON_RING	PART	1	3.000	3.000
13	PISTON_PIN	PART	1	3.150	3.150
12	PISTON	PART	1	31.350	31.350
11	PISTON	ASSEMRLY	1		
10	FLYWHEEL	PART	1	77.340	77.340
9	CRANKSHAFT	PART	1	31.000	31.000
8	CRANK	ASSEMRLY	1		
7	BOLT_5-28	PART	3	0.500	1.500
6	BOLT_5-18	PART	2	0.500	1.000
5	CYLINDER	PART	1	316.000	316.000
4	ENG_BLOCK_FRONT	PART	1	175.000	175.000
3	ENG_BEARING	PART	2	5.000	10.000
2	ENG_BLOCK_REAR	PART	1	153.000	153.000
1	ENGINE	ASSEMRLY	1		

图 11-146　"表域"菜单管理器的操作　　　　　图 11-147　无多重/级排序后的重复区域

11.10　在绘图中添加和配置 BOM 球标

在组件工程图中，对于大型组件，通常会为每个零件加上球标以方便指示。BOM 球标是组件工程图中的圆形注解，在添加 BOM 球标之前，必须创建表，添加重复区域，输入预期的报表符号并指定 BOM 球标区域。完成此项操作后，可以显示 BOM 球标。

BOM 球标通常会显示一个与表中的零件名称相对应的索引号码。索引号码的报告符号为 rpt.index，零件名称的报告符号为 asm.mbr,name。

BOM 球标通常有以下三种类型：

（1）简单球标：显示一个与表中的零件名称相对应的索引号码。

（2）带数量球标：BOM 球标分割为上下两半。上半部分为索引号码，下半部分为包含数量。

（3）定制球标：利用定制符号作为 BOM 球标符号外形。

球标样式设置后，可以利用"改变类型"命令在三种球标显示方式之间切换。如果要清除球标，只需选择"清除区域"命令即可。

11.10.1　设置球标区域

BOM 球标是组件工程图中用来标识组件视图中各元件的圆形标签。标签参照重复区域表中的信息，该表已被指定为 BOM 球标区域，设置球标区域步骤如下。

（1）打开本书自带工程图文件 ENGINE_ASSEMBLY.DRW。单击工程图菜单"表"，单击"BOM 球标"按钮 ⑤ BOM球标... ，系统弹出"BOM 球标"菜单管理器，如图 11-148 所示。

（2）单击"设置区域"项，在"BOM 球标类型"选项中选取"带数量"项，单击鼠标中键完成设置区域，此时"BOM 球标"菜单管理器中的全部命令被激活，如图 11-149 所示。

图 11-148　"BOM 球标"菜单管理器　　　图 11-149　激活的"BOM 球标"菜单管理器

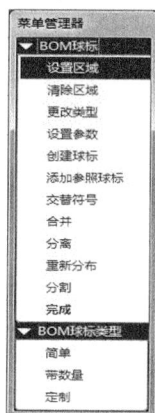

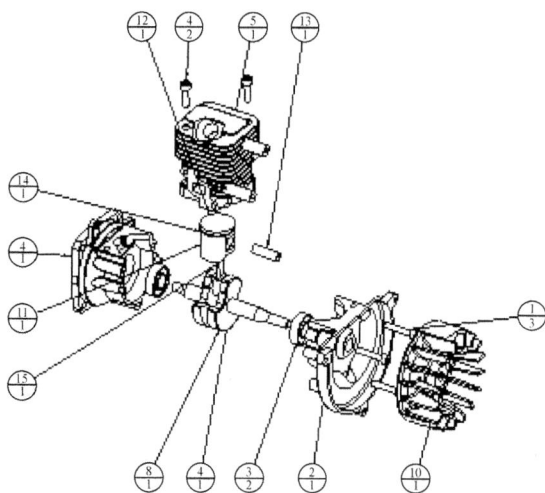

11.10.2　显示 BOM 球标

球标区域设置完成后，可在绘图中显示 BOM 球标，步骤如下。

（1）单击"BOM 球标"菜单管理器中的"创建球标"项，系统弹出"BOM 视图"菜单管理器，如图 11-150 所示。

在"BOM 视图"项中有显示全部、根据视图、通过元件和元件&视图四个选项，其各自的含义如下。

"显示全部"：显示所有与表区域相关的球标，有时会根据视图方向放置到几个视图中。

"根据视图"：选择要显示其球标的一个或多个视图。

"通过元件"：选取要显示其球标的一个或多个指定元件。

"元件&视图"：如果某一区域涉及一个以上的视图，选取用于显示球标的视图。

（2）选取"根据视图"选项，系统提示"选取视图"，选取分解视图，如图 11-151 所示，已显示 BOM 球标。

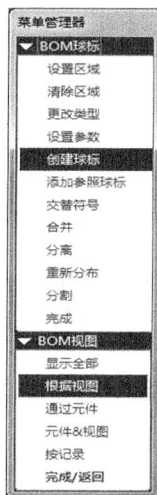

图 11-150　"BOM 视图"菜单管理器　　　图 11-151　带数量的 BOM 球标

11.10.3　修改球标类型

根据不同要求，有时需要更改球标的不同显示方式，则可以选择"BOM 球标"菜单管理器中的"更改类型"项，然后单击表中的重复区域，打开"BOM 球标类型"菜单管理器，从中选择"简单"项，如图 11-152 所示。

单击"完成／返回"项，则球标显示为简单的类型，如图 11-153 所示。

图 11-152　修改球标类型

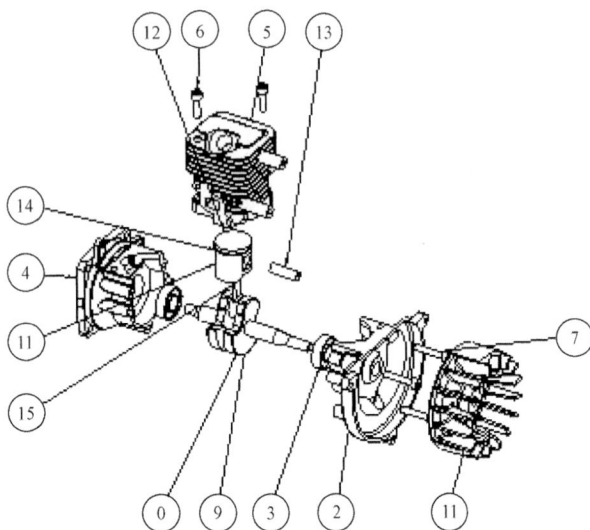

图 11-153　简单类型的 BOM 球标

第12章　造型综合案例

12.1　拨叉零件造型

12.1.1　建立新文件

启动 Pro/ENGINEER Wildfire，单击"文件"→"新建"命令，系统弹出"新建"对话框，如图 12-1 所示。在"类型"选项组中选择"零件"项，"子类型"选项组中选择"实体"项，在"名称"文本框中输入文件名 bocha，取消选择"使用默认模板"复选框。然后单击"确定"按钮，进入模板的设置界面，如图 12-2 所示，选择 mmns_part_solid 模板，单击"确定"按钮，进入实体设计环境。

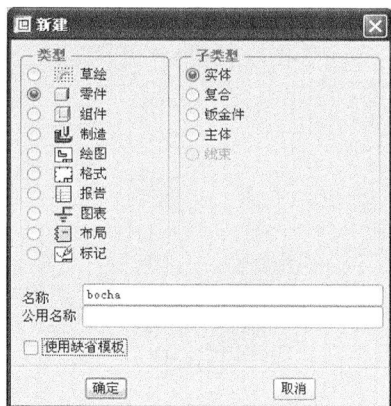

图 12-1　"新建"对话框

图 12-2　"新文件选项"对话框

12.1.2　使用拉伸工具创建拨叉小头

1．草绘截面

（1）单击工具栏上的按钮 ⬚，打开"草绘"对话框，如图 12-3 所示。选择 FRONT 面为草绘平面，RIGHT 面为参照平面，单击按钮 草绘 ，进入草绘状态。

（2）绘制如图 12-4 所示的截面。

（3）单击工具栏中的按钮 ✔，完成草图绘制。

2．建立拉伸实体特征

（1）单击工具栏中的按钮 ⬚（或单击主菜单中"插入"→"拉伸"命令），系统弹出"拉伸"操控面板，如图 12-5 所示。在模型树中选择刚刚完成的草绘作为拉伸对象，在操控面板的"选项"下滑面板中定义拉伸方式和深度，如图 12-6 所示，拉伸方式均选择"盲孔"，"侧 1"拉伸深度为"28"、"侧 2"拉伸深度为"2"。

（2）单击操控面板上的按钮 ✔，完成拉伸特征的创建，结果如图 12-7 所示。

图 12-3　拨叉小头"草绘"对话框

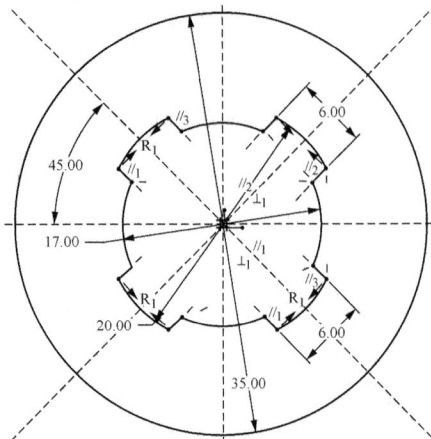

图 12-4　拨叉小头"拉伸"截面

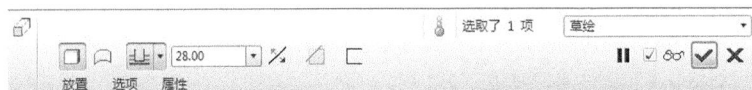

图 12-5　"拉伸"操控面板

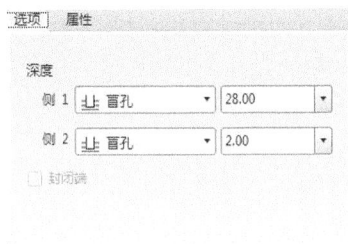

图 12-6　拨叉小头"选项"下滑面板

图 12-7　拨叉小头"拉伸"特征

12.1.3　使用拉伸工具创建拨叉大头

1. 草绘截面

（1）单击工具栏上的按钮，打开"草绘"对话框，"草绘平面"项中选择"使用先前的"项，进入草绘状态。

（2）单击主菜单"草绘"→"参照"命令，系统弹出如图 12-8 所示的"参照"对话框，选择刚刚创建的拉伸 1 的外圆柱面为参照，单击"关闭"按钮进入草绘界面。

（3）绘制如图 12-9 所示的截面。

（4）单击工具栏中的按钮，完成草图绘制。

2. 创建拉伸实体特征

（1）单击工具栏中的按钮（或单击主菜单中"插入"→"拉伸"命令），系统弹出"拉伸"操控面板，在模型树中选择刚刚完成的草绘作为拉伸对象，在操控面板的"选项"下滑面板中定义拉伸方式和深度，如图 12-10 所示。

（2）单击操控面板上的按钮，完成拉伸特征的创建，结果如图 12-11 所示。

图 12-8 拨叉大头"参照"对话框

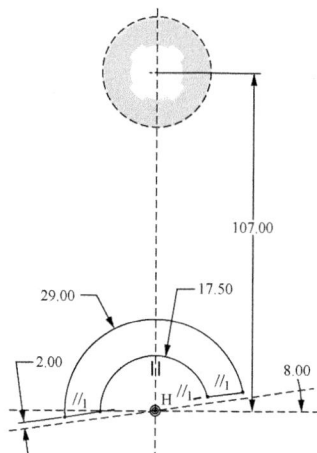

图 12-9 拨叉大头"拉伸"截面

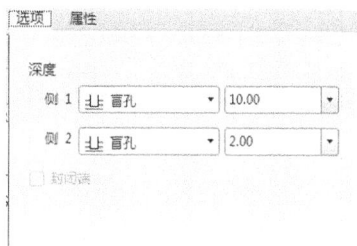

图 12-10 拨叉大头"选项"下滑面板

图 12-11 拨叉大头"拉伸"特征

12.1.4 使用拉伸工具创建连接板

（1）单击工具栏中的按钮 （或单击主菜单中"插入"→ "拉伸"命令）系统弹出"拉伸"操控面板，选择盲孔拉伸方式，设置拉伸深度为"8"，如图 12-12 所示。

（2）激活"放置"下滑面板，单击"定义"按钮进入"草绘"对话框，"草绘平面"项选择"使用先前的"项进入草绘状态。单击主菜单"草绘"→ "参照"命令，系统弹出"参照"对话框，选择刚刚创建的拉伸 1 的外圆柱面、拉伸 2 的外圆柱面及垂直于草绘平面的平面为参照，单击"关闭"按钮进入草绘界面；绘制如图 12-13 所示的拉伸截面。

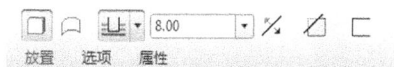

图 12-12 连接板"拉伸"操控面板

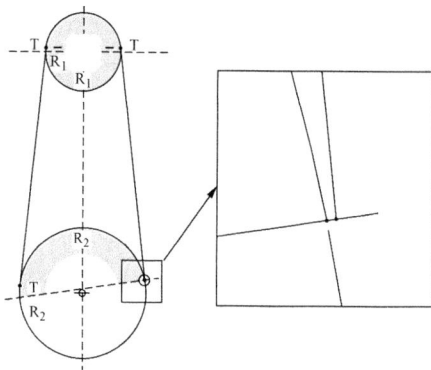

图 12-13 连接板"拉伸"截面

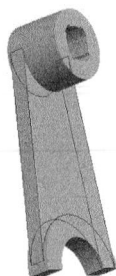

图 12-14　连接板"拉伸"特征

（3）单击"草绘"工具条中的按钮✔，完成草图绘制，返回"拉伸"操控面板。单击操控面板上的按钮✔，完成拉伸特征的创建，结果如图 12-14 所示。

12.1.5　使用拉伸工具创建小头部分的槽

1. 创建基准平面

（1）单击工具栏中的按钮▱（或单击主菜单中"插入"→"模型基准"→"平面"命令），系统弹出如图 12-15 所示的"基准平面"对话框。

（2）在"放置"选项卡的"参照"区域中单击鼠标左键激活，然后在绘图区中选择 FRONT 面为参照平面，在参照对象右侧的下拉列表中选择"偏移"方式；在"偏距"区域中设置"平移"距离为"6"。

（3）单击"确定"按钮，完成基准平面的创建，如图 12-16 所示。

2. 创建拉伸减材料特征

（1）单击工具栏中的按钮▱（或单击主菜单中"插入"→"拉伸"命令），系统弹出"拉伸"操控面板，选择盲孔拉伸方式，设置拉伸深度为"12"，同时单击"移除材料"按钮▱。

（2）激活"放置"下滑面板，单击"定义"按钮进入"草绘"对话框，选择刚创建的 DTM1 为草绘平面，RIGHT 面为参照平面，单击"草绘"按钮，进入草绘状态。单击主菜单"草绘"→"参照"命令，系统弹出"参照"对话框，

图 12-15　小头槽"基准平面"对话框

选择拉伸 1 的外圆柱面、拉伸 3 的左侧表面为参照，单击"关闭"按钮进入草绘界面，绘制如图 12-17 所示的拉伸截面。

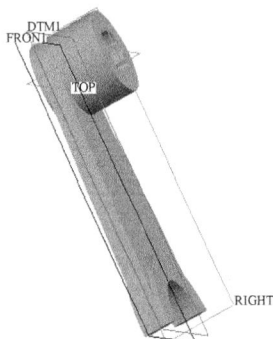

图 12-16　小头槽创建基准平面 DTM1

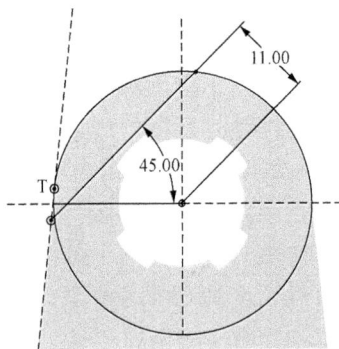

图 12-17　小头槽"拉伸"截面

（3）单击"草绘"工具条中的按钮✔，完成草图绘制，返回"拉伸"操控面板，单击按钮✗调整拉伸方向和材料保留侧，如图 12-18 所示。单击操控面板上的按钮✔，完成"拉伸"特征的创建，结果如图 12-19 所示。

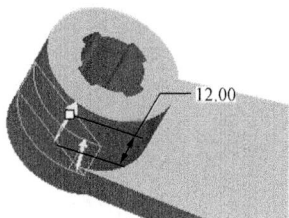

图 12-18　调整小头槽截面拉伸方向　　　　图 12-19　小头槽"拉伸"减材料特征

12.1.6　创建筋特征

（1）单击特征工具栏中的按钮 （或单击主菜单中"插入"→"筋"→"轮廓筋"命令），系统弹出"筋"操控面板，如图 12-20 所示。

图 12-20　小头"筋"操控面板

（2）激活"参照"下滑面板，单击"定义"按钮进入"草绘"对话框，选择 RIGHT 面为草绘平面，TOP 面为参照平面，单击"草绘"按钮，进入草绘状态。单击主菜单"草绘"→"参照"命令，系统弹出"参照"对话框，选择拉伸 1 的外圆柱面、拉伸 3 上表面为参照，单击"关闭"按钮进入草绘界面，绘制如图 12-21 所示的开放截面。

（3）单击"草绘"工具条中的按钮 ✔，完成草图绘制，返回"筋"操控面板，在厚度文本框中输入厚度"6"，单击按钮 调整筋的位置，在预览图中调整材料生成方向，单击操控面板上的按钮 ✔，完成"筋"特征的创建，结果如图 12-22 所示。

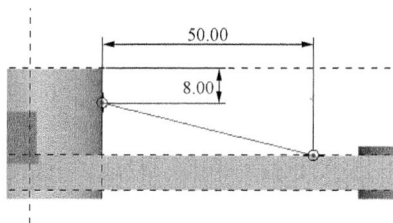

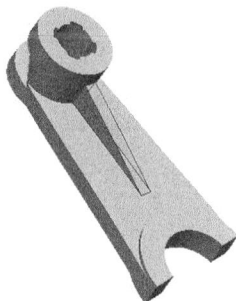

图 12-21　小头"筋"特征截面　　　　　图 12-22　小头"筋"特征

12.1.7　创建倒角特征

1．创建小头部分倒角

（1）单击特征工具栏中的按钮 ，系统弹出"倒角"操控面板，如图 12-23 所示，倒角样式与标注形式均选取默认形式。

（2）激活"集"下滑面板，如图 12-24 所示，单击"集 1"项，按住 Ctrl 键，选择如图

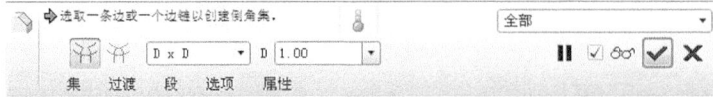

图 12-23　小头"倒角"操控面板

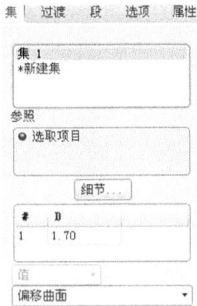

图 12-24　小头倒角"集"
下滑面板

12-25（a）所示的四条边，在"D"文本框中输入"1"。

（3）单击"新建集"项，选择如图 12-25（b）所示的边，设置
"D"为"1.5"。

（4）单击"新建集"项，按住 Ctrl 键，选择如图 12-25（c）所
示的四条边，设置"D"为"1"。

（5）单击"新建集"项，选择如图 12-25（d）所示的边，设置
"D"为"2"。

（6）单击操控面板上的按钮 ✓，完成小头部分"倒角"特征的
创建。

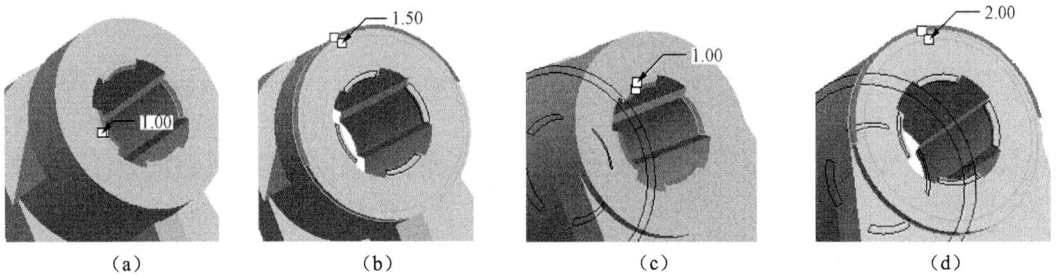

| （a） | （b） | （c） | （d） |

图 12-25　小头"倒角"特征

2.　创建大头部分倒角

（1）单击特征工具栏中的按钮 ，系统弹出"倒角"操控面板，倒角样式与标注形式
均选取默认形式。

（2）激活"集"下滑面板，单击"集 1"项，按住 Ctrl 键，选择如图 12-26（a）所示的
两条边，在"D"文本框中输入"2"。

（3）单击"新建集"项，按住 Ctrl 键，选择如图 12-26（b）所示的两条边，设置"D"
为"1"。

（4）单击操控面板上的按钮 ✓，完成小头部分"倒角"特征的创建。

最后结果如图 12-27 所示。

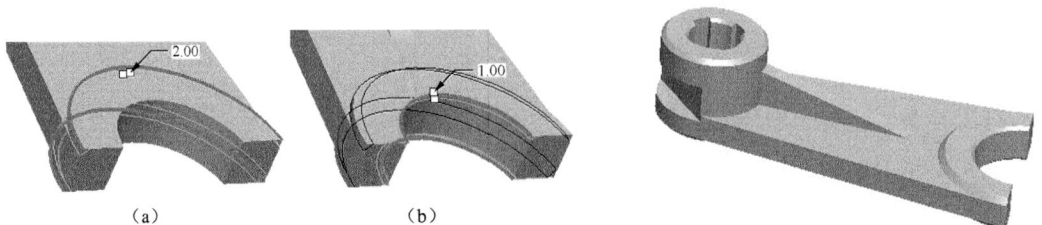

| （a） | （b） |

图 12-26　大头"倒角"特征　　　　　　　　　　图 12-27　拨叉

12.2 操纵杆零件造型

12.2.1 建立新文件

启动 Pro/ENGINEER Wildfire，用 12.1.1 实例中相同的方法建立一个文件名为 caozongan 的新文件，选择 mmns_part_solid 模板。

12.2.2 利用相交得到一条空间曲线

1. 创建两个拉伸平面

（1）单击工具栏中的按钮 ▱（或单击主菜单中"插入"→"拉伸"命令）系统弹出"拉伸"操控面板，按下"拉伸为曲面"按钮 ▱，如图 12-28 所示。

图 12-28 操纵杆"拉伸"操控面板

（2）激活"放置"下滑面板，单击"定义"项进入"草绘"对话框，选择 FRONT 面为草绘平面，接受系统默认的视图方向和参照平面，单击"草绘"按钮，进入草绘状态。绘制如图 12-29 所示的开放截面。

（3）单击"草绘"工具条中的按钮 ✓，完成草图绘制，返回"拉伸"操控面板，选择拉伸方式为对称拉伸 ⯐，设置拉伸深度为 200。单击操控面板上的按钮 ✓，完成"拉伸"特征的创建，结果如图 12-30 所示。

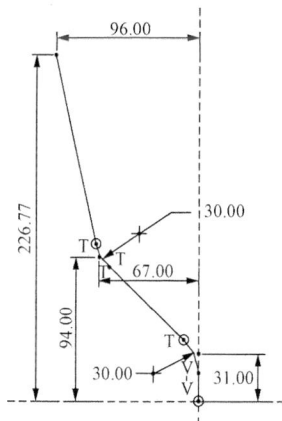

图 12-29 操纵杆"拉伸"特征截面（一）　　图 12-30 操纵杆平面"拉伸"特征

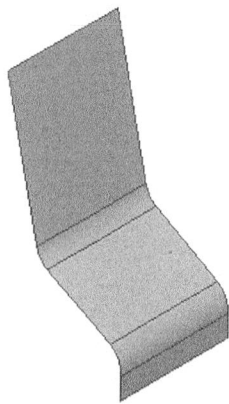

（4）单击工具栏中的按钮 ▱（或单击主菜单中"插入"→"拉伸"命令）系统弹出"拉伸"操控面板，单击"拉伸为曲面"按钮 ▱。

（5）激活"放置"下滑面板，单击"定义"项进入"草绘"对话框，选择 RIGHT 面为草绘平面，接受系统默认的视图方向和参照平面，单击"草绘"按钮，进入草绘状态。单击主菜单"草绘"→"参照"命令，系统弹出"参照"对话框，选择刚刚创建的拉伸 1 的上面的一条边、为参照，单击"关闭"按钮进入草绘界面，绘制如图 12-31 所示的开放截面。

（6）单击"草绘"工具条中的按钮 ✓，完成草图绘制，返回"拉伸"操控面板，选择拉伸方式为对称拉伸 🔘，设置拉伸深度为 200。单击操控面板上的按钮 ✓，完成"拉伸"特征的创建，结果如图 12-32 所示。

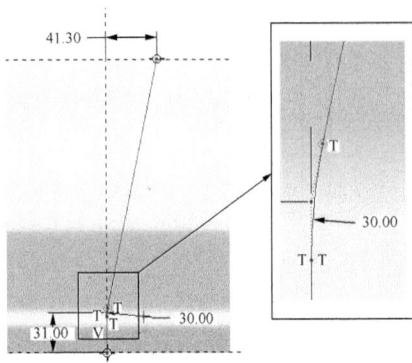

图 12-31　操纵杆"拉伸"特征截面（二）　　图 12-32　操纵杆"拉伸"特征截面（三）

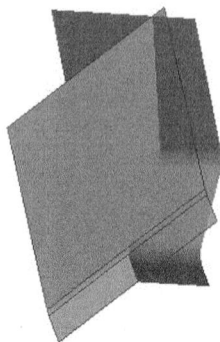

2. 生成交截线

（1）按住 Ctrl 键选中刚刚创建的两个拉伸曲面。

（2）单击主菜单"编辑"→"相交"命令，如图 12-33 所示，生成如图 12-34 所示的一条交截线。

（3）在模型树中选中两个拉伸曲面，单击鼠标右键，在弹出的快捷菜单中选择"隐藏"选项，如图 12-35 所示。

图 12-33　交截线"编辑"菜单　图 12-34　交截线"交截"特征　图 12-35　隐藏特征截面

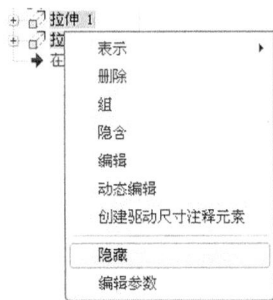

12.2.3　创建一个扫描特征

（1）单击主菜单"插入"→"扫描"→"伸出项"命令，系统弹出"扫描"特征对话框与菜单管理器，如图 12-36 所示。选择"选取轨迹"项，在系统弹出的"链"菜单管理器中选择"曲线链"→"选取"项，如图 12-37 所示。选取前面得到的交截线的任意部分，在系统弹出的"链选项"菜单管理器中选择"全选"项，得到如图 12-38 所示的轨迹线，单击"链"菜单管理器中的"完成"选项，完成轨迹线的选取。

图 12-36 操纵杆"扫描"特征
对话框与菜单管理器

图 12-37 操纵杆扫描
"链"菜单

图 12-38 操纵杆"扫描"
轨迹线

（2）此时在操作界面的信息提示区系统提示"选取一个垂直曲面去为截面定义方向"，同时系统弹出一个"选取"菜单管理器，选择"接受"项。在系统弹出的"方向"菜单管理器中选择"确定"项，进入系统默认的草绘平面。在绘图区系统默认的参照点绘制如图 12-39 所示的圆作为扫描截面。

（3）单击"草绘"工具条中的按钮 ✓，完成截面绘制，继续下一步操作。单击"扫描"特征对话框中的"确定"按钮，完成"扫描"特征的创建，得到如图 12-40 所示的模型。

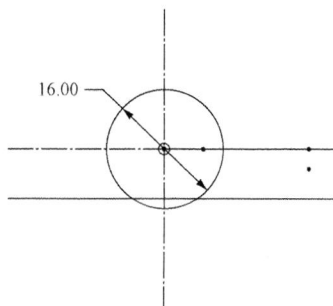

图 12-39 操纵杆"扫描"特征截面

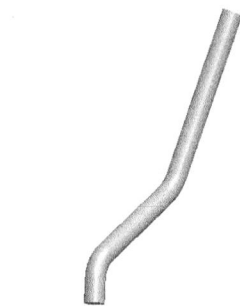

图 12-40 操纵杆"扫描"特征

12.2.4 利用旋转工具对其进行修剪

1. 创建一个基准平面

（1）单击工具栏中的按钮 ▱（或单击主菜单中"插入"→"模型基准"→"平面"命令），系统弹出"基准平面"对话框。

（2）在"放置"选项卡的"参照"区域中单击鼠标左键激活，按住 Ctrl 键在绘图区中选择交截线和 FRONT 面为参照，在参照对象右侧的下拉列表中分别选择"穿过"和"法向"方式，如图 12-41 所示。

（3）单击"确定"按钮，得到基准平面 DTM1，如图 12-42 所示。

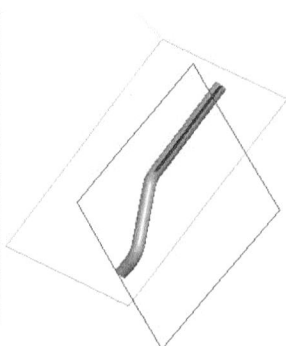

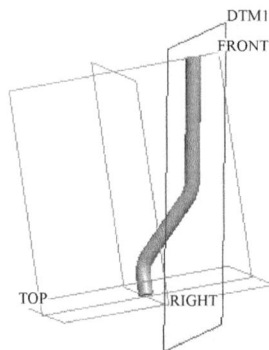

图 12-41　操纵杆切除"基准平面"对话框及"参照"的选择　　图 12-42　操纵杆切除创建基准平面 DTM1

2. 创建一个旋转减材料特征

（1）单击工具栏中的按钮 （或单击主菜单中"插入"→"旋转"命令），系统弹出"旋转"操控面板，选择指定角度值旋转方式 ，设置旋转角度为"360"，同时选择"移除材料"按钮 ，如图 12-43 所示。

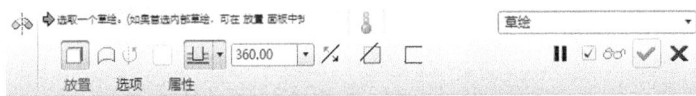

图 12-43　操纵杆切除"旋转"操控面板

（2）激活"放置"下滑面板，单击"定义"项进入"草绘"对话框，选择刚创建的 DTM1 基准面为草绘平面，选择 FRONT 面为参照平面，参照方向选择"底部"，单击"草绘"按钮，进入草绘状态。单击主菜单"草绘"→"参照"命令，系统弹出"参照"对话框，选择交截线 1、扫描特征 1 的外圆柱面及上端面为参照，单击"关闭"按钮进入草绘界面，绘制如图 12-44 所示的旋转截面（注意应包括一个封闭的曲线和一条几何中心线）。

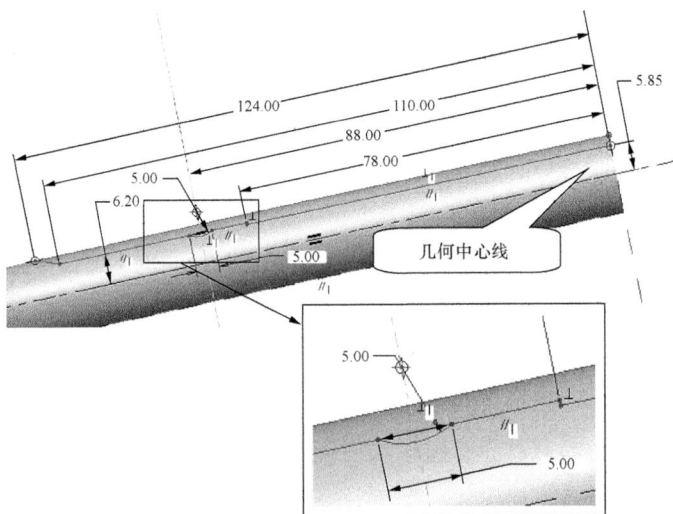

图 12-44　操纵杆切除"旋转"截面

（3）单击"草绘"工具条中的按钮✔，完成草图绘制，返回"旋转"操控面板。此时旋转轴收集器文本框出现"内部 CL"，单击最后面一个按钮✗调整材料保留侧，单击操控面板上的按钮✔，完成"旋转"减材料特征的创建，结果如图 12-45 所示。

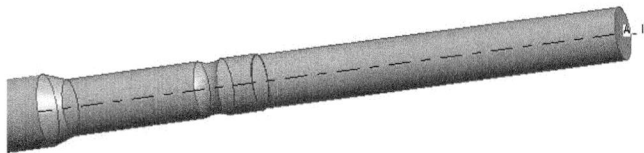

图 12-45   操纵杆"旋转"减材料特征

12.2.5   利用旋转工具创建球头部分

（1）单击工具栏中的按钮 ⚙（或单击主菜单中"插入"→"旋转"命令），系统弹出"旋转"操控面板，选择指定角度值旋转方式 ⚓，设置旋转角度为"360"。

（2）激活"放置"下滑面板，单击"定义"项进入"草绘"对话框，选择 FRONT 面为草绘平面，接受系统默认的视图方向和参照平面，单击"草绘"按钮，进入草绘状态。单击主菜单"草绘"→"参照"命令，系统弹出"参照"对话框，选择扫描特征 1 的外圆柱面及下端面为参照，单击"关闭"按钮进入草绘界面，绘制如图 12-46 所示的旋转截面（注意应包括一个封闭的曲线和一条几何中心线）。

（3）单击"草绘"工具条中的按钮 ✔，完成草图绘制，返回"旋转"操控面板。此时旋转轴收集器文本框出现"内部 CL"，单击操控面板上的按钮 ✔，完成"旋转"特征的创建，结果如图 12-47 所示。

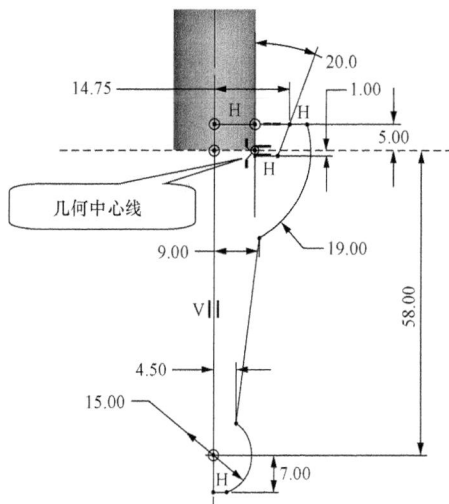

图 12-46   操纵杆球头"旋转"截面   图 12-47   操纵杆球头"旋转"特征

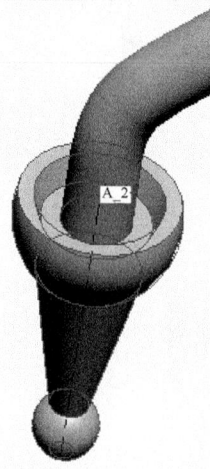

12.2.6   利用拉伸工具创建缺口

（1）单击工具栏中的按钮 ⬚（或单击主菜单中"插入"→"拉伸"命令），系统弹出"拉伸"操控面板。

（2）激活"放置"下滑面板，单击"定义"项进入"草绘"对话框，选择如图 12-48 所示面为草绘平面，接受系统默认的视图方向和参照平面，单击"草绘"按钮，此时系统系统弹出"参照"对话框。选择旋转 2 在 TOP 面最外侧的投影线为参照，单击"关闭"按钮进入草绘界面，绘制如图 12-49 所示的拉伸截面。

图 12-48　选择球头缺口草绘平面

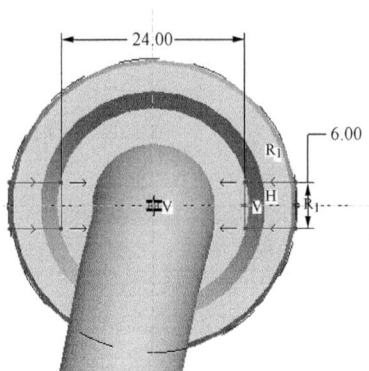

图 12-49　球头缺口"拉伸"截面

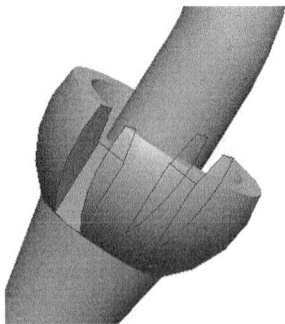

图 12-50　球头缺口"拉伸"减材料特征

（3）单击"草绘"工具条中的按钮 ✓，完成草图绘制，返回"拉伸"操控面板。设置拉伸方式为到选定对象 ⬓，选择较大的半球面为深度参照，选择"移除材料"按钮 ☑，单击按钮 ☒ 调整拉伸方向和材料保留侧，单击操控面板上的按钮 ✓，完成"拉伸"减材料特征的创建，结果如图 12-50 所示。

12.2.7　利用阵列工具创建相同的槽

1. 创建一个旋转减材料特征

（1）单击工具栏中的按钮 ⬥（或单击主菜单中"插入"→"旋转"命令），系统弹出"旋转"操控面板，选择指定角度值旋转方式 ⬓，设置旋转角度为"360"，同时选择"移除材料"按钮 ☑。

（2）激活"放置"下滑面板，单击"定义"项进入"草绘"对话框，选择刚创建的 DTM1 基准面为草绘平面，接受系统默认的视图方向和参照平面，单击"草绘"按钮，此时系统系统弹出"参照"对话框，选择交截线 1、扫描特征 1 的外圆柱面及上端面为参照，单击"关闭"按钮进入草绘界面，绘制如图 12-51 所示的旋转截面（注意应包括一个封闭的曲线和一条几何中心线）。

（3）单击"草绘"工具条中的按钮 ✓，完成草图绘制，返回"旋转"操控面板。此时旋转轴收集器文本框出现"内部 CL"，单击最后面一个按钮 ☒ 调整材料保留侧，单击操控面板上的按钮 ✓，完成"旋转"减材料特征的创建，结果如图 12-52 所示。

2. 阵列旋转减材料特征

（1）选中刚创建好的"旋转"特征，单击右侧工具栏中的"阵列"按钮 ▦（或单击主菜单中"编辑"→"阵列"命令），系统弹出"阵列"操控面板，如图 12-53 所示。

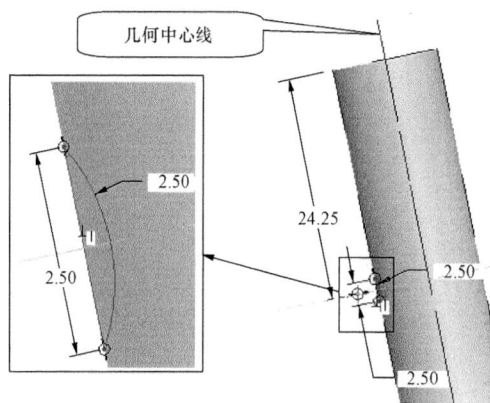

图 12-51 操纵杆槽"旋转"截面   图 12-52 操纵杆槽"旋转"减材料特征

图 12-53 操纵杆槽"阵列"操控面板

（2）在阵列类型下拉列表框中选择"方向"项，然后根据系统提示选取交截线 1 为第一方向参照，单击第一方向参照收集器后的按钮 ⅍，使方向指向操纵杆内，如图 12-54 所示。在第一方向成员数量文本框中输入"3"，第一方向增量值组合框中输入"3.75"，单击操控面板上的按钮 ☑，完成"旋转"减材料特征的阵列，结果如图 12-55 所示。

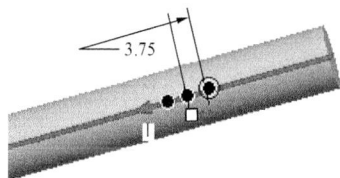

图 12-54 定义操纵杆槽阵列参数   图 12-55 操纵杆槽"阵列"特征

12.2.8 创建倒圆角特征

（1）单击特征工具栏中的按钮 ⌇，系统弹出"倒圆角"操控面板，如图 12-56 所示。

（2）激活"集"下滑面板，如图 12-57 所示，单击"集1"项，选择如图 12-58（a）所示的边，在"半径"文本框中输入"2"。

图 12-56 操纵杆"倒圆角"操控面板   图 12-57 操纵杆倒圆角"集"下滑面板

（3）单击"新建集"项，按住 Ctrl 键，选择如图 12-58（b）所示的两条边，设置"半径"

为"3"。

（4）单击"新建集"项，按住 Ctrl 键，选择如图 12-58（c）所示的三条边，设置"半径"为"2"。

（5）单击"新建集"项，按住 Ctrl 键，选择如图 12-58（d）所示的四条边，设置"半径"为"1.5"。

（6）单击"新建集"项，选择如图 12-58（e）所示的边，设置"半径"为"10"。

（7）单击操控面板上的按钮☑️，完成"倒圆角"特征的创建。

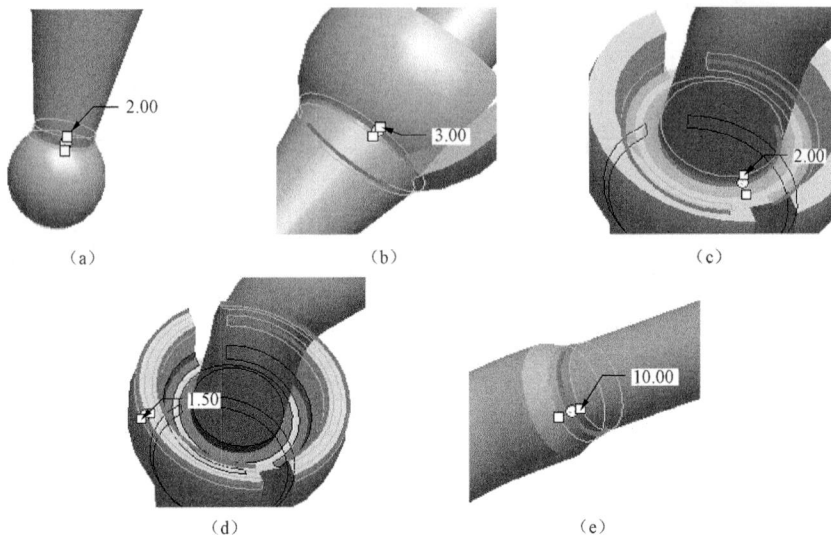

图 12-58　操纵杆"倒圆角"特征

12.2.9　创建倒角特征

（1）单击特征工具栏中的按钮 ，系统弹出"倒角"操控面板，倒角样式与标注形式均选取默认形式。

（2）激活"集"下滑面板，单击"集 1"项，按住 Ctrl 键，选择如图 12-59（a）所示的四条边，在"D"文本框中输入"0.5"。

（3）单击"新建集"项，选择如图 12-59（b）所示的边，将"标注样式"框中的"D×D"改为"角度×D"，"角度"文本框中输入"30"，"D"文本框中输入"3"，单击按钮 调整倒角为图中所示的方向。

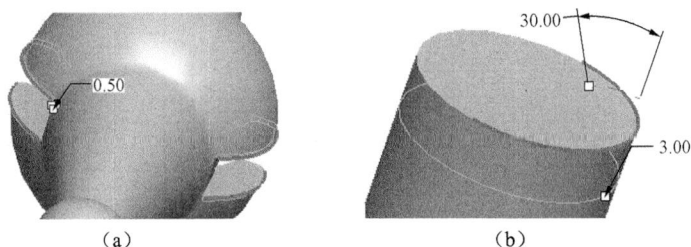

图 12-59　操纵杆"倒角"特征

（4）单击操控面板上的按钮 ☑，完成"倒角"特征的创建。

最后结果如图 12-60 所示。

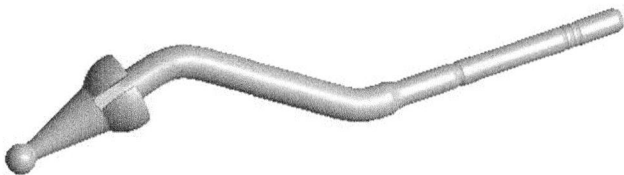

图 12-60　操纵杆

12.3　套筒零件造型

12.3.1　建立新文件

启动 Pro/ENGINEER Wildfire，用 12.1.1 实例中相同的方法建立一个文件名为 taotong 的新文件，选择 mmns_part_solid 模板。

12.3.2　用旋转工具创建套筒

（1）单击工具栏中的按钮 ✪（或单击主菜单中"插入"→"旋转"命令），系统弹出"旋转"操控面板，如图 12-61 所示，选择指定角度值旋转方式 ⏄，设置旋转角度为"360"。

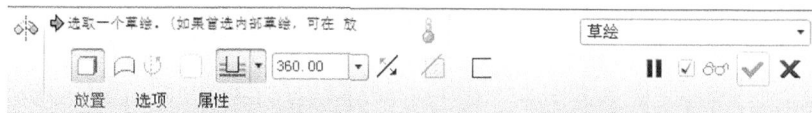

图 12-61　套筒"旋转"操控面板

（2）激活"放置"下滑面板，单击"定义"项进入"草绘"对话框，选择 FRONT 面为草绘平面，接受系统默认的视图方向和参照平面，单击"草绘"按钮，进入草绘状态。绘制如图 12-62 所示的旋转截面（注意应包括一个封闭的曲线和一条几何中心线）。

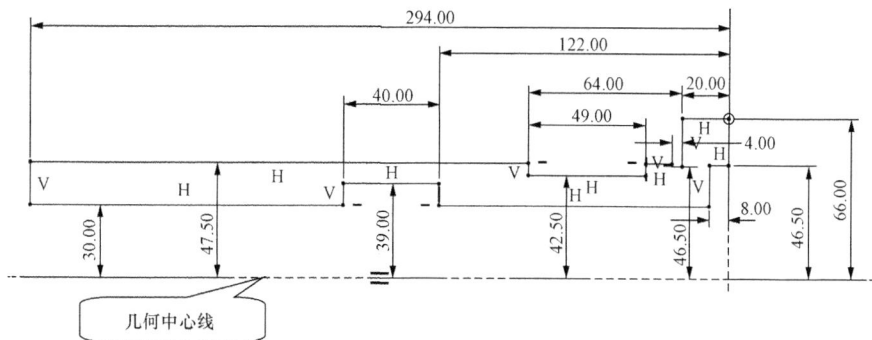

图 12-62　套筒"旋转"截面

（3）单击"草绘"工具条中的按钮 ✔，完成草图绘制，返回"旋转"操控面板。此时旋转轴收集器文本框出现"内部 CL"，单击操控面板上的按钮 ✔，完成"旋转"特征的创建，结果如图 12-63 所示。

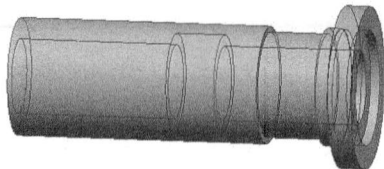

图 12-63　套筒"旋转"特征

12.3.3　创建倒圆角特征

（1）单击特征工具栏中的按钮 🔘，系统弹出"倒圆角"操控面板，如图 12-64 所示。

图 12-64　套筒"倒圆角"操控面板

（2）按住 Ctrl 键，选择如图 12-65 所示的两条边，设置"半径"为"1"。

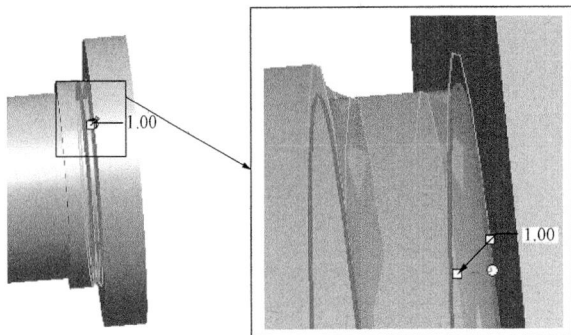

图 12-65　套筒"倒圆角"特征

（3）单击操控面板上的按钮 ✔，完成"倒圆角"特征的创建。

12.3.4　创建大的通孔特征

1．创建一个拉伸减材料特征

（1）单击工具栏中的按钮 🔲（或单击主菜单中"插入"→"拉伸"命令），系统弹出"拉伸"操控面板，选择"移除材料"按钮 🔲。

（2）激活"放置"下滑面板，单击"定义"项进入"草绘"对话框，选择 FRONT 面为草绘平面，接受系统默认的视图方向和参照平面，单击"草绘"按钮进入草绘界面，绘制如图 12-66 所示的"拉伸"截面。

（3）单击"草绘"工具条中的按钮 ✔，完成草图绘制，返回"拉伸"操控面板。在操控面板的"选项"下滑面板中定义拉伸方式和深度，如图 12-67 所示，拉伸方式均选择"穿透"。单击操控面板上的按钮 ✓，完成"拉伸"减材料特征的创建，结果如图 12-68 所示。

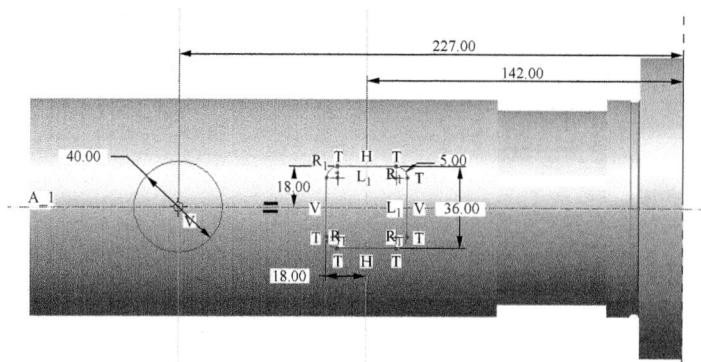

图 12-66　通孔"拉伸"截面

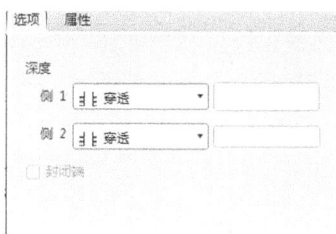

图 12-67　通孔"选项"下滑面板

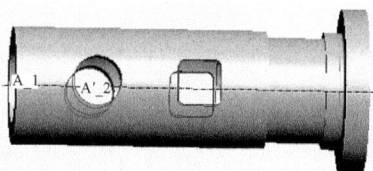

图 12-68　通孔"拉伸"减材料特征

2. 阵列拉伸减材料特征

（1）单击主菜单"编辑"→"特征操作"命令，系统弹出"特征"菜单管理器，如图 12-69 所示。在菜单管理器上选择"复制"→"移动"→"选取"→"从属"→"完成"项。系统弹出"选取特征"菜单管理器，用鼠标选取上一步创建的"拉伸"减材料特征，单击"完成"项。系统弹出"移动特征"菜单管理器，如图 12-70 所示，选择"旋转"→"曲线/边/轴"项。按照系统提示选取套筒的中心线 A_1 为参照，在系统弹出的"方向"菜单管理器中选择"确定"项，按照系统提示输入旋转角度为"90"，单击鼠标中键或单击提示区的按钮 ✓ 完成数值输入。

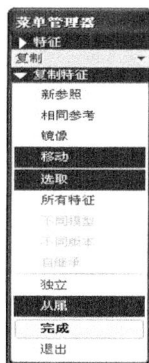

图 12-69　复制通孔"特征"菜单管理器

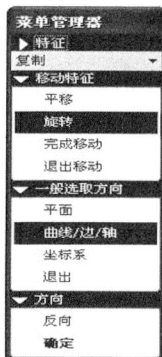

图 12-70　复制通孔"移动特征"菜单管理器

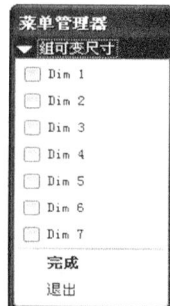

图 12-71　复制通孔"组可变尺寸"菜单管理器

（2）在"移动特征"菜单管理器中单击"完成移动"项，系统弹出"组可变尺寸"菜单管理器，如图 12-71 所示。在其中单击"完成"项，然后单击"组元素"对话框的"确定"按钮完成"旋转"复制，再单击"特征"菜单管理器中的"完成"项，完成"旋转"复制，如图 12-72 所示。

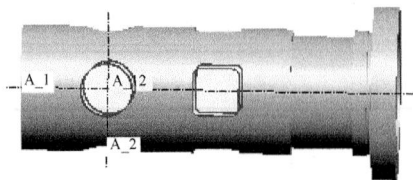

图 12-72　复制通孔特征

12.3.5　创建斜孔特征

1. 创建一个旋转减材料特征

（1）单击工具栏中的按钮 ⟳（或单击主菜单中"插入"→"旋转"命令），系统弹出"旋转"操控面板，选择指定角度值旋转方式 ⟱，设置旋转角度为"360"，同时选择"移除材料"按钮 ⟋。

（2）激活"放置"下滑面板，单击"定义"项进入"草绘"对话框，选择 FRONT 面为草绘平面，接受系统默认的视图方向和参照平面，单击"草绘"按钮进入草绘状态，单击主菜单"草绘"→"参照"命令，系统弹出"参照"对话框，选取如图 12-73 所示的两条边为参照，单击"关闭"按钮进入草绘界面，绘制如图 12-73 所示的旋转截面（注意应包括一个封闭的曲线和一条几何中心线）。

（3）单击草绘工具栏中的 ✔ 图标按钮，完成草图绘制，返回"旋转"操控面板，此时旋转轴收集器文本框出现"内部 CL"，单击最后面一个按钮 ⟋ 调整材料保留侧，单击操控面板上的按钮 ✔，完成"旋转"减材料特征的创建，结果如图 12-74 所示。

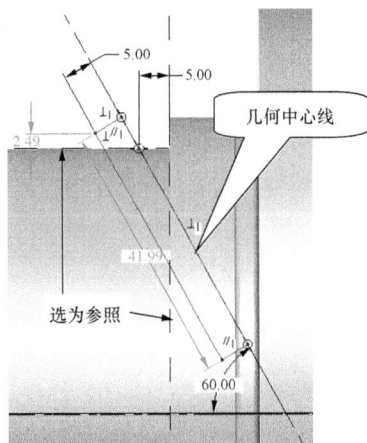

图 12-73　斜孔"旋转"截面

图 12-74　斜孔"旋转"减材料特征

2. 镜像旋转减材料特征

（1）单击"编辑"特征工具栏中的按钮 ⟨⟨ 或者单击主菜单"编辑"→"镜像"命令，系统弹出"镜像"操控面板，根据系统提示选择 TOP 面为"镜像平面"。

（2）单击操控面板上的按钮 ✔，完成"镜像"操作，结果如图 12-75 所示。

12.3.6　用拉伸工具创建槽

（1）单击工具栏中的按钮 ⟁（或单击主菜单中"插入"→"拉伸"命令），系统弹出"拉伸”操控面板。

（2）激活“放置”下滑面板，单击“定义”项进入“草绘”对话框，选择如图 12-76 所示面为草绘平面，选择 TOP 面为参照平面，参照方向设置为“顶”，单击“草绘”按钮，此时系统弹出“参照”对话框，选择选择与草绘平面相连的外圆柱面为参照，单击“关闭”按钮进入草绘界面，绘制如图 12-77 所示的拉伸截面。

（3）单击“草绘”工具条中的按钮✓，完成草图绘制，返回“拉伸”操控面板，设置拉伸方式为到选定对象，选择如图 12-78 中所示的圆柱面为深度参照，选择“移除材料”按钮，单击按钮调整拉伸方向和材料保留侧，单击操控面板上的按钮✓，完成“拉伸”减材料特征的创建，结果如图 12-79 所示。

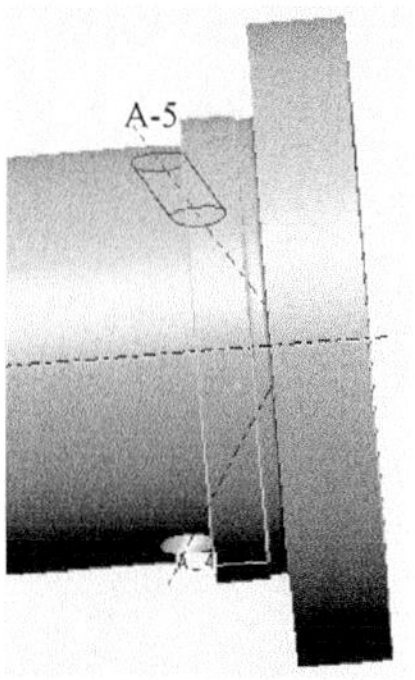

图 12-75　斜孔“镜像几何”特征

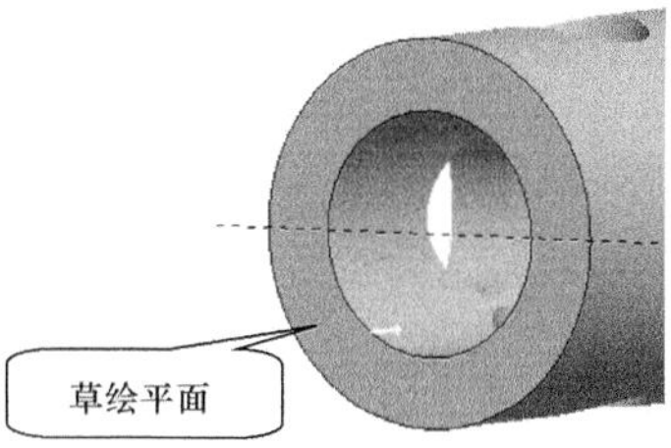

图 12-76　套筒槽选择草绘平面

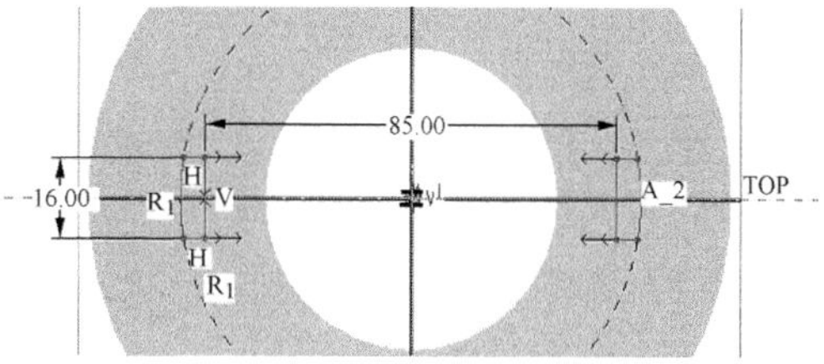

图 12-77　套筒槽拉伸截面

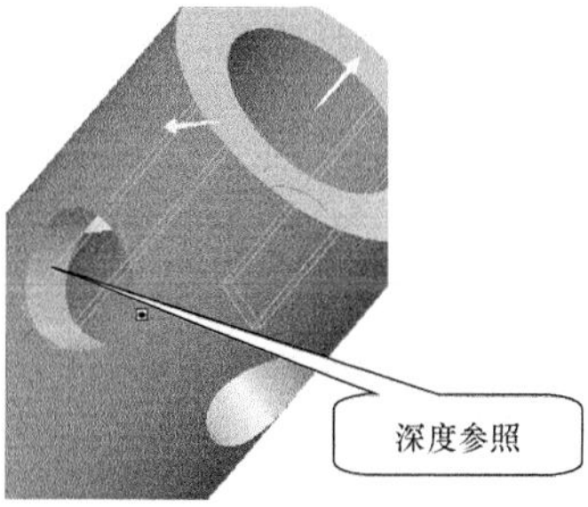

图 12-78　套筒槽“拉伸”特征深度参照

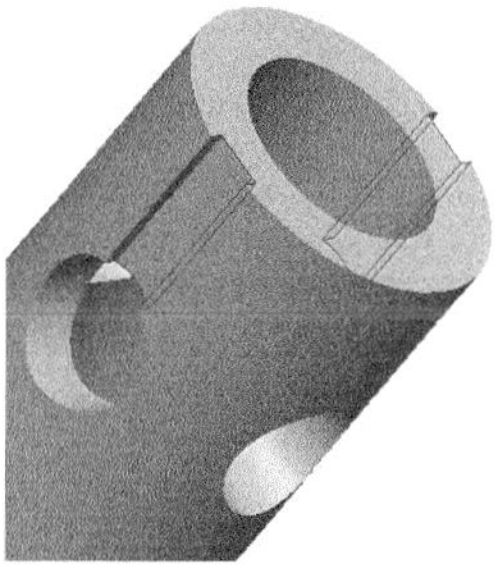
图 12-79　套筒槽“拉伸”减材料特征

12.3.7　创建均布螺纹孔特征

1. 创建一个标准孔特征

（1）单击特征工具栏中的按钮（或单击主菜单“插入”→“孔”命令），系统弹出“孔”特征操控面板，如图 12-80 所示。

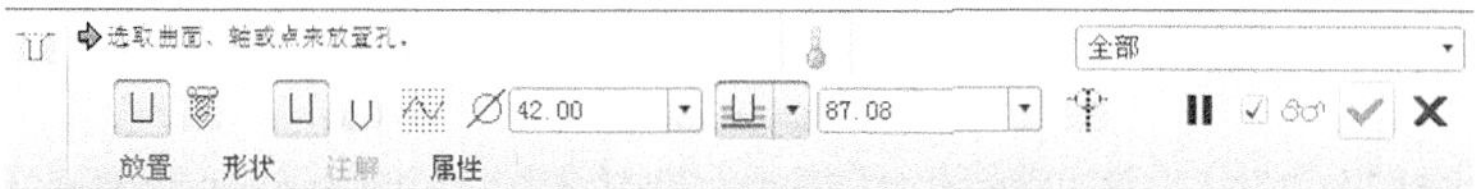

图 12-80　套筒“孔”特征操控面板

（2）激活"放置"下滑面板，选择如图 12-81 中所示的面为放置平面，并在"类型"下拉列表框中选择"径向"项，激活"偏移参照"表，按住 Ctrl 键选择轴 A_1 和 FRONT 面为偏移参照，输入半径值为"39"，角度值为"0"，如图 12-82 所示。

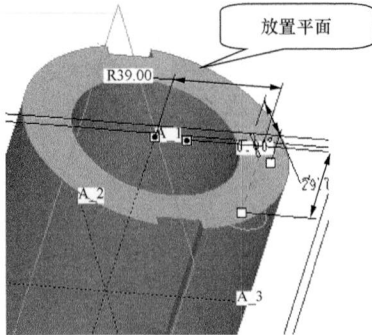

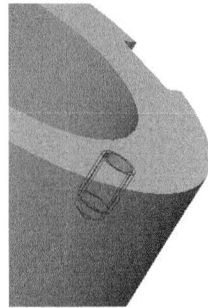

图 12-81　套筒"孔"特征的放置参照　　　　图 12-82　套筒"放置"下滑面板

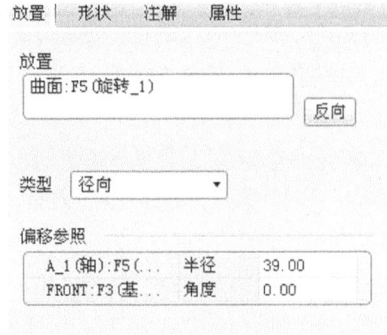

（3）设置孔的类型标准孔 🔩，螺纹尺寸为"M8×1.25"，钻孔深度值为"12"，激活"形状"下拉面板，设置其形状如图 12-83 所示。

（4）激活"注解"下滑面板，取消添加注解。

（5）单击操控面板上的按钮 ☑，完成"孔"特征的创建，结果如图 12-84 所示。

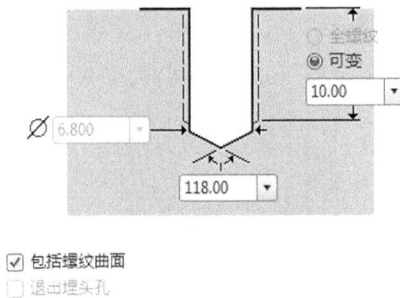

图 12-83　套筒孔"形状"下滑面板　　　　图 12-84　套筒"孔"特征

2．阵列标准孔特征

（1）选中刚创建好的"孔"特征，单击右侧工具栏中的"阵列"按钮 ▦（或单击主菜单中"编辑"→"阵列"命令），系统弹出"阵列"操控面板。

（2）"阵列类型"下拉列表框中选择"轴"项，然后根据系统提示选择轴 A_1 为第一方向参照，在第一方向成员数量文本框中输入"6"，第一方向增量值组合框中输入"60"，单击操控面板上的按钮 ☑，完成"孔"阵列，结果如图 12-85 所示。

3．创建另一端的均布孔特征

步骤与"阵列标准孔特征"基本相似，不同之处如下。

（1）放置平面为另一端面，如图 12-86 所示。

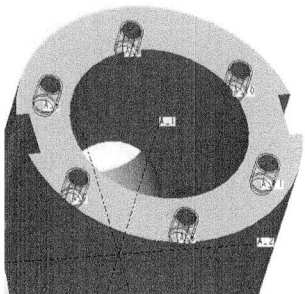

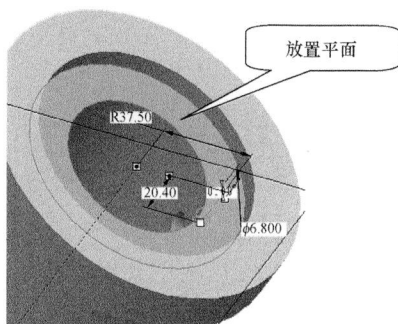

图 12-85 套筒另一端孔"阵列"特征 　　图 12-86 套筒另一端"孔"特征的放置参照

（2）钻孔深度为"10"，攻丝深度为"8"。

（3）偏移参照半径值为"37.5"。

阵列后的结果如图 12-87 所示。最终的套筒模型如图 12-88 所示。

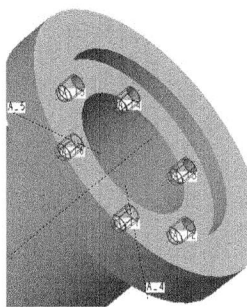

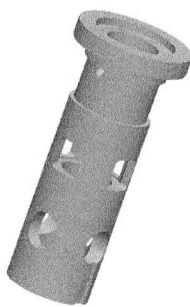

图 12-87 螺纹孔"阵列"特征 　　　　图 12-88 套筒

12.4 奔 驰 标 志

12.4.1 新建文件

启动 Pro/ENGINEER Wildfire，用 12.1.1 实例中相同的方法建立一个文件名为 benchibiaozhi 的新文件，选择 mmns_part_solid 模板。

12.4.2 创建标志中部特征

（1）单击主菜单中的"插入"→"混合"→"伸出项"命令。

（2）如图 12-89 所示，在菜单管理器中选择"平行"→"规则截面"→"草绘截面"方式并单击"完成"项，在"属性"菜单中选择"光滑"项，单击"完成"项，继续下一步操作。

（3）系统提示选择草绘平面与参照平面，选择 TOP 面为草绘平面，进入草绘状态。单击右侧工具栏按钮 ，利用系统提供的草绘器调色板来绘制星形，如图 12-90 所示。

图 12-89　标志"混合选项"菜单管理器　　　　图 12-90　标志草绘器调色板

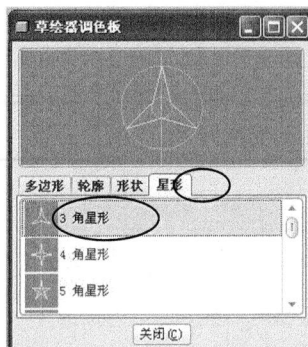

选择"星形"选项，双击"3 角星形"项。在绘图区单击，就会显示"3 角星形"项，修改尺寸，完成第一个截面的绘制，如图 12-91 所示。

（4）绘制下一个截面。在绘图区单击鼠标右键，在弹出的快捷菜单中选择"切换截面"命令，或者单击主菜单"草绘"→"特征工具"→"切换截面"命令，进入第二个截面的绘图状态。单击右侧工具栏中的按钮 ，绘制一个通过"3 角星形"中心的一个点，即完成第二个截面的绘制。

（5）单击"草绘"工具条上的按钮 ，退出截面的绘制。系统提示输入盲孔深度，即两截面之间距离，输入"10"，其模型如图 12-92 所示。

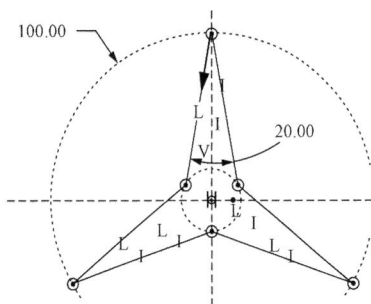

图 12-91　标志第一个截面　　　　　　　　图 12-92　标志实体模型

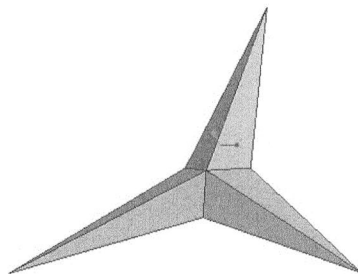

12.4.3　镜像星形

选择刚才创建的混合实体，再单击主菜单"编辑"→"镜像"命令，系统下部出现"镜像"操控面板，如图 12-93 所示。单击"参照"下滑面板中的"镜像平面"项，选择 TOP 平面为镜像平面，单击操控面板上的按钮 ，完成中部标志的创建。

图 12-93　标志"镜像"操控面板

12.4.4 扫描形成标志的边框

（1）单击主菜单"插入"→"扫描"→"伸出项"命令，系统出现"扫描"对话框。在系统自动系统弹出的"扫描特征"菜单管理器中选择"草绘轨迹"选项。

（2）在绘图区域中选择 TOP 平面作为绘图平面，绘制如图 12-94 所示轨迹（直径为 200 的圆）。然后单击工具栏上的按钮 ✔，退出轨迹的绘制。

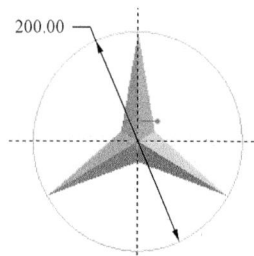

图 12-94 标志扫描轨迹

（3）在系统自动弹出的选项中选择"无内部因素"项，草绘扫描截面图元如图 12-95 所示。然后单击工具栏上的按钮 ✔，完成截面的绘制。单击"伸出项：扫描"对话框中的"确定"按钮，完成扫描，结果如图 12-96 所示。

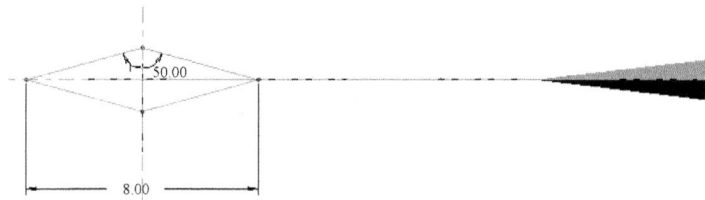

图 12-95 标志扫描截面

图 12-96 奔驰标志

12.5 风 扇 防 护 网

12.5.1 新建文件

启动 Pro/ENGINEER Wildfire，用 12.1.1 实例中相同的方法建立一个文件名为 fnghuwang 的新文件，选择 mmns_part_solid 模板。

12.5.2 创建草绘基准线

单击主菜单"插入"→"模型基准"→"草绘"命令，或直接单击右侧工具栏中的按钮，选择 FRONT 为草绘平面，绘制如图 12-97 所示样条曲线，单击按钮 ✔。

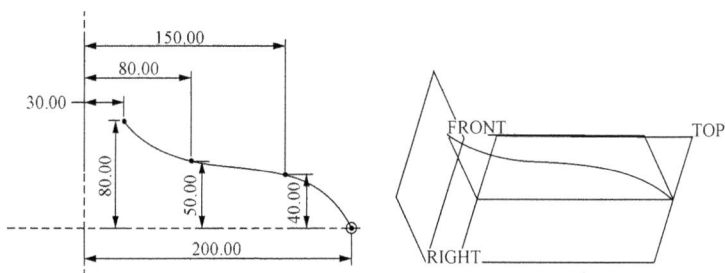

图 12-97 防护网样条曲线

12.5.3　创建基准点

单击主菜单"插入"→"模型基准"→"点"命令，或直接单击右侧工具栏中的按钮 ，选择已创建的基准曲线，作为基准点的放置参照。接着在对话框中的"偏移"中设置比率值为"0"，如图 12-98 所示。然后单击"确定"按钮，创建如图 12-99 所示的基准点 PNT0。

图 12-98　防护网基准点对话框　　　　图 12-99　创建防护网的基准点

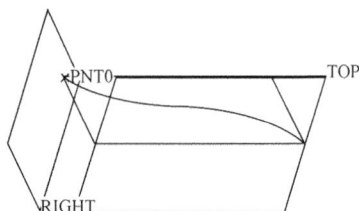

12.5.4　阵列基准点

（1）选择已创建的基准点，单击主菜单"编辑"→"阵列"命令，或单击右侧工具栏中按钮 ，系统上部出现"阵列"操控面板。

（2）在操控面板上接受默认的"尺寸"阵列方式，如图 12-100 所示，接着在图形显示区选择比率"OREL"作为第一方向的阵列尺寸，在系统弹出的"尺寸增量"中输入"0.1"，输入阵列数量为"11"。

（3）单击操控面板上的"完成"按钮 ✔，完成阵列，结果如图 12-101 所示。

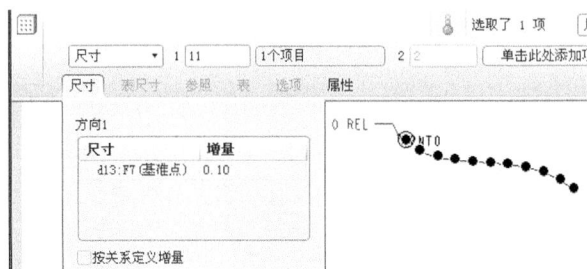

图 12-100　防护网基准点阵列操控面板　　　　图 12-101　防护网基准点阵列结果

12.5.5　创建旋转实体特征

（1）单击主菜单"插入"→"旋转"命令，或直接单击右侧工具栏中的按钮 ，系统上部出现"旋转"操控面板。

（2）单击"放置"下滑面板中的"定义"项，选择 FRONT 平面为草绘平面，单击主菜单"草绘"→"参照"命令，在系统弹出的"参照"对话框中，选择 RIGHT 面和 PNT0 点为草绘参照，如图 12-102 所示，单击"确定"按钮进入草绘环境，绘制如图 12-103 所示的旋转截面（一个椭圆）和几何中心线，然后单击工具栏上的按钮✔，退出截面的绘制。

图 12-102 防护网"参照"对话框

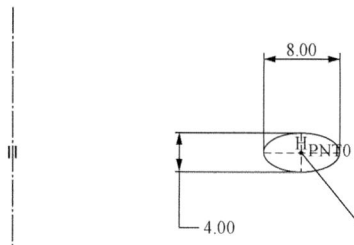

图 12-103 防护网旋转草绘截面

（3）输入旋转角度"360"，完成旋转特征的创建，如图 12-104 所示。

图 12-104 创建防护网旋转特征

12.5.6 阵列旋转特征

（1）选择已创建的旋转特征，单击主菜单"编辑"→"阵列"命令，或单击右侧工具栏中按钮 ▦，系统上部出现"阵列"操控面板。

（2）在操控面板上接受默认的"参照"阵列方式。

（3）然后单击操控面板上的"完成"按钮 ✓，完成阵列，结果如图 12-105 所示。

12.5.7 创建扫描特征

图 12-105 防护网阵列结果

（1）扫描切割特征。单击主菜单"插入"→"扫描"→"伸出项"命令，系统出现"伸出项：扫描"对话框。在系统自动系统弹出的"扫描特征"菜单管理器中选择"选取轨迹"选项，如图 12-106 所示。

（2）选取已创建的基准线，然后单击下拉菜单中的"完成"按钮，如图 12-107 所示。

（3）在"属性"一栏选择"合并端"项，单击"完成"按钮。

（4）系统自动进入草绘状态，草绘扫描截面图元如图 12-108 所示。然后单击工具栏上的按钮 ✔，完成截面的绘制。

（5）单击"伸出项：扫描"对话框中的"确定"按钮，完成扫描特征，结果如图 12-109 所示。

图 12-106　防护网扫描操作

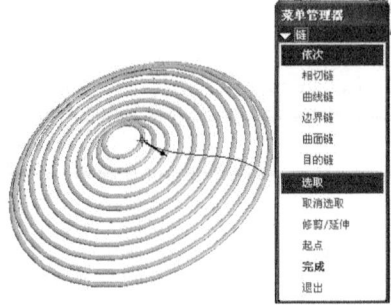

图 12-107　防护网扫描轨迹

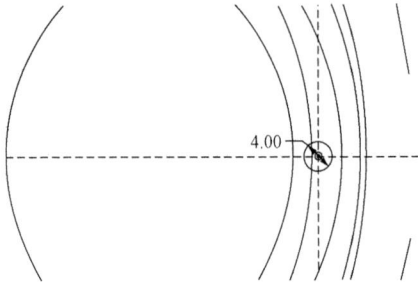

图 12-108　防护网扫描截面

图 12-109　防护网扫描结果

12.5.8　阵列扫描特征

（1）选择已创建的扫描特征，单击主菜单"编辑"→"阵列"命令，或单击右侧工具栏中按钮 ▦，系统上部出现"阵列"操控面板。在操控面板上选择"轴"阵列。

（2）选择 A-2 轴作为环形阵列轴，然后在操控面板上输入阵列数为"12"，单击按钮 △ 激活阵列角度文本框，输入阵列角度为"360"，如图 12-110 所示。

图 12-110　防护网阵列操控面板

（3）单击操控面板上的"完成"按钮 ✔，完成旋转特征的阵列操作，结果如图 12-111 所示。

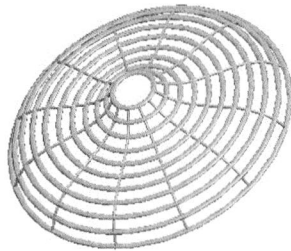

图 12-111　风扇防护网

12.6　喷　头

12.6.1　新建文件

启动 Pro/ENGINEER Wildfire，用 12.1.1 实例中相同的方法建立一个文件名为 pentou 的新文件，选择 mmns_part_solid 模板。

12.6.2　创建喷头头部草绘曲线

单击主菜单"插入"→"模型基准"→"草绘"命令，或直接单击右侧工具栏中的按钮 ，选择 TOP 为草绘平面，绘制直径为 80 的圆，如图 12-112 所示。单击按钮 ✔ 完成草绘。

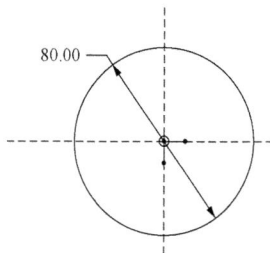

图 12-112　喷头头部草绘曲线

12.6.3　创建喷头尾部的曲线

（1）创建与 RIGHT 平行且相距为 200 的平面。单击主菜单"插入"→"模型基准"→"平面"命令，或直接单击右侧工具栏中的按钮 ▱，选择 RIGHT 为草绘平面，输入偏移值 200，绘制如图 12-113 所示。单击"确定"按钮。

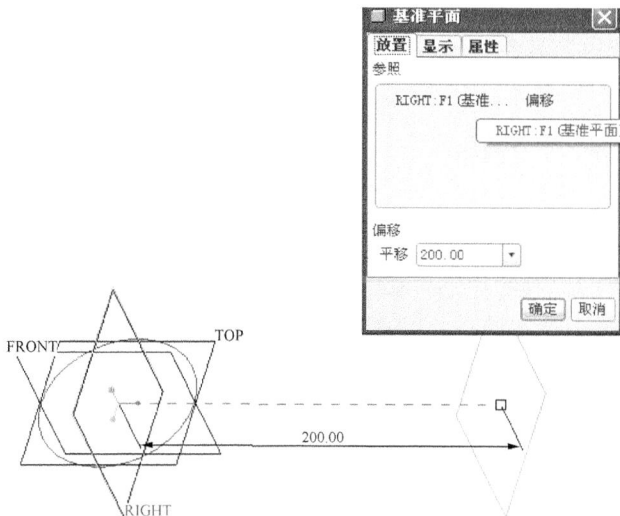

图 12-113　喷头尾部 DTM1 的创建

（2）以 DTM1 作为绘图平面，绘制椭圆。单击主菜单"插入"→"模型基准"→"草绘"命令，或直接单击右侧工具栏中的按钮，选择 DTM1 为草绘平面，绘制椭圆，如图 12-114 所示。单击按钮 ✔ 完成草绘。

12.6.4　创建喷头侧面轮廓线

单击主菜单"插入"→"模型基准"→"草绘"命令，或直接单击右侧工具栏中的按钮，选择 FRONT 作为草绘平面，以刚才绘制的两段草绘线作为参照，绘制曲线如图 12-115 所示。

单击按钮 ✔ 完成草绘。

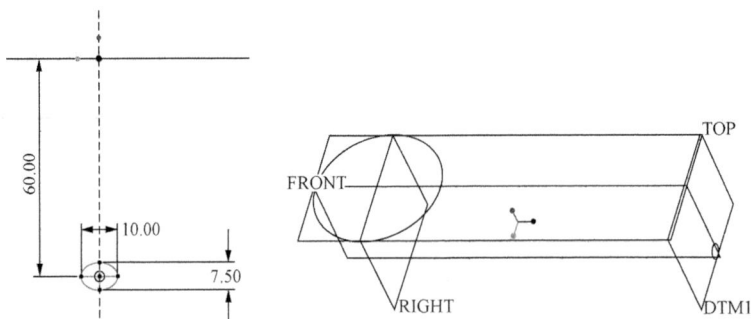

图 12-114　尾部曲线

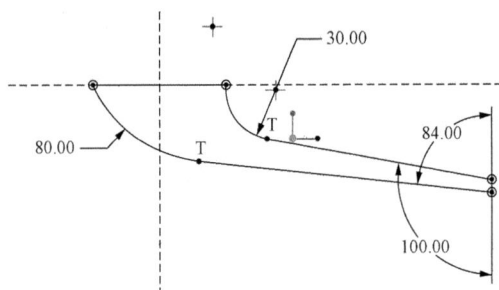

图 12-115　喷头侧面轮廓线

12.6.5　创建侧面的辅助截面

1．创建侧面的第一个辅助截面

（1）创建两个基准点。单击主菜单"插入"→"模型基准"→"点"命令，或直接单击右侧工具栏中的按钮 ，系统弹出"基准点"对话框，如图 12-116 所示。分别选择上一步曲线的两个切点为参照，创建两个基准点 PNT0 和 PNT1，如图 12-117 所示。

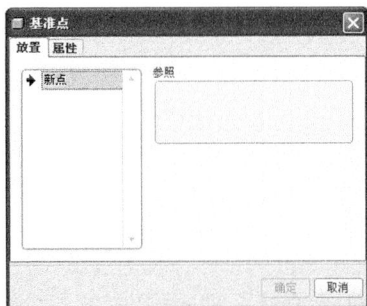

图 12-116　喷头侧面"基准点"对话框

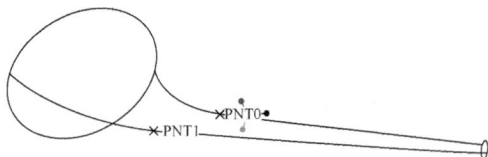

图 12-117　喷头侧面基准点

（2）创建基准平面。单击主菜单"插入"→"模型基准"→"平面"命令，或直接单击右侧工具栏中的按钮 ，创建一个通过 PNT0 和 PNT1 两个点且垂直于 FRONT 的基准平面，如图 12-118 所示。单击"确定"按钮。

（3）创建侧面第一个辅助截面。单击主菜单"插入"→"模型基准"→"草绘"命令，或直接单击右侧工具栏中的按钮 ，选择 DTM2 作为草绘平面，以 PNT0 和 PNT1 作为参照，绘制一个通过基准点 PNT0 和 PNT1 两点的圆，如图 12-119 所示。单击按钮 ✔ 完成草绘。

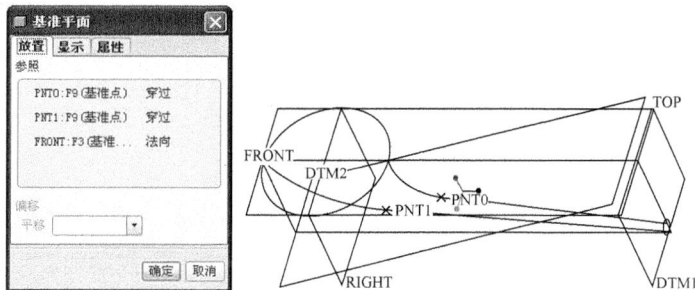

图 12-118　喷头辅助面 DTM2 的创建　　　　　图 12-119　喷头第一个辅助截面

2.　创建侧面的第二个辅助截面

（1）创建一个与 RIGHT 相距为 130 的平面 DTM3。单击主菜单"插入"→"模型基准"→"平面"命令，或直接单击右侧工具栏中的按钮 ，创建一个与 RIGHT 平行且相距 130 的基准平面，如图 12-120 所示。单击"确定"按钮。

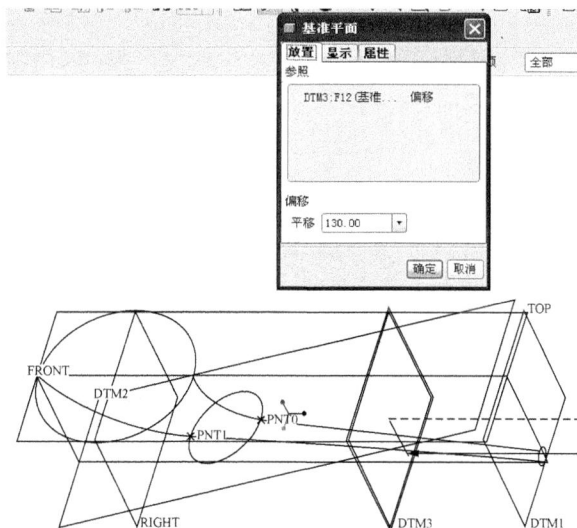

图 12-120　喷头辅助面 DTM3 的创建

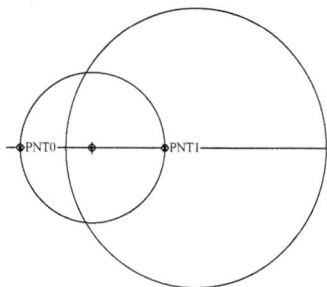

（2）创建两个基准点。单击主菜单"插入"→"模型基准"→"点"命令，或直接单击右侧工具栏中的按钮 ，选择 DTM3，按住 Ctrl 键，选择已创建的喷头侧面轮廓线，创建两个基准点 PNT2 和 PNT3，如图 12-121 所示。

（3）创建侧面的第二个辅助截面。单击主菜单"插入"→"模型基准"→"草绘"命令，或直接单击右侧工具栏中的按钮 ，选择 DTM3 作为草绘平面，以 PNT2 和 PNT3 作为参照，绘制一个通过基准点 PNT2 和 PNT3 两点的椭圆，如图 12-122 所示。单击按钮 ✔ 完成草绘。

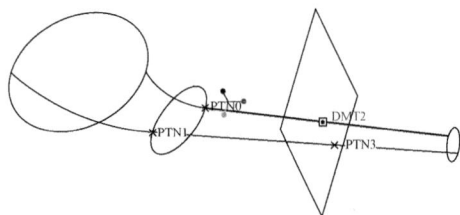

图 12-121　喷头侧面轮廓线基准点　　　　　图 12-122　喷头第二个辅助截面

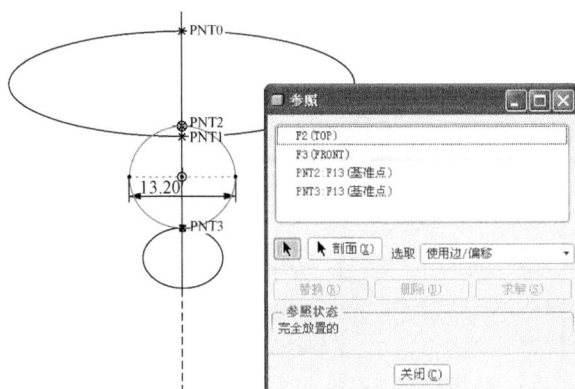

12.6.6　用边界混合创建喷头侧面曲面

单击主菜单"插入"→"边界混合"命令，或单击单击右侧工具栏中的按钮，系统弹出"边界混合"对话框，如图 12-123 所示。选择曲线 5 和 6 作为第一方向，曲线 1、2、3、4 作为第二方向。然后单击操控面板中的按钮，完成边界混合操作。

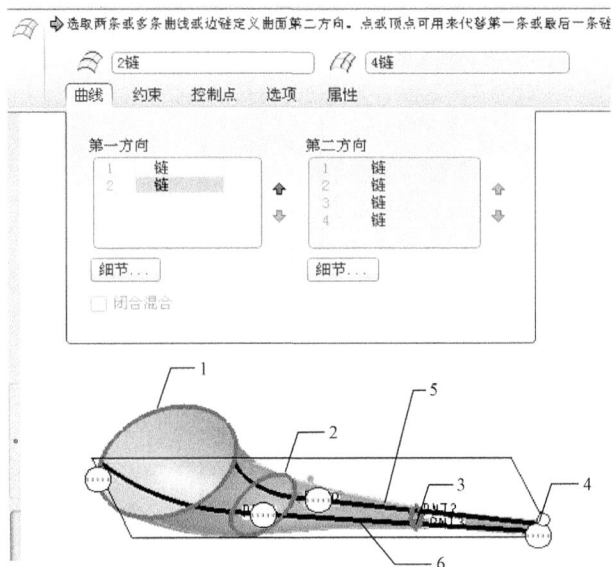

图 12-123　喷头曲面

12.6.7　填充曲面使混合曲面两端封闭

（1）单击主菜单"编辑"→"填充"命令，系统上部出现"填充"操控面板，单击"参照"下拉面板中的"定义"项，选择 TOP 平面为草绘平面，单击右侧工具栏按钮，选择如图 12-124 所示的边，即第二步创建的喷头头部曲线，单击按钮完成草绘。单击操控面板上的按钮，完成创建填充曲面，如图 12-124 所示。

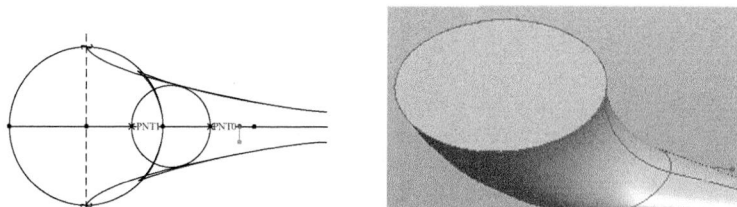

图 12-124　喷头头部曲面

（2）重复上述步骤，单击主菜单"编辑"→"填充"命令，系统上部出现"填充"操控面板，单击"参照"下滑面板中的"定义"项，选择 DTM1 平面为草绘平面，单击右侧工具栏按钮 ▫，选择如图 12-125 所示边，即已创建的喷头尾部曲线，单击按钮✔完成草绘。单击操控面板上的按钮 ☑，完成创建填充曲面，如图 12-125 所示。

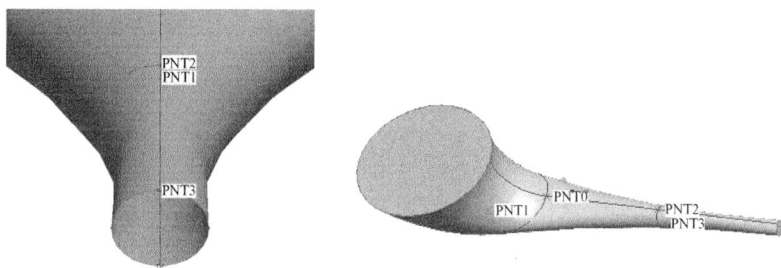

图 12-125　喷头尾部曲面

12.6.8　合并曲面

选择第一个填充曲面，按住 Ctrl 键，选择喷头侧面曲面，单击主菜单"编辑"→"合并"命令，或直接单击右侧工具栏中的按钮 ▱，系统上部出现"合并"操控面板，然后单击工具栏上的按钮 ☑，完成两个曲面的合并，如图 12-126 所示。

重复上述操作，选择刚才合并的曲面，按住 Ctrl 键，选择喷头尾部曲面，单击主菜单"编辑"→"合并"命令，然后单击工具栏上的按钮 ☑，完成曲面的合并，如图 12-127 所示。

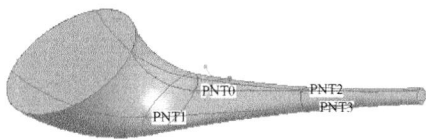

图 12-126　第一次合并喷头曲面

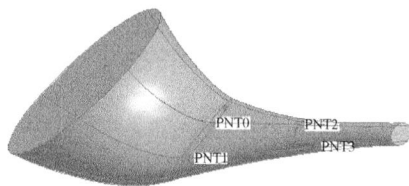

图 12-127　第二次合并喷头曲面

12.6.9　将曲面实体化

选择合并的曲面，之后单击主菜单"编辑"→"实体化"命令，然后单击工具栏上的按钮 ☑，完成由曲面向实体转化。

12.6.10　创建喷头喷水部位特征

（1）单击主菜单"插入"→"旋转"命令，或直接单击右侧工具栏中的按钮 ，系统上部出现"旋转"操控面板。

（2）单击"放置"下拉面板中的"定义"项，选择 FRONT 平面为草绘平面，绘制如图 12-128 所示的截面，然后单击工具栏上的按钮 √，退出截面的绘制。

（3）输入旋转角度"360"， 单击操控面板上的按钮 √，完成旋转绘制，如图 12-129 所示。

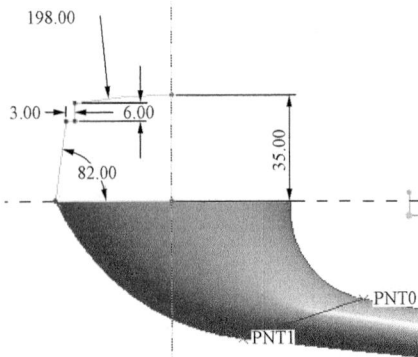

图 12-128　喷水部位旋转截面

图 12-129　喷水部位旋转实体

12.6.11　倒圆角

单击主菜单"插入"→"倒圆角"命令，或直接单击右侧工具栏中的按钮 ，系统上部出现"倒圆角"操控面板，选择如图 12-130 所示边，输入圆角半径为 5，单击操控面板上的按钮 √，完成圆角操作。

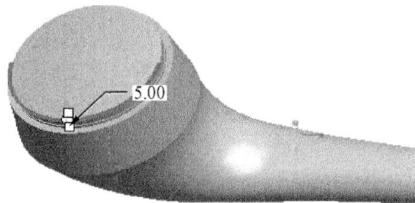

图 12-130　喷水部位倒圆角

12.6.12　创建喷头侧面切槽

（1）扫描切割特征。单击主菜单"插入"→"扫描"→"切口"命令，系统出现"扫描"对话框。在系统自动系统弹出的"扫描"轨迹菜单管理器中选择"草绘轨迹"选项，如图 12-131 所示。

（2）在绘图区域中选择 FRONT 平面作为绘图平面，绘制如图 12-132 所示轨迹。然后单击工具栏上的按钮 √，退出轨迹的绘制。

图 12-131 喷头侧槽扫描操作

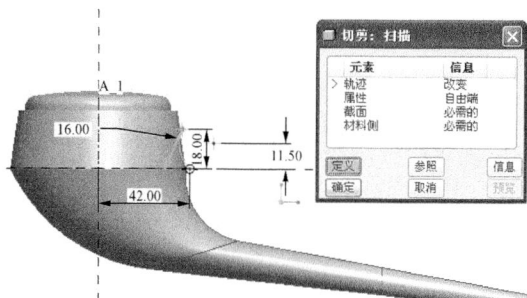

图 12-132 喷头侧槽扫描轨迹

（3）在系统系统弹出的"属性"菜单管理器中定义"属性"为"自由端"。

（4）草绘扫描截面图元如图 12-133 所示。然后单击工具栏上的按钮 ✔，完成截面的绘制，定义材料侧指向实体外部。

（5）单击"剪切：扫描"对话框中的"确定"按钮，完成扫描，结果如图 12-134 所示。

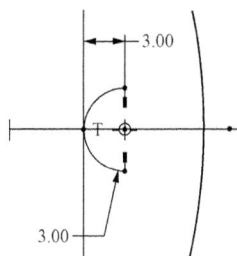

图 12-133 喷头侧槽扫描截面　　图 12-134 喷头侧面扫描切槽

12.6.13 阵列切槽特征

（1）选择已创建的切槽特征，单击主菜单"编辑"→"阵列"命令，或单击右侧工具栏中按钮 ，系统上部出现"阵列"操控面板，在操控面板上选择"轴"阵列方式。

（2）如图 12-135 所示，在模型树上选择 A-1 轴作为阵列中心，接着在操控板上输入轴向阵列数"15"。单击按钮 激活阵列角度文本框，输入阵列角度为"360"。然后单击操控面板上的"完成"按钮 ，结果如图 12-136 所示。

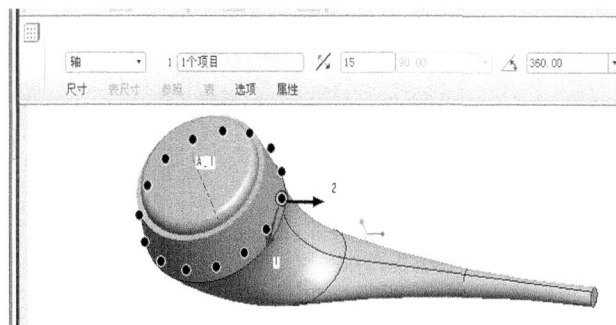

图 12-135 喷头侧槽阵列操作　　图 12-136 喷头侧槽阵列结果

12.6.14　抽壳

（1）单击主菜单中的"插入"→"壳"命令，或直接单击右侧工具栏中的按钮 回，系统下部出现"壳"操控面板，如图 12-137 所示。

图 12-137　"壳"操控面板

（2）单击操控面板上的"选项"按钮，选择尾部面为删除的表面，如图 12-138 所示。

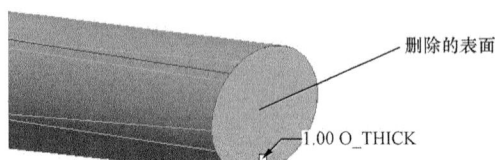

图 12-138　喷头"壳"特征删除的表面

（3）在厚度一栏输入"1"，完成抽壳。

12.6.15　创建喷水孔

（1）单击主菜单中的"插入"→"拉伸"命令，或直接单击右侧工具栏中的按钮 ，系统上部出现"拉伸"操控面板，选择"切减材料"按钮 。

（2）选择 TOP 为草绘平面，绘制如图 12-139 所示截面，直径为 3 的圆。

（3）拉伸深度选择向上拉伸"穿透"。单击工具栏上的按钮 ，完成拉伸。拉伸结果如图 12-140 所示。

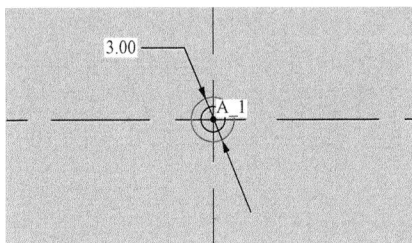

图 12-139　喷水孔拉伸草绘截面

图 12-140　喷水孔

12.6.16　阵列喷水孔

（1）选择喷水孔，单击主菜单"编辑"→"阵列"命令，或单击右侧工具栏中按钮，系统上部出现"阵列"操控面板，采用填充阵列，如图 12-141 所示。

（2）单击阵列操控面板中的"参照"→"草绘"→"定义"命令，选择 TOP 平面作为绘图平面，绘制直径为 60 的圆，如图 12-142 所示。

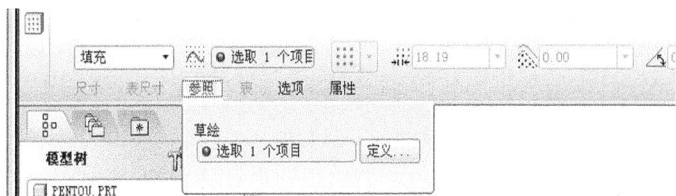

图 12-141 喷水孔填充阵列操控面板

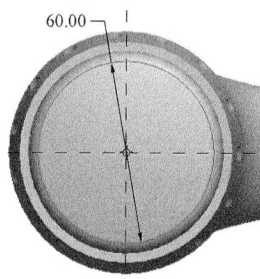

图 12-142 喷水孔阵列草绘圆

（3）在直径 60 的圆内填充阵列。选择圆形阵列，水平和径向距离都为 10。具体操作如图 12-143 所示。

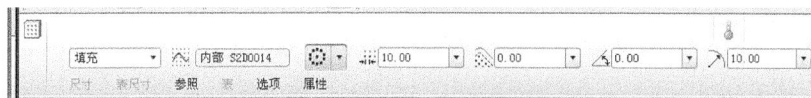

图 12-143 喷水孔填充阵列参数选择

（4）单击工具栏上的按钮 ✔，完成阵列。得到喷头如图 12-144 所示。

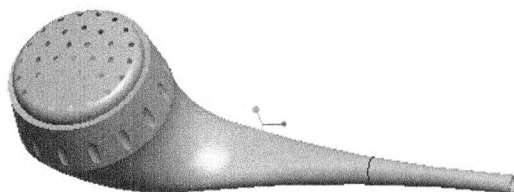

图 12-144 喷头

参 考 文 献

［1］詹友刚. Pro/ENGINEER 野火版 5.0 机械设计教程[M]. 北京：机械工业出版社，2010.

［2］暴风创新科技. Pro/ENGINEER 野火版 5.0 从入门到精通[M]. 北京：人民邮电出版社，2010.

［3］冯如设计在线. Pro/ENGINEER 野火版 3.0 零件设计从入门到精通[M]. 北京：人民邮电出版社，2008.

［4］肖黎明. Pro/ENGINEER 野火版零件设计完全解析[M]. 北京：中国铁道出版社，2010.

［5］詹友刚. Pro/ENGINEER 中文野火版 5.0 曲面设计实例解析[M]. 北京：机械工业出版社，2010.

［6］肖乾. Pro/ENGINEER Wildfire3.0 中文版实用教程[M]. 北京：中国电力出版社，2008.

［7］肖乾，杨迎新. Pro/ENGINEER Wildfire3.0 案例精讲 [M]. 北京：中国电力出版社，2008.